国家出版基金项目
NATIONAL PUBLICATION FOUNDATION

人工智能出版工程
国家出版基金项目

人工智能
模式识别

杨　健　崔　振　许春燕
钱建军　宫　辰　张恒敏　编著
金　忠　赖志辉　杨　猛

電子工業出版社
Publishing House of Electronics Industry
北京·BEIJING

内 容 简 介

模式识别是人工智能的重要组成部分。本书简要介绍了模式识别的基本概念，以模式表示为切入点，针对近20年来模式识别领域研究的热点问题，系统阐述了线性子空间表示、非线性子空间表示、流形学习、稀疏表示、低秩模型、深度学习等方面的研究进展和相关代表性方法。

本书可供高等院校人工智能、智能科学与技术、计算机及相关专业研究生或高年级本科生阅读，也可供对模式识别感兴趣的研究人员和工程技术人员阅读和参考。

图书在版编目（CIP）数据

人工智能．模式识别/杨健等编著．—北京：电子工业出版社，2020.8
人工智能出版工程
ISBN 978-7-121-39215-3

Ⅰ.①人… Ⅱ.①杨… Ⅲ.①人工智能 ②模式识别 Ⅳ.①TP18 ②O235

中国版本图书馆 CIP 数据核字（2020）第121035号

责任编辑：李树林
印　　刷：北京盛通数码印刷有限公司
装　　订：北京盛通数码印刷有限公司
出版发行：电子工业出版社
　　　　　北京市海淀区万寿路173信箱　邮编：100036
开　　本：720×1000　1/16　　印张：19.5　字数：343.2千字
版　　次：2020年8月第1版
印　　次：2023年12月第2次印刷
定　　价：88.00元

凡所购买电子工业出版社图书有缺损问题，请向购买书店调换。若书店售缺，请与本社发行部联系，联系及邮购电话：（010）88254888，88258888。

质量投诉请发邮件至 zlts@phei.com.cn，盗版侵权举报请发邮件至 dbqq@phei.com.cn。

本书咨询和投稿联系方式：（010）88254463，lisl@phei.com.cn。

人工智能出版工程

丛书编委会

前　言

自从 1998 年开始攻读“模式识别与智能系统”专业的博士学位以来，我已经在模式识别这个领域耕耘 20 余年了。记得博士毕业时，我曾经非常奢望自己的论文能入选“全国优秀博士论文”，目的只有一个，就是希望能够出版我的博士论文，这样就有一本自己编写的关于模式识别的书了。可惜，奢望没能变成现实。多年来，稍有闲暇我就会萌发写一本“模式识别”书的念头。但闲暇如过眼烟云，稍纵即逝，写书的事也就被淡忘了。这次接到“人工智能出版工程”丛书编委会的邀请，便毫不迟疑地答应下来，总算有机会可以编写一本“模式识别”的书了。

关于“模式识别”，国内外已有不少优秀的教材或专著。回顾自己 20 余年的研究历程，模式识别的研究热点不断变迁。这个变迁过程遵循着一条被统称为“表示学习”的主线，历经了“线性子空间表示”“非线性子空间表示”“流形学习”“稀疏表示”“低秩模型”“深度学习”等阶段。因此，我们决定循着这条主线来布局本书的章节内容。“横看成岭侧成峰，远近高低各不同”，希望本书能给读者提供一个审视“模式识别”近年来发展脉络的新视角。

本打算自己慢慢来写，慢慢地咀嚼回味 20 余年逝去的时光，但由于出版时间紧迫，容不得独自一人慢条斯理地写作，便只得邀请课题组的多位同事来协作完成，一起分享本书写作过程的喜悦和寂寞。本书共 7 章，第 1 章由金忠教授完成；第 2 章和第 3 章由本人和钱建军副教授共同完成，金忠教授审阅；第 4 章和第 7 章由崔振教授和许春燕副教授共同完成；第 5 章由宫辰教授领衔，深圳大学赖志辉教授、中山大学杨猛副教授共同参与完成；第 6 章由钱建军副教授领衔，张恒敏博士主笔，本人审阅完成。在此，诚挚感谢所有为本书写作做出贡献和努力的各位同事和朋友！如果没有你们的协作和付出，本书至少还需要一年甚至更多的时间才能完成。在此还要感谢电子工业出版社副总编辑赵丽松女士在本书写作过程中给予的鼓励和鞭策，以及编辑修改方面的诸多建议。最后，感谢我的家人，以及参与本书写作的同事和朋友们的家人的大力支持，2019 年的每个周末和整个暑期，因为本书的写作，牺牲了陪伴你们的时间。

特别说明，本书参考文献是按章编排的，因此，各章中标注的参考文献均指的是本章的参考文献。

由于时间紧迫，本人才疏学浅，难免有错误和疏漏之处，殷切希望各位读者和同仁们批评指正，我将不胜感激。

杨　健

2020 年 5 月

目　录

第 1 章 绪论

随着 20 世纪 40 年代计算机的出现，50 年代人工智能的兴起，模式识别在 20 世纪 60 年代初迅速发展并成为一门新学科。本章介绍模式识别相关的基本概念与方法。

1.1 模式的基本概念

人们在日常生活中不时地对环境中的事物进行识别。比如，辨认出房子、道路、树木，辨识出汽车、电动车、自行车，认出熟人的面孔，听出电话中的熟人的声音，区分出发动机声、喇叭声，闻出泄漏的煤气味、变质食品的异味等。以汽车的辨识为例，人们通过反复观察各种形状与用途的汽车，包括轿车、客车、货车、救护车、消防车、警车、越野车、跑车、房车等，可以学习到汽车的性质和特点，具备准确辨识汽车的能力。

一般地，把自然界或社会生活中的相同或相似的事物称为模式。在对个别的具体事物实例进行观察的基础上，人可以获得对此类事物整体性质和特点的认识，从而具备正确辨认此类事物的能力，即具备模式识别能力。人类的模式识别能力在视觉、听觉、嗅觉等感知能力的基础上，使得人类能够看似比较轻松地完成各种感知和认知任务。

本书讨论的模式识别就是用计算机实现类似人脑的模式识别能力，也称计算机模式识别或机器识别。目前，我们对人脑的模式识别过程尚不完全清楚，让计算机做人类较容易做到的模式识别还是非常困难的，计算机模式识别能力在多个方面还远不如人类。人脑的模式识别过程研究将有利于计算机模式识别模型与算法的研究，反之亦然。

在模式识别学科中，“模式”可以理解为一种相同或相似的事物，即模式类；也可以理解为对具体的个别事物进行观测所得到的观测数据，即样本。本质上，模式是指对一种相同或相似事物进行大量观测而得到的数据所具有的性质和特点，即模式分布。以手写体数字图像识别问题为例，10 个数字对应着 10 种模式类，图 1-1 显示了手写体数字 0 的 200 种图像样本。从图 1-1 可以看到，图像样本的变化非常复杂，模式分布研究也非常具有挑战性。

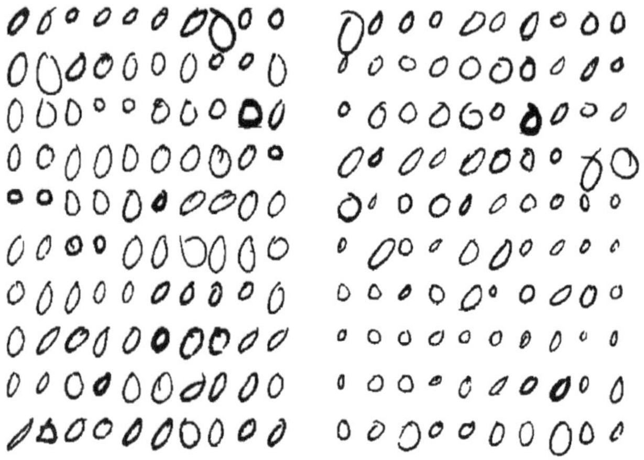

图 1-1　手写体数字图像样本示例

一个统计模式识别系统可以分成两个部分：一是训练部分，输入的样本包含了样本数据及其相应的类别真实标签，从样本数据中深入挖掘模式分布，通过最小化训练样本的标签预测与真实标签的预测误差，学习得到在某种意义下最优的模式表示与模式分类器，比如在图 1-2 中的实线部分与虚线部分；二是识别部分，输入的待识别样本只包含了样本数据，按训练阶段所学习得到的最优模式表示与模式分类器对样本做标签预测，即将其归入一个模式类，比如图 1-2 中的实线部分。

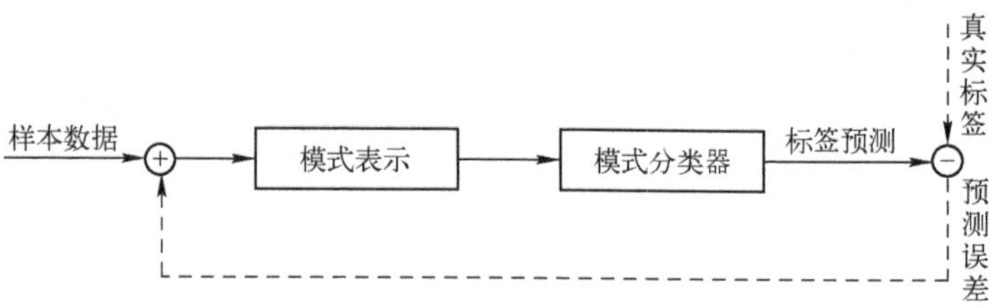

图 1-2　一个统计模式识别系统的示意图

在图 1-2 中，输入的样本数据是指通过传感器对模式所获取的观测空间中的数据点，并进行预处理；模式表示是指从观测空间到表示空间的一个映射；模式分类是指从表示空间到标签预测空间的一个映射。模式识别基础研究主要集中在对于训练阶段的研究，可以看成需要求解最优模式表示与最优模式分类的联合优化问题。BP 神经网络是该联合优化问题的一个经典示例，常见的模式识别研究工作包括最优模式表示研究与最优模式分类研究。

1.2 模式表示学习

人脑在每天感知外界事物的过程中，首先面临着一个模式表示的问题，即利用大约 3 万个听觉神经纤维和 100 万个视觉神经纤维等，从高维的感官输入信息（如视频图像、音频信号等）中抽取便于管理的很小数量的感知关联特征来完成对事物的认识。模式表示问题可以定义为：在高维的观察样本空间中寻找其隐藏的有意义的低维数据结构，并借此分析和探索事物的内在规律。因此，模式表示的过程本质上可以看成在一定准则下的优化问题，不仅从原始模式信息中得出了最有利于模式分类的特征，而且这些特征与原始样本信息相比，极大地降低了模式样本的维数。近年来，大规模的高维数据在科学、工程和社会生活中激增，这必然为众多学科领域（如图像视频和多媒体数据的处理、网络数据分析和搜索、生物信息学和测量学、智能机器人等）的发展带来机遇和挑战。在这些领域里，数据的维数成千上万甚至高达数亿，样本的个数也达到了几乎同样的数量级，一方面含有丰富的信息可供挖掘利用，另一方面增加了挖掘这些数据的困难与成本，模式表示问题尤为重要，亟待解决。

模式表示包含了模式特征抽取与特征选择。假设在模式观测样本空间中有一个样本数据集，其中的每一个样本数据都是一个高维向量。因为这些高维向量的各维度之间可能存在一些信息冗余，所以模式可能分布在一些低维子空间上。为了挖掘模式分布，需要寻找比较好的模式表示空间，即需要寻找从高维观测空间到低维表示空间的一个映射，在实现降维的同时，使新的模式表示具有一定的最优性与可解释性。

最简单的映射是线性映射、投影映射。按向子空间投影的模式表示映射是否线性的准则，可以把最优模式表示方法简单分成线性子空间方法、非线性子空间方法。在样本集中，可能对于每个样本数据，都没有类别标记信息；也可能对于每个样本数据，都有类别标记信息；或者，对于部分样本数据有类别标记信息，但对于其他样本数据却没有类别标记信息。因此，按样本集中类别标记信息的多少，可以把最优模式表示方法分成非监督方法、监督方法、半监督方法。

1.2.1 线性子空间分析

主成分分析（Principal Component Analysis，PCA）是一种广泛应用的非监督子空间学习方法[1]，旨在寻找具有最大方差的模式表示投影方向，即在投影后所得到的新特征的方差最大。方差大小刻画了数据的散布情况，即描述了数据偏离均值的散布程度。如果方差小，就说明样本在该维度上偏离均值的变化小，将不利于描述数据在该维度上的可区分性。在求出方差最大的第一个投影方向后，按正交条件可以定义方差最大的第二个投影方向。以此类推，可以定义方差最大的一组投影方向，其中后续的投影方向与已有的投影方向正交，并且方差最大。这组方差最大的投影方向集称为主成分向量集。容易证明，它是样本数据的协方差矩阵对应于较大特征值的特征向量集，并且也可以看成在正交约束下的一个最小重构误差问题的解集。

线性鉴别分析（Linear Discriminant Analysis，LDA）是经典的监督子空间学习方法[2-4]，旨在寻找具有最大鉴别力的模式表示投影方向。线性鉴别分析的基本思想最早是由费希尔提出的[2]，其目的是选择使得费希尔（Fisher）准则函数达到极值的向量作为最佳投影方向，从而使得样本在该方向上投影后，达到最大的类间离散度和最小的类内离散度，即得到最大的鉴别力。在求出鉴别力最大的第一个投影方向后，按共轭正交条件可以定义鉴别力最大的第二个投影方向[5]。以此类推，可以定义鉴别力最大的一组投影方向，其中后续的投影方向与已有的投影方向共轭正交，并且鉴别力最大。这组鉴别力最大的投影方向集称为具有统计不相关性的最佳鉴别向量集。容易证明，它就是样本数据的类内协方差矩阵的逆矩阵与类间协方差矩阵的乘积矩阵对应于较大特征值的特征向量集；即这与威尔克斯（Wilks）[3]和杜达（Duda）[4]在费希尔思想的基础上，分别提出的使得类间散布矩阵行列式与类内散布矩阵行列式之比最大的线性鉴别向量集是等价的。在模式表示理论中，要求表示之间尽可能是不相关的，其出发点就是有利于最大限度地消除维度之间的相关性。如果参考主成分分析的做法，在要求后续的投影方向与已有的投影方向正交的条件下，求解鉴别力最大的投影方向所得到的最优鉴别向量集，在性能上逊色于经典的线性鉴别分析最优鉴别向量集。

费希尔线性鉴别分析有很多拓展[6]。在模式空间维数高而训练样本数少的情况下，很难精确地估计协方差矩阵，类内协方差矩阵的逆矩阵还可能不存在，子空间分析方法遇到了困难，因此小样本子空间分析方法研究引起了人们的高度关注[7]。由于常规的子空间学习技术都是针对向量数据而言的，对于计算机视觉中的图像数据矩阵，简单的处理方法是将图像的各个像素数据叠加形成一个向量数据，其维数相当高，小样本问题普遍出现。另外，将图像矩阵转化为向量，只能部分保持图像像素的邻近关系，难以保持图像的结构信息。因此，催生了面向图像数据的子空间学习技术研究，直接利用图像矩阵数据构造图像协方差矩阵，不但保持了图像的结构信息，还提高了算法的效率，其代表性工作包括二维主成分分析[8]、二维线性鉴别分析等。

1.2.2 基于流形、稀疏与低秩假设的模式表示

在数据表示建模时，必须诉诸数据固有的结构。认知科学的研究提供了假设与启迪，引领着模式表示理论与方法的发展。有三种假设占主导地位：

（1）流形假设，即数据存在于内嵌的低维流形上，该假设导致了流形学习理论的产生和蓬勃发展；

（2）稀疏假设，即数据在超完备基底上的表示是稀疏的，该假设带来了稀疏学习、稀疏表示和压缩感知理论的兴起；

（3）低秩假设，即数据矩阵在代数空间本质上具有比较低的秩，在国际著名学者斯坦福大学 Candes 教授推动下，一种崭新的理论，即低秩矩阵恢复理论，应运而生并势如破竹地发展。

理论与实验证明，复杂模式的特征之间往往存在着高阶的相关性，因此数据集呈现明显的非线性，并且往往是由一组维度远低于样本维度的隐含变量决定的。在数学上，具有上述性质的模型是流形。以流形为模型，利用流形的基本假设和性质来研究高维空间中的数据分布，达到简约数据，降低维度，探寻复杂模式的内部规律的学习方法称为流形学习[9,10]。2000 年，Seung 提出感知以流形方式存在[9]，并通过实验证明了人脑中的确存在着稳态的流形。这为统计模式识别与人类感知架起了一座桥梁，使得流形学习具有了更加坚实的理论基础。流形学习的核心，是如何合理有效地对数据进行流形建模，即如何找到一个好的流形模型，能够较好地逼近数据，使得数据的内在结构性质能够在流形上较好地保持下来，以便研究者通过对流形模型的研究，

获得对数据集内在结构的深刻认识。

科学工作者揭示了在低层和中层的人类视觉系统中，视觉通道中的许多神经元对大量的具体的刺激，比如目标的颜色、纹理、朝向和尺度等，具有选择性[11,12]。若将这些神经元视为视觉阶段的超完备集中的信号基元，神经元对于输入图像的激活机制具有高度的稀疏性。图像模式的稀疏性不仅体现在模式内部，也体现在模式之间。模式内部的稀疏性刻画为特征抽取提供了依据，模式之间的稀疏性则为分类器的设计提供了可能。

矩阵低秩性刻画了数据的内在低维结构，揭示了真实数据的变化往往由少数的重要因子线性决定。低秩假设源远流长，从最早的主成分分析到线性鉴别分析，几乎每一种子空间分析方法都在它的辐射下诞生。传统的子空间方法对含有小高斯噪声的数据比较有效，但对于含野点、含大的稀疏噪声的数据比较敏感。对于大规模的高维数据，数据矩阵中常常含有野点、孤立点，有部分元素受噪声污染甚至缺失，低秩矩阵恢复理论与方法成为有效的数据处理手段[13,14]。主成分分析、矩阵补全和稳健主成分分析[14]可分别看作稠密小噪声、缺失数据和稀疏大噪声假设下的低秩矩阵学习模型。针对日益涌现的多模态数据，作为低秩矩阵学习模型的多线性拓展，低秩张量学习模型、低秩张量关联主成分分析、张量恢复的快速求解，以及面向轻量级神经网络设计的张量分解方法等研究正在蓬勃发展。

1.3 模式分类

设有 c 个模式类别：$\omega_1,\omega_2,\cdots,\omega_c$，$X$ 为一个待识别样本，模式分类问题就是将 X 映射到决策空间上，即将其分类到一个最相近或相似的模式类别。

1.3.1 贝叶斯分类器

设各模式类别的先验概率与条件分布密度函数分别为 $P(\omega_i)$ 与 $P(X \mid \omega_i)$ $(i=1,\cdots,c)$。对于待识别样本 X，计算出样本 X 属于各模式类的后验概率 $P(\omega_i \mid X)$，最小错误率贝叶斯（Bayes）判决规则根据概率最大原则进行分类判决，即

$$P(\omega_i \mid X)=\max_{1\leqslant i\leqslant c}P(\omega_i \mid X)\rightarrow X\in\omega_i \qquad (1-1)$$

在 $c=2$ 的情形下，假设条件分布服从正态分布，当两个条件协方差矩阵不相等时，最小错误率贝叶斯判决规则所对应的判决函数是一个二次函数，如图 1-3 中的实线所示；当两个条件协方差矩阵相等时，最小错误率贝叶斯判决规则所对应的判决函数是一个一次函数，其函数曲线为两个分布的中心连线（图 1-3 中的水平虚线）的垂直平分线（图 1-3 中的竖直虚线），即各类以其中心为代表，按待识别样本到各类代表的距离最小原则进行分类。

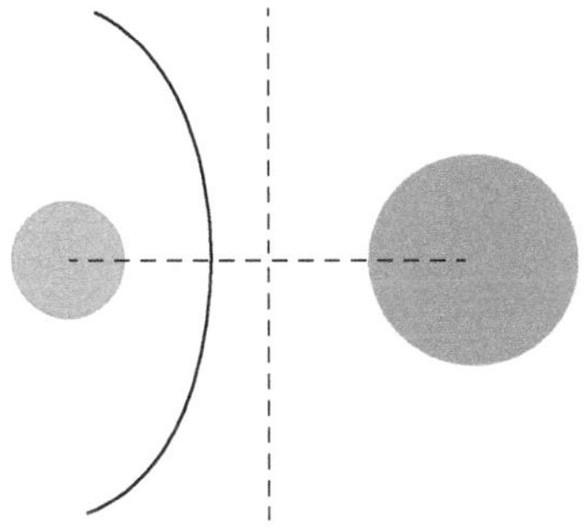

图 1-3　两类问题的贝叶斯判决函数曲线示意图

1.3.2　最小距离分类器

在实际应用中，类条件概率密度是未知的，需要大量样本进行估计。为此，可以利用样本集直接设计分类器。

将 ω_i类模式的训练样本记为 X_{ij}（$j=1,\cdots,M_i$），其样本均值记为

$$m_i = \frac{1}{M_i}\sum_{j=1}^{M_i} X_{ij}$$

最小距离分类器对于各模式只选取一个代表 m_i，对于待识别样本 X，计算出样本 X 与各模式代表 m_i的欧几里得距离 $\|X-m_i\|$，根据距离最小原则进行分类判决如下：

$$\|X-m_i\| = \min_{1\leqslant i\leqslant c}\|X-m_i\| \rightarrow X\in\omega_i \tag{1-2}$$

在 $c=2$ 的情形下，最小距离分类器的判决函数曲线就是两个样本均值连线的垂直平分线。

欧几里得距离刻画了模式样本之间的相似程度，而样本相关系数也是能够刻画模式样本之间相似程度的一种度量方法。采用样本相关系数代替欧几

里得距离，可以得到最大相关分类器。最大相关分类器对于各模式只选取一个代表 m_i，对于待识别样本 X，计算出样本 X 与各模式代表 m_i 的样本相关系数 $\rho(X,m_i)$，根据相关系数最大原则进行分类判决如下：

$$\rho(X,m_i)=\max_{1\leqslant i\leqslant c}\rho(X,m_i)\rightarrow X\in\omega_i \tag{1-3}$$

1.3.3 最近邻分类器

最近邻距离分类器也是按距离最小原则分类，但各模式不是只选一个代表，而是把它所有的训练样本都作为代表。对于待识别样本 X，计算出样本 X 与各模式代表 X_{ij} 的欧几里得距离 $\|X-X_{ij}\|$，进行分类判决如下：

$$\|X-X_{ij}\|=\min_{\substack{1\leqslant i\leqslant c\\1\leqslant j\leqslant M_i}}\|X-X_{ij}\|\rightarrow X\in\omega_i \tag{1-4}$$

最近邻相关分类器也是按相关系数最大原则分类，但各模式不是只选一个代表，而是把其所有训练样本都作为代表。对于待识别样本 X，计算出样本 X 与各模式代表 X_{ij} 的样本相关系数 $\rho(X,X_{ij})$，进行分类判决如下：

$$\rho(X,X_{ij})=\max_{\substack{1\leqslant i\leqslant c\\1\leqslant j\leqslant M_i}}\rho(X,X_{ij})\rightarrow X\in\omega_i \tag{1-5}$$

1.3.4 BP 神经网络

在 1986 年 Rumelhart[15,16] 提出了一种按误差反向传播（Back-Propagation，BP）算法训练的三层前馈网络，简称 BP 神经网络，其拓扑结构包括了输入层、隐含层和输出层，如图 1-4 所示。

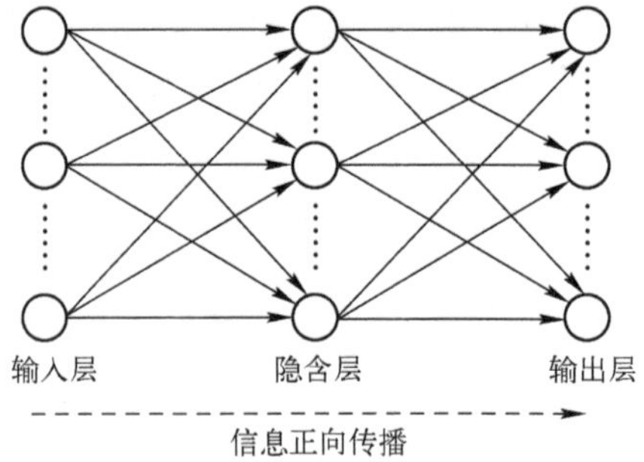

图 1-4　三层 BP 神经网络结构示意图

在图 1-4 中，信息正向传播通过全连接线性组合的激活函数分别计算隐含层的输出、输出层的输出，而误差反向传播可以利用输出层神经元的误差调节隐含层-输出层的全连接参数与阈值，并利用隐含层神经元的误差调节输入层-隐含层的全连接参数与阈值。BP 神经网络可以逼近任意连续函数，具有很强的非线性映射能力。近几年出现的深度神经网络可以看成是 BP 神经网络的发展。

1.3.5 支持向量机

支持向量机是 20 世纪 90 年代在统计学习理论的基础上发展起来的模式识别方法，在解决小样本高维模式识别问题中表现出特色与优势[17,18]。

给定一个二分类问题，假设在模式表示空间用一个线性分类映射 $\Psi(X)=w^{\mathrm{T}}X+b$ 可以将训练样本集中的两个类准确无误地分开，即假设训练样本集是线性可分的。不妨将分类映射 $\Psi(X)$ 规范化，使得对于所有的训练样本都满足 $|\Psi(X)|\geqslant 1$。此时，可以说明分类间隔为 $\dfrac{2}{\|w\|}$。经典的支持向量机是以下优化问题的解：

$$\min_{w,b}\frac{1}{2}\|w\|^2 \quad \text{s. t.} \quad y_i(w^{\mathrm{T}}X_i+b)-1\geqslant 0(i=1,\cdots,M) \tag{1-6}$$

式中，$y_i\in\{1,-1\}$，是训练样本 X_i 的类别标签（$i=1,\cdots,M$）。超平面 $|\Psi(X)|=1$ 上的训练样本称为支持向量。$\|w\|^2$ 越小，分类间隔越大，从而支持向量机的泛化能力越强。针对非线性可分的情况，对于每一个训练样本可以引入松弛变量 $\xi_i\geqslant 0$ 以确定软边界，优化问题为

$$\min_{w,b}\frac{1}{2}\|w\|^2+C\sum_{i=1}^{M}\xi_i \quad \text{s. t.} \quad y_i(w^{\mathrm{T}}X_i+b)-1+\xi_i\geqslant 0(i=1,\cdots,M) \tag{1-7}$$

式中，C 为权值。对于多分类问题，支持向量机有很多解决方案。

1.3.6 分类器组合

不同性质的特征往往反映模式的不同方面，在一种特征空间很难区分的两种模式可能在另一种特征空间上很容易分开；而对应于同一特征的不同分类器又从不同的角度将该特征映射到决策空间上。因此，利用不同性质的特

征和不同分类器的组合，就可能全面反映出一个模式，从而得到一个较好的分类结果。

多传感器数据融合可以有效地解决单传感器的不足，更精确地观察和解释环境，有着重要的理论研究价值和实际应用价值。从处理对象的层次上，多源信息融合研究可分为低层（像素级）、中层（特征级）和高层（决策级）三个层次。从数据融合的角度看，可以认为多分类器的组合属于决策级层次的信息融合。

分类器组合方法很多[19]，主要有择多判决法（投票表决法、计分法）、线性加权法、贝叶斯估计法、证据推理法、模糊推理法，以及将分类结果作为一种新的输入特征的神经网络组合方法等。

1.4 应用算例

模式识别在人工智能、计算机视觉、大数据分析和智能机器人等领域具有广泛的应用。本节仅介绍在经典的手写体数字图像识别与人脸图像识别应用中的算例。

1.4.1 手写体数字图像识别

手写体数字图像识别是计算机模式识别领域的一个经典课题。国际上广泛使用的 Concordia University CENPARMI 手写体数字数据集有 4 000 个训练样本与 2 000 个测试样本。图 1-1 显示了数字 0 的 400 个训练样本中的前 100 个与 200 个测试样本中的前 100 个。

在手写体数字识别的研究中，对于二值化图像的表示方法有多种。通过对手写体数字图像作预处理，提取出以下四组图像表示[20,21]：Gabor 变换特征 X^G、Legendre 矩特征 X^L、Pseudo-Zernike 矩特征 X^P 与 Zernike 矩特征 X^Z。对于这四种图像表示，分别进行线性鉴别分析提取出 9 维的鉴别特征表示，分别记为 X^G+LDA、X^L+LDA、X^P+LDA、X^Z+LDA。分别用最小距离、最近邻距离、最大相关、最近邻相关四种分类器对测试样本进行分类识别，识别错误率结果见表 1-1。

表 1-1 手写体数字识别实验的错误率

图像表示	维 数	分 类 器			
		最小距离	最近邻距离	最大相关	最近邻相关
X^G	256	0.269	0.179	0.297	0.144
X^G+LDA	9	0.183	0.175	0.24	0.212
X^L	121	0.479	0.088	0.262	0.067
X^L+LDA	9	0.106	0.108	0.147	0.141
X^P	36	0.429	0.237	0.485	0.241
X^P+LDA	9	0.296	0.299	0.362	0.387
X^Z	30	0.449	0.245	0.517	0.254
X^Z+LDA	9	0.299	0.308	0.383	0.384

从表 1-1 可以看出，在 X^G、X^L、X^P、X^Z、X^G+LDA、X^L+LDA、X^P+LDA、X^Z+LDA 八种图像表示中，基于 Legendre 矩特征的图像表示具有优势；进行线性鉴别分析后，在分类阶段，如果每个类别只取一个代表，性能极大提升；如果将所有训练样本都取为类别代表，性能可能会稍有下降。

1.4.2 人脸图像识别

人脸识别是信息技术领域的前沿课题[22]。国际上广泛使用 ORL 人脸图像数据集[23]，由 40 人的 400 幅图像组成，其中有些图像拍摄于不同时期；人脸脸部表情与脸部细节有变化，例如，笑或不笑，眼睛睁着或闭着，戴或不戴眼镜；人脸姿态有变化，深度旋转与平面旋转可达到 20°；人脸的尺度也最多有 10%的变化。将图像分辨率92×112 逐渐降低到 46×56、23×28、12×14、6×7、3×4，可以得到不同分辨率的图像，如图 1-5 所示。说明，本书分辨率的单位为“像素”，为了简洁起见省略为“$n\times m$”形式。

现将每人 10 幅图像样本中的前 5 幅图像用作训练样本，另外 5 幅图像用作测试样本，则训练样本总数为 200，测试样本总数也为 200。对于多种分辨率图像 92×112、46×56、23×28、12×14、6×7、3×4 的像素数据表示，分别用最小距离、最近邻距离、最大相关、最近邻相关四种分类器对测试样本进行分类识别，识别错误率结果见表 1-2 中的前 6 行。

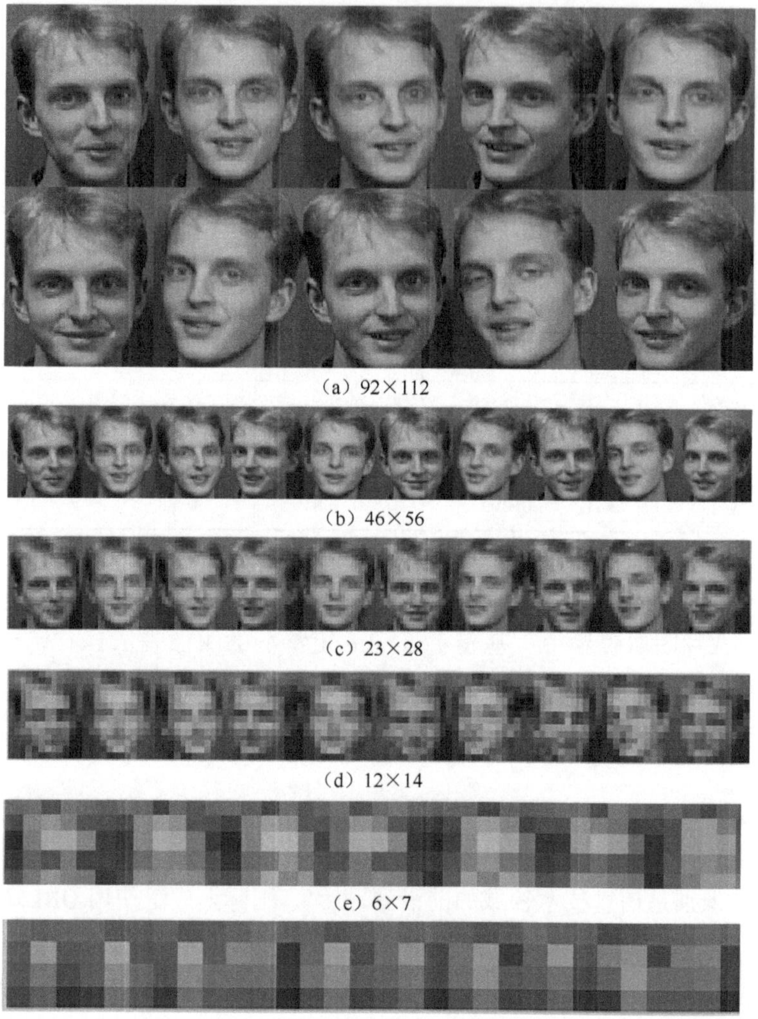

（a）92×112

（b）46×56

（c）23×28

（d）12×14

（e）6×7

（f）3×4

图 1-5　多分辨率人脸图像

表 1-2　在多种分辨率下的人脸识别实验错误率

图像表示	维数	分类器			
		最小距离	最近邻距离	最大相关	最近邻相关
92×112	10 304	0.16	0.09	0.205	0.12
46×56	2 576	0.155	0.09	0.19	0.11
23×28	644	0.16	0.09	0.205	0.12
12×14	168	0.145	0.08	0.195	0.085

续表

图像表示	维数	分类器			
		最小距离	最近邻距离	最大相关	最近邻相关
6×7	42	0.175	0.1	0.21	0.095
3×4	12	0.29	0.14	0.365	0.195
3×4+LDA	12	0.17	0.125	0.235	0.145
6×7+LDA	39	0.055	0.03	0.07	0.025

对于分辨率为6×7、3×4的图像，像素数目分别为42与12，而训练样本数目为200，所以可以进行线性鉴别分析，分别抽取39维与12维的线性鉴别特征，并用最小距离、最近邻距离、最大相关、最近邻相关四种分类器对测试样本进行分类识别，识别错误率结果见表1-2中的后两行。另外说明一下，对于分辨率为12×14的图像，像素数目为168，而类内协方差矩阵的秩为

$$\text{训练样本数目}-\text{类别数目}-1=200-40-1=159<168$$

说明其逆矩阵不存在，不能进行线性鉴别分析。

从表1-2可以看出，高分辨率图像像素之间的信息冗余严重，适当降低图像分辨率可以保持比较接近的识别性能；把图像分辨率降得过低，会影响识别性能；线性鉴别分析能够极大地提升识别性能，采用最近邻距离分类器或最近邻相关分类器，基于6×7人脸图像的LDA表示可以获得不小于97%的正确率。

参考文献

[1] Fukunaga K. Introduction to Statistical Pattern Recognition [M]. New York: Academic Press, 1990.

[2] Fisher R A. The use of multiple measurements in taxonomic problems [J]. Annals of Human Genetics, 1936, 7 (7): 179-188.

[3] Wilks S S. Mathematical Statistics [M]. New York: John Wiley & Sons, Inc., 1962: 577-578.

[4] Duda R O, Hart P E. Pattern Classification and Scene Analysis [M]. New York: John Wiley & Sons, Inc., 1973.

[5] Jin Z, Yang J Y, Tang Z M, et al. A theorem on the uncorrelated optimal discriminant vectors

[J]. Pattern Recognition, 2001, 34 (10): 2041-2047.

[6] Longstaff I D. On extensions to Fisher's linear discriminant function [J]. IEEE Transactions on Pattern Analysis and Machine Intelligence, 1987, 9 (2): 321-324.

[7] Yang J, Frangi A F, Yang J Y, et al. KPCA plus LDA: a complete kernel fisher discriminant framework for feature extraction and recognition [J]. IEEE Transactions on Pattern Analysis and Machine Intelligence, 2005, 27 (2): 230-244.

[8] Yang J, Zhang D, Frangi A F, et al. Two dimensional PCA: a new approach to appearance-based face representation and recognition [J]. IEEE Pattern Analysis and Machine Intelligence, 2004, 26 (1): 131-137.

[9] Seung H S, Lee D D. The manifold ways of perception [J]. Science, 2000, 290: 2268-2269.

[10] Roweis S T, Saul L K. Nonlinear dimensionality reduction by locally linear embedding [J]. Science, 2000, 290: 2323-2326.

[11] Vinje W E, Gallant J L. Sparse coding and decorrelation in primary visual cortex during natural vision [J]. Science, 2000, 287 (5456): 1273-1276.

[12] Olshausen B A, Field D J. Sparse coding of sensory inputs [J]. Current Opinion in Neurobiology, 2004, 14 (4): 481-487.

[13] Candès E J, Tao T. The power of convex relaxation: Near-optimal matrix completion [J]. IEEE Transactions on Information Theory, 2010, 56 (5): 2053-2080.

[14] Candès E J, Li X, Ma Y, et al. Robust principal component analysis? [J] Journal of the ACM, 2011, 58 (3): 1-37.

[15] Rumelhart D E, Hinton G E, Williams R J. Learning representations by back-propagating errors [J]. Nature, 1986, 323 (6088): 533-536.

[16] Rumelhart D E, Hinton G E, Williams R J. Learning internal representations by error propagation [M] // Rumelhart D E, McClelland J L, Parallel distributed processing: Explorations in the microstructure of cognition, Vol. 1: Foundations. Cambridge, MA: The MIT Press, 1986: 318-364.

[17] Vapnik V, Lerner A. Pattern recognition using generalized portrait method [J]. Automation and Remote Control, 1963, 24: 774-780.

[18] Vapnik V, Golowich S E, Smola A. Support vector method for function approximation, regression estimation, and signal processing [M] // Mozer M C, Jordan M, Petsche T, Advances in Neural Information Processing Systems 9, Cambridge, MA: The MIT Press, 1997: 281-287.

[19] Kittler J, Hatef M, Duin R P W, et al. On combining classifiers [J]. IEEE Transactions

on Pattern Analysis & Machine Intelligence, 1998, 20 (3): 226-239.

[20] Jin Z, Yang J Y, Tang Z M, et al. A theorem on the uncorrelated optimal discriminant vectors [J]. Pattern Recognition, 2001, 34 (10): 2041-2047.

[21] Liao S X, Pawlak M. On image analysis by moments [J]. IEEE Transactions on Pattern Analysis and Machine Intelligence, 1996, 18 (3): 254-266.

[22] Chellappa R, Wilson C L, Sirohey S. Human and machine recognition of faces: A survey [J]. Proceedings of the IEEE, 1995, 83 (5): 705-740.

[23] Samaria F, Harter A. Parameterisation of a stochastic model for human face identification [C]. In Proceedings of 2nd IEEE Workshop on Applications of Computer Vision, Sarasota FL, December, 1994.

第 2 章

线性子空间表示

线性子空间表示是模式识别中一类基本的特征表示方法。其目的是寻求一个在某种意义上最优的子空间，将模式样本投影到该子空间，以投影后的模式向量作为模式的特征表示。

经典的线性子空间表示方法有两种：主成分分析和线性鉴别分析。本章首先对这两种方法及其新发展进行具体介绍。然后，介绍两种基于二维图像模式的主成分分析和线性鉴别分析。

2.1 主成分分析

主成分分析（Principal Component Analysis，PCA），也称主分量分析，或 K-L 变换（Karhunen-Loeve Transform）[1]。下面对 PCA 方法进行介绍。

2.1.1 基本概念

设 $\boldsymbol{X}$ 为一个 N 维随机向量，$\boldsymbol{S}_t$为 $\boldsymbol{X}$ 的 $N\times N$ 协方差矩阵：

$$\boldsymbol{S}_t=E[\boldsymbol{X}-E(\boldsymbol{X})][\boldsymbol{X}-E(\boldsymbol{X})]^{\mathrm{T}} \tag{2-1}$$

式中，$E(\boldsymbol{X})$是随机向量 $\boldsymbol{X}$ 的数学期望。该协方差矩阵也称总体散布矩阵。容易证明 $\boldsymbol{S}_t$为非负定矩阵。

给定一组 M 个 N 维训练样本 $X_1,\cdots,X_M$，则 $\boldsymbol{S}_t$的估计为

$$\boldsymbol{S}_t=\frac{1}{M}\sum_{j=1}^{M}(\boldsymbol{X}_j-\boldsymbol{m}_0)(\boldsymbol{X}_j-\boldsymbol{m}_0)^{\mathrm{T}} \tag{2-2}$$

式中，$\boldsymbol{m}_0$为训练样本的均值向量，即

$$\boldsymbol{m}_0=\frac{1}{M}\sum_{j=1}^{M}\boldsymbol{X}_j$$

寻求一组标准正交且使得以下准则函数达到极值的向量 $\boldsymbol{\phi}$ 作为投影轴：

$$J_t(\boldsymbol{\phi})=\boldsymbol{\phi}^{\mathrm{T}}\boldsymbol{S}_t\boldsymbol{\phi} \tag{2-3}$$

其物理意义是使投影后所得特征的总体散布量最大。就每一个投影轴而言，模式样本在该轴上投影后，投影点的方差最大。

事实上，这一组最优投影轴应取为 $\boldsymbol{S}_{\mathrm{t}}$ 的 d 个最大特征值所对应的标准正交的特征向量 $\boldsymbol{\phi}_1,\cdots,\boldsymbol{\phi}_d$。令 $\boldsymbol{\Phi}=(\boldsymbol{\phi}_1,\cdots,\boldsymbol{\phi}_d)$，则 PCA 变换如下：

$$\boldsymbol{Y}=\boldsymbol{\Phi}^{\mathrm{T}}\boldsymbol{X} \tag{2-4}$$

$\boldsymbol{Y}$ 作为 $\boldsymbol{X}$ 的特征表示，用于后续的分类或其他任务。从几何上讲，PCA 变换是一个坐标变换，即 $\boldsymbol{Y}$ 是原始的模式向量 $\boldsymbol{X}$ 在一个新的、由标准正交的特征向量 $\boldsymbol{\phi}_1,\cdots,\boldsymbol{\phi}_d$ 构成的坐标系中的坐标。

2.1.2 最小均方误差逼近

PCA 变换是最小均方误差逼近意义下的最优表示。

设 $\boldsymbol{\phi}_1,\cdots,\boldsymbol{\phi}_d,\cdots,\boldsymbol{\phi}_N$ 为 $\boldsymbol{S}_{\mathrm{t}}$ 的一组标准正交的特征向量，对应的特征值满足 $\lambda_1\geqslant\cdots\geqslant\lambda_d\geqslant\cdots\geqslant\lambda_N$。由式（2-4）可得

$$\boldsymbol{X}=\boldsymbol{\Phi}\boldsymbol{Y}=\sum_{i=1}^{d}y_i\boldsymbol{\phi}_i+\sum_{i=d+1}^{N}y_i\boldsymbol{\phi}_i=\hat{\boldsymbol{X}}+\boldsymbol{\xi} \tag{2-5}$$

易证明，$\hat{\boldsymbol{X}}=\sum_{i=1}^{d}y_i\boldsymbol{\phi}_i$ 是零均值随机向量 $\boldsymbol{X}$ 在最小均方误差逼近意义下的最优表示，换言之，它表示的均方误差 $E(\boldsymbol{X}-\hat{\boldsymbol{X}})^{\mathrm{T}}(\boldsymbol{X}-\hat{\boldsymbol{X}})$ 比采用其他任何正交系统的 d 个坐标来展开 $\boldsymbol{X}$ 所引起的均方误差都要小。

一般地，模式 $\boldsymbol{X}$ 的样本均值 $\boldsymbol{m}_0$ 未必为 0，PCA 变换式（2-4）可以修改如下：

$$\boldsymbol{Y}=\boldsymbol{\Phi}^{\mathrm{T}}(\boldsymbol{X}-\boldsymbol{m}_0) \tag{2-6}$$

模式样本 $\boldsymbol{X}$ 可以在最小均方误差逼近意义下重构如下：

$$\hat{\boldsymbol{X}}=\boldsymbol{m}_0+\sum_{i=1}^{d}y_i\boldsymbol{\phi}_i \tag{2-7}$$

式中，$y_i=\boldsymbol{\phi}_i^{\mathrm{T}}(\boldsymbol{X}-\boldsymbol{m}_0)$，$i=1,\cdots,d$。

2.1.3 PCA 变换的统计不相关性

PCA 变换后，模式样本的 PCA 特征分量之间是统计不相关的。

设线性变换 $\boldsymbol{Y}=\boldsymbol{\Phi}^{\mathrm{T}}\boldsymbol{X}$，其中，$\boldsymbol{\Phi}=(\boldsymbol{\phi}_1,\cdots,\boldsymbol{\phi}_d)$，$\boldsymbol{\phi}_1,\cdots,\boldsymbol{\phi}_d$ 为 PCA 的一组最优投影轴。原始特征向量 $\boldsymbol{X}$ 变换为 $\boldsymbol{Y}=(y_1,\cdots,y_d)^{\mathrm{T}}$，其第 i 个分量为 $y_i=\boldsymbol{\phi}_i^{\mathrm{T}}\boldsymbol{X}$，

$i=1,\cdots,d$。则 y_i 与 y_j 之间的协方差为

$$\begin{aligned}\mathrm{Cov}(y_i,y_j)&=E[y_i-E(y_i)][y_j-E(y_j)]\\&=\boldsymbol{\phi}_i^{\mathrm{T}}\{E[\boldsymbol{X}-(\boldsymbol{X})][\boldsymbol{X}-E(\boldsymbol{X})]^{\mathrm{T}}\}\boldsymbol{\phi}_j\\&=\boldsymbol{\phi}_i^{\mathrm{T}}\boldsymbol{S}_{\mathrm{t}}\boldsymbol{\phi}_j\end{aligned}$$

故 y_i 与 y_j 的统计相关系数可表达为

$$\rho(y_i,y_j)=\frac{\boldsymbol{\phi}_i^{\mathrm{T}}\boldsymbol{S}_{\mathrm{t}}\boldsymbol{\phi}_j}{\sqrt{\boldsymbol{\phi}_i^{\mathrm{T}}\boldsymbol{S}_{\mathrm{t}}\boldsymbol{\phi}_i}\sqrt{\boldsymbol{\phi}_j^{\mathrm{T}}\boldsymbol{S}_{\mathrm{t}}\boldsymbol{\phi}_j}} \tag{2-8}$$

由于 $\boldsymbol{\phi}_1,\cdots,\boldsymbol{\phi}_d$ 为 $\boldsymbol{S}_{\mathrm{t}}$ 的标准正交的特征向量，$\boldsymbol{\phi}_i^{\mathrm{T}}\boldsymbol{S}_{\mathrm{t}}\boldsymbol{\phi}_j=\lambda_j\boldsymbol{\phi}_i^{\mathrm{T}}\boldsymbol{\phi}_j=0$，$i\neq j$。故 $\rho(y_i,y_j)=0$，$i\neq j$，即 PCA 变换后，模式样本的特征分量之间是统计不相关的。

2.1.4　小样本情况下的主成分分析

在训练样本的总数 M 小于训练样本的维数 N 的情况下，为了提高计算效率，常常借助于奇异值分解定理间接地求解 $\boldsymbol{S}_{\mathrm{t}}$ 的特征向量。具体做法介绍如下[1,2]。

定理 2-1（奇异值分解定理）　设 $\boldsymbol{A}$ 是一个秩为 r 的 $N\times M$ 矩阵，则存在两个正交矩阵

$$\boldsymbol{U}=[\boldsymbol{u}_1,\cdots,\boldsymbol{u}_r]\in\mathbf{R}^{N\times r},\ \boldsymbol{U}^{\mathrm{T}}\boldsymbol{U}=\boldsymbol{I}$$

和

$$\boldsymbol{V}=[\boldsymbol{v}_1,\cdots,\boldsymbol{v}_r]\in\mathbf{R}^{M\times r},\ \boldsymbol{V}^{\mathrm{T}}\boldsymbol{V}=\boldsymbol{I}$$

以及对角矩阵

$$\boldsymbol{\Lambda}=\mathrm{diag}[\lambda_1,\lambda_2,\cdots,\lambda_r]\in\mathbf{R}^{r\times r},\ \lambda_1\geqslant\lambda_2\geqslant\cdots\geqslant\lambda_r>0$$

使得

$$\boldsymbol{A}=\boldsymbol{U}\boldsymbol{\Lambda}^{\frac{1}{2}}\boldsymbol{V}^{\mathrm{T}} \tag{2-9}$$

上述分解称为矩阵 $\boldsymbol{A}$ 的奇异值分解，$\sqrt{\lambda_i}$ 为 $\boldsymbol{A}$ 的奇异值。

由定理 2-1，易得出以下结论，即推论 2-1。

推论 2-1　λ_i 为 $\boldsymbol{A}\boldsymbol{A}^{\mathrm{T}}$ 和 $\boldsymbol{A}^{\mathrm{T}}\boldsymbol{A}$ 非零特征值，$\boldsymbol{u}_i$ 和 $\boldsymbol{v}_i$ 分别为 $\boldsymbol{A}\boldsymbol{A}^{\mathrm{T}}$ 和 $\boldsymbol{A}^{\mathrm{T}}\boldsymbol{A}$ 对应于 λ_i 的特征向量，且满足

$$\boldsymbol{u}_i=\frac{1}{\sqrt{\lambda_i}}\boldsymbol{A}\boldsymbol{v}_i,\quad i=1,2,\cdots,r \tag{2-10}$$

式（2-10）写成矩阵形式为 $\boldsymbol{U}=\boldsymbol{AV\Lambda}^{-\frac{1}{2}}$。

在主成分分析方法中，对于总体散布矩阵 $\boldsymbol{S}_t$，令 $\boldsymbol{A}=[\boldsymbol{X}_1-\boldsymbol{m}_0,\boldsymbol{X}_2-\boldsymbol{m}_0,\cdots,\boldsymbol{X}_M-\boldsymbol{m}_0]$，则有

$$\boldsymbol{S}_t=\frac{1}{M}\boldsymbol{AA}^{\mathrm{T}} \tag{2-11}$$

当 $N>M$ 时，可以先求出矩阵 $\frac{1}{M}\boldsymbol{A}^{\mathrm{T}}\boldsymbol{A}$ 所对应的特征值和特征向量，然后利用式（2-10）算出 $\boldsymbol{S}_t$ 的特征向量，从而降低直接求解的计算复杂度。

2.2 线性鉴别分析

线性鉴别分析的基本思想是由费希尔[3]最早提出的，其目的是选择使得费希尔准则函数达到极值的向量作为最佳投影方向，从而使得样本在该方向上投影后，达到最大的类间离散度和最小的类内离散度。在费希尔思想的基础上，Wilks[4]和 Duda[5]分别提出了鉴别向量集的概念，即寻找一组鉴别向量构成子空间，以原始样本在该子空间内的投影向量作为鉴别特征用于识别，该方法被称为经典的费希尔线性鉴别分析方法。同时，该方法一直受到研究人员的普遍关注[6,7]，广泛应用于人脸识别等领域。除经典的费希尔线性鉴别分析方法外，在 1975 年，Foley 和 Sammon [8] 提出了另一种基于费希尔准则的线性鉴别法。该方法旨在找到一组满足正交条件的最佳鉴别向量用于特征抽取，并被推广到多类情形[9]。

在 1999 年，金忠和杨静宇等从统计不相关的角度，提出了具有统计不相关性的最优鉴别向量集的概念[10-12]。与 Foley 和 Sammon 的鉴别向量集不同的是，具有统计不相关性的最优鉴别向量集是满足共轭正交条件的。但金忠和杨静宇等在参考文献［10，11］中给出的求解最佳鉴别向量集的算法较为复杂，而在参考文献［12］中仅就一种特殊情况，即费希尔准则函数所对应的广义特征方程的特征值互不相等的条件下，给出了一种简捷算法，并指出在该条件下不相关的线性鉴别分析与经典的费希尔鉴别法[4]是等价的。

在本节中，我们进一步完善了具有统计不相关性的线性鉴别分析的理论构架，给出了求解不相关的最优鉴别向量集的一个非常简单而有效的算法，并指出统计不相关的线性鉴别分析的理论是经典的费希尔线性鉴别法的进一步发展。

2.2.1　基本概念

设 $\omega_1,\omega_2,\cdots,\omega_c$ 为 c 个模式类，$\boldsymbol{X}$ 为一个 N 维随机向量，其类间散布矩阵 $\boldsymbol{S}_\mathrm{b}$ 和类内散布矩阵 $\boldsymbol{S}_\mathrm{w}$ 分别定义为

$$\boldsymbol{S}_\mathrm{b}=\sum_{i=1}^{c}P(\omega_i)(\boldsymbol{m}_i-\boldsymbol{m}_0)(\boldsymbol{m}_i-\boldsymbol{m}_0)^\mathrm{T} \tag{2-12}$$

$$\boldsymbol{S}_\mathrm{w}=\sum_{i=1}^{c}P(\omega_i)E\{(\boldsymbol{X}-\boldsymbol{m}_i)(\boldsymbol{X}-\boldsymbol{m}_i)^\mathrm{T}/\omega_i\} \tag{2-13}$$

式中，$P(\omega_i)$ 为第 i 类模式的先验概率，$\boldsymbol{m}_i=E\{\boldsymbol{X}/\omega_i\}$ 为第 i 类模式的均值，$\boldsymbol{m}_0=E\{\boldsymbol{X}\}=\sum_{i=1}^{c}P(\omega_i)\boldsymbol{m}_i$ 为 $\boldsymbol{X}$ 的均值。设 $\boldsymbol{X}$ 共有 M 个训练样本，其中第 i 类模式有 M_i 个训练样本，不妨设 $\boldsymbol{X}_{ij}$ 表示第 i 类模式的第 j 个样本（$j=1,\cdots,M_i$，$i=1,\cdots,c$）。则 $P(\omega_i)=\dfrac{M_i}{M}$，类内散布矩阵 $\boldsymbol{S}_\mathrm{w}$ 的估计如下：

$$\boldsymbol{S}_\mathrm{w}=\frac{1}{M}\sum_{i=1}^{c}\sum_{j=1}^{M_i}(\boldsymbol{X}_{ij}-\boldsymbol{m}_i)(\boldsymbol{X}_{ij}-\boldsymbol{m}_i)^\mathrm{T} \tag{2-14}$$

由式（2-12）和式（2-13）的定义知，$\boldsymbol{S}_\mathrm{w}$、$\boldsymbol{S}_\mathrm{b}$ 均为非负定矩阵。易证明 $\boldsymbol{S}_\mathrm{t}=\boldsymbol{S}_\mathrm{b}+\boldsymbol{S}_\mathrm{w}$。当 $\boldsymbol{S}_\mathrm{w}$ 可逆时，$\boldsymbol{S}_\mathrm{w}$ 与 $\boldsymbol{S}_\mathrm{t}$ 均为正定矩阵。

费希尔准则函数定义为

$$J_\mathrm{f}(\boldsymbol{\phi})=\frac{\boldsymbol{\phi}^\mathrm{T}\boldsymbol{S}_\mathrm{b}\boldsymbol{\phi}}{\boldsymbol{\phi}^\mathrm{T}\boldsymbol{S}_\mathrm{w}\boldsymbol{\phi}} \tag{2-15}$$

式中，$\boldsymbol{\phi}$ 为任意一个 N 维非零列向量。

费希尔准则函数非常巧妙地将样本在投影向量上的类间离散度和类内离散度结合在一起，为确定最优投影方向提供了一个非常完美的准则。选取使得目标函数 $J_\mathrm{f}(\boldsymbol{\phi})$ 达到最大值的向量 $\boldsymbol{\phi}$ 作为投影方向，其物理意义是投影后的样本具有最大的类间离散度和最小的类内离散度。

不难证明，当 $\boldsymbol{S}_\mathrm{w}$ 可逆时，费希尔准则与以下准则等价[13]：

$$J(\boldsymbol{\phi})=\frac{\boldsymbol{\phi}^\mathrm{T}\boldsymbol{S}_\mathrm{b}\boldsymbol{\phi}}{\boldsymbol{\phi}^\mathrm{T}\boldsymbol{S}_\mathrm{t}\boldsymbol{\phi}} \tag{2-16}$$

本节我们只讨论类内散布矩阵 $\boldsymbol{S}_\mathrm{w}$ 非奇异的情形。

2.2.2 经典的费希尔线性鉴别与 Foley-Sammon 线性鉴别方法

经典的费希尔线性鉴别分析[4,5]旨在通过最优化准则函数式（2-17）或式（2-18）找到一个最优的投影矩阵 $\boldsymbol{W}_{\text{opt}}$。

$$J_{\text{c}}(\boldsymbol{W})=\frac{|\boldsymbol{W}^{\text{T}}\boldsymbol{S}_{\text{b}}\boldsymbol{W}|}{|\boldsymbol{W}^{\text{T}}\boldsymbol{S}_{\text{w}}\boldsymbol{W}|} \tag{2-17}$$

$$J_{\text{t}}(\boldsymbol{W})=\text{tr}[(\boldsymbol{W}^{\text{T}}\boldsymbol{S}_{\text{w}}\boldsymbol{W})^{-1}(\boldsymbol{W}^{\text{T}}\boldsymbol{S}_{\text{b}}\boldsymbol{W})] \tag{2-18}$$

事实上，经典的费希尔线性鉴别分析的最优投影轴，即 $\boldsymbol{W}_{\text{opt}}$ 的列向量 $\boldsymbol{u}_1,\boldsymbol{u}_2,\cdots,\boldsymbol{u}_d$ 一般取为广义特征方程 $\boldsymbol{S}_{\text{b}}\boldsymbol{\phi}=\boldsymbol{\lambda}\boldsymbol{S}_{\text{w}}\boldsymbol{\phi}$ 的 d 个最大的特征值所对应的特征向量[4,5]。也就是说，$\boldsymbol{u}_1,\boldsymbol{u}_2,\cdots,\boldsymbol{u}_d$ 满足以下条件：

$$\boldsymbol{S}_{\text{b}}\boldsymbol{u}_j=\boldsymbol{\lambda}_j\boldsymbol{S}_{\text{w}}\boldsymbol{u}_j,\ j=1,\cdots,d,\ \lambda_1\geqslant\cdots\geqslant\lambda_d$$

由于 $\boldsymbol{S}_{\text{b}}\boldsymbol{\phi}=\boldsymbol{\lambda}\boldsymbol{S}_{\text{w}}\boldsymbol{\phi}$ 至多存在 $c-1$ 个非零特征向量，故最优投影轴的个数 $d\leqslant c-1$。

Foley-Sammon 线性鉴别分析[7]旨在寻找一组最优鉴别向量集 $\boldsymbol{\phi}_1,\cdots,\boldsymbol{\phi}_d$，它们在最大化费希尔准则函数的同时满足以下正交条件

$$\boldsymbol{\phi}_i^{\text{T}}\boldsymbol{\phi}_j=0,\quad \forall i\neq j,\quad i,j=1,\cdots,d \tag{2-19}$$

事实上，Foley-Sammon 最佳鉴别向量集的第一个向量取为费希尔最佳鉴别方向，即广义特征方程 $\boldsymbol{S}_{\text{b}}\boldsymbol{\phi}=\boldsymbol{\lambda}\boldsymbol{S}_{\text{w}}\boldsymbol{\phi}$ 的最大特征值所对应的单位特征向量 $\boldsymbol{\phi}_1$。在 Foley-Sammon 最佳鉴别向量集的前 i 个鉴别向量 $\boldsymbol{\phi}_1,\cdots,\boldsymbol{\phi}_i$ 求出之后，第 $i+1$ 个鉴别向量 $\boldsymbol{\phi}_{i+1}$ 可以由求解下列优化问题得到：

$$\text{模型 2-1}\quad\begin{cases}\max J_{\text{f}}(\boldsymbol{\phi})\\ \boldsymbol{\phi}_j^{\text{T}}\boldsymbol{\phi}=0,\ j=1,\cdots,i\\ \boldsymbol{\phi}\in\mathbf{R}^N\end{cases} \tag{2-20}$$

式中，$\mathbf{R}^N$ 是指欧几里得空间。

参考文献［9，10］分别给出了多类情况下 $\boldsymbol{\phi}_{i+1}$ 的计算公式，其中参考文献［10］的方法更为简明，即引理 2-1。

引理 2-1 $\boldsymbol{\phi}_{i+1}$ 为广义特征方程式（2-21）的最大特征值 $\boldsymbol{\lambda}_{\max}$ 所对应的特征向量，且 $J_{\text{f}}(\boldsymbol{\phi}_{i+1})=\boldsymbol{\lambda}_{\max}$。

$$\boldsymbol{B}_i\boldsymbol{S}_{\text{b}}\boldsymbol{\phi}=\boldsymbol{\lambda}\boldsymbol{S}_{\text{w}}\boldsymbol{\phi} \tag{2-21}$$

式中，$\boldsymbol{B}_i=\boldsymbol{I}_N-\boldsymbol{D}_i^{\mathrm{T}}(\boldsymbol{D}_i\boldsymbol{S}_{\mathrm{w}}^{-1}\boldsymbol{D}_i^{\mathrm{T}})^{-1}\boldsymbol{D}_i\boldsymbol{S}_{\mathrm{w}}^{-1}$，$\boldsymbol{D}_i=(\boldsymbol{\phi}_1,\boldsymbol{\phi}_2,\cdots,\boldsymbol{\phi}_i)^{\mathrm{T}}$。

由最优鉴别向量集构成的 Foley-Sammon 变换是特征抽取（特征向量维数压缩）的经典方法之一，在图像识别等领域得到广泛应用。

2.2.3 具有统计不相关性的线性鉴别分析

本节从最优化的角度，利用费希尔准则即为广义瑞利商（Generalized Rayleigh Quotient）这一特点，分析了广义瑞利商的极值性质，利用广义瑞利商所对应的广义特征方程存在共轭正交的特征向量这一结论，解决该共轭正交条件下最优鉴别向量集的求解问题。

在此，为方便起见，我们采用费希尔准则的等价准则式（2-16）进行讨论。

式（2-16）的准则函数即为矩阵 $\boldsymbol{S}_{\mathrm{b}}$ 相对于 $\boldsymbol{S}_{\mathrm{t}}$ 的广义瑞利商。Foley 和 Sammon 的目标是在欧几里得空间 $\mathbf{R}^N$ 中找到标准正交的最优鉴别矢量集 $\boldsymbol{\phi}_1,\boldsymbol{\phi}_2,\cdots,\boldsymbol{\phi}_d$，其实质是在超单位球面 $\boldsymbol{\phi}^{\mathrm{T}}\boldsymbol{\phi}=1$ 上寻找满足正交条件且使得目标 $J(\boldsymbol{\phi})$ 最大的 $\boldsymbol{\phi}_1,\boldsymbol{\phi}_2,\cdots,\boldsymbol{\phi}_d$。

由广义瑞利商式（2-16）的性质[14]：$J(\mu\boldsymbol{\phi})=J(\boldsymbol{\phi})$，$\forall\mu\in\mathbf{R}$。故要找到一组使得目标函数 $J(\boldsymbol{\phi})$ 达到极值的投影向量，我们在超椭球面 $\boldsymbol{\phi}^{\mathrm{T}}\boldsymbol{S}_{\mathrm{t}}\boldsymbol{\phi}=1$ 上讨论更为方便。其实，在 $\boldsymbol{S}_{\mathrm{t}}$ 正定的情况下，我们在线性空间 $\mathbf{R}^N$ 内重新定义内积：

$$(\boldsymbol{\alpha},\boldsymbol{\beta})=\boldsymbol{\alpha}^{\mathrm{T}}\boldsymbol{S}_{\mathrm{t}}\boldsymbol{\beta} \tag{2-22}$$

式中，$\boldsymbol{\alpha},\boldsymbol{\beta}\in\mathbf{R}^N$。

我们将定义了以上内积的线性空间 $\mathbf{R}^N$ 记作 $\mathbf{R}^N(\boldsymbol{S}_{\mathrm{t}})$。那么，向量 $\boldsymbol{\alpha}$ 与 $\boldsymbol{\beta}$ 在内积空间 $\mathbf{R}^N(\boldsymbol{S}_{\mathrm{t}})$ 中正交，即 $\boldsymbol{\alpha}^{\mathrm{T}}\boldsymbol{S}_{\mathrm{t}}\boldsymbol{\beta}=0$，也就是所谓的 $\boldsymbol{\alpha}$ 与 $\boldsymbol{\beta}$ 关于矩阵 $\boldsymbol{S}_{\mathrm{t}}$ 共轭正交。

我们知道，内积空间 $\mathbf{R}^N(\boldsymbol{S}_{\mathrm{t}})$ 和欧几里得空间 $\mathbf{R}^N$ 是同构的。因此，在空间 $\mathbf{R}^N(\boldsymbol{S}_{\mathrm{t}})$ 中考虑问题并没有丧失任何信息。这样，广义瑞利商式（2-16）的极值问题就转化为在内积空间 $\mathbf{R}^N(\boldsymbol{S}_{\mathrm{t}})$ 中的超单位球面上讨论了。现在，我们的问题是，如何找到满足上述条件的广义瑞利商式（2-16）的极值点，即如何在空间 $\mathbf{R}^N(\boldsymbol{S}_{\mathrm{t}})$ 中找到一组标准正交的且使得目标 $J(\boldsymbol{\phi})$ 达到极值的最优鉴别向量 $\boldsymbol{\phi}_1,\boldsymbol{\phi}_2,\cdots,\boldsymbol{\phi}_d$。

换而言之，该问题就是在欧几里得空间 $\mathbf{R}^N$ 中寻找满足 $\boldsymbol{S}_t$ 共轭正交条件式（2-23）且使得目标函数 $J(\boldsymbol{\phi})$ 达到极值的最优鉴别向量 $\boldsymbol{\phi}_1,\boldsymbol{\phi}_2,\cdots,\boldsymbol{\phi}_d$。

$$\boldsymbol{\phi}_i^{\mathrm{T}}\boldsymbol{S}_t\boldsymbol{\phi}_j=0,\quad \forall i\neq j,\quad i,j=1,\cdots,d \tag{2-23}$$

具体来讲，第一个鉴别向量仍取为费希尔最佳鉴别方向，即特征方程 $\boldsymbol{S}_b\boldsymbol{\phi}=\lambda\boldsymbol{S}_t\boldsymbol{\phi}$ 的最大特征值所对应的特征向量 $\boldsymbol{\phi}_1$；前 i 个鉴别向量 $\boldsymbol{\phi}_1,\cdots,\boldsymbol{\phi}_i$ 求出之后，第 $i+1$ 个鉴别向量 $\boldsymbol{\phi}_{i+1}$ 可以由求解下列优化问题得到。

$$\text{模型 2-2}\quad\begin{cases}\max J(\boldsymbol{\phi})\\ \boldsymbol{\phi}_j^{\mathrm{T}}\boldsymbol{S}_t\boldsymbol{\phi}=0,\quad j=1,\cdots,i\\ \boldsymbol{\phi}\in\mathbf{R}^N\end{cases} \tag{2-24}$$

为了求解该最优化问题，我们引入以下理论。

定理 2-2[14] 当 $\boldsymbol{S}_t$ 可逆时，在超椭球面 $\boldsymbol{\phi}^{\mathrm{T}}\boldsymbol{S}_t\boldsymbol{\phi}=1$ 上，$\boldsymbol{\phi}$ 为目标函数 $J(\boldsymbol{\phi})$ 极值点的充分必要条件是，$\boldsymbol{\phi}$ 为广义特征方程 $\boldsymbol{S}_b\boldsymbol{\phi}=\lambda\boldsymbol{S}_t\boldsymbol{\phi}$ 的属于特征值 λ 的特征向量，且满足 $J(\boldsymbol{\phi})=\lambda$。

以下我们讨论特征方程 $\boldsymbol{S}_b\boldsymbol{\phi}=\lambda\boldsymbol{S}_t\boldsymbol{\phi}$ 的特征值和特征向量的性质。

定理 2-3 当 $\boldsymbol{S}_t$ 非奇异时，广义特征方程 $\boldsymbol{S}_b\boldsymbol{\phi}=\lambda\boldsymbol{S}_t\boldsymbol{\phi}$ 的特征值均为非负实数，有且仅有 q 个非零特征值，其中，$q=\mathrm{rank}(\boldsymbol{S}_b)$。

证明： 广义特征方程 $\boldsymbol{S}_b\boldsymbol{\phi}=\lambda\boldsymbol{S}_t\boldsymbol{\phi}$ 的两边左乘 $\boldsymbol{\phi}^{\mathrm{T}}$ 得 $\boldsymbol{\phi}^{\mathrm{T}}\boldsymbol{S}_b\boldsymbol{\phi}=\lambda\boldsymbol{\phi}^{\mathrm{T}}\boldsymbol{S}_t\boldsymbol{\phi}$。

又因 $\boldsymbol{S}_t$ 正定的，$\boldsymbol{S}_b$ 非负定的，则有 $\boldsymbol{\phi}^{\mathrm{T}}\boldsymbol{S}_b\boldsymbol{\phi}\geqslant 0$，$\boldsymbol{\phi}^{\mathrm{T}}\boldsymbol{S}_t\boldsymbol{\phi}>0$，故 $\lambda\geqslant 0$。

当 $\boldsymbol{S}_t$ 非奇异时，设 $q=\mathrm{rank}(\boldsymbol{S}_b)$，则 $\mathrm{rank}(\boldsymbol{S}_t^{-1}\boldsymbol{S}_b)=q$，故广义特征方程 $\boldsymbol{S}_b\boldsymbol{\phi}=\lambda\boldsymbol{S}_t\boldsymbol{\phi}$ 有且仅有 q 个非零特征值。

定理 2-4 广义特征方程 $\boldsymbol{S}_b\boldsymbol{\phi}=\lambda\boldsymbol{S}_t\boldsymbol{\phi}$ 存在 N 个特征向量 $\boldsymbol{\phi}_1,\boldsymbol{\phi}_2,\cdots,\boldsymbol{\phi}_N$ 满足以下条件：

$$\boldsymbol{\phi}_i^{\mathrm{T}}\boldsymbol{S}_t\boldsymbol{\phi}_j=\delta_{ij}=\begin{cases}1 & i=j\\ 0 & i\neq j\end{cases}\quad i,j=1,\cdots,N \tag{2-25}$$

$$\boldsymbol{\phi}_i^{\mathrm{T}}\boldsymbol{S}_b\boldsymbol{\phi}_j=\begin{cases}\lambda_i & i=j\\ 0 & i\neq j\end{cases}\quad i,j=1,\cdots,N \tag{2-26}$$

式中，$\lambda_i(i=1,\cdots,N)$ 为 $\boldsymbol{S}_b\boldsymbol{\phi}=\lambda\boldsymbol{S}_t\boldsymbol{\phi}$ 的特征向量 $\boldsymbol{\phi}_i$ 所对应的特征值。

证明： 由于 $\boldsymbol{S}_t$ 为正定矩阵，则必存在正交矩阵 $\boldsymbol{U}=(\boldsymbol{u}_1,\cdots,\boldsymbol{u}_N)$，使得 $\boldsymbol{U}^{\mathrm{T}}\boldsymbol{S}_t\boldsymbol{U}=\boldsymbol{\Lambda}=\mathrm{diag}(a_1,\cdots,a_N)$。其中，$\boldsymbol{u}_1,\cdots,\boldsymbol{u}_N$ 为 $\boldsymbol{S}_t$ 的标准正交的特征向量，$a_1,\cdots,a_N$ 为所对应的特征值，且满足 $a_j>0$，$j=1,\cdots,N$。

令 $W=U\Lambda^{-\frac{1}{2}}$，则 $W^{\mathrm{T}}S_{\mathrm{t}}W=I$，那么 $S_{\mathrm{t}}=(W^{-1})^{\mathrm{T}}W^{-1}$，代入 $S_{\mathrm{b}}\phi=\lambda S_{\mathrm{t}}\phi$ 得

$$S_{\mathrm{b}}\phi=\lambda(W^{-1})^{\mathrm{T}}W^{-1}\phi \tag{2-27}$$

令 $\varphi=W^{-1}\phi$，则 $\phi=W\varphi$，于是式（2-27）等价于 $S_{\mathrm{b}}W\varphi=\lambda(W^{-1})^{\mathrm{T}}\varphi$，即

$$W^{\mathrm{T}}S_{\mathrm{b}}W\varphi=\lambda\varphi \tag{2-28}$$

式（2-28）中，令 $\widetilde{S}_{\mathrm{b}}=W^{\mathrm{T}}S_{\mathrm{b}}W$，易证明 $\widetilde{S}_{\mathrm{b}}$ 为非负定矩阵，故其存在 N 个标准正交的 $\varphi_1,\cdots,\varphi_N$，即

$$\varphi_i^{\mathrm{T}}\varphi_j=\delta_{ij}\qquad i,j=1,\cdots,N \tag{2-29}$$

使得 $\widetilde{S}_{\mathrm{b}}\varphi_j=\lambda_j\varphi_j$，其中，$\lambda_j$ 为对应的特征向量，且 $\lambda_j\geqslant 0$，$j=1,\cdots,N$。

令 $\phi_j=W\varphi_j$，$j=1,\cdots,N$，则

$$\varphi_i^{\mathrm{T}}\varphi_j=(W^{-1}\phi_i)^{\mathrm{T}}(W^{-1}\phi_j)=\phi_i^{\mathrm{T}}S_{\mathrm{t}}\phi_j \tag{2-30}$$

由式（2-29）和式（2-30）得

$$\phi_i^{\mathrm{T}}S_{\mathrm{t}}\phi_j=\delta_{ij}=\begin{cases}1 & i=j\\ 0 & i\neq j\end{cases}\qquad i,j=1,\cdots,N \tag{2-31}$$

由以上推导过程可见，ϕ_j 即为 $S_{\mathrm{b}}\phi=\lambda S_{\mathrm{t}}\phi$ 的对应于 λ_j 的特征向量，即

$$S_{\mathrm{b}}\phi_j=\lambda_j S_{\mathrm{t}}\phi_j,\ j=1,\cdots,N \tag{2-32}$$

由式（2-31）和式（2-32）得

$$\phi_i^{\mathrm{T}}S_{\mathrm{b}}\phi_j=\lambda_j\phi_i^{\mathrm{T}}S_{\mathrm{t}}\phi_j=\lambda_j\delta_{ij}=\begin{cases}\lambda_i & i=j\\ 0 & i\neq j\end{cases}\qquad i,j=1,\cdots,N$$

定理 2-4 说明广义特征方程 $S_{\mathrm{b}}\phi=\lambda S_{\mathrm{t}}\phi$ 存在 N 个关于矩阵 S_{t} 共轭正交的特征向量。

推论 2-2　广义特征方程 $S_{\mathrm{b}}\phi=\lambda S_{\mathrm{t}}\phi$ 的关于 S_{t} 共轭正交的特征向量 $\phi_1,\cdots,\phi_N$ 线性无关，且 $\mathbf{R}^N=\mathrm{span}\{\phi_1,\cdots,\phi_N\}$。

为了讨论的方便，不妨设 $S_{\mathrm{b}}\phi=\lambda S_{\mathrm{t}}\phi$ 的特征值是从大到小顺序排列的，即满足 $\lambda_1\geqslant\cdots\geqslant\lambda_N$。

定理 2-5　模型 2-2 的最优解为 ϕ_{i+1}。

证明：若前 i 个最优鉴别向量为 $\phi_1,\cdots,\phi_i$，由推论 2-2 和模型 2-2 中的共轭正交条件可知，ϕ 只可能从 $\mathbf{R}^N$ 的子空间 $\mathrm{span}\{\phi_{i+1},\cdots,\phi_N\}$ 中选取，故 ϕ 可以表示为 $\phi=c_{i+1}\phi_{i+1}+\cdots+c_N\phi_N$。再由定理 2-2、定理 2-3 可得

$$J(\phi)=\frac{\lambda_{i+1}c_{i+1}^2+\cdots+\lambda_N c_N^2}{c_{i+1}^2+\cdots+c_N^2}\leqslant\lambda_{i+1}$$

显然，$J(\boldsymbol{\phi}_{i+1})=\lambda_{i+1}$，因此，$\boldsymbol{\phi}$ 可取为 $\boldsymbol{\phi}_{i+1}$。

定理 2-6 在费希尔准则函数下，满足 $\boldsymbol{S}_{\mathrm{t}}$ 共轭正交条件的有效最优鉴别向量的个数最多为 q 个，其中，$q=\mathrm{rank}(\boldsymbol{S}_{\mathrm{b}})\leqslant c-1$，$c$ 为样本类别数；且所取的 d 个($d\leqslant q$)最优鉴别向量可由特征方程 $\boldsymbol{S}_{\mathrm{b}}\boldsymbol{\phi}=\lambda\boldsymbol{S}_{\mathrm{t}}\boldsymbol{\phi}$ 的前 d 个最大的特征值所对应的关于 $\boldsymbol{S}_{\mathrm{t}}$ 共轭正交的特征向量构成。

证明：由定理 2-3 可知，$\lambda_j>0$，$j=1,\cdots,q$；$\lambda_{q+1}=\cdots=\lambda_N=0$。

由定理 2-2 可知，$J(\boldsymbol{\phi}_j)=\lambda_j$，$j=1,\cdots,N$。

故 $J(\boldsymbol{\phi}_j)=0$，$j=d+1,\cdots,N$。根据费希尔准则的物理意义，向量 $\boldsymbol{\phi}_{q+1},\cdots,\boldsymbol{\phi}_N$ 不提供任何投影鉴别信息，即有效的最优鉴别向量个数最多为 $q(q\leqslant c-1)$ 个。再由定理 2-5 可知，d 个（$d\leqslant q$）最优鉴别向量可取为 $\lambda_1,\lambda_2,\cdots,\lambda_d$ 所对应的关于 $\boldsymbol{S}_{\mathrm{t}}$ 共轭正交的特征向量 $\boldsymbol{\phi}_1,\boldsymbol{\phi}_2,\cdots,\boldsymbol{\phi}_d$。

定理 2-4 的证明过程给出了求解最优鉴别向量 $\boldsymbol{\phi}_1,\boldsymbol{\phi}_2,\cdots,\boldsymbol{\phi}_d$ 的具体算法。

最优鉴别向量 $\boldsymbol{\phi}_1,\boldsymbol{\phi}_2,\cdots,\boldsymbol{\phi}_d$ 可构成以下线性变换：

$$\boldsymbol{Y}=\boldsymbol{\Phi}^{\mathrm{T}}\boldsymbol{X},\quad \boldsymbol{\Phi}=(\boldsymbol{\phi}_1,\boldsymbol{\phi}_2,\cdots,\boldsymbol{\phi}_d) \tag{2-33}$$

$\boldsymbol{Y}$ 作为 $\boldsymbol{X}$ 的费希尔鉴别特征表示，可用于后续的分类。

2.2.4 相关性分析

设线性鉴别变换 $\boldsymbol{Y}=\boldsymbol{\Phi}^{\mathrm{T}}\boldsymbol{X}$，其中，$\boldsymbol{\Phi}=(\boldsymbol{\phi}_1,\boldsymbol{\phi}_2,\cdots,\boldsymbol{\phi}_d)$，$\boldsymbol{\phi}_1,\boldsymbol{\phi}_2,\cdots,\boldsymbol{\phi}_d$ 为最优鉴别向量。原始特征向量 $\boldsymbol{X}$ 变换为 $\boldsymbol{Y}=(y_1,\cdots,y_d)^{\mathrm{T}}$，其第 i 个分量为 $y_i=\boldsymbol{\phi}_i^{\mathrm{T}}\boldsymbol{X}$，$i=1,\cdots,d$。则 y_i 与 y_j 之间的协方差为

$$\begin{aligned}\mathrm{cov}(y_i,y_j)&=E[y_i-E(y_i)][y_j-E(y_j)]\\&=\boldsymbol{\phi}_i^{\mathrm{T}}\{E[\boldsymbol{X}-E(\boldsymbol{X})][\boldsymbol{X}-E(\boldsymbol{X})]^{\mathrm{T}}\}\boldsymbol{\phi}_j\\&=\boldsymbol{\phi}_i^{\mathrm{T}}\boldsymbol{S}_{\mathrm{t}}\boldsymbol{\phi}_j\end{aligned}$$

故 y_i 与 y_j 的统计相关系数可表达为

$$\rho(y_i,y_j)=\frac{\boldsymbol{\phi}_i^{\mathrm{T}}\boldsymbol{S}_{\mathrm{t}}\boldsymbol{\phi}_j}{\sqrt{\boldsymbol{\phi}_i^{\mathrm{T}}\boldsymbol{S}_{\mathrm{t}}\boldsymbol{\phi}_i}\sqrt{\boldsymbol{\phi}_j^{\mathrm{T}}\boldsymbol{S}_{\mathrm{t}}\boldsymbol{\phi}_j}} \tag{2-34}$$

定理 2-7 设 $\boldsymbol{\phi}_1,\cdots,\boldsymbol{\phi}_d$ 为统计不相关的最优鉴别向量集，且 $y_i=\boldsymbol{\phi}_i^{\mathrm{T}}\boldsymbol{X}$ ($i=1,\cdots,d$)，则 $\rho(y_i,y_j)=0$，$i\neq j$。

该定理说明，统计不相关的线性鉴别变换能够彻底消除模式样本特征之间的统计相关性。

相比较而言，经典的费希尔线性鉴别法是，直接取广义特征方程 $S_b\boldsymbol{\phi}=\lambda S_t\boldsymbol{\phi}$ 或 $S_b\boldsymbol{\phi}=\lambda S_w\boldsymbol{\phi}$ 的 $c-1$ 个最大的特征值对应的特征向量作为投影向量，而这些特征向量之间不一定在任何时候都满足 S_t 共轭正交条件。接下来，我们具体分析经典的费希尔线性鉴别法的一些性质。

设 $\boldsymbol{\xi}_i$ 和 $\boldsymbol{\xi}_j$ 为 $S_b\boldsymbol{\phi}=\lambda S_t\boldsymbol{\phi}$ 的两个线性无关的特征向量，λ_i 和 λ_j 分别为对应的特征值，以下结论成立。

性质 2-1 若 $\lambda_i \neq \lambda_j$，则 $\boldsymbol{\xi}_i$ 和 $\boldsymbol{\xi}_j$ 关于 S_t 共轭正交，即 $\boldsymbol{\xi}_i^{\mathrm{T}} S_t \boldsymbol{\xi}_j = 0$。

证明： 既然 $S_b\boldsymbol{\xi}_i=\lambda_i S_t\boldsymbol{\xi}_i$，$S_b\boldsymbol{\xi}_j=\lambda_j S_t\boldsymbol{\xi}_j$，则

$$\lambda_j \boldsymbol{\xi}_i^{\mathrm{T}} S_t \boldsymbol{\xi}_j = \boldsymbol{\xi}_i^{\mathrm{T}}(\lambda_j S_t \boldsymbol{\xi}_j) = \boldsymbol{\xi}_i^{\mathrm{T}} S_b \boldsymbol{\xi}_j = \boldsymbol{\xi}_j^{\mathrm{T}} S_b \boldsymbol{\xi}_i = \boldsymbol{\xi}_j^{\mathrm{T}}(\lambda_i S_t \boldsymbol{\xi}_i) = \lambda_i \boldsymbol{\xi}_i^{\mathrm{T}} S_t \boldsymbol{\xi}_j$$

故 $(\lambda_i-\lambda_j)\boldsymbol{\xi}_i^{\mathrm{T}} S_t \boldsymbol{\xi}_j = 0$

由于 $\lambda_i \neq \lambda_j$，必然有 $\boldsymbol{\xi}_i^{\mathrm{T}} S_t \boldsymbol{\xi}_j = 0$。

然而，当 $\lambda_i=\lambda_j$，则相对应的线性无关的特征向量 $\boldsymbol{\xi}_i$ 和 $\boldsymbol{\xi}_j$ 不一定关于 S_t 共轭正交，这一点类似于实对称矩阵的特征向量的性质。

总之，经典的费希尔线性鉴别法无法从理论上保证其鉴别向量之间的共轭正交性，故无法保证变换后的样本特征之间是统计不相关的。而具有统计不相关性的鉴别分析在理论上确保了这一点，故我们认为具有统计不相关性的鉴别分析的理论，是经典的费希尔线性鉴别法理论[4, 5]的完善与发展。

性质 2-1 说明，在广义特征方程 $S_b\boldsymbol{\phi}=\lambda S_t\boldsymbol{\phi}$ 或 $S_b\boldsymbol{\phi}=\lambda S_w\boldsymbol{\phi}$ 的特征值互不相等的条件下，其特征向量关于 S_t 共轭正交。此时，具有统计不相关性的鉴别分析法与经典的费希尔线性鉴别分析方法等价，这正是金忠和杨静宇等在参考文献［12］中得出的结论。

另外，由于 Foley-Sammon 鉴别分析方法中的鉴别向量之间是正交的，一般不满足共轭正交条件，故 Foley-Sammon 变换通常无法消除模式样本特征之间的相关性，甚至变换后的特征分量之间是强相关的。本章后面的实验将验证这一点。

2.2.5 等价的最优鉴别向量集

由本书 2.2.4 节的讨论可知，不相关的最优鉴别向量集可取为，广义特征方程 $S_b\boldsymbol{\phi}=\lambda S_t\boldsymbol{\phi}$ 的前 d 个最大的特征值所对应的关于 S_t 共轭正交的特征向量。其实，该最优鉴别向量集也可取为，广义特征方程 $S_b\boldsymbol{\phi}=\lambda S_w\boldsymbol{\phi}$ 的前 d 个最大的特征值所对应的关于 S_t 共轭正交的特征向量。下面，我们将证明这一

结论。

引理 2-2 当 S_w 非奇异时，$S_b\boldsymbol{\phi}=\lambda S_t\boldsymbol{\phi}$ 的任意特征值满足 $0\leqslant\lambda_j<1$，$j=1,\cdots,N$。

证明：由定理 2-2 和定理 2-4 可知，$S_b\boldsymbol{\phi}=\lambda S_t\boldsymbol{\phi}$ 的特征值满足：$\lambda_j=J(\boldsymbol{\phi}_j)$，$j=1,\cdots,N$。

当 S_w 非奇异时，S_w 为正定矩阵，故 $\boldsymbol{\phi}_j^{\mathrm{T}}S_w\boldsymbol{\phi}_j>0$，$j=1,\cdots,N$。

因此，$\boldsymbol{\phi}_j^{\mathrm{T}}S_t\boldsymbol{\phi}_j=\boldsymbol{\phi}_j^{\mathrm{T}}S_w\boldsymbol{\phi}_j+\boldsymbol{\phi}_j^{\mathrm{T}}S_b\boldsymbol{\phi}_j>\boldsymbol{\phi}_j^{\mathrm{T}}S_b\boldsymbol{\phi}_j$，$j=1,\cdots,N$。

从而有 $\lambda_j=J(\boldsymbol{\phi}_j)<1$，$j=1,\cdots,N$。

再由 S_b 的非负定性知，$\lambda_j\geqslant 0$，$j=1,\cdots,N$。

引理 2-3 当 S_w 非奇异时，$\boldsymbol{\xi}$ 是广义特征方程 $S_b\boldsymbol{\phi}=\lambda S_t\boldsymbol{\phi}$ 的属于特征值 λ 的特征向量，当且仅当 $\boldsymbol{\xi}$ 是广义特征方程 $S_b\boldsymbol{\phi}=\lambda S_w\boldsymbol{\phi}$ 的属于特征值 $\frac{\lambda}{1-\lambda}$ 的特征向量。

证明：若 $\boldsymbol{\xi}$ 是广义特征方程 $S_b\boldsymbol{\phi}=\lambda S_t\boldsymbol{\phi}$ 的属于特征值 λ 的特征向量，则有 $S_b\boldsymbol{\xi}=\lambda S_t\boldsymbol{\xi}$。

由于 $S_t=S_b+S_w$，从而有 $(1-\lambda)S_b\boldsymbol{\xi}=\lambda S_w\boldsymbol{\xi}$，由引理 2-2 可知，$1-\lambda>0$，上式可变化为 $S_b\boldsymbol{\xi}=\frac{\lambda}{1-\lambda}S_w\boldsymbol{\xi}$。

故 $\boldsymbol{\xi}$ 是广义特征方程 $S_b\boldsymbol{\phi}=\lambda S_t\boldsymbol{\phi}$ 的属于特征值 λ 的特征向量，当且仅当 $\boldsymbol{\xi}$ 是广义特征方程 $S_b\boldsymbol{\phi}=\lambda S_w\boldsymbol{\phi}$ 的属于特征值 $\frac{\lambda}{1-\lambda}$ 的特征向量。

设广义特征方程 $S_b\boldsymbol{\phi}=\lambda S_t\boldsymbol{\phi}$ 中的正特征值为 $\lambda_1,\cdots,\lambda_r$，其中，$r=\mathrm{rank}(S_b)$。设 $\lambda_1,\cdots,\lambda_r$ 对应的特征向量分别为 $\boldsymbol{\phi}_1,\cdots,\boldsymbol{\phi}_r$，由引理 2-3 可知，$\boldsymbol{\phi}_1,\cdots,\boldsymbol{\phi}_r$ 分别对应于广义特征方程 $S_b\boldsymbol{\phi}=\lambda S_w\boldsymbol{\phi}$ 中的正特征值 $\frac{\lambda_1}{1-\lambda_1},\cdots,\frac{\lambda_r}{1-\lambda_r}$。易证明，它们满足以下关系，即引理 2-4。

引理 2-4 $\lambda_1\geqslant\cdots\geqslant\lambda_r$ 当且仅当 $\frac{\lambda_1}{1-\lambda_1}\geqslant\cdots\geqslant\frac{\lambda_r}{1-\lambda_r}$。

由定理 2-4，引理 2-2~引理 2-4 可知，广义特征方程 $S_b\boldsymbol{\phi}=\lambda S_t\boldsymbol{\phi}$ 或 $S_b\boldsymbol{\phi}=\lambda S_w\boldsymbol{\phi}$ 均存在一组关于 S_t 共轭正交的特征向量，而且前 d 个（$d\leqslant r$）最大的特征值所对应的特征向量是完全相同的。因此，我们可得到一个统一的结论，即定理 2-8。

定理 2-8 具有统计不相关性的最优鉴别向量集 $\boldsymbol{\phi}_1,\cdots,\boldsymbol{\phi}_d(d\leqslant r)$ 可取为广义特征方程 $\boldsymbol{S}_b\boldsymbol{\phi}=\lambda\boldsymbol{S}_t\boldsymbol{\phi}$ 或 $\boldsymbol{S}_b\boldsymbol{\phi}=\lambda\boldsymbol{S}_w\boldsymbol{\phi}$ 的前 d 个最大的特征值所对应的关于 $\boldsymbol{S}_t$ 共轭正交的特征向量。

2.2.6 几种等价的费希尔准则

现在，我们来分析一下几种常用的费希尔准则。费希尔准则分为两类：一类是基于单个投影向量定义的，另一类是基于投影向量集的整体来定义的。式(2-15) 和式 (2-16) 属于前一类，而式 (2-17) 和式 (2-18) 属于后一类。关于整体定义的费希尔准则，除了以上提到的两个，还有一个 Guo[15] 等提出的广义费希尔准则：

$$J_f(\boldsymbol{\Phi})=\frac{\operatorname{tr}(\boldsymbol{\Phi}^{\mathrm{T}}\boldsymbol{S}_b\boldsymbol{\Phi})}{\operatorname{tr}(\boldsymbol{\Phi}^{\mathrm{T}}\boldsymbol{S}_w\boldsymbol{\Phi})}=\frac{\sum_{i=1}^{d}\boldsymbol{\phi}_i^{\mathrm{T}}\boldsymbol{S}_b\boldsymbol{\phi}_i}{\sum_{i=1}^{d}\boldsymbol{\phi}_i^{\mathrm{T}}\boldsymbol{S}_w\boldsymbol{\phi}_i} \tag{2-35}$$

式中，$\boldsymbol{S}_b$ 和 $\boldsymbol{S}_w$ 分别表示类间散布矩阵和类内散布矩阵；$\boldsymbol{\Phi}=(\boldsymbol{\phi}_1,\cdots,\boldsymbol{\phi}_d)$，表示特征抽取算子，其列向量 $\boldsymbol{\phi}_1,\cdots,\boldsymbol{\phi}_d$ 为投影向量集。

严格地讲，不管采用哪种费希尔准则，在最优化该准则时，都要考虑鉴别向量之间的关系，而以往的很多讨论都忽略了这一点。

不难证明，在共轭正交条件下，以上准则都是等价的。但需要指出的是，在正交条件下，这些准则彼此之间常常是不等价的。

2.3 小样本情况下的线性鉴别分析

本书 2.2 节所讨论的各种费希尔线性鉴别分析方法的构架都是建立在大样本情况下的，即要求类内散布矩阵是非奇异的。然而，在图像识别领域存在着大量的典型的小样本问题，在该类问题中，类内散布矩阵是奇异的。这是因为待识别的图像向量的维数较高，而在实际问题中难以找到或根本不可能找到足够多的训练样本来保证类内散布矩阵的可逆性。因此，在小样本情况下，如何抽取费希尔最优鉴别特征成为一个公认的难题。目前，处理该问题的方法概括起来可分为以下两类。

一类是从模式样本出发，通过事先降低样本向量的维数来达到消除奇异性的目的。基于这一思想的处理方法又可以分为两种：一种是直接在图像空间内操作，通过降低图像的分辨率达到降维的目的[9,10]；另一种是通过 PCA 变换进行降维，最为典型的例子是 Belhumeur[16] 等提出的 Fisherfaces 方法和 Liu[17] 提出的 EFM 方法。前一种方法无疑损失了图像的某些细节信息，而后一种方法舍弃了次分量上的投影信息。也就是说，尽管通过这两种降维方法可以消除奇异性，但都是以鉴别信息的损失为代价的，从而无法保证所抽取的特征是最优的。

另一类方法是从算法本身入手，发展直接针对小样本问题的算法来解决问题。Liu[13]、Guo[15]、Hong[18] 和 Chen[19] 等人分别在这方面进行了探索，他们所建立的算法理论无疑为这一问题的彻底解决奠定了基础。但就其算法本身而言，存在着一个共同的弱点，那就是需要在原始样本空间内求解最优鉴别向量集。比如，对于 92×112 分辨率（该分辨率并不算高）的图像，其对应的原始样本空间的维数高达 10 304。在如此高维的空间内求解最优鉴别向量集，所耗费的计算量是可想而知的。也就是说，就计算量而言，利用以上方法从高维的原始图像向量上直接抽取最佳鉴别特征几乎是不可行的。

本节建立了高维、小样本情况下线性鉴别分析的统一的理论框架[20]，在该框架下，无论是 Foley-Sammon 线性鉴别，还是统计不相关线性鉴别，都可以拓展为直接处理高维奇异性问题的方法。该方法体现了通过变换（映射）降维来消除奇异性的思想，但与 Fisherfaces 方法有着根本的区别，那就是在利用映射原理进行降维的过程中，不损失任何费希尔最优鉴别信息。从理论上我们证明了这一点。另外，更为重要的是，在我们的理论框架下，求解最优鉴别向量集的全过程只需要在一个低维的变换空间内进行，这一点与以往的各种算法，如 Liu[13]、Guo[15]、Hong[18] 和 Chen[19] 等提出的算法，有着本质上的不同。

在以上理论框架下，本节具体给出 Foley-Sammon 线性鉴别分析和不相关线性鉴别分析的实现方法，并在分析了两者优缺点的基础上，进一步发展了小样本情况下线性鉴别分析的理论，建立了能同时融合二者优点而消除彼此弱点的组合鉴别分析方法。

2.3.1 两种线性鉴别方法的统一模型

在此，我们采用准则函数式（2-5）进行讨论。首先，给出 Foley-

Sammon 线性鉴别和不相关线性鉴别的统一描述。

Foley-Sammon 最优鉴别向量集是满足以下正交条件且使得费希尔准则函数达到极值的一组鉴别向量 $\boldsymbol{\phi}_1,\cdots,\boldsymbol{\phi}_d$：

$$\boldsymbol{\phi}_j^{\mathrm{T}}\boldsymbol{\phi}_i=\delta_{ij}=\begin{cases}1 & i=j\\0 & i\neq j\end{cases}\quad i,j=1,\cdots,d \tag{2-36}$$

具体地讲，该最优鉴别向量集的第一个鉴别向量 $\boldsymbol{\phi}_1$ 取为费希尔最优投影方向；当前 i 个鉴别向量 $\boldsymbol{\phi}_1,\cdots,\boldsymbol{\phi}_i$ 取定后，第 $i+1$ 个鉴别向量可由求解以下最优化问题得到：

$$\text{模型 2-3}\quad\begin{cases}\max J(\boldsymbol{\phi})\\(\boldsymbol{\phi}_j,\boldsymbol{\phi})=0,\ j=1,\cdots,i\\\boldsymbol{\phi}\in\boldsymbol{\Omega}\end{cases} \tag{2-37}$$

这里，$(\boldsymbol{\phi}_j,\boldsymbol{\phi})=\boldsymbol{\phi}_j^{\mathrm{T}}\boldsymbol{\phi}$；$\boldsymbol{\Omega}$ 表示可行解空间（即最优鉴别向量的取值空间），它对应着原始样本空间 $\mathbf{R}^N$，即 $\boldsymbol{\Omega}=\mathbf{R}^N$。

不相关最优鉴别向量集 $\boldsymbol{\phi}_1,\cdots,\boldsymbol{\phi}_d$ 满足以下共轭正交条件：

$$\boldsymbol{\phi}_j^{\mathrm{T}}\boldsymbol{S}_{\mathrm{t}}\boldsymbol{\phi}_i=\delta_{ij}=\begin{cases}1 & i=j\\0 & i\neq j\end{cases}\quad i,j=1,\cdots,d \tag{2-38}$$

不相关最优鉴别向量集的第一个鉴别向量 $\boldsymbol{\phi}_1$ 取为费希尔最优投影方向；前 i 个鉴别向量 $\boldsymbol{\phi}_1,\cdots,\boldsymbol{\phi}_i$ 取定后，第 $i+1$ 个鉴别向量仍可利用模型 2-3 确定，不过此时模型中的内积定义为：$(\boldsymbol{\phi}_j,\boldsymbol{\phi})=\boldsymbol{\phi}_j^{\mathrm{T}}\boldsymbol{S}_{\mathrm{t}}\boldsymbol{\phi}$。

我们知道，当总体散布矩阵 $\boldsymbol{S}_{\mathrm{t}}$ 可逆时，最优鉴别向量集的问题在本书 2.2 节中已经得到圆满解决。接下来，具体讨论 $\boldsymbol{S}_{\mathrm{t}}$ 奇异情况下最优鉴别向量集的求解问题。

2.3.2　压缩映射基本原理

解决问题的总体思想是，在不损失任何有效鉴别信息的前提下，利用映射原理，将高维的原始样本空间变换为低维的欧几里得空间。而在低维的欧几里得空间内，总体散布矩阵是可逆的。这样，我们不仅消除了奇异性，而且大大缩小了最优鉴别向量的搜索范围，即求解最优鉴别向量只需要在低维的欧几里得空间内进行。

首先分析在奇异情况下，可行解空间 $\mathbf{R}^N$ 的构成。

设$\boldsymbol{\beta}_1,\boldsymbol{\beta}_2,\cdots,\boldsymbol{\beta}_N$表示$\boldsymbol{S}_t$的标准正交的特征向量，则$\mathbf{R}^N=\mathrm{span}\{\boldsymbol{\beta}_1,\boldsymbol{\beta}_2,\cdots,\boldsymbol{\beta}_N\}$。

定义 2-1 定义$\mathbf{R}^N$的子空间$\boldsymbol{\Phi}_t=\mathrm{span}\{\boldsymbol{\beta}_1,\boldsymbol{\beta}_2,\cdots,\boldsymbol{\beta}_m\}$，其正交补空间为$\boldsymbol{\Phi}_t^{\perp}=\mathrm{span}\{\boldsymbol{\beta}_{m+1},\cdots,\boldsymbol{\beta}_N\}$，其中，$m=\mathrm{rank}(\boldsymbol{S}_t)$，$\boldsymbol{\beta}_1,\boldsymbol{\beta}_2,\cdots,\boldsymbol{\beta}_m$为$\boldsymbol{S}_t$的非零特征值所对应的标准正交的特征向量。

引理 2-5 设$\boldsymbol{A}$为一个$N\times N$非负定矩阵，$\boldsymbol{\phi}$为一个N维向量，则$\boldsymbol{\phi}^{\mathrm{T}}\boldsymbol{A}\boldsymbol{\phi}=0$，当且仅当$\boldsymbol{A}\boldsymbol{\phi}=0$。

由引理 2-5 易得，$\boldsymbol{\Phi}_t^{\perp}$为矩阵$\boldsymbol{S}_t$的零空间。

引理 2-6 当矩阵$\boldsymbol{S}_t$奇异时，$\boldsymbol{\phi}^{\mathrm{T}}\boldsymbol{S}_t\boldsymbol{\phi}=0$，当且仅当$\boldsymbol{\phi}^{\mathrm{T}}\boldsymbol{S}_w\boldsymbol{\phi}=0$，并且$\boldsymbol{\phi}^{\mathrm{T}}\boldsymbol{S}_b\boldsymbol{\phi}=0$。

证明： 因为$\boldsymbol{S}_w$、$\boldsymbol{S}_b$非负定，故$\boldsymbol{\phi}^{\mathrm{T}}\boldsymbol{S}_w\boldsymbol{\phi}\geqslant 0$且$\boldsymbol{\phi}^{\mathrm{T}}\boldsymbol{S}_b\boldsymbol{\phi}\geqslant 0$。

又$\boldsymbol{\phi}^{\mathrm{T}}\boldsymbol{S}_t\boldsymbol{\phi}=\boldsymbol{\phi}^{\mathrm{T}}\boldsymbol{S}_w\boldsymbol{\phi}+\boldsymbol{\phi}^{\mathrm{T}}\boldsymbol{S}_b\boldsymbol{\phi}$，所以，$\boldsymbol{\phi}^{\mathrm{T}}\boldsymbol{S}_t\boldsymbol{\phi}=0$当且仅当$\boldsymbol{\phi}^{\mathrm{T}}\boldsymbol{S}_w\boldsymbol{\phi}=0$并且$\boldsymbol{\phi}^{\mathrm{T}}\boldsymbol{S}_b\boldsymbol{\phi}=0$。证毕。

定义 2-2 $J_b(\boldsymbol{\phi})=\boldsymbol{\phi}^{\mathrm{T}}\boldsymbol{S}_b\boldsymbol{\phi}$，$J_w(\boldsymbol{\phi})=\boldsymbol{\phi}^{\mathrm{T}}\boldsymbol{S}_w\boldsymbol{\phi}$。

对于任意$\boldsymbol{\varphi}\in\mathbf{R}^N$，由定义 2-1，$\boldsymbol{\varphi}$可表示为$\boldsymbol{\varphi}=\boldsymbol{\phi}+\boldsymbol{\xi}$，其中，$\boldsymbol{\phi}\in\boldsymbol{\Phi}_t$，$\boldsymbol{\xi}\in\boldsymbol{\Phi}_t^{\perp}$。映射$L$：$\mathbf{R}^N\to\boldsymbol{\Phi}_t$定义如下：

$$\boldsymbol{\varphi}=\boldsymbol{\phi}+\boldsymbol{\xi}\to\boldsymbol{\phi} \tag{2-39}$$

易证明，L是从$\mathbf{R}^N$到$\boldsymbol{\Phi}_t$的线性变换，我们称之为压缩映射，如图 2-1 所示。

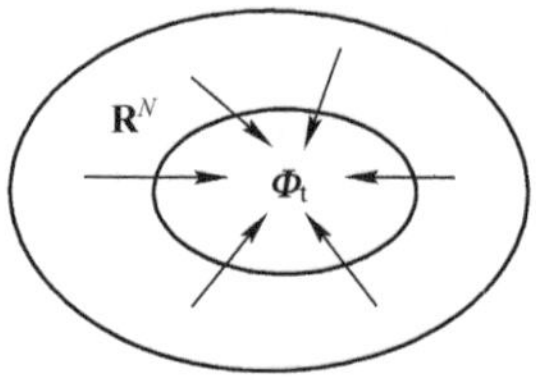

图 2-1 压缩映射示意图

定理 2-9（压缩映射原理） 在压缩映射L:$\boldsymbol{\varphi}=\boldsymbol{\phi}+\boldsymbol{\xi}\to\boldsymbol{\phi}$下，有

$$J_f(\boldsymbol{\varphi})=J_f(\boldsymbol{\phi}),\ J(\boldsymbol{\varphi})=J(\boldsymbol{\phi})$$

证明： 由引理 2-5、引理 2-6 和$\boldsymbol{\Phi}_t^{\perp}$的定义可知，$\boldsymbol{\xi}^{\mathrm{T}}\boldsymbol{S}_b\boldsymbol{\xi}=0$，$\boldsymbol{\xi}^{\mathrm{T}}\boldsymbol{S}_b\boldsymbol{\phi}=0$。

因此，$\boldsymbol{\varphi}^{\mathrm{T}}\boldsymbol{S}_b\boldsymbol{\varphi}=\boldsymbol{\xi}^{\mathrm{T}}\boldsymbol{S}_b\boldsymbol{\xi}+2\boldsymbol{\xi}^{\mathrm{T}}\boldsymbol{S}_b\boldsymbol{\phi}+\boldsymbol{\phi}^{\mathrm{T}}\boldsymbol{S}_b\boldsymbol{\phi}=\boldsymbol{\phi}^{\mathrm{T}}\boldsymbol{S}_b\boldsymbol{\phi}$。

故$J_b(\boldsymbol{\varphi})=J_b(\boldsymbol{\phi})$。

同理可证，$J_w(\boldsymbol{\varphi})=J_w(\boldsymbol{\phi})$。

由定义 2-2 和准则函数式（2-15）和式（2-16）的定义可知，$J_f(\boldsymbol{\varphi})=J_f(\boldsymbol{\phi})$，$J(\boldsymbol{\varphi})=J(\boldsymbol{\phi})$。

定理 2-9 告诉我们，最优鉴别向量可在子空间 $\varPhi_t$ 内选取，就费希尔准则而言，不损失任何最优鉴别信息。也就是说，根据压缩映射原理，模型 2-3 等价于

$$\text{模型 2-4}\quad \begin{cases}\max J(\boldsymbol{\phi}) \\ (\boldsymbol{\phi}_j,\boldsymbol{\phi})=0,\ j=1,\cdots,i \\ \boldsymbol{\phi}\in\varPhi_t\end{cases} \tag{2-40}$$

2.3.3　同构映射基本原理

以下我们讨论如何求解模型 2-4。

由定义 2-1 可知，$\dim(\boldsymbol{\varPhi}_t)=m$。根据线性代数理论，$\boldsymbol{\varPhi}_t$同构于 m 维欧几里得空间 $\mathbf{R}^m$，相应的同构映射定义为

$$\boldsymbol{\phi}=\boldsymbol{P\xi},\ \boldsymbol{P}=(\boldsymbol{\beta}_1,\boldsymbol{\beta}_2,\cdots,\boldsymbol{\beta}_m),\ \xi\in\mathbf{R}^m \tag{2-41}$$

该映射是从 $\mathbf{R}^m$ 到 $\boldsymbol{\varPhi}_t$上的一一映射。

在同构映射 $\boldsymbol{\phi}=\boldsymbol{P\xi}$ 下，准则函数 $J(\boldsymbol{\phi})$ 变为

$$J(\boldsymbol{\phi})=\frac{\boldsymbol{\xi}^{\mathrm{T}}(\boldsymbol{P}^{\mathrm{T}}\boldsymbol{S}_b\boldsymbol{P})\boldsymbol{\xi}}{\boldsymbol{\xi}^{\mathrm{T}}(\boldsymbol{P}^{\mathrm{T}}\boldsymbol{S}_t\boldsymbol{P})\boldsymbol{\xi}}$$

定义以下两个函数：

$$\widetilde{J}(\boldsymbol{\xi})=\frac{\boldsymbol{\xi}^{\mathrm{T}}\widetilde{\boldsymbol{S}}_b\boldsymbol{\xi}}{\boldsymbol{\xi}^{\mathrm{T}}\widetilde{\boldsymbol{S}}_t\boldsymbol{\xi}} \tag{2-42}$$

$$\widetilde{J}_b(\boldsymbol{\xi})=\boldsymbol{\xi}^{\mathrm{T}}\widetilde{\boldsymbol{S}}_b\boldsymbol{\xi} \tag{2-43}$$

这里，$\widetilde{\boldsymbol{S}}_b=\boldsymbol{P}^{\mathrm{T}}\boldsymbol{S}_b\boldsymbol{P}$，$\widetilde{\boldsymbol{S}}_t=\boldsymbol{P}^{\mathrm{T}}\boldsymbol{S}_t\boldsymbol{P}$。

易证明，$\widetilde{\boldsymbol{S}}_b$、$\widetilde{\boldsymbol{S}}_t$均为 m 阶非负定矩阵，故$\widetilde{J}(\xi)$可视为类似于 $J(\boldsymbol{\phi})$的一个准则函数。此外，由定义 2-1 可知，$\widetilde{\boldsymbol{S}}_t$是可逆矩阵，故$\widetilde{\boldsymbol{S}}_t$是正定的。

易证明，同构映射具有以下性质，即定理 2-10。

定理 2-10（同构映射原理）　设 $\boldsymbol{\phi}=\boldsymbol{P\xi}$ 是 $\mathbf{R}^m$ 到 $\boldsymbol{\varPhi}_t$ 上的同构映射，则 $\boldsymbol{\phi}^*=\boldsymbol{P\xi}^*$ 是准则函数$J(\boldsymbol{\phi})$或 $J_b(\boldsymbol{\phi})$的极值点，当且仅当 $\boldsymbol{\xi}^*$ 是准则函数$\widetilde{J}(\boldsymbol{\xi})$ 或 $\widetilde{J}_b(\boldsymbol{\xi})$的极值点。

定理 2-11 设矩阵 $\boldsymbol{P}=(\boldsymbol{\beta}_1,\boldsymbol{\beta}_2,\cdots,\boldsymbol{\beta}_m)$，$\boldsymbol{\phi}_i=\boldsymbol{P}\boldsymbol{\xi}_i$，$\boldsymbol{\phi}_j=\boldsymbol{P}\boldsymbol{\xi}_j$，则

（1）$\boldsymbol{\phi}_1$与$\boldsymbol{\phi}_2$正交，当且仅当$\boldsymbol{\xi}_1$与$\boldsymbol{\xi}_2$正交；

（2）$\boldsymbol{\phi}_1$与$\boldsymbol{\phi}_2$关于$\boldsymbol{S}_t$共轭正交，当且仅当$\boldsymbol{\xi}_1$与$\boldsymbol{\xi}_2$关于$\widetilde{\boldsymbol{S}}_t$共轭正交。

证明：（1）由已知条件 $\boldsymbol{P}^{\mathrm{T}}\boldsymbol{P}=\boldsymbol{I}$（单位阵），故 $\boldsymbol{\phi}_i^{\mathrm{T}}\boldsymbol{\phi}_j=\boldsymbol{\xi}_i^{\mathrm{T}}\boldsymbol{P}^{\mathrm{T}}\boldsymbol{P}\boldsymbol{\xi}_j=\boldsymbol{\xi}_i^{\mathrm{T}}\boldsymbol{\xi}_j$，命题得证。

（2）由于 $\boldsymbol{\phi}_i^{\mathrm{T}}\boldsymbol{S}_t\boldsymbol{\phi}_j=\boldsymbol{\xi}_i^{\mathrm{T}}(\boldsymbol{P}^{\mathrm{T}}\boldsymbol{S}_t\boldsymbol{P})\xi_j=\boldsymbol{\xi}_i^{\mathrm{T}}\widetilde{\boldsymbol{S}}_t\boldsymbol{\xi}_j$，故结论成立。

在同构映射 $\boldsymbol{\phi}=\boldsymbol{P}\boldsymbol{\xi}$ 下，模型 2-4 变换为

$$\text{模型 2-5}\quad\begin{cases}\max\ \widetilde{J}(\boldsymbol{\xi})\\(\boldsymbol{\xi}_j,\boldsymbol{\xi})=0,\ j=1,\cdots,i\\\boldsymbol{\xi}\in\mathbf{R}^m\end{cases}\tag{2-44}$$

根据定理 2-10 和定理 2-11，我们不难得出以下结论，即定理 2-12。

定理 2-12 设$\boldsymbol{\xi}_1,\cdots,\boldsymbol{\xi}_d$（$d\leqslant m$）为模型 2-5（令 $i=1,\cdots,d-1$）的最优解，则 $\boldsymbol{\phi}_1=\boldsymbol{P}\boldsymbol{\xi}_1,\cdots,\boldsymbol{\phi}_d=\boldsymbol{P}\boldsymbol{\xi}_d$（$d\leqslant m$）为最优鉴别向量集。

更具体地讲，若模型 2-5 中的约束条件为正交条件，即$(\boldsymbol{\xi}_j,\boldsymbol{\xi})=\boldsymbol{\xi}_j^{\mathrm{T}}\boldsymbol{\xi}$，由定理 2-12 所得的$\boldsymbol{\phi}_1,\cdots,\boldsymbol{\phi}_d$为 Foley-Sammon 最优鉴别向量集；反之，若该模型中的约束条件为共轭正交条件，即$(\boldsymbol{\xi}_j,\boldsymbol{\xi})=\boldsymbol{\xi}_j^{\mathrm{T}}\widetilde{\boldsymbol{S}}_t\boldsymbol{\xi}$，则由定理 2-12 所得的$\boldsymbol{\phi}_1,\cdots,\boldsymbol{\phi}_d$为统计不相关最优鉴别向量集。

最后，值得一提的是如何高效地计算以上压缩映射中的矩阵 $\boldsymbol{P}$。既然 $\boldsymbol{P}$ 的列向量$\boldsymbol{\beta}_1,\boldsymbol{\beta}_2,\cdots,\boldsymbol{\beta}_m$为$\boldsymbol{S}_t$的非零特征值所对应的特征向量，我们可根据奇异值分解定理，按照本书 2.1.4 节提供的方法在 M 维空间内求解，这里 M 表示训练样本数。

总的说来，与 Liu[13]、Guo[15]、Hong[18]和 Chen[19]等人的方法相比，我们给出的求解最优鉴别向量集的思想具有明显的优势，即最优鉴别向量集的计算只需要在 $\mathbf{R}^m$空间内进行。由于 $m\leqslant M-1$，而训练样本数 M 远远小于原始样本特征的维数 N，故我们的方法极大地降低了计算量，提高了求解速度。以 ORL 人脸图像库为例，图像的分辨率为 92×112，图像总数为 400 幅，一般地，训练样本数取为 200。在该情况下，我们的求解算法只需要在 199 维的空间内进行，而 Liu[13]、Guo[15]、Hong[18]和 Chen[19]的方法则需要在 92×112＝10 304 维的空间内进行，这必然耗费大量的计算时间。

2.3.4 奇异情况下线性鉴别分析的实质：PCA+LDA

由定理 2-12 所得的最优鉴别向量集可构成以下变换进行特征抽取：

$$\boldsymbol{Z}=\boldsymbol{W}^{\mathrm{T}}\boldsymbol{X} \tag{2-45}$$

这里，$\boldsymbol{W}^{\mathrm{T}}=(\boldsymbol{\phi}_1,\boldsymbol{\phi}_2,\cdots,\boldsymbol{\phi}_d)^{\mathrm{T}}=(\boldsymbol{P\xi}_1\boldsymbol{P\xi}_2,\cdots,\boldsymbol{P\xi}_d)^{\mathrm{T}}=(\boldsymbol{\xi}_1,\boldsymbol{\xi}_2,\cdots,\boldsymbol{\xi}_d)^{\mathrm{T}}\boldsymbol{P}^{\mathrm{T}}$。

从而该变换可分解为以下两个变换：

$$\boldsymbol{Y}=\boldsymbol{P}^{\mathrm{T}}\boldsymbol{X},\ \boldsymbol{P}=(\boldsymbol{\beta}_1,\boldsymbol{\beta}_2,\cdots,\boldsymbol{\beta}_m) \tag{2-46}$$

$$\boldsymbol{Z}=\boldsymbol{V}^{\mathrm{T}}\boldsymbol{Y},\ \boldsymbol{V}=(\boldsymbol{\xi}_1,\boldsymbol{\xi}_2,\cdots,\boldsymbol{\xi}_d) \tag{2-47}$$

现考虑变换 $\boldsymbol{Y}=\boldsymbol{P}^{\mathrm{T}}\boldsymbol{X}$，既然变换矩阵 $\boldsymbol{P}$ 的列向量为 $\boldsymbol{S}_{\mathrm{t}}$的非零特征值所对应的特征向量，故该变换即为 PCA 变换，且在变换空间（特征空间）内，样本的总体散布矩阵为

$$\begin{aligned}&E\{(\boldsymbol{Y}-\overline{\boldsymbol{Y}})(\boldsymbol{Y}-\overline{\boldsymbol{Y}})^{\mathrm{T}}\}=E\{\boldsymbol{P}^{\mathrm{T}}(\boldsymbol{X}-\overline{\boldsymbol{X}})(\boldsymbol{X}-\overline{\boldsymbol{X}})^{\mathrm{T}}\boldsymbol{P}\}\\&=\boldsymbol{P}^{\mathrm{T}}E\{(\boldsymbol{X}-\overline{\boldsymbol{X}})(\boldsymbol{X}-\overline{\boldsymbol{X}})^{\mathrm{T}}\}\boldsymbol{P}=\boldsymbol{P}^{\mathrm{T}}\boldsymbol{S}_{\mathrm{t}}\boldsymbol{P}\end{aligned}$$

因此，该矩阵恰为$\widetilde{\boldsymbol{S}}_{\mathrm{t}}$。类似地，变换空间内样本的类间散布矩阵为$\widetilde{\boldsymbol{S}}_{\mathrm{b}}$。于是，准则函数$\widetilde{J}(\boldsymbol{\xi})$的物理意义即为 PCA 变换空间内的费希尔鉴别准则函数。因此，模型 2-5 确定的最优解 $\boldsymbol{\xi}_1,\boldsymbol{\xi}_2,\cdots,\boldsymbol{\xi}_d(d\leqslant m)$ 即为变换空间内基于费希尔鉴别准则$\widetilde{J}(\boldsymbol{\xi})$的最优鉴别向量集。

从这个角度来看，我们不仅对奇异情况下求解最优鉴别向量集的过程有了更深刻的理解，同时也揭示了奇异情况下费希尔鉴别分析的本质，即先进行主成分分析（PCA），再进行普通的费希尔线性鉴别分析（LDA）。

2.3.5 奇异情况下的组合鉴别分析方法

当 $\boldsymbol{S}_{\mathrm{t}}$奇异时，设 $m=\mathrm{rank}(\boldsymbol{S}_{\mathrm{t}})$，$\boldsymbol{\beta}_1,\boldsymbol{\beta}_2,\cdots,\boldsymbol{\beta}_m$为 $\boldsymbol{S}_{\mathrm{t}}$的非零特征值所对应的标准正交的特征向量，令 $\boldsymbol{P}=(\boldsymbol{\beta}_1,\boldsymbol{\beta}_2,\cdots,\boldsymbol{\beta}_m)$。按照本书 2.3.4 节提供的理论框架，费希尔最优鉴别特征的抽取过程可分为两步进行：第一步，作 PCA 变换，$\boldsymbol{Y}=\boldsymbol{P}^{\mathrm{T}}\boldsymbol{X}$，将高维的原始样本压缩为 m 维。第二步，在变换空间 $\mathbf{R}^m$内，利用费希尔鉴别分析方法进行特征抽取。

因此，只需要在变换空间 $\mathbf{R}^m$ 内讨论问题。设变换空间 $\mathbf{R}^m$ 内的类间散布矩阵、类内散布矩阵和总体散布矩阵分别表示为$\widetilde{\boldsymbol{S}}_{\mathrm{b}}$、$\widetilde{\boldsymbol{S}}_{\mathrm{w}}$和 $\widetilde{\boldsymbol{S}}_{\mathrm{t}}$。明显地，$\widetilde{\boldsymbol{S}}_{\mathrm{b}}=\boldsymbol{P}^{\mathrm{T}}\boldsymbol{S}_{\mathrm{b}}\boldsymbol{P}$、$\widetilde{\boldsymbol{S}}_{\mathrm{w}}=\boldsymbol{P}^{\mathrm{T}}\boldsymbol{S}_{\mathrm{w}}\boldsymbol{P}$ 和$\widetilde{\boldsymbol{S}}_{\mathrm{t}}=\boldsymbol{P}^{\mathrm{T}}\boldsymbol{S}_{\mathrm{t}}\boldsymbol{P}$，且$\widetilde{\boldsymbol{S}}_{\mathrm{b}}$和$\widetilde{\boldsymbol{S}}_{\mathrm{w}}$为非负定矩阵，$\widetilde{\boldsymbol{S}}_{\mathrm{t}}$为正定矩阵（必可逆）；而且，$\widetilde{\boldsymbol{S}}_{\mathrm{w}}$和$\widetilde{\boldsymbol{S}}_{\mathrm{b}}$的秩满足下面定理 2-13 中的关系。

定理 2-13 $\mathrm{rank}(\widetilde{\boldsymbol{S}}_{\mathrm{w}})=\mathrm{rank}(\boldsymbol{S}_{\mathrm{w}})$；$\mathrm{rank}(\widetilde{\boldsymbol{S}}_{\mathrm{b}})=\mathrm{rank}(\boldsymbol{S}_{\mathrm{b}})$。

利用引理 2-5、引理 2-6 和分块矩阵的理论，易证明该定理是成立的。

费希尔准则函数定义为

$$\widetilde{J}_{\mathrm{f}}(\boldsymbol{\xi})=\frac{\boldsymbol{\xi}^{\mathrm{T}}\widetilde{S}_{\mathrm{b}}\boldsymbol{\xi}}{\boldsymbol{\xi}^{\mathrm{T}}\widetilde{S}_{\mathrm{w}}\boldsymbol{\xi}} \tag{2-48}$$

推广的费希尔准则函数定义如下：

$$\widetilde{J}(\boldsymbol{Y})=\frac{\boldsymbol{\xi}^{\mathrm{T}}\widetilde{S}_{\mathrm{b}}\boldsymbol{\xi}}{\boldsymbol{\xi}^{\mathrm{T}}\widetilde{S}_{\mathrm{t}}\boldsymbol{\xi}} \tag{2-49}$$

在 $\boldsymbol{S}_{\mathrm{t}}$ 奇异的情况下，一般地，矩阵 $\boldsymbol{S}_{\mathrm{t}}$ 的秩 $m=M-1$。其中，M 表示训练样本数；矩阵 $\boldsymbol{S}_{\mathrm{w}}$ 的秩为 $M-c-1=m-c$，这里 c 表示样本类别数；矩阵 $\boldsymbol{S}_{\mathrm{b}}$ 的秩为 $c-1$。相应地，在变换空间 $\mathbf{R}^m$ 内，由定理 2-13 可得

$$\mathrm{rank}(\widetilde{S}_{\mathrm{w}})=m-c,\quad \mathrm{rank}(\widetilde{S}_{\mathrm{b}})=c-1$$

也就是说，在 $\mathbf{R}^m$ 内，类内散布矩阵 $\widetilde{S}_{\mathrm{w}}$ 往往是奇异的。于是，该情况下的有效鉴别向量分为两类，第一类是满足条件 $\boldsymbol{\xi}^{\mathrm{T}}\widetilde{S}_{\mathrm{w}}\boldsymbol{\xi}=0$ 和 $\boldsymbol{\xi}^{\mathrm{T}}\widetilde{S}_{\mathrm{b}}\boldsymbol{\xi}>0$；第二类满足条件 $\boldsymbol{\xi}^{\mathrm{T}}\widetilde{S}_{\mathrm{w}}\boldsymbol{\xi}>0$ 和 $\boldsymbol{\xi}^{\mathrm{T}}\widetilde{S}_{\mathrm{b}}\boldsymbol{\xi}>0$。接下来，具体讨论两类鉴别向量的取值范围。

设 $\boldsymbol{\gamma}_1,\cdots,\boldsymbol{\gamma}_m$ 为 $\widetilde{S}_{\mathrm{w}}$ 的标准正交的特征向量，则 $\mathbf{R}^m=\mathrm{span}\{\boldsymbol{\gamma}_1,\cdots,\boldsymbol{\gamma}_m\}$。

定义 2-3　定义 $\mathbf{R}^m$ 的子空间 $\widetilde{\boldsymbol{\Phi}}_{\mathrm{w}}=\mathrm{span}\{\boldsymbol{\gamma}_1,\cdots,\boldsymbol{\gamma}_q\}$，其中，$\boldsymbol{\gamma}_1,\cdots,\boldsymbol{\gamma}_q$ 为 $\widetilde{S}_{\mathrm{w}}$ 的非零特征值所对应的标准正交的特征向量，$q=\mathrm{rank}(\widetilde{S}_{\mathrm{w}})$。$\widetilde{\boldsymbol{\Phi}}_{\mathrm{w}}$ 的正交补空间为 $\widetilde{\boldsymbol{\Phi}}_{\mathrm{w}}^{\perp}=\mathrm{span}\{\boldsymbol{\gamma}_{q+1},\cdots,\boldsymbol{\gamma}_m\}$。

定理 2-14　在空间 $\mathbf{R}^m$ 内，$\boldsymbol{\xi}\neq 0$，则 $\boldsymbol{\xi}^{\mathrm{T}}\widetilde{S}_{\mathrm{w}}\boldsymbol{\xi}=0$，当且仅当 $\boldsymbol{\xi}\in\widetilde{\boldsymbol{\Phi}}_{\mathrm{w}}^{\perp}$。

证明：先证明充分性。

因为 $\widetilde{S}_{\mathrm{w}}$ 为非负定矩阵，由定义 2-3 和引理 2-5 可知：

$\boldsymbol{\gamma}_j^{\mathrm{T}}\widetilde{S}_{\mathrm{w}}\boldsymbol{\gamma}_j=0$，必有 $\widetilde{S}_{\mathrm{w}}\boldsymbol{\gamma}_j=0$，$j=q+1,\cdots,m$。

任意 $\boldsymbol{\xi}\in\widetilde{\boldsymbol{\Phi}}_{\mathrm{w}}^{\perp}$，必可表示为 $\boldsymbol{\gamma}_{q+1},\cdots,\boldsymbol{\gamma}_m$ 的线性组合，故 $\widetilde{S}_{\mathrm{w}}\boldsymbol{\xi}=0$，则 $\boldsymbol{\xi}^{\mathrm{T}}\widetilde{S}_{\mathrm{w}}\boldsymbol{\xi}=0$。

必要性由定义 2-3 易证明。

定理 2-15　任意 $\boldsymbol{\xi}\in\widetilde{\boldsymbol{\Phi}}_{\mathrm{w}}^{\perp}$ 且 $\boldsymbol{\xi}\neq 0$，有 $\boldsymbol{\xi}^{\mathrm{T}}\widetilde{S}_{\mathrm{b}}\boldsymbol{\xi}>0$ 恒成立。

证明：由 $\widetilde{S}_{\mathrm{t}}$ 的正定性，任意 $\boldsymbol{\xi}\neq 0\in\mathbf{R}^m$，有 $\boldsymbol{\xi}^{\mathrm{T}}\widetilde{S}_{\mathrm{t}}\boldsymbol{\xi}>0$；

又 $\boldsymbol{\xi}\in\widetilde{\boldsymbol{\Phi}}_{\mathrm{w}}^{\perp}$，满足 $\boldsymbol{\xi}^{\mathrm{T}}\widetilde{S}_{\mathrm{w}}\boldsymbol{\xi}=0$，而 $\widetilde{S}_{\mathrm{t}}=\widetilde{S}_{\mathrm{b}}+\widetilde{S}_{\mathrm{w}}$，故

任意 $\boldsymbol{\xi}\in\widetilde{\boldsymbol{\Phi}}_{\mathrm{w}}^{\perp}$ 且 $\boldsymbol{\xi}\neq 0$，恒有 $\boldsymbol{\xi}^{\mathrm{T}}\widetilde{S}_{\mathrm{b}}\boldsymbol{\xi}>0$。

定理 2-14 和定理 2-15 告诉我们，第一类鉴别向量取值空间为 $\widetilde{\boldsymbol{\Phi}}_{\mathrm{w}}^{\perp}$；而第

二类鉴别向量只能从集合（$\mathbf{R}^m-\widetilde{\boldsymbol{\Phi}}_{\mathrm{w}}^{\perp}$）中取值。明显地，若规定两类鉴别向量之间满足正交条件，则第二类鉴别向量的取值空间为$\widetilde{\boldsymbol{\Phi}}_{\mathrm{w}}$，即为$\widetilde{\boldsymbol{\Phi}}_{\mathrm{w}}^{\perp}$的正交补空间。

1. 鉴别准则的优化选择

对于取自空间$\widetilde{\boldsymbol{\Phi}}_{\mathrm{w}}^{\perp}$的任意两个鉴别向量$\boldsymbol{\xi}_1$和$\boldsymbol{\xi}_2$，若按照费希尔准则函数的定义式（2-49）来衡量，均有$\widetilde{J}(\boldsymbol{\xi}_1)=\widetilde{J}(\boldsymbol{\xi}_2)=1$。也就是说，对于第一类的鉴别向量，费希尔准则无法判别哪一个更优，也就失去了鉴别准则的作用。本节借鉴参考文献［19,21］的思想，改用以下准则选取第一类的鉴别向量：

$$\widetilde{J}_{\mathrm{b}}(\boldsymbol{\xi})=\boldsymbol{\xi}^{\mathrm{T}}\widetilde{\boldsymbol{S}}_{\mathrm{b}}\boldsymbol{\xi}\qquad(\|\boldsymbol{\xi}\|=1)\tag{2-50}$$

该准则的物理意义是：当投影后的类内散布量为零时，取类间散布量作为衡量投影方向优劣的标准。

式（2-50）中的准则函数等价于以下瑞利商函数：

$$\widetilde{J}_{\mathrm{R}}(\boldsymbol{\xi})=\frac{\boldsymbol{\xi}^{\mathrm{T}}\widetilde{\boldsymbol{S}}_{\mathrm{b}}\boldsymbol{\xi}}{\boldsymbol{\xi}^{\mathrm{T}}\boldsymbol{\xi}}\tag{2-51}$$

至于第二类鉴别向量，仍采用费希尔准则函数式（2-49）来衡量。当然，也可采用费希尔准则函数式（2-48）进行衡量，因为当类内散布量不为零时，两准则完全等价。

2. 组合最优鉴别向量集的确定

样本往第一类鉴别向量上投影后，其类内散布量为零，这个性质是很好的，故在此我们优先选择第一类鉴别向量。第一类鉴别向量的第 $i+1$ 个最优鉴别向量可由以下模型确定：

$$\text{模型 2-6}\quad\begin{cases}\max\ \widetilde{J}_{\mathrm{b}}(\boldsymbol{\xi})\\ \boldsymbol{\xi}_j^{\mathrm{T}}\boldsymbol{\xi}=0,\ j=1,\cdots,i\\ \boldsymbol{\xi}\in\widetilde{\boldsymbol{\Phi}}_{\mathrm{w}}^{\perp}\end{cases}\tag{2-52}$$

式中，$\boldsymbol{\xi}_j^{\mathrm{T}}\boldsymbol{\xi}=0$ 为正交约束条件。当求解第一个最优鉴别向量时，相当于没有该约束条件。由于子空间$\widetilde{\boldsymbol{\Phi}}_{\mathrm{w}}^{\perp}$的维数为 $l=m-q$。因此，令 $i=0,\cdots,l-1$，由模型 2-6 可确定 l 个彼此正交的最优鉴别向量 $\boldsymbol{\xi}_1,\cdots,\boldsymbol{\xi}_l$。

第二类鉴别向量 $\boldsymbol{\xi}_{l+1},\cdots,\boldsymbol{\xi}_d$ 由以下模型确定：

$$
\text{模型 2-7}\quad \begin{cases} \max \widetilde{J}(\boldsymbol{\xi}) \\ \boldsymbol{\xi}_j^{\mathrm{T}}\widetilde{\boldsymbol{S}}_{\mathrm{t}}\boldsymbol{\xi}=0,\ j=l+1,\cdots,k \\ \boldsymbol{\xi}\in\widetilde{\boldsymbol{\Phi}}_{\mathrm{w}} \end{cases} \tag{2-53}
$$

注意，与模型 2-6 不同的是，在模型 2-7 中我们取共轭正交的约束条件。也就是说，所得的第二类最优鉴别向量 $\boldsymbol{\xi}_{l+1},\cdots,\boldsymbol{\xi}_d$ 是关于 $\widetilde{\boldsymbol{S}}_{\mathrm{t}}$ 共轭正交的。同时，模型中的约束条件 $\boldsymbol{\xi}\in\widetilde{\boldsymbol{\Phi}}_{\mathrm{w}}^{\perp}$ 与 $\boldsymbol{\xi}\in\widetilde{\boldsymbol{\Phi}}_{\mathrm{w}}$ 表明，两类鉴别向量之间是彼此正交的。

我们可利用 2.3.2 节中建立的同构映射原理直接求解以上两个模型。接下来，先来求解模型 2-6。

作同构映射 $\boldsymbol{\xi}=\boldsymbol{P}_1\boldsymbol{\psi}$，其中，$\boldsymbol{P}_1=(\boldsymbol{\gamma}_{q+1},\cdots,\boldsymbol{\gamma}_m)$，模型 2-6 作同构映射后，可得

$$
\text{模型 2-8}\quad \begin{cases} \max \overline{J}_{\mathrm{b}}(\boldsymbol{\psi}) \\ \boldsymbol{\psi}_j^{\mathrm{T}}\boldsymbol{\psi}=0,\ j=1,\cdots,i \\ \boldsymbol{\psi}\in\mathbf{R}^l \end{cases} \tag{2-54}
$$

式中，$\overline{J}_{\mathrm{b}}(\boldsymbol{\psi})=\boldsymbol{\psi}^{\mathrm{T}}\overline{\boldsymbol{S}}_{\mathrm{b}}\boldsymbol{\psi}$，$l=m-q$，这里 $\overline{\boldsymbol{S}}_{\mathrm{b}}=\boldsymbol{P}_1^{\mathrm{T}}\widetilde{\boldsymbol{S}}_{\mathrm{b}}\boldsymbol{P}_1$ 为正定矩阵。

既然目标函数 $\overline{J}_{\mathrm{b}}(\boldsymbol{\psi})$（$\|\boldsymbol{\psi}\|=1$）等价于瑞利商函数 $\overline{J}_{\mathrm{R}}(\boldsymbol{\psi})=\dfrac{\boldsymbol{\psi}^{\mathrm{T}}\overline{\boldsymbol{S}}_{\mathrm{b}}\boldsymbol{\psi}}{\boldsymbol{\psi}^{\mathrm{T}}\boldsymbol{\psi}}$，由瑞利商的极值性质，那么模型 2-8 的最优解 $\boldsymbol{\psi}_1,\cdots,\boldsymbol{\psi}_l$ 为 $\overline{\boldsymbol{S}}_{\mathrm{b}}$ 的标准正交的特征向量。相应地，由模型 2-6 确定的最优鉴别向量为 $\boldsymbol{\xi}_j=\boldsymbol{P}_1\boldsymbol{\psi}_j$，$j=1,\cdots,l$，且为彼此正交的。由同构映射原理可知，它们为准则函数 $\widetilde{J}_{\mathrm{b}}(\boldsymbol{\xi})=\boldsymbol{\xi}^{\mathrm{T}}\widetilde{\boldsymbol{S}}_{\mathrm{b}}\xi$ 在空间 $\widetilde{\boldsymbol{\Phi}}_{\mathrm{w}}^{\perp}$ 内的极值点。这也是我们为何在模型 2-6 中采用正交约束的原因。

模型 2-7 的求解过程完全类似模型 2-6。模型 2-7 作同构映射

$$
\boldsymbol{\xi}=\boldsymbol{P}_2\boldsymbol{\psi},\quad \boldsymbol{P}_2=(\boldsymbol{\gamma}_1,\cdots,\boldsymbol{\gamma}_q)
$$

可得

$$
\text{模型 2-9}\quad \begin{cases} \max \hat{J}(\boldsymbol{\psi}) \\ \boldsymbol{\psi}_j^{\mathrm{T}}\hat{S}_{\mathrm{t}}\boldsymbol{\psi}=0,\ j=l+1,\cdots,k \\ \boldsymbol{\psi}\in\mathbf{R}^q \end{cases} \tag{2-55}
$$

式中，$\hat{J}(\boldsymbol{\psi})=\dfrac{\boldsymbol{\psi}_j^{\mathrm{T}}\hat{\boldsymbol{S}}_{\mathrm{b}}\boldsymbol{\psi}}{\boldsymbol{\psi}_j^{\mathrm{T}}\hat{\boldsymbol{S}}_{\mathrm{t}}\boldsymbol{\psi}}$，$\hat{\boldsymbol{S}}_{\mathrm{b}}=\boldsymbol{P}_2^{\mathrm{T}}\widetilde{\boldsymbol{S}}_{\mathrm{b}}\boldsymbol{P}_2$，$\hat{\boldsymbol{S}}_{\mathrm{t}}=\boldsymbol{P}_2^{\mathrm{T}}\widetilde{\boldsymbol{S}}_{\mathrm{t}}\boldsymbol{P}_2$。

明显地，在映射空间 $\mathbf{R}^q$ 内，$\hat{\boldsymbol{S}}_{\mathrm{w}}=\boldsymbol{P}_2^{\mathrm{T}}\widetilde{\boldsymbol{S}}_{\mathrm{w}}\boldsymbol{P}_2$ 是正定的，故此时目标函数 $\hat{J}(\boldsymbol{\psi})$ 完全等价于 $\hat{J}_{\mathrm{f}}(\boldsymbol{\psi})=\dfrac{\boldsymbol{\psi}_j^{\mathrm{T}}\hat{\boldsymbol{S}}_{\mathrm{b}}\boldsymbol{\psi}}{\boldsymbol{\psi}_j^{\mathrm{T}}\hat{\boldsymbol{S}}_{\mathrm{w}}\boldsymbol{\psi}}$。也就是说，模型 2-9 中的目标函数可由 $\hat{J}_{\mathrm{f}}(\boldsymbol{\psi})$ 代替。

目标函数 $\hat{J}(\boldsymbol{\psi})=\dfrac{\boldsymbol{\psi}_j^{\mathrm{T}}\hat{\boldsymbol{S}}_{\mathrm{b}}\boldsymbol{\psi}}{\boldsymbol{\psi}_j^{\mathrm{T}}\hat{\boldsymbol{S}}_{\mathrm{t}}\boldsymbol{\psi}}$ 即为广义的瑞利商函数。由广义瑞利商的极值性质[14]可知，模型 2-9 的最优解 $\boldsymbol{\psi}_{l+1},\cdots,\boldsymbol{\psi}_d$（令 $k=l+1,\cdots,d-1$）可取为广义特征方程 $\hat{\boldsymbol{S}}_{\mathrm{b}}\boldsymbol{\psi}=\lambda\hat{\boldsymbol{S}}_{\mathrm{t}}\boldsymbol{\psi}$ 的前 $d-l$ 个最大特征值所对应的关于 $\hat{\boldsymbol{S}}_{\mathrm{t}}$ 共轭正交的特征向量[22]。

由同构映射原理可知，模型 2-7 所确定的最优鉴别向量集为 $\boldsymbol{\xi}_j=\boldsymbol{P}_2\boldsymbol{\psi}_j$，$(j=l+1,\cdots,d)$。它们是关于 $\widetilde{\boldsymbol{S}}_{\mathrm{t}}$ 共轭正交的，且为准则函数 $\widetilde{J}(\boldsymbol{\xi})$ 在空间 $\widetilde{\boldsymbol{\Phi}}_{\mathrm{w}}$ 内的极值点。

组合最优鉴别向量集的求解过程如图 2-2 所示。

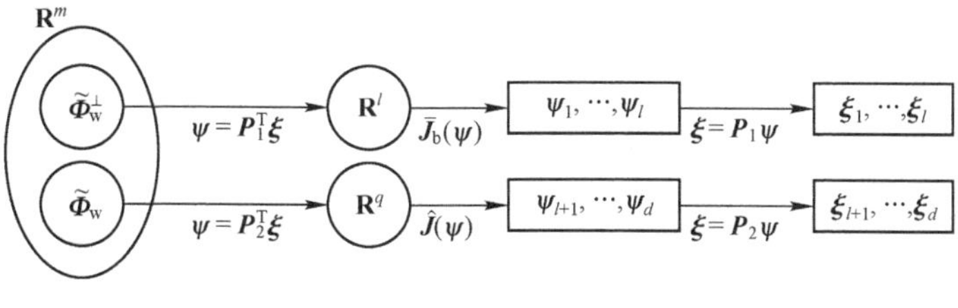

图 2-2　组合最优鉴别向量集的求解过程示意图

组合最优鉴别向量集 $\boldsymbol{\xi}_1,\cdots,\boldsymbol{\xi}_l,\boldsymbol{\xi}_{l+1},\cdots,\boldsymbol{\xi}_d$ 可构成式（2-47）所示的变换，用于最优组合鉴别特征的抽取。

2.4　二维主成分分析

众所周知，主成分分析（PCA）是线性特征抽取的最为重要的技术之一，广泛应用在人脸等图像识别领域。采用主成分分析技术进行人脸识别的最为著名的方法是 Turk 和 Pentland 所提出的 Eigenfaces[23] 方法（特征向量转化为图像显示，像一张人脸，故称为特征脸，即 Eigenfaces）。尽管 Eigenfaces 方法在性能上有着不错的表现，但其弱点也是明显的。这是因为传统的 PCA 是基于图像向量的，图像向量的维数常常高达上万维。尽管利用奇异值分解定理可在一定程度上加速 $\boldsymbol{S}_t$的特征向量的求解速度，但整个特征抽取过程所耗费的计算量还是相当可观的。

受 Liu[24] 代数特征抽取思想的启发，本节提出了一种直接基于图像矩阵的 PCA 方法：二维主成分分析（Two-Dimensional PCA，2DPCA）[25,26]。该方法在处理图像识别问题时，不需要事先将图像矩阵转化为图像向量，而是直接利用图像矩阵本身构造所谓的图像总体散布矩阵，然后取它的 d 个最大特征值所对应的标准正交的特征向量作为投影轴即可。在标准人脸图像库上的试验结果表明，所提出的方法不仅在识别性能上优于基于传统 PCA 的 Eigenfaces 方法，而且大幅度提升了特征抽取的速度。

设 $\boldsymbol{X}$ 为一个 $m\times n$ 型的图像矩阵，$\boldsymbol{\zeta}$ 为一个 n 维单位列向量，我们的思想是将 $\boldsymbol{X}$ 通过以下线性变换直接投影到 $\boldsymbol{\zeta}$ 上。

$$\boldsymbol{Y}=\boldsymbol{X}\boldsymbol{\zeta} \tag{2-56}$$

于是，得到一个 m 维列向量 $\boldsymbol{Y}$，称为图像 $\boldsymbol{X}$ 的投影特征向量。那么，究竟往哪个方向投影呢？事实上，可以通过投影特征 $\boldsymbol{Y}$ 的散布情况来决定投影方向 $\boldsymbol{\zeta}$。在此，我们采用以下准则

$$J_p(\boldsymbol{\zeta})=\mathrm{tr}(\boldsymbol{S}_y) \tag{2-57}$$

式中，$\boldsymbol{S}_y$表示投影特征 $\boldsymbol{Y}$ 的总体散布矩阵。最大化准则式（2-57）的直观意义是，我们将寻找这样的投影方向 $\boldsymbol{\zeta}$，使得投影后所得特征向量的总体散布量最大。$\boldsymbol{S}_y$可表示为

$$\begin{aligned}\boldsymbol{S}_y&=E[\boldsymbol{Y}-E(\boldsymbol{Y})][\boldsymbol{Y}-E(\boldsymbol{Y})]^{\mathrm{T}}\\&=E[\boldsymbol{X}\boldsymbol{\zeta}-E(\boldsymbol{X}\boldsymbol{\zeta})][\boldsymbol{X}\boldsymbol{\zeta}-E(\boldsymbol{X}\boldsymbol{\zeta})]^{\mathrm{T}}\\&=E[(\boldsymbol{X}-E\boldsymbol{X})\boldsymbol{\zeta}][(\boldsymbol{X}-E\boldsymbol{X})\boldsymbol{\zeta}]^{\mathrm{T}}\end{aligned} \tag{2-58}$$

则总体散布量为

$$\mathrm{tr}(\boldsymbol{S}_y)=\boldsymbol{\zeta}^{\mathrm{T}}\{E[\boldsymbol{X}-E(\boldsymbol{X})]^{\mathrm{T}}[\boldsymbol{X}-E(\boldsymbol{X})]\}\boldsymbol{\zeta} \tag{2-59}$$

定义以下的图像总体散布矩阵

$$\boldsymbol{G}_t=E[\boldsymbol{X}-E(\boldsymbol{X})]^{\mathrm{T}}[\boldsymbol{X}-E(\boldsymbol{X})] \tag{2-60}$$

由此定义，易证明 $\boldsymbol{G}_t$为 $n\times n$ 型的非负定矩阵。

故式（2-57）中的准则函数为

$$J_{\mathrm{p}}(\boldsymbol{\zeta})=\boldsymbol{\zeta}^{\mathrm{T}}\boldsymbol{G}_{\mathrm{t}}\boldsymbol{\zeta} \tag{2-61}$$

该准则称为广义总体散布量准则。最大化该准则的单位向量 $\boldsymbol{\zeta}$ 称为最优投影轴，其物理意义是，图像矩阵在 $\boldsymbol{\zeta}$ 方向上投影后所得特征向量的总体分散程度最大。事实上，该最优投影轴即图像总体散布矩阵 $\boldsymbol{G}_{\mathrm{t}}$ 的最大特征值所对应的单位特征向量。

一般来说，在样本类别数较多的情况下，单一的最优投影方向是不够的，我们希望寻找一组满足标准正交条件且极大化准则函数式（2-61）的最优投影轴 $\boldsymbol{\zeta}_1,\cdots,\boldsymbol{\zeta}_d$。

由于准则函数式（2-61）等价于

$$J_{\mathrm{R}}(\boldsymbol{\zeta})=\frac{\boldsymbol{\zeta}^{\mathrm{T}}\boldsymbol{G}_{\mathrm{t}}\boldsymbol{\zeta}}{\boldsymbol{\zeta}^{\mathrm{T}}\boldsymbol{\zeta}} \tag{2-62}$$

式（2-62）即为矩阵 $\boldsymbol{G}_{\mathrm{t}}$ 的瑞利商，由瑞利商的极值性质[14]，最优投影轴 $\boldsymbol{\zeta}_1,\cdots,\boldsymbol{\zeta}_d$ 可取为 $\boldsymbol{G}_{\mathrm{t}}$ 的 d 个最大特征值所对应的标准正交的特征向量。具体地讲，设 $\boldsymbol{G}_{\mathrm{t}}$ 的特征值满足 $\lambda_1\geqslant\lambda_2\geqslant\cdots\geqslant\lambda_n$，且对应的标准正交的特征向量为 $\boldsymbol{\zeta}_1,\cdots,\boldsymbol{\zeta}_n$，则最优投影轴取为前 d 个 $\boldsymbol{\zeta}_1,\cdots,\boldsymbol{\zeta}_d$。

基于最优图像投影轴 $\boldsymbol{\zeta}_1,\cdots,\boldsymbol{\zeta}_d$，令

$$\boldsymbol{Y}_k=\boldsymbol{X}\boldsymbol{\zeta}_k,\ k=1,2,\cdots,d \tag{2-63}$$

则得到一组 m 维图像投影特征向量 $\boldsymbol{Y}_1,\cdots,\boldsymbol{Y}_d$，它们可合并为图像 $\boldsymbol{X}$ 的一个 $N=md$ 维整体投影特征 $\boldsymbol{Y}$：

$$\boldsymbol{Y}=\begin{bmatrix}\boldsymbol{Y}_1\\\boldsymbol{Y}_2\\\vdots\\\boldsymbol{Y}_d\end{bmatrix}=\begin{bmatrix}\boldsymbol{X}\boldsymbol{\zeta}_1\\\boldsymbol{X}\boldsymbol{\zeta}_2\\\vdots\\\boldsymbol{X}\boldsymbol{\zeta}_d\end{bmatrix} \tag{2-64}$$

$\boldsymbol{Y}$ 可以用于随后的分类识别。

接下来介绍基于 2DPCA 的图像重建。

在特征脸方法中，由特征脸和主成分的加权组合可以重构人脸图像。类似地，2DPCA 也可以实现人脸图像的重建。

设 $\boldsymbol{\zeta}_1,\cdots,\boldsymbol{\zeta}_d$ 为 2DPCA 的一组标准正交的投影轴，图像 $\boldsymbol{X}$ 在这组投影轴上投影后，得到图像投影特征向量为 $\boldsymbol{Y}_k=\boldsymbol{X}\boldsymbol{\zeta}_k(k=1,2,\cdots,d)$。令

$$\boldsymbol{V}=[\boldsymbol{Y}_1,\cdots,\boldsymbol{Y}_d],\ \boldsymbol{U}=[\boldsymbol{\zeta}_1,\cdots,\boldsymbol{\zeta}_d]$$

则有

$$\boldsymbol{V}=\boldsymbol{X}\boldsymbol{U} \tag{2-65}$$

由于$\boldsymbol{\zeta}_1,\cdots,\boldsymbol{\zeta}_d$是标准正交的，由式（2-65）容易得到图像$\boldsymbol{X}$的重建图像：

$$\widetilde{\boldsymbol{X}}=\boldsymbol{V}\boldsymbol{U}^{\mathrm{T}}=\sum_{k=1}^{d}\boldsymbol{Y}_k\boldsymbol{\zeta}_k^{\mathrm{T}} \tag{2-66}$$

每个$\widetilde{\boldsymbol{X}}_k=\boldsymbol{Y}_k\boldsymbol{\zeta}_k^{\mathrm{T}}(k=1,2,\cdots,d)$，与图像$\boldsymbol{X}$具有相同的大小，构成$\boldsymbol{X}$的重建子图，通过这些子图的相加可以近似地重建图像$\boldsymbol{X}$。若选取$d=n$个主成分向量，其中$n$是$\boldsymbol{G}_{\mathrm{t}}$的特征值的总个数，则有$\widetilde{\boldsymbol{X}}=\boldsymbol{X}$，即实现$\boldsymbol{X}$的无损重建。否则，若$d<n$，重建图像$\widetilde{\boldsymbol{X}}$是原始图像$\boldsymbol{X}$的近似。

2.5 二维线性鉴别分析

以往的线性鉴别分析方法在处理人脸等图像识别问题时，遵循着一个共同的过程，即首先将图像矩阵转化为图像向量，然后以该图像向量作为原始特征进行线性鉴别分析。由于图像向量的维数一般较高，这就为以后的特征抽取造成困难。比如，图像的分辨率为100×100，那么，所得的图像向量的维数高达10 000。这样，在进行线性鉴别分析时不仅会耗费大量的时间，而且高维的特征向量不可避免地导致类内散布矩阵奇异性问题（尽管在本书2.3节中我们已经解决了该问题，但出于习惯，人们总期望能避免该问题）。

针对这一情况，Liu[24]提出了一种代数特征抽取的新思路，其基本思想是利用图像矩阵直接构造图像散布矩阵，并在此基础上进行鉴别分析。但是，由于当时只是在5个人的图像库上进行的测试，测试结果难以令人信服。再者，由于在较大样本的图像库上没有卓越的表现，故该方法一度被忽视。本节从统计不相关的角度重新审视并改进了Liu的方法，从而得到一种具有统计不相关性的图像投影鉴别分析方法[25-27]。该方法秉承了Liu方法的优点，是直接基于图像矩阵的，故与以往的线性鉴别方法相比，极大地提高了特征抽取的速度。同时，该方法摒弃了Liu方法的弱点，引入共轭正交条件代替Liu方法中采用的正交条件，从而消除了鉴别特征向量之间的相关性。实验结果表明，所提出的方法在识别性能上较Liu的方法有了大幅度的提高。而且，在普通的分类器下，其识别率远远高于著名的Fisherfaces方法。

2.5.1　基本思想

设 $\boldsymbol{X}$ 为一个 $m\times n$ 型的图像矩阵，$\boldsymbol{\zeta}$ 为一个 n 维单位列向量，我们的思想是将图像矩阵 $\boldsymbol{X}$ 通过以下线性变换直接投影到 $\boldsymbol{\zeta}$ 上。

$$\boldsymbol{Y}=\boldsymbol{X}\boldsymbol{\zeta} \tag{2-67}$$

于是，得到一个 m 维列向量 $\boldsymbol{Y}$，称为图像 $\boldsymbol{X}$ 的投影特征向量。那么，究竟往哪个方向投影呢？也就是说，怎样确定一个好的投影向量 $\boldsymbol{\zeta}$ 呢？事实上，可以通过投影特征 $\boldsymbol{Y}$ 的散布情况来决定投影方向 $\boldsymbol{\zeta}$。在此，我们采用以下准则：

$$J(\boldsymbol{\zeta})=\frac{\operatorname{tr}(\boldsymbol{B}_{\mathrm{y}})}{\operatorname{tr}(\boldsymbol{W}_{\mathrm{y}})} \tag{2-68}$$

式中，$\boldsymbol{B}_{\mathrm{y}}$ 和 $\boldsymbol{W}_{\mathrm{y}}$ 分别表示投影特征的类间散布矩阵和类内散布矩阵。最大化准则式（2-68）的直观意义是，我们将寻找这样的投影方向 $\boldsymbol{\zeta}$，使得投影后所得的特征向量具有最大的类间散布量和最小的类内散布量。

设有 c 个已知的模式类别，M_i 表示第 i 类的训练样本数，M 表示训练样本总数。第 i 类的第 j 个训练样本图像为 $m\times n$ 型矩阵 $\boldsymbol{X}_j^{(i)}$（$i=1,2,\cdots,c$，$j=1,2,\cdots,M_i$）。第 i 类的训练样本的平均图像为 $\overline{\boldsymbol{X}}^{(i)}$，所有训练样本的均值图像记作 $\overline{\boldsymbol{X}}$。

训练样本图像投影到 $\boldsymbol{\zeta}$ 上后，得到以下的投影特征向量：

$$\boldsymbol{Y}_j^{(i)}=\boldsymbol{X}_j^{(i)}\boldsymbol{\zeta} \qquad i=1,2,\cdots,c \qquad j=1,2,\cdots,M_i \tag{2-69}$$

假设第 i 类投影特征向量的均值为 $\overline{\boldsymbol{Y}}^{(i)}$，所有训练样本投影向量的均值为 $\overline{\boldsymbol{Y}}$，则有

$$\overline{\boldsymbol{Y}}^{(i)}=\overline{\boldsymbol{X}}^{(i)}\boldsymbol{\zeta},\quad \overline{\boldsymbol{Y}}=\overline{\boldsymbol{X}}\boldsymbol{\zeta}$$

从而可给出 $\boldsymbol{B}_{\mathrm{y}}$ 和 $\boldsymbol{W}_{\mathrm{y}}$ 的估计如下：

$$\begin{aligned}\boldsymbol{B}_{\mathrm{y}}&=\sum_{i=1}^{c}P_i(\overline{\boldsymbol{Y}}^{(i)}-\overline{\boldsymbol{Y}})(\overline{\boldsymbol{Y}}^{(i)}-\overline{\boldsymbol{Y}})^{\mathrm{T}}\\&=\sum_{i=1}^{c}P_i[(\overline{\boldsymbol{X}}^{(i)}-\overline{\boldsymbol{X}})\boldsymbol{\zeta}][(\overline{\boldsymbol{X}}^{(i)}-\overline{\boldsymbol{X}})\boldsymbol{\zeta}]^{\mathrm{T}}\end{aligned} \tag{2-70}$$

$$\boldsymbol{W}_{\mathrm{y}}=\sum_{i=1}^{c}P_i\frac{1}{M_i}\sum_{i=1}^{M_i}[(\boldsymbol{X}_j^{(i)}-\overline{\boldsymbol{X}}^{(i)})\boldsymbol{\zeta}][(\boldsymbol{X}_j^{(i)}-\overline{\boldsymbol{X}}^{(i)})\boldsymbol{\zeta}]^{\mathrm{T}} \tag{2-71}$$

式中，$P_i(i=1,2,\cdots,c)$ 是第 i 类的先验概率。

由式（2-70）和式（2-71），不难算出类间散布量和类内散布量。

$$\mathrm{tr}(\boldsymbol{B}_\mathrm{y})=\boldsymbol{\zeta}^\mathrm{T}\left(\sum_{i=1}^{c}P_i(\overline{\boldsymbol{X}}^{(i)}-\overline{\boldsymbol{X}})^\mathrm{T}(\overline{\boldsymbol{X}}^{(i)}-\overline{\boldsymbol{X}})\right)\boldsymbol{\zeta} \tag{2-72}$$

$$\mathrm{tr}(\boldsymbol{W}_\mathrm{y})=\boldsymbol{\zeta}^\mathrm{T}\left(\sum_{i=1}^{c}P_i\frac{1}{M_i}\sum_{i=1}^{M_i}(\boldsymbol{X}_j^{(i)}-\overline{\boldsymbol{X}}^{(i)})^\mathrm{T}(\boldsymbol{X}_j^{(i)}-\overline{\boldsymbol{X}}^{(i)})\right)\boldsymbol{\zeta} \tag{2-73}$$

现定义以下矩阵：

$$\boldsymbol{G}_\mathrm{b}=\sum_{i=1}^{c}P_i(\overline{\boldsymbol{X}}^{(i)}-\overline{\boldsymbol{X}})^\mathrm{T}(\overline{\boldsymbol{X}}^{(i)}-\overline{\boldsymbol{X}}) \tag{2-74}$$

$$\boldsymbol{G}_\mathrm{w}=\sum_{i=1}^{c}P_i\frac{1}{M_i}\sum_{i=1}^{M_i}(\boldsymbol{X}_j^{(i)}-\overline{\boldsymbol{X}}^{(i)})^\mathrm{T}(\boldsymbol{X}_j^{(i)}-\overline{\boldsymbol{X}}^{(i)}) \tag{2-75}$$

$\boldsymbol{G}_\mathrm{b}$和$\boldsymbol{G}_\mathrm{w}$分别称为图像类间散布矩阵和图像类内散布矩阵。由此定义，易证明$\boldsymbol{G}_\mathrm{b}$和$\boldsymbol{G}_\mathrm{w}$均为$n\times n$型非负定矩阵。而且值得指出的是，在图像识别问题中，一般情况下$\boldsymbol{G}_\mathrm{w}$总是可逆矩阵，除非每类中只有一个训练样本。

于是，$\mathrm{tr}(\boldsymbol{B}_\mathrm{y})=\boldsymbol{\zeta}^\mathrm{T}\boldsymbol{G}_\mathrm{b}\boldsymbol{\zeta}$，$\mathrm{tr}(\boldsymbol{W}_\mathrm{y})=\boldsymbol{\zeta}^\mathrm{T}\boldsymbol{G}_\mathrm{w}\boldsymbol{\zeta}$，故式（2-68）中的准则函数即为

$$J(\boldsymbol{\zeta})=\frac{\boldsymbol{\zeta}^\mathrm{T}\boldsymbol{G}_\mathrm{b}\boldsymbol{\zeta}}{\boldsymbol{\zeta}^\mathrm{T}\boldsymbol{G}_\mathrm{w}\boldsymbol{\zeta}} \tag{2-76}$$

以上准则在形式上类似于经典的费希尔准则，故称之为广义费希尔准则。

此外，类似于$\boldsymbol{G}_\mathrm{b}$和$\boldsymbol{G}_\mathrm{w}$，我们定义以下的图像总体散布矩阵：

$$\boldsymbol{G}_\mathrm{t}=E[\boldsymbol{X}-E(\boldsymbol{X})]^\mathrm{T}[\boldsymbol{X}-E(\boldsymbol{X})] \tag{2-77}$$

事实上，$\boldsymbol{G}_\mathrm{t}$的估计式为

$$\boldsymbol{G}_\mathrm{t}=\frac{1}{M}\sum_{i,j}(\boldsymbol{X}_j^{(i)}-\overline{\boldsymbol{X}})^\mathrm{T}(\boldsymbol{X}_j^{(i)}-\overline{\boldsymbol{X}}) \tag{2-78}$$

易证明$\boldsymbol{G}_\mathrm{t}$为非负定阵，且满足$\boldsymbol{G}_\mathrm{t}=\boldsymbol{G}_\mathrm{b}+\boldsymbol{G}_\mathrm{w}$。

2.5.2 Liu 图像投影鉴别分析

由广义瑞利商的极值性质可知，使得广义费希尔准则极大化的最优投影方向为以下广义特征方程的最大特征值所对应的特征向量：

$$\boldsymbol{G}_\mathrm{b}\boldsymbol{\xi}=\lambda\boldsymbol{G}_\mathrm{w}\boldsymbol{\xi} \tag{2-79}$$

一般来说，在样本类别数较多的情况下，单一的最优的投影轴是不够的，因此，Liu[24] 提出寻找一组最优投影向量集$\boldsymbol{\zeta}_1,\cdots,\boldsymbol{\zeta}_d$作为投影轴，所采取的策

略介绍如下。

第一个投影轴 $\boldsymbol{\zeta}_1$ 取为广义费希尔最优投影方向。一旦确定了前 i 个投影轴 $\boldsymbol{\zeta}_1,\cdots,\boldsymbol{\zeta}_i$，第 $i+1$ 个投影轴 $\boldsymbol{\zeta}_{i+1}$ 是以下最优化问题的最优解：

$$\text{模型 2-10}\quad \begin{cases} \max J(\boldsymbol{\zeta}) \\ \boldsymbol{\zeta}_j^{\mathrm{T}}\boldsymbol{\zeta}=0,\ j=1,\cdots,i \\ \boldsymbol{\zeta}\in\mathbf{R}^n \end{cases} \tag{2-80}$$

事实上，对金忠[10, 12]提出的一个引理稍加修改便可求解以上问题，即引理 2-7。

引理 2-7　$\boldsymbol{\zeta}_{i+1}$ 为以下广义特征方程的最大特征值所对应的归一化的特征向量：

$$\boldsymbol{B}_i\boldsymbol{G}_{\mathrm{b}}\boldsymbol{\zeta}=\lambda\boldsymbol{G}_{\mathrm{w}}\boldsymbol{\zeta} \tag{2-81}$$

式中，$\boldsymbol{B}_i=\boldsymbol{I}_n-\boldsymbol{D}_i^{\mathrm{T}}(\boldsymbol{D}_i\boldsymbol{G}_{\mathrm{w}}^{-1}\boldsymbol{D}_i^{\mathrm{T}})^{-1}\boldsymbol{D}_i\boldsymbol{G}_{\mathrm{w}}^{-1}$，$\boldsymbol{D}_i=(\boldsymbol{\zeta}_1,\cdots,\boldsymbol{\zeta}_i)^{\mathrm{T}}$。

明显地，Liu 最优投影向量集 $\boldsymbol{\zeta}_1,\cdots,\boldsymbol{\zeta}_d$ 满足以下条件：

$$\boldsymbol{\zeta}_i^{\mathrm{T}}\boldsymbol{\zeta}_j=0,\ \forall i\neq j,\ i,j=1,\cdots,d \tag{2-82}$$

2.5.3　统计不相关的图像投影鉴别分析

在此，我们借鉴金忠[10-12]提出的统计不相关的思想，提出以 $\boldsymbol{G}_{\mathrm{t}}$ 共轭正交条件代替 Liu 标准正交条件，即令最优鉴别向量集 $\boldsymbol{\zeta}_1,\cdots,\boldsymbol{\zeta}_d$ 满足以下条件：

$$\boldsymbol{\zeta}_i^{\mathrm{T}}\boldsymbol{G}_{\mathrm{t}}\boldsymbol{\zeta}_j=0,\ \forall i\neq j,\ i,j=1,\cdots,d \tag{2-83}$$

满足以上共轭正交条件且使得广义费希尔达到极值的投影轴称为统计不相关的最优鉴别投影向量，它们的具体选取方法如下：

第一个投影轴 $\boldsymbol{\zeta}_1$ 仍然取为广义费希尔最优投影方向。一旦确定了前 i 个投影轴 $\boldsymbol{\zeta}_1,\cdots,\boldsymbol{\zeta}_i$，则第 $i+1$ 个投影轴 $\boldsymbol{\zeta}_{i+1}$ 是以下最优化问题的最优解：

$$\text{模型 2-11}\quad \begin{cases} \max J(\boldsymbol{\zeta}) \\ \boldsymbol{\zeta}_j^{\mathrm{T}}\boldsymbol{G}_{\mathrm{t}}\boldsymbol{\zeta}=0,\ j=1,\cdots,i \\ \boldsymbol{\zeta}\in\mathbf{R}^n \end{cases} \tag{2-84}$$

为了求解该问题，下面将引入一些相关的理论。

定理 2-16[28]　若 $\boldsymbol{G}_{\mathrm{w}}$ 可逆，则广义特征方程 $\boldsymbol{G}_{\mathrm{b}}\boldsymbol{\xi}=\lambda\boldsymbol{G}_{\mathrm{w}}\boldsymbol{\xi}$ 存在 n 个特征向量 $\boldsymbol{\xi}_1,\cdots,\boldsymbol{\xi}_n$ 及其对应的特征值 $\lambda_1,\cdots,\lambda_n$ 满足以下条件：

$$\boldsymbol{\xi}_i^{\mathrm{T}}\boldsymbol{G}_{\mathrm{w}}\boldsymbol{\xi}_j=\begin{cases}1 & i=j\\ 0 & i\neq j\end{cases}\quad i,j=1,\cdots,n \tag{2-85}$$

$$\boldsymbol{\xi}_i^{\mathrm{T}}\boldsymbol{G}_{\mathrm{b}}\boldsymbol{\xi}_j=\begin{cases}\lambda_i & i=j\\ 0 & i\neq j\end{cases}\quad i,j=1,\cdots,n \tag{2-86}$$

推论 2-3 n 维欧几里得空间 $\mathbf{R}^n=\mathrm{span}\{\boldsymbol{\xi}_1,\cdots,\boldsymbol{\xi}_n\}$。

既然 $\boldsymbol{G}_{\mathrm{t}}=\boldsymbol{G}_{\mathrm{b}}+\boldsymbol{G}_{\mathrm{w}}$，那么由定理 2-16 易得到推论 2-4。

推论 2-4 广义特征方程 $\boldsymbol{G}_{\mathrm{b}}\boldsymbol{\xi}=\lambda\boldsymbol{G}_{\mathrm{w}}\boldsymbol{\xi}$ 的特征向量 $\boldsymbol{\xi}_1,\cdots,\boldsymbol{\xi}_n$满足

$$\boldsymbol{\xi}_i^{\mathrm{T}}\boldsymbol{G}_{\mathrm{t}}\boldsymbol{\xi}_j=\begin{cases}1+\lambda_i & i=j\\ 0 & i\neq j\end{cases}\quad i,j=1,\cdots,n \tag{2-87}$$

推论 2-5 $J(\boldsymbol{\xi}_i)=\lambda_i$，$i=1,\cdots,n$。

定理 2-17 若前 i 个投影向量分别取为$\boldsymbol{\zeta}_1=\boldsymbol{\xi}_1,\cdots,\boldsymbol{\zeta}_i=\boldsymbol{\xi}_i$，则第 $i+1$ 个最优投影向量$\boldsymbol{\zeta}_{i+1}$（模型 2-11 的最优解）可取为 $\boldsymbol{\xi}_{i+1}$。

证明： 由推论 2-3 和推论 2-4 可知，$\boldsymbol{\zeta}_{i+1}\in\mathrm{span}\{\boldsymbol{\xi}_{i+1},\cdots,\boldsymbol{\xi}_n\}$，即 $\boldsymbol{\zeta}_{i+1}$可表示为$\boldsymbol{\zeta}_{i+1}=c_{i+1}\boldsymbol{\xi}_{i+1}+\cdots+c_n\boldsymbol{\xi}_n$，根据定理 2-16 则有

$$J(\boldsymbol{\zeta}_{i+1})=\frac{\lambda_{i+1}c_{i+1}^2+\cdots+\lambda_n c_n^2}{c_{i+1}^2+\cdots+c_n^2}\leqslant\lambda_{i+1}$$

显然，$J(\boldsymbol{\xi}_{i+1})=\lambda_{i+1}$，故$\boldsymbol{\zeta}_{i+1}$可取为$\boldsymbol{\xi}_{i+1}$。

由于统计不相关的最优鉴别投影向量集的第一个投影轴$\boldsymbol{\zeta}_1$取为广义费希尔最优投影方向$\boldsymbol{\xi}_1$，则由定理 2-17 不难得出以下结论，即定理 2-18。

定理 2-18 统计不相关的最优鉴别投影向量集可取为$\boldsymbol{\xi}_1,\cdots,\boldsymbol{\xi}_d$，即 $\boldsymbol{G}_{\mathrm{b}}\boldsymbol{\xi}=\lambda\boldsymbol{G}_{\mathrm{w}}\boldsymbol{\xi}$ 的 d 个最大的特征值所对应的满足 $\boldsymbol{G}_{\mathrm{t}}$共轭正交条件的特征向量。

2.5.4 图像鉴别特征抽取方法

设有最优鉴别图像投影向量集$\boldsymbol{\zeta}_1,\cdots,\boldsymbol{\zeta}_d$，令

$$\boldsymbol{Y}_k=\boldsymbol{X}\boldsymbol{\zeta}_k,\ k=1,2,\cdots,d \tag{2-88}$$

则得到一组 m 维图像投影特征向量 $\boldsymbol{Y}_1,\cdots,\boldsymbol{Y}_d$，它们可合并为图像 $\boldsymbol{X}$ 的一个 $N=md$ 维的整体投影特征 $\boldsymbol{Y}$：

$$\boldsymbol{Y}=\begin{bmatrix}\boldsymbol{Y}_1\\ \boldsymbol{Y}_2\\ \vdots\\ \boldsymbol{Y}_d\end{bmatrix}=\begin{bmatrix}\boldsymbol{X}\boldsymbol{\zeta}_1\\ \boldsymbol{X}\boldsymbol{\zeta}_2\\ \vdots\\ \boldsymbol{X}\boldsymbol{\zeta}_d\end{bmatrix} \tag{2-89}$$

投影特征 $\boldsymbol{Y}$ 可以用于随后的分类识别。

2.5.5　相关性分析

我们知道，两个一维随机变量 ξ 和 η 的协方差定义为

$$E[\xi-E(\xi)][\eta-E(\eta)]$$

在此，我们将协方差的概念推广到 n 维随机向量的情形。定义

$$\mathrm{cov}(\boldsymbol{\xi},\boldsymbol{\eta})=E[\boldsymbol{\xi}-E(\boldsymbol{\xi})]^{\mathrm{T}}[\boldsymbol{\eta}-E(\boldsymbol{\eta})] \tag{2-90}$$

式中，$\boldsymbol{\xi}$ 和 $\boldsymbol{\eta}$ 为两个 n 维随机向量。显然，当 $\boldsymbol{\xi}$ 和 $\boldsymbol{\eta}$ 为一维随机变量时，以上定义即为普通的协方差概念。

相应地，n 维随机向量 $\boldsymbol{\xi}$ 和 $\boldsymbol{\eta}$ 的相关系数定义为

$$\rho(\boldsymbol{\xi},\boldsymbol{\eta})=\frac{\mathrm{cov}(\boldsymbol{\xi},\boldsymbol{\eta})}{\sqrt{\mathrm{cov}(\boldsymbol{\xi},\boldsymbol{\xi})\cdot\mathrm{cov}(\boldsymbol{\eta},\boldsymbol{\eta})}} \tag{2-91}$$

由式（2-88）$\boldsymbol{Y}_k=\boldsymbol{X}\boldsymbol{\zeta}_k$（$k=1,2,\cdots,d$），现考察图像投影特征向量 $\boldsymbol{Y}_i$ 和 $\boldsymbol{Y}_j$ 之间的协方差

$$\begin{aligned}\mathrm{cov}(\boldsymbol{Y}_i,\boldsymbol{Y}_j)&=E[\boldsymbol{Y}_i-E(\boldsymbol{Y}_i)]^{\mathrm{T}}[\boldsymbol{Y}_j-E(\boldsymbol{Y}_j)]\\&=E[\boldsymbol{X}\boldsymbol{\zeta}_i-E(\boldsymbol{X}\boldsymbol{\zeta}_i)]^{\mathrm{T}}[\boldsymbol{X}\boldsymbol{\zeta}_j-E(\boldsymbol{X}\boldsymbol{\zeta}_i)]\\&=\boldsymbol{\zeta}_i^{\mathrm{T}}E[\boldsymbol{X}-E(\boldsymbol{X})]^{\mathrm{T}}[\boldsymbol{X}-E(\boldsymbol{X})]\boldsymbol{\zeta}_j\end{aligned}$$

再由式（2-77）得

$$\mathrm{cov}(\boldsymbol{Y}_i,\boldsymbol{Y}_j)=\boldsymbol{\zeta}_i^{\mathrm{T}}\boldsymbol{G}_{\mathrm{t}}\boldsymbol{\zeta}_j \tag{2-92}$$

故图像投影特征向量 $\boldsymbol{Y}_i$ 和 $\boldsymbol{Y}_j$ 之间的相关系数可由下式估计：

$$\rho(\boldsymbol{Y}_i,\boldsymbol{Y}_j)=\frac{\boldsymbol{\zeta}_i^{\mathrm{T}}\boldsymbol{G}_{\mathrm{t}}\boldsymbol{\zeta}_j}{\sqrt{\boldsymbol{\zeta}_i^{\mathrm{T}}\boldsymbol{G}_{\mathrm{t}}\boldsymbol{\zeta}_i}\sqrt{\boldsymbol{\zeta}_j^{\mathrm{T}}\boldsymbol{G}_{\mathrm{t}}\boldsymbol{\zeta}_j}} \tag{2-93}$$

于是，根据推论 2-4 和定理 2-18 易得出以下结论，即定理 2-19。

定理 2-19　统计不相关的图像投影鉴别分析所获得的投影特征向量 $\boldsymbol{Y}_i=\boldsymbol{X}\boldsymbol{\zeta}_i$（$i=1,2,\cdots,d$）满足以下条件：

$$\rho(\boldsymbol{Y}_i,\boldsymbol{Y}_j)=\begin{cases}1 & i=j\\0 & i\neq j\end{cases}\quad i,j=1,\cdots,d \tag{2-94}$$

定理 2-19 表明，我们所提出的图像投影鉴别分析方法具有统计不相关的性质，即图像投影得到的各特征向量式（2-88）之间是统计不相关的，而 Liu 的图像投影鉴别方法不具备该性质。

2.6 应用算例

本节介绍主成分分析、线性鉴别分析、小样本情况下的线性鉴别分析、二维主成分分析、二维线性鉴别分析等的应用算例。

2.6.1 主成分分析

在 ORL 人脸图像数据集[29]中进行主成分分析实验。对于全部 400 幅图像，利用奇异值分解定理进行主成分分析，将其维数分别选为 300、200、100、50、30、20、10，考察人脸图像的重建情况。在不同的主成分分析维数下，对于 ORL 人脸图像数据集中的第 40 人的重建图像分别见图 2-3（b~h）。

现将每人 10 幅图像样本中的前 5 幅图像用作训练样本，另 5 幅图像用作测试样本，则训练样本总数为 200，测试样本总数也为 200。在分辨率为 92×112 的图像像素表示以及 300、200、100、50、30、20、10 维主成分分析（PCA）表示下，分别按最小距离、最近邻距离、最大相关、最近邻相关四种分类器对测试样本进行分类识别，识别错误率结果见表 2-1。

表 2-1　在不同 PCA 维数下的人脸识别实验错误率

模式表示	维　数	各分类器对应的实验错误率			
		最小距离	最近邻距离	最大相关	最近邻相关
92×112	10 304	0. 16	0. 09	0. 205	0. 12
PCA 表示	300	0. 15	0. 105	0. 165	0. 11
	200	0. 15	0. 105	0. 165	0. 105
	100	0. 155	0. 095	0. 16	0. 095
	50	0. 165	0. 095	0. 16	0. 1
	30	0. 175	0. 115	0. 175	0. 105
	20	0. 19	0. 115	0. 205	0. 125
	10	0. 26	0. 165	0. 31	0. 205

（a）46×56

（b）d=300

（c）d=200

（d）d=100

（e）d=50

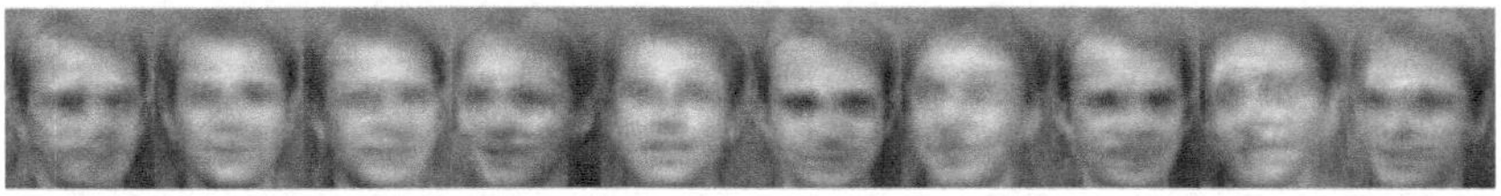

（f）d=30

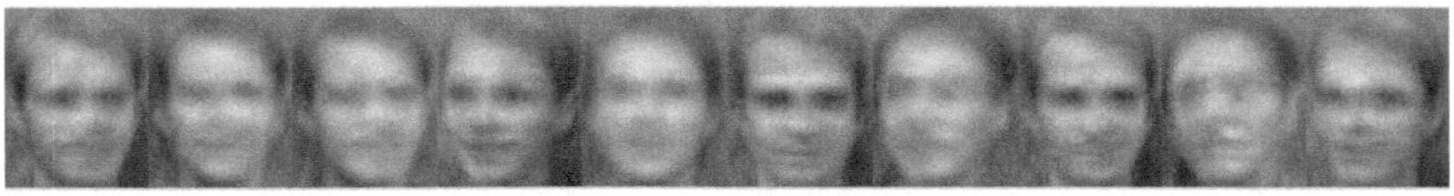

（g）d=20

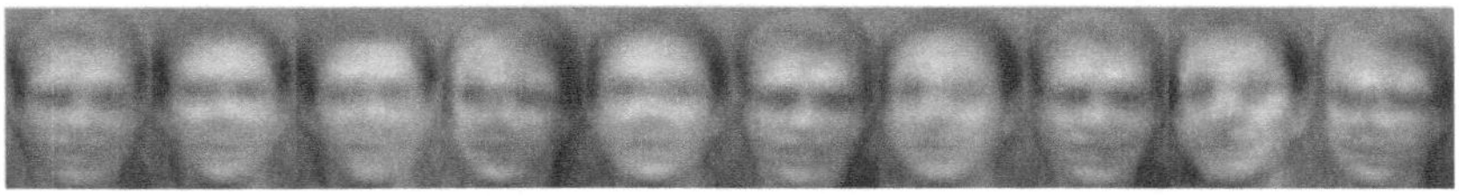

（h）d=10

图 2-3 原图像（a）及其基于 300、200、100、50、30、20、10 维主成分的重建图像（b~h）

从图 2-3 与表 2-1 可以看出，当主成分分析维数为 300 时，重建图像与原图像看似很接近；随着主成分分析维数下降，重建图像的品质下降；从人脸识别错误率看，在不同的 PCA 表示维数的情况下，识别性能变化不大。当 PCA 维数较大时，PCA 表示总的来说优于基于高分辨率图像像素表示的性能，其原因是，图像像素之间的信息冗余很大，不但增加计算与存储的负担，也影响了性能。

2.6.2 线性鉴别分析

在 CENPARMI 手写体数字数据集上进行线性鉴别分析实验[12,30,31]。采用 256 维伽博（Gabor）变换特征 X^G与 121 维勒让德（Legendre）矩特征 X^L。由于样本类别数为 10，类间散布矩阵 $\boldsymbol{S}_b$的秩为 9，故有效的不相关的最优鉴别向量总数为 9。在每个原始样本空间内，分别计算出 9 个不相关的最优鉴别向量和 Foley-Sammon 最优鉴别向量。为了充分利用各类的均值和方差信息，我们采用二次贝叶斯（Bayes）分类器。在此，假设各类样本服从正态分布，由于各类的先验概率相同，我们采用下面定义的贝叶斯鉴别函数[1,2]：

$$g_l(\boldsymbol{x}) = \frac{1}{2}\ln\left|\sum{}_l\right| + \frac{1}{2}(\boldsymbol{x}-\boldsymbol{\mu}_l)^{\mathrm{T}}\sum{}_l^{-1}(\boldsymbol{x}-\boldsymbol{\mu}_l) \tag{2-95}$$

式中，$\boldsymbol{\mu}_l$和 $\sum_l$ 表示第 l 类的均值向量和协方差矩阵。基于该鉴别函数的分类决策为：若样本 $\boldsymbol{x}$ 满足 $g_k(\boldsymbol{x})=\min\limits_l g_l(\boldsymbol{x})$，则 $\boldsymbol{x}\in\boldsymbol{\omega}_k$。分类结果见表 2-2。

表 2-2 手写体数字识别贝叶斯分类器的错误率

方法		鉴别向量数及对应的错误率								
		1	2	3	4	5	6	7	8	9
X^G	Foley-Sammon	0.660	0.576	0.549	0.569	0.561	0.538	0.528	0.501	0.457
	不相关	0.660	0.448	0.303	0.246	0.199	0.166	0.157	0.153	0.153
X^L	Foley-Sammon	0.606	0.595	0.563	0.553	0.539	0.524	0.509	0.501	0.483
	不相关	0.606	0.357	0.272	0.172	0.141	0.114	0.097	0.097	0.097

从表 2-2 可见，不相关的最佳鉴别变换后的识别错误率大大低于 Foley-Sammon 鉴别变换后的识别错误率。其实，在其他距离（如欧几里得距离、马氏距离）分类器下，我们也得到了类似的试验结果。这表明，具有统计不相关性的鉴别分析比传统的 Foley-Sammon 鉴别分析更为有效。

将每个鉴别向量所对应的费希尔准则函数式（2-15）值列于表 2-3 中。在表 2-3 中，Foley-Sammon 第 i（$i\geqslant 2$）个最优鉴别向量所对应的费希尔准则函数式（2-15）值却远远大于不相关的第 i 个最优鉴别向量所对应的费希尔准则函数值。按照费希尔准则的物理意义，准则函数值越大，鉴别能力越强，然而，表 2-2 中的错误率数据显示并非如此。

表 2-3 两种最优鉴别向量的费希尔准则函数值

方法		鉴别向量数及对应的函数值								
		1	2	3	4	5	6	7	8	9
X^G	Foley-Sammon	3.90	3.81	3.69	3.57	3.38	3.18	2.94	2.76	2.60
	不相关	3.90	2.64	1.87	1.63	1.38	0.95	0.69	0.57	0.49
X^L	Foley-Sammon	4.83	4.67	4.41	4.29	4.05	3.87	3.69	3.46	3.30
	不相关	4.83	2.61	2.18	1.62	1.02	0.95	0.69	0.43	0.42

其实，从统计相关性的角度分析，便不难理解。根据式（2-34），分别基于 Gabor 变换特征和 Legendre 矩特征，计算出 Foley-Sammon 鉴别变换后的任意两个特征分量之间的相关系数，列于表 2-4 与表 2-5 中。从这两个表可看出，Foley-Sammon 鉴别变换后得到的特征分量之间是强相关的。

表 2-4 基于 Gabor 变换特征的 Foley-Sammon 鉴别变换特征分量之间的相关系数

$\rho(Z_i,Z_j)$ Z_j / Z_i	Z_1	Z_2	Z_3	Z_4	Z_5	Z_6	Z_7	Z_8	Z_9
Z_1	1.00	1.00	0.99	0.99	0.98	0.97	0.96	0.95	0.29
Z_2	1.00	1.00	1.00	0.99	0.99	0.98	0.96	0.95	0.32
Z_3	0.99	1.00	1.00	1.00	0.99	0.98	0.97	0.96	0.31
Z_4	0.99	0.99	1.00	1.00	0.99	0.98	0.97	0.96	0.30
Z_5	0.98	0.99	0.99	0.99	1.00	0.99	0.98	0.97	0.34
Z_6	0.97	0.98	0.98	0.98	0.99	1.00	0.99	0.97	0.26
Z_7	0.96	0.96	0.97	0.97	0.98	0.99	1.00	0.98	0.30
Z_8	0.95	0.95	0.96	0.96	0.97	0.97	0.98	1.00	0.42
Z_9	0.29	0.32	0.31	0.30	0.34	0.26	0.30	0.42	1.00

表 2-5 基于 Legendre 矩特征的 Foley-Sammon 鉴别变换特征分量之间的相关系数

$\rho(Z_i,Z_j)$ Z_j / Z_i	Z_1	Z_2	Z_3	Z_4	Z_5	Z_6	Z_7	Z_8	Z_9
Z_1	1.00	1.00	0.99	0.99	0.98	0.98	0.97	0.96	0.96
Z_2	1.00	1.00	0.99	0.99	0.98	0.98	0.97	0.97	0.96

续表

$\rho(Z_i,Z_j)$ Z_j / Z_i	Z_1	Z_2	Z_3	Z_4	Z_5	Z_6	Z_7	Z_8	Z_9
Z_3	0.99	0.99	1.00	1.00	0.99	0.99	0.98	0.97	0.96
Z_4	0.99	0.99	1.00	1.00	0.99	0.99	0.98	0.98	0.97
Z_5	0.98	0.98	0.99	0.99	1.00	0.99	0.99	0.98	0.97
Z_6	0.98	0.98	0.99	0.99	0.99	1.00	0.99	0.99	0.98
Z_7	0.97	0.97	0.98	0.98	0.99	0.99	1.00	0.99	0.98
Z_8	0.96	0.97	0.97	0.98	0.98	0.99	0.99	1.00	0.99
Z_9	0.96	0.96	0.96	0.97	0.97	0.98	0.98	0.99	1.00

虽然 Foley-Sammon 的每个鉴别向量对应的费希尔准则函数值都很大，但其总体鉴别能力并不强，问题在于在其上投影后得到的特征分量之间是强相关的，这造成了鉴别信息的高度冗余，真正有效的鉴别信息并不多，而统计不相关的鉴别分析恰恰相反。因此，在确定一组鉴别向量时，费希尔鉴别准则并不是绝对的和无条件的，必须同时考虑特征分量之间相关性这个重要因素。换言之，不能单单依赖准则函数值的大小来判定鉴别能力的强弱，必须将费希尔准则与统计相关性结合在一起考虑。

2.6.3 小样本情况下的线性鉴别分析

在 ORL 人脸图像数据集上，以每人的前 k 幅图像作为训练样本，后（$10-k$）幅作为测试样本，k 的取值分别为 2、3、4、5。采用最小距离分类器，经典的特征脸[23]、Fisherfaces[16]、EFM[17]，以及小样本情况下的组合鉴别分析方法的分类正确识别率见表 2-6。

表 2-6　在最小距离分类器下的人脸识别正确率

训练样本数	特征脸[23]	Fisherfaces[16]		EFM[17]		组合鉴别分析
		识别率	主成分个数	识别率	主成分个数	
2	84.1%	82.5%	40	85.0%	30	87.8%
3	84.6%	87.5%	80	89.6%	45	92.5%
4	86.7%	88.7%	120	92.5%	48	95.4%
5	89.5%	88.5%	160	94.0%	50	97.0%

表 2-6 表明，与经典的特征脸、Fisherfaces 和 EFM 方法相比，无论训练样本数在 2~5 之间怎样变动，所提出的组合鉴别法都取得了最好的识别结果。

2.6.4 二维主成分分析

在 ORL 人脸图像数据集上，以每人的前 5 幅图像作为训练样本，后 5 幅作为测试样本，这样训练样本和测试样本总数均为 200。首先，构造图像总体散布矩阵 $\boldsymbol{G}_t$，计算出前 10 个最大特征值所对应的标准正交的特征向量 $\boldsymbol{\zeta}_1,\cdots,\boldsymbol{\zeta}_{10}$，分别选取其中的 1 到 10 作为投影轴进行特征抽取。注意，既然人脸灰度图像是 112×92 矩阵，若取 k 个投影轴，则所得的整体投影特征向量的维数是 $112\times k$。然后，在每个投影空间内，分别采用最近邻分类器和最小距离分类器进行分类，识别正确率见表 2-7。

表 2-7　二维主成分分析随投影轴数变化的人脸识别正确率表

分类器	投影轴数及对应正确率									
	1	2	3	4	5	6	7	8	9	10
最小距离	0.730	0.830	0.865	0.885	0.885	0.885	0.900	0.905	0.910	0.910
最近邻	0.850	0.920	0.935	0.945	0.945	0.950	0.950	0.955	0.935	0.940

从表 2-7 可见，当投影轴数达到 7 时，人脸识别正确率达到 90%以上。由此可见，二维主成分分析方法的性能优于特征脸方法。

此外，二维主成分分析方法和特征脸方法的特征表示和识别的时间见表 2-8。从表 2-8 可看出，在特征表示速度上，二维主成分分析方法是特征脸方法的 14 倍。这是因为在图像主分量方法中，$\boldsymbol{G}_t$ 是 92 阶的，故只需处理 92 阶的矩阵；而特征脸方法则需要处理 112×92 = 10 304 阶的矩阵 $\boldsymbol{S}_t$，尽管利用奇异值分解定理可加速 $\boldsymbol{S}_t$ 的特征向量的求解速度，但其计算量仍然很大。

表 2-8　二维主成分分析方法和特征脸方法的特征表示和识别的时间

方　法	时　间		
	特征抽取时间（包含训练过程总耗时）/s	分类时间/s	总时间/s
特征脸（37 维）	371.79	5.16	376.95
二维主成分分析（112×8 维）	27.14	25.04	52.18

对图 2-4（b）中的原图像 $\boldsymbol{X}$ 进行基于 2DPCA 的重建实验。记 $\boldsymbol{X}$ 在第 k 个投影轴的投影为 $\boldsymbol{Y}_k=\boldsymbol{X}\boldsymbol{\zeta}_k(k=1,2,\cdots,10)$，则第 k 个子图像为 $\widetilde{\boldsymbol{X}}_k=\boldsymbol{Y}_k\boldsymbol{\zeta}_k^{\mathrm{T}}(k=1,2,\cdots,10)$。在图 2-4 中展示了对应于 $k=1,2,4,7,10$ 的 5 个子图像、对应于 $d=2,4,6,8,10$ 的 5 个重建图像 $\widetilde{\boldsymbol{X}}=\sum_{k=1}^{d}\widetilde{\boldsymbol{X}}_k$。从图 2-4（a）可以看出，第 1 个子图像 $\widetilde{\boldsymbol{X}}_1$ 包含了原图像的大部分能量，其他子图像 $\widetilde{\boldsymbol{X}}_k$ 描述了不同层次的局部信息。随着 k 的增加，子图像 $\widetilde{\boldsymbol{X}}_k$ 所包含的原图像信息（能量）越弱。在图 2-4（b）中，随着 d 的增加，重建图像 $\widetilde{\boldsymbol{X}}$ 越来越清楚。对比图 2-3（f）中主成分个数为 30 时的重建图像与图 2-4 中二维主成分个数为 10 的重建图像，可以看出：二维主成分分析方法的重建效果比经典的主成分分析的重建效果好，所使用的主成分个数较少。

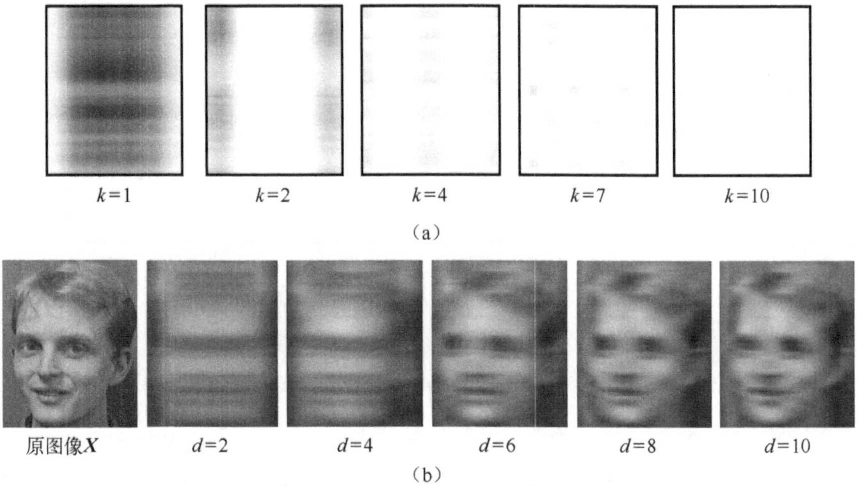

图 2-4　基于 2DPCA 的图像重建

2.6.5　二维线性鉴别分析

在 ORL 标准人脸库上，以每人的前 5 幅图像作为训练样本，后 5 幅作为测试样本，这样训练样本和测试样本总数均为 200。首先，计算出 Liu[24] 图像投影鉴别分析的 10 个最优投影鉴别向量，再计算出统计不相关图像投影鉴别分析的 10 个最优投影鉴别向量，分别选取其中的 2 到 10 作为投影轴进行特征抽取。注意，既然人脸灰度图像是 112×92 矩阵，若取 k 个投影轴，则所得的整体投影特征向量的维数是 112×k。然后，在每个投影空间内，分别采用最近邻分类器和最小距离分类器进行分类，识别实验正确率见表 2-9。从表 2-9 可见，我们提出的不相关图像投影分析方法明显优于 Liu 的图像投影分析方法。

表 2-9 Liu 图像投影分析与统计不相关图像投影分析的人脸识别实验正确率

分类器及方法		投影轴数及对应的实验正确率								
		2	3	4	5	6	7	8	9	10
最小距离	Liu	0. 830	0. 870	0. 860	0. 870	0. 870	0. 870	0. 870	0. 870	0. 870
	不相关	0. 870	0. 875	0. 885	0. 890	0. 890	0. 900	0. 905	0. 910	0. 905
最近邻	Liu	0. 880	0. 920	0. 935	0. 930	0. 930	0. 935	0. 930	0. 930	0. 930
	不相关	0. 935	0. 935	0. 955	0. 955	0. 955	0. 945	0. 950	0. 955	0. 950

此外，Fisherfaces 方法、Liu 图像投影分析方法与统计不相关图像投影分析方法在最近邻分类器下关于最好的识别率、特征抽取时间和识别时间见表 2-10。在表 2-10 中，特征抽取时间包含了训练过程总耗时。从表 2-10 可见，不相关图像投影分析方法的性能远远超过 Fisherfaces 方法，并且其特征抽取速度是 Fisherfaces 方法的 16. 3 倍。这是因为在图像投影鉴别方法中，$\boldsymbol{G}_b$和 $\boldsymbol{G}_w$都是 92 阶的，故只需处理 92 阶的矩阵；而 Fisherfaces 方法则需要处理 200 阶的矩阵（因为训练样本数为 200）。

表 2-10 在最近邻分类器下的人脸识别结果

特　征	方法及对应识别结果		
	Fisherfaces	Liu	统计不相关
特征维数	39	112×7	112×6
识别率	0. 885	0. 935	0. 955
特征抽取时间/s	372. 83	26. 52	25. 65
识别时间/s	5. 27	24. 30	23. 01
总时间/s	378. 10	50. 82	48. 66

为了剖析 Liu 图像投影鉴别分析方法的弱点，按式（2-91）计算出其投影特征向量之间的相关系数，见表 2-11。从表 2-11 可见，由于投影特征之间的相关性，造成了整体特征向量内部存在大量的信息冗余，而所包含的真正有效的鉴别信息却不多。这正是 Liu 图像投影鉴别分析表现不佳的内在原因。

表 2-11　Liu 图像投影特征之间的相关系数

$\rho(Y_i,Y_j)$ Y_i \ Y_j	Y_1	Y_2	Y_3	Y_4	Y_5	Y_6	Y_7	Y_8	Y_9	Y_{10}
Y_1	1.00	0.98	0.72	0.54	0.43	0.16	0.04	0.46	0.42	0.06
Y_2	0.98	1.00	0.84	0.69	0.59	0.34	0.13	0.32	0.55	0.19
Y_3	0.72	0.84	1.00	0.97	0.93	0.77	0.59	0.14	0.81	0.55
Y_4	0.54	0.69	0.97	1.00	0.99	0.89	0.75	0.35	0.86	0.66
Y_5	0.43	0.59	0.93	0.99	1.00	0.94	0.82	0.46	0.88	0.72
Y_6	0.16	0.34	0.77	0.89	0.94	1.00	0.95	0.69	0.87	0.83
Y_7	0.04	0.13	0.59	0.75	0.82	0.95	1.00	0.85	0.83	0.90
Y_8	0.46	0.32	0.14	0.35	0.46	0.69	0.85	1.00	0.54	0.80
Y_9	0.42	0.55	0.81	0.86	0.88	0.87	0.83	0.54	1.00	0.89
Y_{10}	0.06	0.19	0.55	0.66	0.72	0.83	0.90	0.80	0.89	1.00

参考文献

[1] Fukunaga K. Introduction to Statistical Pattern Recognition (2nd Edition) [M]. New York: Academic Press, Inc., 1990.

[2] 边肇祺，张学工，等. 模式识别（第二版）[M]. 北京：清华大学出版社，1999.

[3] Fisher R A. The use of multiple measurements in taxonomic problems [J]. Annals of Human Genetics, 1936, 7: 179-188.

[4] Wilks S S. Mathematical Statistics [M]. New York: John Wiley & Sons, Inc., 1962: 577-578.

[5] Duda R, Hart P. Pattern Classification and Scene Analysis [M]. New York: Wiley, 1973.

[6] Longstaff I D. On extensions to Fisher's linear discriminant function [J]. IEEE Transactions on Pattern Analysis and Machine Intelligence, 1987, 9 (2): 321-324.

[7] Yang J, Yang J Y, Zhang D. What's wrong with Fisher criterion? [J]. Pattern Recognition, 2002, 35 (11), pp. 2665-2668.

[8] Foley D H, Sammon J W Jr. An optimal set of discriminant vectors [J]. IEEE Transactions on Computer, 1975, 24 (3): 281-289.

[9] Duchene J, Leclercq S. An optimal Transformation for discriminant and principal component analysis [J]. IEEE Transactions on Pattern Analysis and Machine Intelligence, 1988, 10 (6): 978-983.

[10] Jin Z, Yang J Y, Hu Z S, et al. Face Recognition based on uncorrelated discriminant transformation [J]. Pattern Recognition, 2001, 34 (7): 1405-1416.

[11] 金忠, 杨静宇, 陆建峰. 一种具有统计不相关性的最优鉴别向量集 [J]. 计算机学报, 1999, 22 (10): 1105-1108.

[12] Jin Z, Yang J Y, Tang Z M, et al. A theorem on uncorrelated optimal discriminant vectors [J]. Pattern Recognition, 2001, 34 (10): 2041-2047.

[13] Liu K, Cheng Y Q, Yang J Y, et al. An efficient algorithm for Folly-Sammon optimal set of discriminant vectors by algebraic method [J]. International Journal of Pattern Recognition and Artificial Intelligence, 1992, 6 (5): 817-829.

[14] 程云鹏. 矩阵论 [M]. 西安: 西北工业大学出版社, 1989: 294-302.

[15] Guo Y F, Shu T T, Yang J Y, et al., Feature extraction method based on the generalized Fisher Discriminant criterion and face recognition [J]. Pattern Analysis & Application, 2001, 4 (1): 61-66.

[16] Peter N B, Joo P H, David K. Eigenfaces vs. Fisherfaces: Recognition using class specific linear projection [J]. IEEE Transactions on Pattern Analysis and Machine Intelligence, 1997, 19 (7): 711-720.

[17] Liu C J, Wechsler H. A shape- and texture-based enhanced Fisher classifier for face recognition [J]. IEEE Transactions on Image Processing, 2001, 10 (4): 598-608.

[18] Hong Z Q, Yang J Y. Optimal discriminant plane for a small number of samples and design method of classifier on the plane [J]. Pattern Recognition, 1991, 24 (4): 317-324.

[19] Chen L F, Liao H Y M, Ko M T, et al., A new LDA-based face recognition system which can solve the small sample size problem [J]. Pattern Recognition, 2000, 32: 317-324.

[20] Yang J, Yang J Y. Why can LDA be performed in PCA transformed space? [J]. Pattern Recognition, 2003, 36 (2): 563-566.

[21] 郭跃飞, 黄修武, 杨静宇, 等. 一种求解 Fisher 最佳鉴别矢量的新算法及人脸识别 [J]. 中国图象图形学报, 1999, vol. 4 (A), no. 2, pp. 95-98.

[22] 杨健, 杨静宇, 金忠. 最优鉴别特征的抽取及图像识别 [J]. 计算机研究与发展, 2001, 38 (11): 1331-1336.

[23] Turk M, Pentland A. Eigenfaces for recognition [J]. Journal of Cognitive Neuroscience, 1991, 3 (1): 71-86.

[24] Liu K, Cheng Y Q, Yang J Y, et al. Algebraic feature extraction for image recognition based on an optimal discriminant criterion [J]. Pattern Recognition, 1993, 26 (6): 903-911.

[25] Yang J, Yang J Y. From image vector to matrix: a straightforward image projection technique-IMPCA vs. PCA [J]. Pattern Recognition, 2002, 35 (9): 1997-1999.

[26] Yang J, Zhang D, Frangi A F, et al. Two-Dimensional PCA: a New Approach to Face Representation and Recognition [J]. IEEE Transactions on Pattern Analysis and Machine Intelligence, 2004, 26 (1): 131-137.

[27] Yang J, Zhang D, Xu Y, et al. Two-dimensional Discriminant Transform for Face Recognition [J]. Pattern Recognition, 2005, 38 (7): 1125-1129.

[28] 丁学仁，蔡高厅. 工程中的矩阵理论 [M]. 天津：天津大学出版社，1985：115-118.

[29] Samaria F, Harter A. Parameterisation of a stochastic model for human face identification [C]. In Proceedings of 2nd IEEE Workshop on Applications of Computer Vision, Sarasota FL, December 1994.

[30] Yoshihiko H, Shuji U, Masnori W, et al. Recognition of handwritten numerals using Gabor features [C]. In Proceedings of the Thirteenth ICPR, pp. 250-253. 25-29 Aug, 1996.

[31] Liao S X, Pawlak M. On image analysis by moments [J]. IEEE Transactions on Pattern Analysis and Machine Intelligence, 1996, 18 (3): 254-266.

第3章 非线性子空间表示

非线性子空间表示是线性子空间表示的推广。如果模式样本在原始特征空间（或称输入空间）里不是线性可分的，那么，就不存在一个线性子空间使得投影后的模式样本是线性可分的。因此，需要考虑采用非线性子空间表示方法来处理此类问题。

本章首先介绍核（Kernel）方法的基本思想，然后详细阐述基于核的两种非线性子空间表示方法：核主成分分析和核费希尔鉴别分析。

3.1 核方法的基本思想

当模式样本在输入空间线性不可分时，一种直观的想法是找到一个线性变换，将输入空间变换到一个更高维度的特征空间，使得模式样本在该空间是线性可分的。图3-1给出了一个例子，两类模式样本在输入空间 $\mathbf{R}^2$ 中线性不可分，我们可以通过一个非线性变换 $\boldsymbol{\Phi}$：$\boldsymbol{x}=(x_1,x_2)\rightarrow(x_1^2,\sqrt{2}x_1x_2,x_2^2)$，将二维输入空间的样本变成三维特征空间的样本，使得两类模式样本是线性可分的。

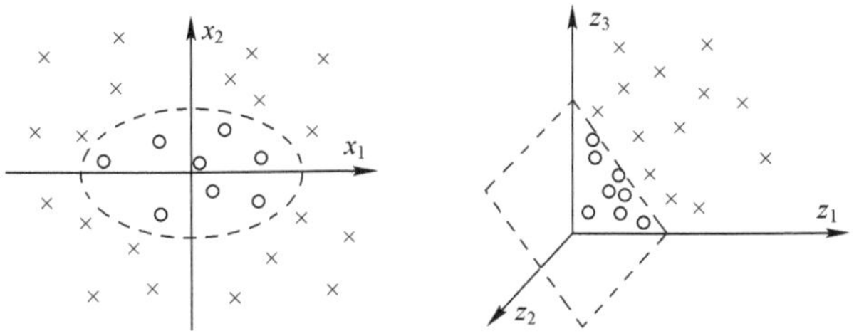

图3-1　非线性变换将线性不可分的情况变为线性可分的

尽管通过一个显式的非线性变换可以改变模式的非线性可分性，但是这样会产生一个高维的特征空间，使得在该空间内进行操作的计算量非常大。幸运的是，我们可以通过核技巧（Kernel Trick）来解决该问题。通过引入一个合适的核，它隐含地确定了一个非线性变换，让我们享受非线性变换带来的益处的同时，也避免了显式的非线性变换带来的麻烦。也就是说，我们不需要在高维的特征空间里进行任何操作，一切只需在输入空间内，借助于核技巧来进行。

在图 3-1 的例子中，非线性变换 $\boldsymbol{\Phi}$ 可以由一个二阶的多项式核$k(\boldsymbol{x},\boldsymbol{x}')$确定。从而，在三维特征空间的内积操作，可以转化为在二维输入空间内的核运算：

$$
\begin{aligned}
\langle \boldsymbol{\Phi}(\boldsymbol{x}),\boldsymbol{\Phi}(\boldsymbol{x}')\rangle &= (\boldsymbol{x}_1^2,\sqrt{2}x_1x_2,x_2^2)(x_1'^2,\sqrt{2}x_1'x_2',x_2'^2)^{\mathrm{T}} \\
&= x_1^2x_1'^2+2x_1x_1'x_2x_2'+x_2^2x_2'^2 \\
&= (x_1x_1'+x_2x_2')^2 \\
&= \langle \boldsymbol{x},\boldsymbol{x}'\rangle^2 \\
&= :k(\boldsymbol{x},\boldsymbol{x}')
\end{aligned}
$$

3.2 核主成分分析

输入数据空间$\mathbf{R}^n$可以通过一个给定的非线性变换 $\boldsymbol{\Phi}$ 投影到一个特征空间 $\mathcal{H}$：

$$
\begin{aligned}
\boldsymbol{\Phi}:\ &\mathbf{R}^n \rightarrow \mathcal{H} \\
&\boldsymbol{x} \mapsto \boldsymbol{\Phi}(\boldsymbol{x})
\end{aligned}
\tag{3-1}
$$

在原始特征空间 $\mathbf{R}^n$中的一个模式样本可以投影成特征空间 $\mathcal{H}$ 中的一个潜在的高维特征。在本章中，$\mathcal{H}$ 一般认为是一个希尔伯特空间。

核主成分分析被提出的初始动机就是要在 $\mathcal{H}$ 特征空间进行主成分分析。然而，在高维特征空间上进行点积运算的代价是非常昂贵的。因此直接在高维特征空间上进行主成分分析是不现实的。幸运的是，核技巧可以有效解决上述问题。基于此，主成分分析算法可以在输入空间借助核技巧完成在高维特征空间上的运算，且不需要显式地进行非线性投影。下面，我们将详细介绍核主成分分析算法。

对于 n 维空间的 M 个训练样本 $\boldsymbol{x}_1,\boldsymbol{x}_2,\cdots,\boldsymbol{x}_M$，其在特征空间 $\mathcal{H}$ 上的协方差算子可以定义为以下形式：

$$
\boldsymbol{S}_{\mathrm{t}}^{\boldsymbol{\Phi}} = \frac{1}{M}\sum_{j=1}^{M}(\boldsymbol{\Phi}(\boldsymbol{x}_j)-\boldsymbol{m}_0^{\boldsymbol{\Phi}})(\boldsymbol{\Phi}(\boldsymbol{x}_j)-\boldsymbol{m}_0^{\boldsymbol{\Phi}})^{\mathrm{T}} \tag{3-2}
$$

式中，$\boldsymbol{m}_0^{\boldsymbol{\Phi}} = \dfrac{1}{M}\sum_{j=1}^{M}\boldsymbol{\Phi}(\boldsymbol{x}_j)$。在有限维的希尔伯特空间，式（3-2）事实上是在计算训练样本间的协方差矩阵。对于协方差算子需要满足以下属性，即引理3-1。

引理 3-1　在希尔伯特空间 $\mathcal{H}$ 上，$\boldsymbol{S}_\mathrm{t}^{\boldsymbol{\Phi}}$ 是一个有界算子、紧致算子、正算子、对称算子。

证明： 记 $\boldsymbol{T}=M\boldsymbol{S}_\mathrm{t}^{\boldsymbol{\Phi}}$、$\boldsymbol{g}_j=\boldsymbol{\Phi}(\boldsymbol{x}_j)-\boldsymbol{m}_0^{\boldsymbol{\Phi}}$；所以 $\boldsymbol{T}=\sum_{j=1}^{M}\boldsymbol{g}_j\boldsymbol{g}_j^\mathrm{T}$。

（1）对于一个高维特征 $\boldsymbol{f}\in\mathcal{H}$，可以得到 $\boldsymbol{Tf}=\sum_{j=1}^{M}\langle\boldsymbol{g}_j,\ \boldsymbol{f}\rangle\boldsymbol{g}_j$；

因为 $\|\boldsymbol{Tf}\|\leqslant\sum_{j=1}^{M}|\langle\boldsymbol{g}_j,\ \boldsymbol{f}\rangle|\,\|\boldsymbol{g}_j\|\leqslant\|\boldsymbol{f}\|\sum_{j=1}^{M}\|\boldsymbol{g}_j\|^2$，所以 $\boldsymbol{T}$ 是有界的，且 $\|\boldsymbol{T}\|\leqslant\sum_{j=1}^{M}\|\boldsymbol{g}_j\|^2$。

（2）考虑算子 $\boldsymbol{T}$ 的值域，即 $\mathcal{R}(\boldsymbol{T})=\{\boldsymbol{Tf},\ \boldsymbol{f}\in\mathcal{H}\}$。

因为 $\boldsymbol{Tf}=\sum_{j=1}^{M}\langle\boldsymbol{g}_j,\ \boldsymbol{f}\rangle\boldsymbol{g}_j$，$\mathcal{R}(\boldsymbol{T})=\mathcal{L}(\boldsymbol{g}_1,\cdots,\boldsymbol{g}_M)$ 是由 $\boldsymbol{g}_1,\cdots,\boldsymbol{g}_M$ 投影产生的，并且 $\mathcal{R}(\boldsymbol{T})\leqslant M<\infty$，这也表明 $\boldsymbol{T}$ 是一个紧致算子。

（3）对于一个高维特征 $\boldsymbol{f}\in\mathcal{H}$，可以得到 $\langle\boldsymbol{Tf},\boldsymbol{f}\rangle=\sum_{j=1}^{M}\langle\boldsymbol{g}_j,\boldsymbol{f}\rangle\langle\boldsymbol{g}_j,\boldsymbol{f}\rangle=\sum_{j=1}^{M}\langle\boldsymbol{g}_j,\boldsymbol{f}\rangle^2\geqslant 0$；其中，$\boldsymbol{T}$ 是希尔伯特空间上的正算子。

（4）$\boldsymbol{T}$ 是希尔伯特空间上的正算子，又因为 $\boldsymbol{T}^*=\boldsymbol{T}$，所以 $\boldsymbol{T}$ 也是对称算子。

显然，$\boldsymbol{S}_\mathrm{t}^{\boldsymbol{\Phi}}$ 与 $\boldsymbol{T}$ 具有相同的属性。引理 3-1 得证。

在希尔伯特空间正算子的每个特征值都是非负的[1]，由引理 3-1 可知，$\boldsymbol{S}_\mathrm{t}^{\boldsymbol{\Phi}}$ 的所有非零特征值都是正的。这些特征值也是我们所感兴趣的。Schölkopf 也给出了一个可行的策略寻找这些特征值[2]。为了避免特征空间因数据集中带来的困难，可以首先考虑以下相关矩阵：

$$\widetilde{\boldsymbol{S}}_\mathrm{t}^{\boldsymbol{\Phi}}=\frac{1}{M}\sum_{j=1}^{M}\boldsymbol{\Phi}(\boldsymbol{x}_j)\boldsymbol{\Phi}(\boldsymbol{x}_j)^\mathrm{T} \tag{3-3}$$

令 $\boldsymbol{Q}=[\boldsymbol{\Phi}(\boldsymbol{x}_1),\cdots,\boldsymbol{\Phi}(\boldsymbol{x}_M)]$，$\widetilde{\boldsymbol{S}}_\mathrm{t}^{\boldsymbol{\Phi}}$ 可以表示为 $\widetilde{\boldsymbol{S}}_\mathrm{t}^{\boldsymbol{\Phi}}=\dfrac{1}{M}\boldsymbol{QQ}^\mathrm{T}$。同时，也容易证明 $\widetilde{\boldsymbol{S}}_\mathrm{t}^{\boldsymbol{\Phi}}$ 的每个特征向量 $\boldsymbol{v}$ 可以被线性展开为以下形式：

$$v = \sum_{i=1}^{M} a_i \boldsymbol{\Phi}(\boldsymbol{x}_i) \tag{3-4}$$

为获得线性展开系数，我们需要构建一个 $M \times M$ 型格拉姆（Gram）矩阵 $\widetilde{\boldsymbol{R}} = \boldsymbol{Q}^{\mathrm{T}}\boldsymbol{Q}$，该矩阵的每个元素可以通过下列核技巧计算得到：

$$\widetilde{\boldsymbol{R}}_{ij} = \boldsymbol{\Phi}(\boldsymbol{x}_i)^{\mathrm{T}}\boldsymbol{\Phi}(\boldsymbol{x}_j) = (\boldsymbol{\Phi}(\boldsymbol{x}_i) \cdot \boldsymbol{\Phi}(\boldsymbol{x}_j)) = k(\boldsymbol{x}_i, \boldsymbol{y}_j) \tag{3-5}$$

通过特征值分解可以得到 $\widetilde{\boldsymbol{R}}$ 的前 m 个最大特征值（$\lambda_1 \geqslant \lambda_2 \geqslant \cdots \geqslant \lambda_m$）对应的正交特征向量 $\boldsymbol{\gamma}_1, \boldsymbol{\gamma}_2, \cdots, \boldsymbol{\gamma}_m$。然后，$\widetilde{\boldsymbol{S}}_{\mathrm{t}}^{\boldsymbol{\Phi}}$ 的前 m 个最大特征值（λ_1，λ_2，…，λ_m）对应的正交特征向量 $\boldsymbol{\beta}_1, \boldsymbol{\beta}_2, \cdots, \boldsymbol{\beta}_m$，可以通过下式计算：

$$\boldsymbol{\beta}_j = \frac{1}{\sqrt{\lambda_j}} \boldsymbol{Q} \boldsymbol{\gamma}_j, \quad j = 1, \cdots, m \tag{3-6}$$

接下来需要解决的问题是如何获得协方差矩阵 $\boldsymbol{S}_{\mathrm{t}}^{\boldsymbol{\Phi}}$ 的特征向量。事实上，可以先对格拉姆矩阵进行中心化 $\boldsymbol{R} = \widetilde{\boldsymbol{R}} - 1_M \widetilde{\boldsymbol{R}} - \widetilde{\boldsymbol{R}} 1_M + 1_M \widetilde{\boldsymbol{R}} 1_M$，其中 $(1_M)_{ij} = \dfrac{1}{M}$，并对其进行特征值分解，得到前 m 个最大特征值对应的正交特征向量 $\boldsymbol{\gamma}_1, \boldsymbol{\gamma}_2, \cdots, \boldsymbol{\gamma}_m$。依据式（3-6），可得到 $\boldsymbol{S}_{\mathrm{t}}^{\boldsymbol{\Phi}}$ 的 m 个正交特征向量 $\boldsymbol{\beta}_1, \boldsymbol{\beta}_2, \cdots, \boldsymbol{\beta}_m$，更详细的过程可以查阅参考文献［2］。

将非线性变换后的样本 $\boldsymbol{\Phi}(\boldsymbol{x})$ 投影到由特征向量 $\boldsymbol{\beta}_1, \boldsymbol{\beta}_2, \cdots, \boldsymbol{\beta}_m$ 构建的坐标系统上，可以通过下式得到 KPCA 变换后的特征向量 $\boldsymbol{y} = (\boldsymbol{y}_1, \boldsymbol{y}_2, \cdots, \boldsymbol{y}_m)^{\mathrm{T}}$：

$$\boldsymbol{y} = \boldsymbol{P}^{\mathrm{T}} \boldsymbol{\Phi}(\boldsymbol{x}), \quad \boldsymbol{P} = (\boldsymbol{\beta}_1, \boldsymbol{\beta}_2, \cdots, \boldsymbol{\beta}_m) \tag{3-7}$$

具体来说，KPCA 的第 j 个特征计算如下：

$$\begin{aligned} \boldsymbol{y}_j &= \boldsymbol{\beta}_j^{\mathrm{T}} \boldsymbol{\Phi}(\boldsymbol{x}) = \frac{1}{\sqrt{\lambda_j}} \boldsymbol{\gamma}_j^{\mathrm{T}} \boldsymbol{Q}^{\mathrm{T}} \boldsymbol{\Phi}(\boldsymbol{x}) \\ &= \frac{1}{\sqrt{\lambda_j}} \boldsymbol{\gamma}_j^{\mathrm{T}} [k(\boldsymbol{x}_1, \boldsymbol{x}), k(\boldsymbol{x}_2, \boldsymbol{x}), \cdots, k(\boldsymbol{x}_M, \boldsymbol{x})], \quad j = 1, \cdots, m \end{aligned} \tag{3-8}$$

最终得到的特征 $y_1, y_2, \cdots, y_m$ 就是模式样本 $\boldsymbol{x}$ 经过 KPCA 变换后的特征向量 $\boldsymbol{y} = (y_1, y_2, \cdots, y_m)^{\mathrm{T}}$。

3.3 核费希尔鉴别分析

本节将为核费希尔鉴别分析建立一个严格的理论框架。该框架也是导出核费希尔鉴别分析方法的理论基础。为了给出更好的理论解释，将从无限维希尔伯特空间出发来研究问题，而不局限于训练样本所在的特征空间。因为任何在无限维希尔伯特空间成立的命题，在有限维希尔伯特空间都成立，反之则未必成立。接下来，将重点讨论在无限维希尔伯特空间的问题。

3.3.1 基础理论

假设有 c 个已知类别，在特征空间 $\mathcal{H}$ 上，类间散度算子 $\boldsymbol{S}_{\mathrm{b}}^{\boldsymbol{\Phi}}$ 和类内散度算子 $\boldsymbol{S}_{\mathrm{w}}^{\boldsymbol{\Phi}}$ 可以定义成以下形式：

$$\boldsymbol{S}_{\mathrm{b}}^{\boldsymbol{\Phi}} = \frac{1}{M}\sum_{i=1}^{c} M_i(\boldsymbol{m}_i^{\boldsymbol{\Phi}} - \boldsymbol{m}_0^{\boldsymbol{\Phi}})(\boldsymbol{m}_i^{\boldsymbol{\Phi}} - \boldsymbol{m}_0^{\boldsymbol{\Phi}})^{\mathrm{T}} \tag{3-9}$$

$$\boldsymbol{S}_{\mathrm{w}}^{\boldsymbol{\Phi}} = \frac{1}{M}\sum_{i=1}^{c}\sum_{j=1}^{M_i}(\boldsymbol{\Phi}(\boldsymbol{x}_{ij}) - \boldsymbol{m}_i^{\boldsymbol{\Phi}})(\boldsymbol{\Phi}(\boldsymbol{x}_{ij}) - \boldsymbol{m}_i^{\boldsymbol{\Phi}})^{\mathrm{T}} \tag{3-10}$$

式中，$\boldsymbol{x}_{ij}$表示第 i 类的第 j 个训练样本；$\boldsymbol{M}_i$是第 i 个类的训练样本数；$\boldsymbol{m}_i^{\boldsymbol{\Phi}}$ 是第 i 个类训练样本的均值；$\boldsymbol{m}_0^{\boldsymbol{\Phi}}$ 是所有训练样本的均值。

由上述定义可以得到 $\boldsymbol{S}_{\mathrm{t}}^{\boldsymbol{\Phi}}=\boldsymbol{S}_{\mathrm{b}}^{\boldsymbol{\Phi}}+\boldsymbol{S}_{\mathrm{w}}^{\boldsymbol{\Phi}}$。根据引理 3-1，很容易证明类间散度算子和类内散度算子满足以下性质，即引理 3-2。

引理 3-2 在希尔伯特空间 $\mathcal{H}$ 上，$\boldsymbol{S}_{\mathrm{b}}^{\boldsymbol{\Phi}}$ 和 $\boldsymbol{S}_{\mathrm{w}}^{\boldsymbol{\Phi}}$ 是：（1）有界算子；（2）紧致算子；（3）对称算子；（4）正算子。

因为 $\boldsymbol{S}_{\mathrm{b}}^{\boldsymbol{\Phi}}$ 是希尔伯特空间 $\mathcal{H}$ 上的正算子，所以 $\boldsymbol{\phi}$ 和 $\boldsymbol{S}_{\mathrm{b}}^{\boldsymbol{\Phi}}\boldsymbol{\phi}$ 之间的内积满足 $\langle\boldsymbol{\phi},\boldsymbol{S}_{\mathrm{b}}^{\boldsymbol{\Phi}}\boldsymbol{\phi}\rangle=\langle\boldsymbol{S}_{\mathrm{b}}^{\boldsymbol{\Phi}}\boldsymbol{\phi},\boldsymbol{\phi}\rangle$，也可以写成$\langle\boldsymbol{\phi},\boldsymbol{S}_{\mathrm{b}}^{\boldsymbol{\Phi}}\boldsymbol{\phi}\rangle\triangleq\boldsymbol{\phi}^{\mathrm{T}}\boldsymbol{S}_{\mathrm{b}}^{\boldsymbol{\Phi}}\boldsymbol{\phi}$。需要注意的是，如果 $\boldsymbol{S}_{\mathrm{b}}^{\boldsymbol{\Phi}}$ 是非对称的，该表示没有意义。又因为 $\boldsymbol{S}_{\mathrm{b}}^{\boldsymbol{\Phi}}$ 是正算子，可知 $\boldsymbol{\phi}^{\mathrm{T}}\boldsymbol{S}_{\mathrm{b}}^{\boldsymbol{\Phi}}\boldsymbol{\phi}\geqslant 0$。与 $\boldsymbol{S}_{\mathrm{b}}^{\boldsymbol{\Phi}}$ 相似，$\boldsymbol{\phi}$ 和 $\boldsymbol{S}_{\mathrm{w}}^{\boldsymbol{\Phi}}\boldsymbol{\phi}$ 的内积满足$\langle\boldsymbol{\phi},\boldsymbol{S}_{\mathrm{w}}^{\boldsymbol{\Phi}}\boldsymbol{\phi}\rangle=\langle\boldsymbol{S}_{\mathrm{w}}^{\boldsymbol{\Phi}}\boldsymbol{\phi},\boldsymbol{\phi}\rangle\triangleq\boldsymbol{\phi}^{\mathrm{T}}\boldsymbol{S}_{\mathrm{w}}^{\boldsymbol{\Phi}}\boldsymbol{\phi}\geqslant 0$。在希尔伯特空间 $\mathcal{H}$ 上的费希尔准则函数可以定义成以下形式：

$$J^{\boldsymbol{\Phi}}(\boldsymbol{\phi})=\frac{\boldsymbol{\phi}^{\mathrm{T}}\boldsymbol{S}_{\mathrm{b}}^{\boldsymbol{\Phi}}\boldsymbol{\phi}}{\boldsymbol{\phi}^{\mathrm{T}}\boldsymbol{S}_{\mathrm{w}}^{\boldsymbol{\Phi}}\boldsymbol{\phi}},\ \boldsymbol{\phi}\neq\boldsymbol{0} \tag{3-11}$$

如果类间散度矩阵 $\boldsymbol{S}_{\mathrm{w}}^{\boldsymbol{\Phi}}$ 是可逆的，则每个非零向量 $\boldsymbol{\phi}$ 满足 $\boldsymbol{\phi}^{\mathrm{T}}\boldsymbol{S}_{\mathrm{w}}^{\boldsymbol{\Phi}}\boldsymbol{\phi}>0$。在这种情况下，我们可以直接使用费希尔鉴别分析算法得到一组最优的投影轴[3]。其物理意义是，将模式样本映射到这些投影轴以后，使得类内散度与类间散度之比尽可能大。

然而在实际应用中，由于训练样本数量有限，往往会导致在高维特征空

间 $\mathcal{H}$ 上类间散度矩阵 $\boldsymbol{S}_{\mathrm{w}}^{\boldsymbol{\Phi}}$ 是不可逆的。换句话说，会存在一些来自 $\boldsymbol{S}_{\mathrm{w}}^{\boldsymbol{\Phi}}$ 零空间的向量满足 $\boldsymbol{\phi}^{\mathrm{T}}\boldsymbol{S}_{\mathrm{w}}^{\boldsymbol{\Phi}}\boldsymbol{\phi}=0$，若这些向量同时满足 $\boldsymbol{\phi}^{\mathrm{T}}\boldsymbol{S}_{\mathrm{b}}^{\boldsymbol{\Phi}}\boldsymbol{\phi}>0$，它们将会成为非常有效的投影向量[4-6]。原因是当类内散度为 0 时，正的类间散度可以使得数据更具可分性。此时，费希尔准则退化为以下类间散度准则：

$$J_{\mathrm{b}}^{\boldsymbol{\Phi}}(\boldsymbol{\phi})=\boldsymbol{\phi}^{\mathrm{T}}\boldsymbol{S}_{\mathrm{b}}^{\boldsymbol{\Phi}}\boldsymbol{\phi}\ ,\ \|\boldsymbol{\phi}\|=1 \tag{3-12}$$

式（3-12）作为费希尔准则的一个特例，是一个很直观的鉴别准则；其原因在于当类内散度为 0 时，度量类间散度投影轴的鉴别性是有意义的[4,5]。

在本节中，我们用式（3-12）来获得 $\boldsymbol{S}_{\mathrm{w}}^{\boldsymbol{\Phi}}$ 零空间非常规的鉴别特征。同时，用标准的费希尔准则求解空间 $\mathcal{H}$-null（$\boldsymbol{S}_{\mathrm{w}}^{\boldsymbol{\Phi}}$）上的常规鉴别特征。

3.3.2 最优费希尔鉴别向量的搜寻空间

首先，需要面对的一个问题是，如何在特征空间 $\mathcal{H}$ 上找到两类最优费希尔鉴别向量。$\mathcal{H}$ 是一个高维空间（或无限维空间），因此直接在 $\mathcal{H}$ 空间上计算最优鉴别向量的计算代价非常高。为了解决这一问题，核费希尔鉴别分析算法（KFD）将问题转换到所有训练样本张成的特征空间来计算。在不考虑非常规最优鉴别向量时，KFD 算法是可行的。但是，如果同时考虑了 $\boldsymbol{S}_{\mathrm{w}}^{\boldsymbol{\Phi}}$ 零空间的非常规最优鉴别向量，那么该问题就变得复杂了；因为 $\boldsymbol{S}_{\mathrm{w}}^{\boldsymbol{\Phi}}$ 零空间很可能是一个无限维空间，目前的线性鉴别分析方法在理论上只适用于有限维空间的问题[4,5]。

本节将重点关注在无限维希尔伯特空间寻找最优鉴别向量的问题。我们的解决策略是对蕴含着两类最优向量的解空间进行约减。需要强调的是，我们并不希望在对解空间约减的过程中损失鉴别信息。

定理 3-1（希尔伯特-施密特定理[7]） 令 $\boldsymbol{A}$ 是希尔伯特空间 $\mathcal{H}$ 上紧致的对称算子，其特征向量系统构成了 $\mathcal{H}$ 上的一个正交基。

由定理可知，如果 $\boldsymbol{S}_{\mathrm{t}}^{\boldsymbol{\Phi}}$ 是紧致的对称算子，则其特征向量系统 $\{\boldsymbol{\beta}_i\}$ 可以形成一个 $\mathcal{H}$ 空间上的正交基。假设 $\boldsymbol{\beta}_1,\cdots,\boldsymbol{\beta}_m$ 是 $\boldsymbol{S}_{\mathrm{t}}^{\boldsymbol{\Phi}}$ 的正特征值对应的特征向量，其中 $m=\mathrm{rank}$（$\boldsymbol{S}_{\mathrm{t}}^{\boldsymbol{\Phi}}$）。一般来说，$m=M-1$，$M$ 是训练样本总数。定义一个子空间 $\Psi_{\mathrm{t}}=\mathrm{span}\{\boldsymbol{\beta}_1,\boldsymbol{\beta}_2,\cdots,\boldsymbol{\beta}_m\}$，并令 $\Psi_{\mathrm{t}}^{\perp}$ 表示与 Ψ_{t} 互补的正交子空间。事实上，$\Psi_{\mathrm{t}}^{\perp}$ 就是 $\boldsymbol{S}_{\mathrm{t}}^{\boldsymbol{\Phi}}$ 的零空间。Ψ_{t} 的维度是有限的，所以在 $\mathcal{H}$ 上是一个封闭子空间。根据投影定理[8]可以得到以下推论，即推论 3-1。

推论 3-1　$\mathcal{H}=\Psi_t \oplus \Psi_t^{\perp}$，对于任意一个投影向量 $\boldsymbol{\phi}\in\mathcal{H}$，$\boldsymbol{\phi}$ 可以被唯一地表示成 $\boldsymbol{\phi}=\boldsymbol{\eta}+\boldsymbol{\xi}$，$\boldsymbol{\eta}\in\Psi_t$，$\boldsymbol{\xi}\in\Psi_t^{\perp}$。

定义一个映射 L：$\mathcal{H}\rightarrow\Psi_t$：

$$\boldsymbol{\phi}=\boldsymbol{\eta}+\boldsymbol{\xi}\rightarrow\boldsymbol{\eta} \tag{3-13}$$

式中，$\boldsymbol{\eta}$ 是 $\boldsymbol{\phi}$ 在 Ψ_t 上的正交投影。也不难验证，L 是从 $\mathcal{H}$ 到子空间 Ψ_t 上的线性变换算子。

定理 3-2　根据线性映射 L：$\mathcal{H}\rightarrow\Psi_t$，费希尔鉴别准则应满足以下性质：

$$J_b^{\boldsymbol{\Phi}}(\boldsymbol{\phi})=J_b^{\boldsymbol{\Phi}}(\boldsymbol{\eta}) \quad 和 \quad J^{\boldsymbol{\Phi}}(\boldsymbol{\phi})=J^{\boldsymbol{\Phi}}(\boldsymbol{\eta}) \tag{3-14}$$

为了证明定理 3-2，我们首先给出两个引理。

引理 3-3　$\boldsymbol{\phi}^{\mathrm{T}}\boldsymbol{S}_t^{\boldsymbol{\Phi}}\boldsymbol{\phi}=0$，当且仅当 $\boldsymbol{\phi}^{\mathrm{T}}\boldsymbol{S}_b^{\boldsymbol{\Phi}}\boldsymbol{\phi}=0$ 和 $\boldsymbol{\phi}^{\mathrm{T}}\boldsymbol{S}_w^{\boldsymbol{\Phi}}\boldsymbol{\phi}=0$。

证明：因为 $\boldsymbol{S}_b^{\boldsymbol{\Phi}}$ 和 $\boldsymbol{S}_w^{\boldsymbol{\Phi}}$ 都是正的，且 $\boldsymbol{S}_t^{\boldsymbol{\Phi}}=\boldsymbol{S}_b^{\boldsymbol{\Phi}}+\boldsymbol{S}_w^{\boldsymbol{\Phi}}$，很容易验证引理 3-3 的结论是正确的。

引理 3-4[9]　假设 $\boldsymbol{A}$ 是正算子，$\boldsymbol{x}^{\mathrm{T}}\boldsymbol{A}\boldsymbol{x}=0$，当且仅当 $\boldsymbol{A}\boldsymbol{x}=\boldsymbol{0}$。

证明：如果 $\boldsymbol{A}\boldsymbol{x}=\boldsymbol{0}$，很显然 $\boldsymbol{x}^{\mathrm{T}}\boldsymbol{A}\boldsymbol{x}=0$。所以，我们只需要证明由 $\boldsymbol{x}^{\mathrm{T}}\boldsymbol{A}\boldsymbol{x}=0$ 可以推出 $\boldsymbol{A}\boldsymbol{x}=\boldsymbol{0}$。

$\boldsymbol{A}$ 是一个正算子，必然存在一个正的平方根 $\boldsymbol{T}$ 满足 $\boldsymbol{A}=\boldsymbol{T}^2$[9]。

从而可得 $\langle \boldsymbol{T}\boldsymbol{x},\boldsymbol{T}\boldsymbol{x}\rangle=\langle \boldsymbol{A}\boldsymbol{x},\boldsymbol{x}\rangle=\boldsymbol{x}^{\mathrm{T}}\boldsymbol{A}\boldsymbol{x}=0$。又因为 $\boldsymbol{T}\boldsymbol{x}=\boldsymbol{0}$，此前的 $\boldsymbol{A}\boldsymbol{x}=\boldsymbol{T}(\boldsymbol{T}\boldsymbol{x})=\boldsymbol{0}$。

定理 3-2 的证明如下：

依据引理 3-3，因为 $\Psi_t^{\perp}$ 是 $\boldsymbol{S}_t^{\boldsymbol{\Phi}}$ 的零空间，所以对每个向量 $\boldsymbol{\xi}\in\Psi_t^{\perp}$，可以得到 $\boldsymbol{\xi}^{\mathrm{T}}\boldsymbol{S}_t^{\boldsymbol{\Phi}}\boldsymbol{\xi}=0$。

由引理 3-2 可知 $\boldsymbol{S}_b^{\boldsymbol{\Phi}}$ 是一个正算子，再根据引理 3-4 可知，$\boldsymbol{S}_b^{\boldsymbol{\Phi}}\boldsymbol{\xi}=0$。因此

$$\boldsymbol{\phi}^{\mathrm{T}}\boldsymbol{S}_b^{\boldsymbol{\Phi}}\boldsymbol{\phi}=\boldsymbol{\eta}^{\mathrm{T}}\boldsymbol{S}_b^{\boldsymbol{\Phi}}\boldsymbol{\eta}+2\boldsymbol{\eta}^{\mathrm{T}}\boldsymbol{S}_b^{\boldsymbol{\Phi}}\boldsymbol{\xi}+\boldsymbol{\xi}^{\mathrm{T}}\boldsymbol{S}_b^{\boldsymbol{\Phi}}\boldsymbol{\xi}=\boldsymbol{\eta}^{\mathrm{T}}\boldsymbol{S}_b^{\boldsymbol{\Phi}}\boldsymbol{\eta}$$

同理可得

$$\boldsymbol{\phi}^{\mathrm{T}}\boldsymbol{S}_w^{\boldsymbol{\Phi}}\boldsymbol{\phi}=\boldsymbol{\eta}^{\mathrm{T}}\boldsymbol{S}_w^{\boldsymbol{\Phi}}\boldsymbol{\eta}+2\boldsymbol{\eta}^{\mathrm{T}}\boldsymbol{S}_w^{\boldsymbol{\Phi}}\boldsymbol{\xi}+\boldsymbol{\xi}^{\mathrm{T}}\boldsymbol{S}_w^{\boldsymbol{\Phi}}\boldsymbol{\xi}=\boldsymbol{\eta}^{\mathrm{T}}\boldsymbol{S}_w^{\boldsymbol{\Phi}}\boldsymbol{\eta}$$

所以，$J_b^{\boldsymbol{\Phi}}(\boldsymbol{\phi})=J_b^{\boldsymbol{\Phi}}(\boldsymbol{\eta})$，$J^{\boldsymbol{\Phi}}(\boldsymbol{\phi})=J^{\boldsymbol{\Phi}}(\boldsymbol{\eta})$。

根据定理 3-2，可以得到下列结论：两类鉴别投影向量可以使用费希尔准则从 Ψ_t 中求得，并且没有鉴别信息的损失。因为 Ψ_t 是一个比 $\mathrm{null}(\boldsymbol{S}_w^{\boldsymbol{\Phi}})$ 和 $\mathcal{H}-\mathrm{null}(\boldsymbol{S}_w^{\boldsymbol{\Phi}})$ 更小的有限维子空间，所以更容易从中求解出鉴别向量。

3.3.3 计算费希尔最优鉴别向量的基本思想

在本节，我们将介绍在约减后的空间 Ψ_t 上计算最优费希尔鉴别向量的基本思想。因为 Ψ_t 空间的维度是 m。依据泛函分析理论，Ψ_t 是一个同构的 m 维欧几里得空间 $\mathbf{R}^m$。其对应的同构映射如下：

$$\boldsymbol{\phi}=\boldsymbol{P}\boldsymbol{\eta},\ \boldsymbol{P}=(\boldsymbol{\beta}_1,\boldsymbol{\beta}_2,\cdots,\boldsymbol{\beta}_m),\ \boldsymbol{\eta}\in\mathbf{R}^m \tag{3-15}$$

该映射是从 $\mathbf{R}^m$ 到 Ψ_t 的一对一映射。

根据同构映射 $\boldsymbol{\phi}=\boldsymbol{P}\boldsymbol{\eta}$，特征空间上的准则函数 $J^{\Phi}(\boldsymbol{\phi})$ 和 $J_b^{\Phi}(\boldsymbol{\phi})$ 将转换成以下形式：

$$J^{\Phi}(\boldsymbol{\phi})=\frac{\boldsymbol{\eta}^{\mathrm{T}}(\boldsymbol{P}^{\mathrm{T}}\boldsymbol{S}_b^{\Phi}\boldsymbol{P})\boldsymbol{\eta}}{\boldsymbol{\eta}^{\mathrm{T}}(\boldsymbol{P}^{\mathrm{T}}\boldsymbol{S}_w^{\Phi}\boldsymbol{P})\boldsymbol{\eta}},\ J_b^{\Phi}(\phi)=\boldsymbol{\eta}^{\mathrm{T}}(\boldsymbol{P}^{\mathrm{T}}\boldsymbol{S}_b^{\Phi}\boldsymbol{P})\boldsymbol{\eta} \tag{3-16}$$

基于式（3-16），可以定义以下两个函数：

$$J(\boldsymbol{\eta})=\frac{\boldsymbol{\eta}^{\mathrm{T}}\boldsymbol{S}_b\boldsymbol{\eta}}{\boldsymbol{\eta}^{\mathrm{T}}\boldsymbol{S}_w\boldsymbol{\eta}},\quad \boldsymbol{\eta}\neq\mathbf{0};\quad J_b(\boldsymbol{\eta})=\boldsymbol{\eta}^{\mathrm{T}}\boldsymbol{S}_b\boldsymbol{\eta},\ \|\boldsymbol{\eta}\|=1 \tag{3-17}$$

式中，$\boldsymbol{S}_b=\boldsymbol{P}^{\mathrm{T}}\boldsymbol{S}_b^{\Phi}\boldsymbol{P}$，$\boldsymbol{S}_w=\boldsymbol{P}^{\mathrm{T}}\boldsymbol{S}_w^{\Phi}\boldsymbol{P}$。

很显然，$\boldsymbol{S}_b$ 和 $\boldsymbol{S}_w$ 都是 $m\times m$ 的半正定矩阵。这意味着，$J(\boldsymbol{\eta})$ 是广义的瑞利熵[10]，而 $J_b(\boldsymbol{\eta})$ 是在其同构空间上的瑞利熵。其中，$J_b(\boldsymbol{\eta})$ 被视为瑞利熵是因为 $\boldsymbol{\eta}^{\mathrm{T}}\boldsymbol{S}_b\boldsymbol{\eta}$（$\|\boldsymbol{\eta}\|=1$）等价于 $\dfrac{\boldsymbol{\eta}^{\mathrm{T}}\boldsymbol{S}_b\boldsymbol{\eta}}{\boldsymbol{\eta}^{\mathrm{T}}\boldsymbol{\eta}}$ [10]。

在上述同构映射下，费希尔准则的最优解具有以下性质，即定理 3-3。

定理 3-3 令 $\boldsymbol{\phi}=\boldsymbol{P}\boldsymbol{\eta}$ 为从 $\mathbf{R}^m$ 到 Ψ_t 的同构映射；当且仅当 $\boldsymbol{\eta}^*$ 是 $J(\boldsymbol{\eta})$（或 $J_b(\boldsymbol{\eta})$）的最优解时，$\boldsymbol{\phi}^*=\boldsymbol{P}\boldsymbol{\eta}^*$ 是 $J^{\Phi}(\boldsymbol{\phi})$（或 $J_b^{\Phi}(\boldsymbol{\phi})$）的最优解。

由定理 3-3 又可以得到以下结论，即推论 3-2。

推论 3-2 如果 $\boldsymbol{\eta}_1,\cdots,\boldsymbol{\eta}_d$ 是函数 $J(\boldsymbol{\eta})$ 的一组最优解，那么 $\boldsymbol{\phi}_1=\boldsymbol{P}\boldsymbol{\eta}_1,\cdots,\boldsymbol{\phi}_d=\boldsymbol{P}\boldsymbol{\eta}_d$ 是关于费希尔准则 $J^{\Phi}(\boldsymbol{\phi})$（$J_b^{\Phi}(\boldsymbol{\phi})$）的一组常规（非常规）的最优鉴别向量。

因此，在子空间 Ψ_t 上计算最优鉴别向量的问题就转换成了在其同构空间 $\mathbf{R}^m$ 上计算广义瑞利熵极值的问题。

3.3.4 简明的 KFD 算法框架：KPCA+LDA

在特征空间上，最优鉴别向量是用来完成特征抽取任务的。给定一个模

式样本 $\boldsymbol{x}$ 及其映射 $\boldsymbol{\Phi}(\boldsymbol{x})$，可以通过以下变换获得鉴别特征向量 $\boldsymbol{z}$：

$$\boldsymbol{z}=\boldsymbol{W}^{\mathrm{T}}\boldsymbol{\Phi}(\boldsymbol{x}) \tag{3-18}$$

式中，$\boldsymbol{W}^{\mathrm{T}}=(\boldsymbol{\phi}_1,\boldsymbol{\phi}_2,\cdots,\boldsymbol{\phi}_d)^{\mathrm{T}}=(\boldsymbol{P}\boldsymbol{\eta}_1,\boldsymbol{P}\boldsymbol{\eta}_2,\cdots,\boldsymbol{P}\boldsymbol{\eta}_d)^{\mathrm{T}}=(\boldsymbol{\eta}_1,\boldsymbol{\eta}_2,\cdots,\boldsymbol{\eta}_d)^{\mathrm{T}}\boldsymbol{P}^{\mathrm{T}}$。

式（3-18）中的线性变换可以分解成两个线性变换：

$$\boldsymbol{y}=\boldsymbol{P}^{\mathrm{T}}\boldsymbol{\Phi}(\boldsymbol{x}),\ \boldsymbol{P}=(\boldsymbol{\beta}_1,\boldsymbol{\beta}_2,\cdots,\boldsymbol{\beta}_m) \tag{3-19}$$

$$\boldsymbol{z}=\boldsymbol{G}^{\mathrm{T}}\boldsymbol{y},\ \boldsymbol{G}=(\boldsymbol{\eta}_1,\boldsymbol{\eta}_2,\cdots,\boldsymbol{\eta}_d) \tag{3-20}$$

又因为 $\boldsymbol{\beta}_1,\boldsymbol{\beta}_2,\cdots,\boldsymbol{\beta}_m$ 是 $\boldsymbol{S}_{\mathrm{t}}^{\boldsymbol{\Phi}}$ 的正特征值对应的特征向量，式（3-19）实际上就是 KPCA 的投影变换，详见式（3-7）和式（3-8）。该变换将模式样本从特征空间 $\mathcal{H}$ 映射到欧几里得空间 $\mathbf{R}^m$。

接下来，我们关注 KPCA 变换空间 $\mathbf{R}^m$ 的问题。首先回到式（3-17），$\boldsymbol{S}_{\mathrm{b}}$ 和 $\boldsymbol{S}_{\mathrm{w}}$ 分别是空间 $\mathbf{R}^m$ 上的类间散度矩阵和类内散度矩阵。事实上，我们可以直接构建类间散度矩阵和类内散度矩阵：

$$\boldsymbol{S}_{\mathrm{b}}=\frac{1}{M}\sum_{i=1}^{c}M_i(\boldsymbol{m}_i-\boldsymbol{m}_0)(\boldsymbol{m}_i-\boldsymbol{m}_0)^{\mathrm{T}} \tag{3-21}$$

$$\boldsymbol{S}_{\mathrm{w}}=\frac{1}{M}\sum_{i=1}^{c}\sum_{j=1}^{M_i}(\boldsymbol{y}_{ij}-m_i)(\boldsymbol{y}_{ij}-m_i)^{\mathrm{T}} \tag{3-22}$$

式中，$\boldsymbol{y}_{ij}$表示第 i 个类的第 j 个训练样本；M_i是第 i 类训练样本的数量；$\boldsymbol{m}_i$ 是第 i 类训练样本的均值；$\boldsymbol{m}_0$ 是所有训练样本的均值。

$\boldsymbol{S}_{\mathrm{b}}$ 和 $\boldsymbol{S}_{\mathrm{w}}$ 是欧几里得空间 $\mathbf{R}^m$ 上的类间散度矩阵和类内散度矩阵，函数 $J(\boldsymbol{\eta})$ 和 $J_{\mathrm{b}}(\boldsymbol{\eta})$ 被看作是费希尔鉴别准则，则 $\boldsymbol{\eta}_1,\cdots,\boldsymbol{\eta}_d$ 是费希尔最优鉴别向量。式（3-20）本质上是 KPCA 变换空间 $\mathbf{R}^m$ 上的费希尔线性鉴别投影。

到此，我们发现 KFD 算法的本质是：首先用 KPCA 将输入空间约减到 m 维的子空间，m 是矩阵 $\boldsymbol{S}_{\mathrm{t}}^{\boldsymbol{\Phi}}$ 的秩，一般 $m=M-1$，其中 M 是训练样本数。然后，再用线性鉴别分析在 KPCA 变换后的空间 $\mathbf{R}^m$ 上抽取鉴别特征。

总之，本节给出了核费希尔鉴别分析的一个两阶段框架 KPCA+LDA，该框架为我们理解核费希尔鉴别分析提供了一个新的视角。

3.4　完整的 KFD 算法（CKFD）

本节将基于两步的 KFD 框架给出一个完整的 KFD 算法，并将常规和非常规两种鉴别信息融合在一起来提升分类性能[11]。

3.4.1 抽取两种鉴别信息

本节将重点介绍如何在 KPCA 变换空间上执行 LDA。毕竟，标准的 LDA 算法[3]是不能直接使用的，原因是类内散度矩阵 $\boldsymbol{S}_{\mathrm{w}}$ 在空间 $\mathbf{R}^m$ 上是奇异的。面对这一问题，我们将利用类内散度矩阵的奇异性进一步抽取模式样本的鉴别信息，而不是简单地利用正则化技术来避免奇异性问题[12-14]。本节的解决策略是，首先将 $\mathbf{R}^m$ 划分成两个子空间，即零空间和 $\boldsymbol{S}_{\mathrm{w}}$ 的列空间；然后使用费希尔准则从列空间求解常规的鉴别向量，同时从零空间求解非常规鉴别向量。

假设 $\boldsymbol{\alpha}_1,\cdots,\boldsymbol{\alpha}_m$ 是类内散度矩阵 $\boldsymbol{S}_{\mathrm{w}}$ 最大的 q 个非零特征值对应的正交特征向量，其中 $q=\mathrm{rank}(\boldsymbol{S}_{\mathrm{w}})$。定义一个子空间 $\Theta_{\mathrm{w}}=\mathrm{span}\{\boldsymbol{\alpha}_{q+1},\cdots,\boldsymbol{\alpha}_m\}$ 及其正交的互补空间 $\Theta_{\mathrm{w}}^{\perp}=\mathrm{span}\{\boldsymbol{\alpha}_1,\cdots,\boldsymbol{\alpha}_q\}$。事实上，$\Theta_{\mathrm{w}}$ 是零空间，$\Theta_{\mathrm{w}}^{\perp}$ 是类内散度矩阵的列空间，并且 $\mathbf{R}^m=\Theta_{\mathrm{w}}\oplus\Theta_{\mathrm{w}}^{\perp}$。子空间 $\Theta_{\mathrm{w}}^{\perp}$ 的维度是 q，一般 $q=M-c=m-c+1$。子空间 Θ_{w} 的维度是 $p=m-q$，一般取 $p=c-1$。

引理 3-5 对任意非零向量 $\boldsymbol{\eta}\in\Theta_{\mathrm{w}}$，总满足不等式 $\boldsymbol{\eta}^{\mathrm{T}}\boldsymbol{S}_{\mathrm{b}}\boldsymbol{\eta}>0$。

证明：由引理 3-1 可知 $\boldsymbol{S}_{\mathrm{t}}^{\boldsymbol{\Phi}}$ 是紧致的正算子，总体散度矩阵 $\boldsymbol{S}_{\mathrm{t}}^{\boldsymbol{\Phi}}$ 在 KPCA 变换空间可以表示为 $\boldsymbol{S}_{\mathrm{t}}=\boldsymbol{P}^{\mathrm{T}}\boldsymbol{S}_{\mathrm{t}}^{\boldsymbol{\Phi}}\boldsymbol{P}=\mathrm{diag}(\lambda_1,\lambda_2,\cdots,\lambda_m)$，其中 $\lambda_1,\lambda_2,\cdots,\lambda_m$ 是总体散度矩阵 $\boldsymbol{S}_{\mathrm{t}}^{\boldsymbol{\Phi}}$ 的正特征值。所以，$\boldsymbol{S}_{\mathrm{t}}$ 是 $\mathbf{R}^m$ 上的正定矩阵。也就是说，每个非零向量 $\boldsymbol{\eta}\in\mathbf{R}^m$ 满足 $\boldsymbol{\eta}^{\mathrm{T}}\boldsymbol{S}_{\mathrm{t}}\boldsymbol{\eta}>0$。同理，对每个非零向量 $\boldsymbol{\eta}\in\Theta_{\mathrm{w}}$，满足 $\boldsymbol{\eta}^{\mathrm{T}}\boldsymbol{S}_{\mathrm{w}}\boldsymbol{\eta}=0$。

因为 $\boldsymbol{S}_{\mathrm{t}}=\boldsymbol{S}_{\mathrm{b}}+\boldsymbol{S}_{\mathrm{w}}$，所以对每个非零向量 $\boldsymbol{\eta}\in\Theta_{\mathrm{w}}$，可以得到 $\boldsymbol{\eta}^{\mathrm{T}}\boldsymbol{S}_{\mathrm{b}}\boldsymbol{\eta}=\boldsymbol{\eta}^{\mathrm{T}}\boldsymbol{S}_{\mathrm{t}}\boldsymbol{\eta}-\boldsymbol{\eta}^{\mathrm{T}}\boldsymbol{S}_{\mathrm{w}}\boldsymbol{\eta}>0$。

从引理 3-5 可知，当类内散度为 0 且类间散度为正值时，$\boldsymbol{S}_{\mathrm{w}}$ 的零空间 Θ_{w} 蕴含着丰富的非常规鉴别信息，并且最优的非常规鉴别向量必然存在于 Θ_{w} 空间上。另外，因为每个非零向量 $\boldsymbol{\eta}\in\Theta_{\mathrm{w}}^{\perp}$ 满足 $\boldsymbol{\eta}^{\mathrm{T}}\boldsymbol{S}_{\mathrm{w}}\boldsymbol{\eta}>0$，所以我们可以用标准的费希尔准则在 $\Theta_{\mathrm{w}}^{\perp}$ 空间上求解最优常规鉴别向量。

在 3.3 节讨论的同构映射思想也可以用来计算最优常规（或非常规）鉴别向量。首先计算 $\Theta_{\mathrm{w}}^{\perp}$ 空间上的最优常规鉴别向量。$\Theta_{\mathrm{w}}^{\perp}$ 是 q 维欧几里得空间的同构空间，对应的同构映射为

$$\boldsymbol{\eta}=\boldsymbol{P}_1\boldsymbol{\xi},\ \boldsymbol{P}_1=(\boldsymbol{\alpha}_1,\cdots,\boldsymbol{\alpha}_q) \tag{3-23}$$

基于上述同构映射，式（3-16）中的费希尔准则函数 $J(\boldsymbol{\eta})$ 可以写成如下

形式：

$$\widetilde{J}(\boldsymbol{\xi})=\frac{\boldsymbol{\xi}^{\mathrm{T}}\widetilde{\boldsymbol{S}}_{\mathrm{b}}\boldsymbol{\xi}}{\boldsymbol{\xi}^{\mathrm{T}}\widetilde{\boldsymbol{S}}_{\mathrm{w}}\boldsymbol{\xi}},\quad \boldsymbol{\xi}\neq\mathbf{0} \tag{3-24}$$

式中，$\widetilde{\boldsymbol{S}}_{\mathrm{b}}=\boldsymbol{P}_1^{\mathrm{T}}\boldsymbol{S}_{\mathrm{b}}\boldsymbol{P}_1$，$\widetilde{\boldsymbol{S}}_{\mathrm{w}}=\boldsymbol{P}_1^{\mathrm{T}}\boldsymbol{S}_{\mathrm{w}}\boldsymbol{P}_1$。$\widetilde{\boldsymbol{S}}_{\mathrm{b}}$ 是半正定矩阵，$\widetilde{\boldsymbol{S}}_{\mathrm{w}}$ 是正定矩阵（是可逆的）。费希尔准则函数 $\widetilde{J}(\boldsymbol{\xi})$ 是标准的广义瑞利熵。事实上，该准则函数的最优解（极值）$\boldsymbol{u}_1,\cdots,\boldsymbol{u}_d$（$d\leqslant c-1$），就是特征方程 $\widetilde{\boldsymbol{S}}_{\mathrm{b}}\boldsymbol{\xi}=\boldsymbol{\lambda}\widetilde{\boldsymbol{S}}_{\mathrm{w}}\boldsymbol{\xi}$ 的前 d 个最大特征值对应的特征向量[15]；我们可以用标准的 LDA 算法获得 $\boldsymbol{u}_1,\cdots,\boldsymbol{u}_d$[3,16]。随后，根据式（3-23）可得 $\widetilde{\boldsymbol{\eta}}_j=\boldsymbol{P}_1\boldsymbol{u}_j$（$j=1,\cdots,d$）。由同构映射的特性可知，$\widetilde{\boldsymbol{\eta}}_1,\cdots,\widetilde{\boldsymbol{\eta}}_d$ 是最优的常规鉴别向量。

最优非常规鉴别向量也可以用同样的方法在空间 Θ_{w} 上计算得到。Θ_{w} 是 q 维欧几里得空间的同构空间，对应的同构映射为

$$\boldsymbol{\eta}=\boldsymbol{P}_2\boldsymbol{\xi},\ \boldsymbol{P}_2=(\boldsymbol{\alpha}_{q+1},\cdots,\boldsymbol{\alpha}_m) \tag{3-25}$$

基于上述同构映射，式（3-16）中的费希尔准则函数 $J_{\mathrm{b}}(\boldsymbol{\eta})$ 可以写成以下形式：

$$\hat{J}_{\mathrm{b}}(\boldsymbol{\xi})=\boldsymbol{\xi}^{\mathrm{T}}\hat{\boldsymbol{S}}_{\mathrm{b}}\boldsymbol{\xi},\quad \|\boldsymbol{\xi}\|=1 \tag{3-26}$$

式中，$\hat{\boldsymbol{S}}_{\mathrm{b}}=\boldsymbol{P}_2^{\mathrm{T}}\boldsymbol{S}_{\mathrm{b}}\boldsymbol{P}_2$，$\hat{\boldsymbol{S}}_{\mathrm{b}}$ 是正定矩阵。费希尔准则函数 $\hat{J}_{\mathrm{b}}(\boldsymbol{\xi})$ 的最优解（极值）$\boldsymbol{v}_1,\cdots,\boldsymbol{v}_d$（$d\leqslant c-1$）事实上就是散度矩阵 $\hat{\boldsymbol{S}}_{\mathrm{b}}$ 对应的前 d 个最大特征值对应的特征向量；随后，根据式（3-25）可得 $\hat{\boldsymbol{\eta}}_j=\boldsymbol{P}_2\boldsymbol{v}_j$（$j=1,\cdots,d$）。由同构映射的特性可知，$\hat{\boldsymbol{\eta}}_1,\cdots,\hat{\boldsymbol{\eta}}_d$ 是最优的非常规鉴别向量。

基于上述推导得到最优鉴别向量，式（3-19）的线性鉴别分析可以在欧几里得空间 $\mathbf{R}^m$ 上完成。具体来说，我们可以将模式样本 $\boldsymbol{y}$ 投影到最优常规鉴别向量基 $\widetilde{\boldsymbol{\eta}}_1$，$\cdots$，$\widetilde{\boldsymbol{\eta}}_d$，进而获得常规的鉴别特征向量：

$$\boldsymbol{z}^1=(\widetilde{\boldsymbol{\eta}}_1,\cdots,\widetilde{\boldsymbol{\eta}}_d)^{\mathrm{T}}\boldsymbol{y}=\boldsymbol{U}^{\mathrm{T}}\boldsymbol{P}_1^{\mathrm{T}}\boldsymbol{y} \tag{3-27}$$

式中，$\boldsymbol{U}=(\boldsymbol{u}_1,\cdots,\boldsymbol{u}_d)$，$\boldsymbol{P}_1=(\boldsymbol{\alpha}_1,\cdots,\boldsymbol{\alpha}_q)$。

同时，我们也可以将模式样本 $\boldsymbol{y}$ 投影到最优非常规鉴别向量基 $\hat{\boldsymbol{\eta}}_1,\cdots,\hat{\boldsymbol{\eta}}_d$，进而获得非常规的鉴别特征向量：

$$\boldsymbol{z}^2=(\hat{\boldsymbol{\eta}}_1,\cdots,\hat{\boldsymbol{\eta}}_d)^{\mathrm{T}}\boldsymbol{y}=\boldsymbol{V}^{\mathrm{T}}\boldsymbol{P}_2^{\mathrm{T}}\boldsymbol{y} \tag{3-28}$$

式中，$\boldsymbol{V}=(\boldsymbol{v}_1,\cdots,\boldsymbol{v}_d)$，$\boldsymbol{P}_2=(\boldsymbol{\alpha}_{q+1},\cdots,\boldsymbol{\alpha}_m)$。

3.4.2 两种鉴别信息的融合

对于任意一个模式样本，我们都可以得到两个 d 维鉴别特征向量，如何将二者有效融合来提升分类性能是非常重要的。本节给出了一个基于模式样本距离求和归一化的融合策略。假设两个模式样本的距离定义为

$$g(z_i,z_j)=\|z_i-z_j\| \tag{3-29}$$

式中，符号$\|\cdot\|$表示范数，范数决定了用什么度量标准来刻画模式样本间的距离。例如，欧几里得范数$\|\cdot\|_2$定义了欧几里得距离。在本节，我们使用欧几里得范数度量模式样本间的距离。

假设一个模式样本可以表示成 $\boldsymbol{z}=[\boldsymbol{z}^1,\boldsymbol{z}^2]$，其中，$\boldsymbol{z}^1$ 和 $\boldsymbol{z}^2$ 分别是常规鉴别特征向量和非常规鉴别特征向量。模式样本 $\boldsymbol{z}^2$ 和训练样本 $\boldsymbol{z}_i=[\boldsymbol{z}_i^1,\boldsymbol{z}_i^2]$（$i=1,\cdots,M$）之间基于求和归一化的距离定义为

$$\bar{g}(\boldsymbol{z},\boldsymbol{z}_i)=\theta\frac{\|\boldsymbol{z}^1-\boldsymbol{z}_i^1\|}{\sum_{j=1}^{M}\|\boldsymbol{z}^1-\boldsymbol{z}_j^1\|}+\frac{\|\boldsymbol{z}^2-\boldsymbol{z}_i^2\|}{\sum_{j=1}^{M}\|\boldsymbol{z}^2-\boldsymbol{z}_j^2\|} \tag{3-30}$$

式中，θ 是融合参数，该参数决定了常规鉴别信息在模式分类中的权重。

在使用最近邻分类器时，如果模式样本 $\boldsymbol{z}$ 满足 $\bar{g}(\boldsymbol{z},\boldsymbol{z}_j)=\min\limits_i\bar{g}(\boldsymbol{z},\boldsymbol{z}_i)$，并且 $\boldsymbol{z}_j$ 属于第 k 类，则 $\boldsymbol{z}$ 也属于第 k 类。在使用最小距离分类器时，第 i 类模式样本的均值向量 $\boldsymbol{\mu}_i=[\boldsymbol{\mu}_i^1,\boldsymbol{\mu}_i^2]$可以看作该类样本的原型。模式样本 $\boldsymbol{z}$ 和第 i 类样本原型 $\boldsymbol{\mu}_i$ 之间基于求和归一化的距离定义如下：

$$\bar{g}(\boldsymbol{z},\boldsymbol{\mu}_i)=\theta\frac{\|\boldsymbol{z}^1-\boldsymbol{\mu}_i^1\|_2}{\sum_{j=1}^{c}\|\boldsymbol{z}^1-\boldsymbol{\mu}_j^1\|_2}+\frac{\|\boldsymbol{z}^2-\boldsymbol{\mu}_i^2\|_2}{\sum_{j=1}^{c}\|\boldsymbol{z}^2-\boldsymbol{\mu}_j^2\|_2} \tag{3-31}$$

如果模式样本 $\boldsymbol{z}$ 满足 $\bar{g}(\boldsymbol{z},\boldsymbol{\mu}_k)=\min\limits_i\bar{g}(\boldsymbol{z},\boldsymbol{\mu}_i)$，则 $\boldsymbol{z}$ 属于第 k 类。

3.4.3 完整的 KFD 算法步骤

通过对上述章节的总结，本节将给出完整的 KFD 算法步骤：

步骤 1 使用 KPCA 将输入样本空间变换为 m 维的欧几里得空间，其中 $m=M-1$，M 是训练样本的数量。也就是说，用 KPCA 将模式样本 $\boldsymbol{x}$ 从 $\mathbf{R}^n$变换为 $\mathbf{R}^m$空间上的特征向量 $\boldsymbol{y}$。

步骤 2　在欧几里得空间 $\mathbf{R}^m$ 上，直接构建类间散度矩阵 $\boldsymbol{S}_{\mathrm{b}}$ 和类内散度矩阵 $\boldsymbol{S}_{\mathrm{w}}$；假设 $\boldsymbol{S}_{\mathrm{w}}$ 的前 q 个（$q=\mathrm{rank}(\boldsymbol{S}_{\mathrm{w}})$）特征值都是正的，并计算与其对应的正交特征向量集 $\boldsymbol{\alpha}_1,\cdots,\boldsymbol{\alpha}_q$。

步骤 3　抽取常规的鉴别特征：令 $\boldsymbol{P}_1=(\boldsymbol{\alpha}_1,\cdots,\boldsymbol{\alpha}_q)$，定义 $\widetilde{\boldsymbol{S}}_{\mathrm{b}}=\boldsymbol{P}_1^{\mathrm{T}}\boldsymbol{S}_{\mathrm{b}}\boldsymbol{P}_1$ 和 $\widetilde{\boldsymbol{S}}_{\mathrm{w}}=\boldsymbol{P}_1^{\mathrm{T}}\boldsymbol{S}_{\mathrm{w}}\boldsymbol{P}_1$，然后计算特征方程 $\widetilde{\boldsymbol{S}}_{\mathrm{b}}\boldsymbol{\xi}=\lambda\widetilde{\boldsymbol{S}}_{\mathrm{w}}\boldsymbol{\xi}$ 前 d 个最大特征值对应的特征向量 $\boldsymbol{u}_1,\cdots,\boldsymbol{u}_d$（$d\leqslant c-1$）[17,18]；令 $\boldsymbol{U}=(\boldsymbol{u}_1,\cdots,\boldsymbol{u}_d)$，则常规的鉴别特征向量是 $\boldsymbol{z}^1=\boldsymbol{U}^{\mathrm{T}}\boldsymbol{P}_1^{\mathrm{T}}\boldsymbol{y}$。

步骤 4　抽取非常规鉴别特征：令 $\boldsymbol{P}_2=(\boldsymbol{\alpha}_{q+1},\cdots,\boldsymbol{\alpha}_m)$，定义 $\hat{\boldsymbol{S}}_{\mathrm{b}}=\boldsymbol{P}_2^{\mathrm{T}}\boldsymbol{S}_{\mathrm{b}}\boldsymbol{P}_2$，然后计算 $\hat{\boldsymbol{S}}_{\mathrm{b}}$ 的前 d 个最大特征值对应的正交特征向量集 $\boldsymbol{v}_1,\cdots,\boldsymbol{v}_d$（$d\leqslant c-1$）；令 $\boldsymbol{V}=(\boldsymbol{v}_1,\cdots,\boldsymbol{v}_d)$，则非常规的鉴别特征向量是 $\boldsymbol{z}^2=\boldsymbol{V}^{\mathrm{T}}\boldsymbol{P}_2^{\mathrm{T}}\boldsymbol{y}$。

步骤 5　基于模式样本距离求和归一化的融合策略，将常规鉴别特征和非常规鉴别特征进行有效融合。

关于完整 KFD 算法的实现，在实际应用中，步骤 2 中的 q 应该略小于类内散度矩阵 $\boldsymbol{S}_{\mathrm{w}}$ 的秩。本节将 q 设置为小于 $\dfrac{\lambda_{\max}}{2\,000}$（$\lambda_{\max}$ 是 $\boldsymbol{S}_{\mathrm{w}}$ 最大的特征值）的特征值的个数。

3.4.4　与其他 KFD 方法和 LDA 方法的关系

本节将回顾 LDA 和几种经典的 KFD 方法，并重点介绍与本章提出的完整的 KFD 方法的区别。首先回顾线性鉴别分析方法 LDA。在小样本问题中，Liu 提出 LDA 存在两类鉴别信息[19]：类间散度零空间的非常规鉴别信息和零空间外的常规鉴别信息。在参考文献［4］中，Chen 等提出了一种有效的特征抽取方法，该方法更关注非常规鉴别信息，却忽略了常规鉴别信息，参考文献［20］提出在类间散度矩阵的列空间同时抽取两类鉴别信息，因为类间散度矩阵列空间的维度最大为 $c-1$，所以该方法的计算效率较高，其算法复杂度为 $O(c^3)$。然而，参考文献［20］的方法在理论上是次优的，因为没有理论可以保证鉴别信息必然存在于类间散度矩阵的列空间，在列空间以外仍然有可能存在有用的鉴别信息，如图 3-2 中的阴影部分。对于一个两分类问题（如性别识别），参考文献［20］给出的方法的表现并不尽如人意。此时，类间散度列空间只有 1 维，所以该子空间很难提供丰富的鉴别信息。事实上，在两分类问题中基于参考文献［20］方法得到的鉴别向量就是其差向量本身，并不是费希尔准则下的最优鉴别向量，无法真正得到常规和非常规两类鉴别信息。

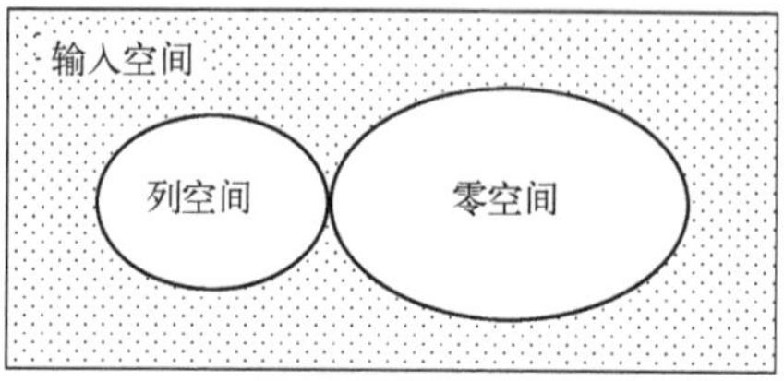

图 3-2　参考文献［20］方法的子空间

Lu 等人在参考文献［20］的基础上，提出了一种基于核函数的直接线性鉴别分析（KDDA）方法[21]。KDDA 方法在人脸识别任务中表现出不错的性能。但是，作为参考文献［22］方法的非线性版本也无法避免参考文献［22］方法的弱点。与参考文献［20］不同的是，KDDA 提升了计算效率，其计算复杂度和 KFD 算法一样都是 $O(M^3)$，因为它们都只需要计算 $M\times M$ 大小的 Gram 矩阵的特征向量。

与参考文献［19］相似，参考文献［5］提出的关于 LDA 的算法可以得到多于 $c-1$ 维的特征向量，也就是说，包含了 $c-1$ 维非常规鉴别特征和部分常规鉴别特征。该方法的结果优于参考文献［4］提出的方法和参考文献［20］提出的方法，因为它们最多只能得到 $c-1$ 维鉴别特征。此外，参考文献［5］提出的方法比参考文献［19］提出的方法更加简单有效[23]。参考文献［24］提出的方法可以看作对参考文献［5］提出的方法的非线性推广，该方法是基于有限维特征空间的假设推导得到的。但是，这一假设对多项式核函数是成立的，对于将模式样本映射到无限维特征空间的核函数却是不成立的。

与参考文献［21］提出的方法和参考文献［24］提出的方法相比，CKFD 在理论和算法两方面都有所创新。我们在希尔伯特空间为 KFD 算法建立了坚实的理论基础，即在理论上保证了 CKFD 的鉴别信息在费希尔准则下不仅是最优的，还是完备的。该完备性使得 CKFD 鉴别信息的抽取在两个子空间进行。在每个子空间，鉴别特征维度最高是 $c-1$。也就是说，我们总共将获得 $2(c-1)$ 维特征，这与以往最多只能得到 $c-1$ 维鉴别特征的 KFD 或 LDA 方法[4,12,13,20,25,26]是截然不同的。此外，CKFD 针对常规鉴别特征和非常规鉴别特征设计了一种融合策略，该策略可以有效地融合两类鉴别特征，并可以根据融合系数调整两类鉴别特征对结果的贡献。

CKFD 的计算复杂度与现有的 KFD 算法[12-14,21,22,25-33]同样都是 $O(M^3)$（M 是训练样本数量）。其原因是这些方法都需要在一个由 M 个训练样本张成的子空间执行 KPCA，因此要求解一个 $M\times M$ 矩阵的特征值问题[2,29]。与现有的 KFD 算法相比，CKFD 方法额外增加的计算量主要来源于 KPCA 变换时子空间的分解需要计算类内散度矩阵所有的特征向量。

3.5 应用算例

本节将设计两组实验来验证 CKFD 方法的有效性，第一组实验是人脸图像识别，该问题是一个典型的小样本问题，类别数多，每类的样本数较少；第二组实验是手写体数字识别，该问题可以看作一个大样本问题，类别数少，每类样本数较多。

3.5.1 在 FERET 人脸数据集上的实验

FERET（Face Recognition Technology Test）人脸数据集是由美国国防部通过美国国防高级研究计划局（Defense Advanced Research Products Agency，DARPA）资助的 FERET 计划创建的[34,35]。该数据集在当时是测试最新人脸图像识别技术的标准数据集。

本节的实验是在 FERET 数据集的一个子集上进行的，该子集包含了 200 人的 1 400 张人脸图像，每个人有 7 张图像。这些图像的名字分别是“ba”、“bj”、“bk”、“be”、“bf”、“bd”和“bg”[17]，包含着不同的人脸表情，以及不同的光照和姿态变化。在实验中，根据人脸图像眼睛的定位将人脸图像剪切成 80×80 并对图片进行直方图均衡削弱光照的影响。FERET 人脸数据集中一个人的人脸图像如图 3-3 所示。

在本节的实验中，我们随机选择每个人的 3 张图片作为训练样本，每个人剩下的 4 张图片作为测试样本。训练集共有 600 张图像，测试集共有 800 张图像。依据常规，我们重复执行 20 次并得到 20 组不同的训练集和测试集。我们用前 10 组数据来完成模型的选择，然后用后 10 组数据测试方法性能。

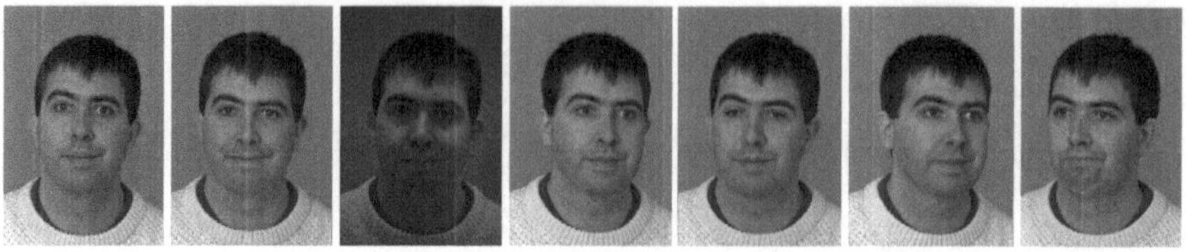

（a）原图像

（b）与原图像对应的剪切后人脸图像（直方图均衡后）

图 3-3　FERET 人脸数据集中一个人的人脸图像

我们选择了两种常用的多项式（Polynomial）核函数 $k(\boldsymbol{x},\boldsymbol{y})=(\boldsymbol{x}\cdot\boldsymbol{y}+1)^r$ 和高斯径向基核（简称高斯核）函数 $k(\boldsymbol{x},\boldsymbol{y})=\exp\left(-\frac{\|\boldsymbol{x}-\boldsymbol{y}\|^2}{\delta}\right)$ 来验证方法的稳健性。同时，我们将比较核特征脸、Kernel Fisherfaces 和 CKFD 三种方法的性能。为了更好地分析 CKFD，我们也给出了分别使用常规鉴别信息和非常规鉴别信息进行特征抽取的分类结果。我们分别使用了最小距离分类器和最近邻分类器两种方法完成最后的人脸图像识别任务。

在模型选择中，我们旨在确定合适的核参数，例如，多项式核函数中的 r 和高斯径向基核函数（RBF）中的 δ，每种方法投影空间的维度，以及 CKFD 的融合系数 θ。同时确定上述模型参数是很困难的，因此我们使用了逐步选择策略[21]，即事先固定投影空间维度和 CKFD 的融合系数，再针对给定的核函数搜索最优核参数。基于选择的核参数再对子空间的大小进行选择；最后，再固定已确定的参数来寻找 CKFD 的最优融合系数。

此外，我们使用了由全局到局部的搜索策略寻找合适的核参数[10]。在大范围参数空间进行搜索后，我们可以确定一个存在最优参数的候选参数空间。在本节所实验中，多项式核函数 r 的候选参数空间是从 1 到 7；高斯径向基核函数 δ 的候选参数空间是从 0.1 到 20。然后，我们将在这些候选参数空间中选择最优参数。

图 3-4（a）和（c）给出了在固定维度为 20、融合系数 θ 为 1 时，四种不同核方法使用不同核参数的识别结果。基于此，使用最小距离分类器多项式函数参数 r 为 2 时 CKFD 性能最优；在使用最近邻分类器时高斯径向基核函

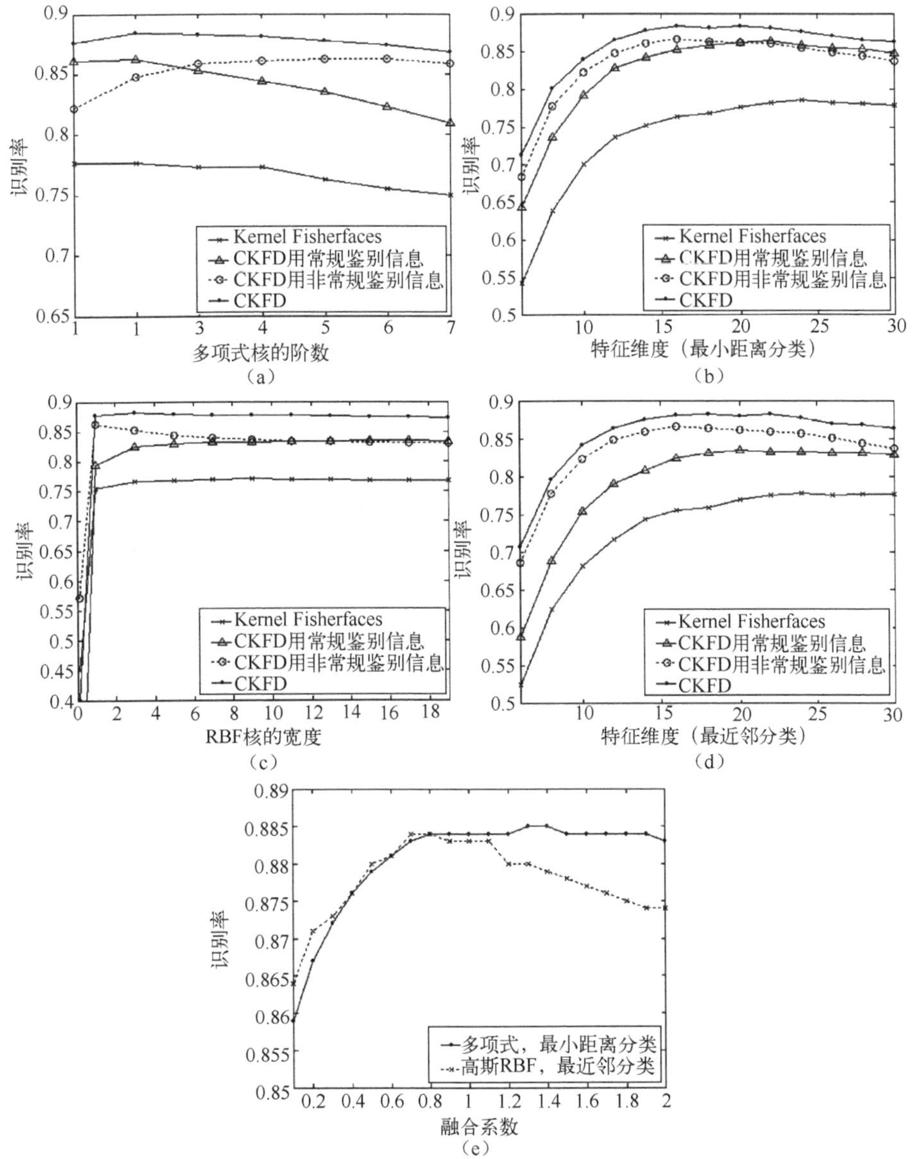

图 3-4　CKFD 在选择不同核参数、子空间维度和融合参数时的识别性能

数参数 δ 为 3 时 CKFD 性能最优。

从图 3-4（a）和（c）可知：①常规鉴别信息和非常规鉴别信息都有利于模式样本的鉴别，但是两类鉴别信息的识别性能随核参数的变化趋势是不一样的。在使用多项式核时，常规鉴别信息的识别性能随着 r（$r>2$）的增加而衰减；而非常规鉴别信息的性能却在逐步提升，直到 r 为 6 时达到最优。在使用高斯核时，常规鉴别信息识别性能随着 δ 的增加而提升；而当 $\delta>1$ 时非常规鉴别信息的性能逐步衰减。②在不考虑核参数变化的情况下，两类鉴别信息融合后识别性能有所提升；这也表明常规鉴别信息和非常规鉴别信息是相互补充的，所以二者有效融合后可以得到更好的识别结果。③无论使用哪个核函数，CKFD、CKFD（仅用常规鉴别信息）、CKFD（仅用非常规鉴别信息）的性能都优于 Kernel Fisherfaces。

在确定核函数参数后，我们开始选择鉴别子空间的维度。图 3-4（b）和（d）展示了每种方法在不同维度下的识别结果。从图 3-4（b）和（d），我们可以针对每种方法面对不同的核函数和分类器时选择最优的子空间维度。同时，我们发现在子空间维度较低（低于 16）时，CKFD 的非常规鉴别信息比常规信息更加有效。但是，无论使用多少维特征，两类鉴别信息的融合都有利于性能的提升并且优于 Kernel Fisherfaces。当常规鉴别信息和非常规鉴别信息的性能不一致时，为了有效地融合两种鉴别信息，我们需要选择合适的融合系数。图 3-4（e）展示了 CKFD 在不同融合系数下使用不同核函数的识别结果。我们可以看到 CKFD 使用多项式核函数和最小距离分类器时，融合系数为 1.4 最优；然而在使用高斯核函数和最近邻分类器时，融合系数为 0.8 最优。

接下来，我们需要选择每种方法在面对不同核函数和分类器时的最优参数，见表 3-1（[核函数参数，子空间维度，融合系数]）。基于这些参数，我们将所有的方法在随机选取的 10 组数据集上进行评测。表 3-2 列出了每种方法的平均识别率和标准差。从表 3-2 可以发现，非常规鉴别信息表现出比常规鉴别信息更好的性能，并且将两者融合后可以进一步提升识别性能。三种基于 CKFD 的方法均优于核特征脸和 Kernel Fisherfaces。

表 3-1　五种方法在面对不同核函数和分类器时的最优参数

核函数和分类器类别		方法及最优参数				
		核特征脸	Kernel Fisherfaces	CKFD：非常规鉴别	CKFD：常规鉴别	CKFD
多项式核	最小距离	[1,190]	[2,24]	[5,16]	[2,22]	[2,20,1.4]
	最近邻距离	[1,180]	[2,30]	[5,16]	[1,24]	[2,18,0.9]
高斯核	最小距离	[15,190]	[19,28]	[1,16]	[7,20]	[3,20,1]
	最近邻距离	[19,180]	[9,24]	[1,16]	[15,20]	[3,18,0.8]

表 3-2　五种方法在 10 组随机选取的数据集上的平均识别率和标准差

核函数和分类器类别		方法及平均识别率和标准差/%				
		Kernel 特征脸	Kernel Fisherfaces	CKFD：非常规鉴别	CKFD：常规鉴别	CKFD
多项式核	最小距离	29. 51±2. 47	78. 11±1. 65	86. 18±2. 03	85. 95±1. 94	88. 08±1. 73
	最近邻距离	25. 38±1. 05	77. 61±1. 68	86. 18±2. 03	82. 92±1. 86	88. 26±1. 43
高斯核	最小距离	29. 50±2. 45	77. 93±1. 39	86. 27±1. 91	86. 33±1. 84	88. 06±1. 59
	最近邻距离	25. 33±1. 05	77. 35±1. 21	86. 27±1. 91	83. 23±1. 46	88. 38±1. 57

为了进一步说明 CKFD 的统计显著性也优于其他方法，我们基于表 3-2 的结果中给出了用 McNemar's [15,18,36] 测试得到的统计显著性分析。McNemar's 测试是基于伯努利模型的无效假设统计测试，如果测试结果 p 值低于期望的显著性水平，则无效且假设错误。通过显著性测试我们发现，CKFD 在期望显著水平为 $p=1.036\times10^{-7}$ 时优于核特征脸和 Kernel Fisherfaces。

此外，我们也给出了几种方法在计算机效率上的对比。表 3-3 列出了每种方法的 CPU 平均计算时间。从表 3-3 可知，基于 CKFD 的方法运行时间略高于核特征脸和 Kernel Fisherfaces。

表 3-3　五种方法使用最小距离分类器完成一组数据集的训练和测试任务所需的 CPU 平均运行时间(CPU：Pentium 2. 4 GHz，RAM：1 GB)

核函数类别	方法及 CPU 平均运行时间/s				
	Kernel 特征脸	Kernel Fisherfaces	CKFD：非常规鉴别	CKFD：常规鉴别	CKFD
多项式核	76. 959	79. 878	89. 392	91. 544	93. 834
高斯核	116. 047	118. 988	128. 328	131. 113	133. 028

通过上述一系列实验，我们可以得到常规鉴别特征和非常规鉴别特征都有利于最终的模式分类。但是，在面对不同的核参数、子空间维度及不同的分类器时，两类鉴别特征的表现不一样。此外，为了验证 CKFD 在面对训练样本变化时对最终识别性能的影响，我们随机选择每个人的 $k(k=2,3,4,5)$ 张图像作为训练集，剩下的图像作为测试集，并重复执行 10 次产生相应的 10 组训练集和测试集。在实验中，多项式核函数和高斯核函数的参数都为 3，子空间维度固定为 20；最后应用最小距离分类器完成分类任务。图 3-5（a）展

示了基于 CKFD 的三种方法面对不同训练样本时的平均识别率。图 3-5（b）则展示了非常规鉴别信息与常规鉴别信息在面对不同训练样本时平均性能的比率。

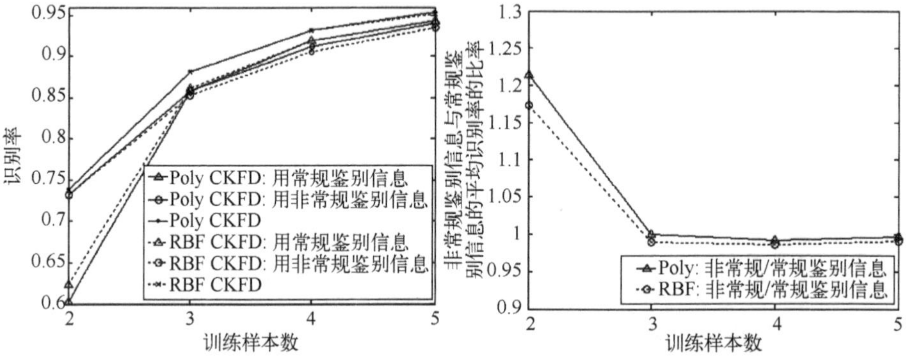

（a）CKFD的三种方法在面对不同训练样本时的平均识别率

（b）CKFD非常规鉴别信息与CKFD常规鉴别信息在面对不同训练样本时平均识别率的比率

图 3-5　不同训练样本时平均识别率及比率

由图 3-5（a）可知，随着训练样本的增加，常规鉴别特征和非常规鉴别特征的识别性能逐步提升；两类鉴别信息融合的识别性能随着训练样本的增加也有所提高。由图 3-5（b）可知，CKFD 非常规鉴别信息和常规鉴别信息在训练样本为 2 时的平均识别率比率较大。也就说，训练样本数越少，非常规鉴别特征的鉴别能力相对越强。随着训练样本的增加，非常规鉴别特征和常规鉴别的特征的识别率比率逐渐趋近于 1。

3.5.2　在手写体数字 CENPARMI 数据集上的实验

CENPARMI 阿拉伯数字手写体数据集包含 10 个阿拉伯数字的6 000 个样本，每个类有 600 个样本。来自数据集“0”的一些样本如图 1-1 所示。每个手写体数字图像由 256 维的 Gabor 特征表示[37,38]。

在本节实验中，我们随机选择每个手写体数字的 100 个样本作为训练集，剩下的 500 个样本作为测试集；重复执行 10 次，每次共有1 000 个训练样本和 5 000 个测试样本。同时，我们也选择了多项式核和高斯核两种核函数来展示不同核方法的识别性能。LDA[3]、GDA[13]、CKFD（常规鉴别信息）、CKFD（非常规鉴别信息）和 CKFD 五种方法用来进行特征抽取。最后，使用最小距离分类器完成识别任务。

我们用与 3.5.1 节相似的策略完成模型选择。表 3-4 列出了部分方法对应的最优参数候选空间。基于此，我们在产生的 10 组数据集上得到五种方法的平均识别率和标准差见表 3-5。

表 3-4　部分方法面对不同核函数时的最优参数
([核函数参数,子空间维度,融合系数])

核函数类别	方法及最优参数			
	GDA	CKFD:非常规鉴别	CKFD:常规鉴别	CKFD
多项式核	[2,9]	[2,9]	[2,9]	[2,9,0.9]
高斯核	[60,9]	[50,9]	[90,9]	[80,9,0.3]

表 3-5　五种方法在 CENPARMI 数据集上平均识别率和标准差

核函数类别	方法及平均识别率和标准差/%				
	GDA	CKFD: 非常规鉴别	CKFD: 常规鉴别	CKFD	LDA
多项式核	81.87±2.95	84.48±0.84	83.80±0.62	86.96±0.50	76.34±0.77
高斯核	87.64±2.35	88.59±0.26	84.27±0.58	88.79±0.31	

由表 3-5 可知：①常规的鉴别信息和非常规的鉴别信息都有利于识别任务；②将常规鉴别信息和非常规鉴别信息融合后，使用多项式核时识别率提升显著，而使用高斯核时识别率提升不明显；③CKFD 的识别性能均优于 LDA 和 GDA；④在使用多项式核时，CKFD 和 GDA 的性能差异在统计上是显著的。

表 3-6 列出了部分方法的 CPU 平均运行时间。从表 3-6 可知，完成模型训练和样本测试 CKFD 所耗费的 CPU 时间要高于 GDA，原因是 CKFD 需要额外进行一次子空间分解。此外，所有核方法的 CPU 的运行时间都高于 LDA。

表 3-6　部分方法完成模型训练和样本测试所需的 CPU 平均运行时间

核函数类别	方法及 CPU 平均运行时间/s				
	GDA	CKFD: 非常规鉴别	CKFD: 常规鉴别	CKFD	LDA
多项式核	177.536	244.583	245.101	247.953	14.508
高斯核	220.216	294.294	298.438	305.538	

最后，我们也和其他一些处理手写体字符特征抽取的方法[39-41]进行了对比。我们用这些方法进行了与 CKFD 相同的实验，表 3-7 给出了几种方法的识别率。从表 3-7 可知，CKFD 的识别性能明显优于其他三种方法。

表 3-7　在 CENPARMI 数据集上与其他方法的对比

类　别	方法及识别率/%			
	Lou[39]	Jin[40]	Xu[41]	CKFD
识别率	87. 65	76. 34	77. 02	88. 79

参考文献

[1] Rudin W. Functional Analysis[M]. New York：McGraw-Hill Book Company，INC.，1973.

[2] Schölkopf B，Smola A，Müller K R. Nonlinear component analysis as a Kernel eigenvalue problem [J]. Neural Computation，1998，10（5）：1299-1319.

[3] Fukunaga K. Introduction to Statistical Pattern Recognition（2nd edition）[M]. Boston：Academic Press，1990.

[4] Chen L F，Liao H Y M，Lin J C，et al. A new LDA-based face recognition system which can solve the small sample size problem [J]. Pattern Recognition，2002，33（10）：1713-1726.

[5] Yang J，Yang J Y. Why can LDA be performed in PCA transformed space? [J]. Pattern Recognition，2003，36（2）：563-566.

[6] Yang J，Yang J Y. Optimal FLD algorithm for facial feature extraction [J]. SPIE Proc. Intelligent Robots and Computer Vision XX：Algorithms，techniques，and Active Vision，October，2001，4572：438-444.

[7] Hutson V，Pym J S. Applications of Functional Analysis and Operator Theory [M]. London：Academic Press INC.，1980.

[8] Weidmann J. Linear Operators in Hilbert Spaces [M]. New York：Springer-Verlag New York Inc.，1980.

[9] Kreyszig E. Introductory Functional Analysis with Applications [M]. Hoboken：John Wiley & Sons. Inc.，1978.

[10] Lancaster P，Tismenetsky M. The Theory of Matrices（Second Edition）[M]. San Diego：Academic Press，INC. 1985.

[11] Yang J，Zhang D，Jin Z. KPCA plus LDA：a complete kernel Fisher discriminant framework for feature extraction and recognition [J]. IEEE Transaction on Pattern Analysis and

Machine Intelligence, 2005, 27.
[12] Mika S, Ratsch G, Weston J, et al. Fisher Discriminant Analysis with Kernels [C] // Neural Networks for Signal Processing IX, 1999. Proceedings of the 1999 IEEE Signal Processing Society Workshop. Madison, WI, USA, IEEE, 1999: 41-48.
[13] Baudat G, Anouar F. Generalized discriminant analysis using a Kernel approach [J]. Neural Computation, 2000, 12 (10): 2385-2404.
[14] Yang M H. Kernel Eigenfaces vs. Kernel Fisherface: face recognition using Kernel methods [C] //Proceedings of the Fifth IEEE International Conference on Automatic Face and Gesture Recognition (RGR'02). Washington D. C., May, 2002: 215-220.
[15] Yambor W, Draper B A, Beveridge J R. Analyzing PCA-based Face Recognition Algorithms: Eigenvector Selection and Distance Measures [M]. Singapore: World Scientific Press, 2002.
[16] Golub G H, Van Loan C F. Matrix Computations (Third edition) [M]. Baltimore and London: The Johns Hopkins University Press, 1996.
[17] Yang J, Yang J Y, Frangi A F. Combined Fisherface framework [J]. Image and Vision Computing, 2003, 21 (12): 1037-1044.
[18] Devore J L, Peck R. Statistics: The Exploration and Analysis of Data (Third Editions) [M]. Brooks Cole, 1997.
[19] Liu K, Cheng Y Q, Yang J Y, et al. An efficient algorithm for Foley-Sammon optimal set of discriminant vectors by algebraic method [J]. International Journal of Pattern Recognition and Artificial Intelligence, 1992, 6 (5): 817-829.
[20] Yu H, Yang J. A direct LDA algorithm for high-dimensional data—with application to face recognition [J]. Pattern Recognition, 2001, 34 (10): 2067-2070.
[21] Lu J, Plataniotis K N, Venetsanopoulos A N. Face recognition using Kernel direct discriminant analysis algorithms [J]. IEEE Transactions on Neural Networks, 2003, 14 (1): 117-126.
[22] Gestel T V, Suykens J A K, Lambrechts G R G, et al. Bayesian framework for least squares support vector machine classifiers, gaussian processs and Kernel fisher discriminant analysis [J]. Neural Computation, 2002, 15 (5): 1115-1148.
[23] Yang J, Yang J Y, Hui Y. Theory of Fisher linear discriminant analysis and its application [J]. Acta Automatica Sinica, 2003, 29 (4): 481-494. (in Chinese)
[24] Yang J, Frangi A F, Yang J Y. A new Kernel Fisher discriminant algorithm with application to face recognition [J]. Neurocomputing, 2004, 56: 415-421.
[25] Mika S, Rätsch G, Schölkopf B, et al. Invariant feature extraction and classification in Kernel spaces [C]//Advances in neural information processing systems. Denver, 2000:

526-532.

[26] Roth V, Steinhage V. Nonlinear discriminant analysis using kernel functions [C]// Advances in neural information processing systems. Denver, 2000: 568-574.

[27] Mika S, Rätsch G, Müller K R. A mathematical programming approach to the kernel fisher algorithm [C] //Advances in neural information processing systems. Vancouver, British Columbia, Canada, 2001: 591-597.

[28] Mika S, Smola A J, Schölkopf B. An improved training algorithm for kernel Fisher discriminants [C] //AISTATS. Key West, Florida, USA, 2001: 98-104.

[29] Mika S, Rätsch G, Weston J, et al. Constructing descriptive and discriminative non-linear features: Rayleigh coefficients in Kernel feature spaces [J]. IEEE Transaction on Pattern Analysis and Machine Intelligence, 2003, 25 (5): 623-628.

[30] Xu J, Zhang X, Li Y. Kernel MSE algorithm: a unified framework for KFD, LS-SVM, and KRR [C] //Proceedings of the International Joint Conference on Neural Networks, Washington, D. C., July, 2001: 1486-1491.

[31] Billings S A, Lee K L. Nonlinear Fisher discriminant analysis using a minimum squared error cost function and the orthogonal least squares algorithm [J]. Neural Networks, 2002, 15 (2): 263-270.

[32] Cawley G C, Talbot N L C. Efficient leave-one-out cross-validation of Kernel fisher discriminant classifiers [J]. Pattern Recognition, 2003, 36 (11): 2585-2592.

[33] Lawrence N D, Schölkopf B. Estimating a Kernel Fisher discriminant in the presence of label noise [C] //In Proc. 18th International Conf. on Machine Learning, Morgan Kaufmann, San Francisco, CA, 2001, 1: 306-313.

[34] Phillips P J, Moon H, Rizvi S A, et al. The FERET Evaluation Methodology for Face-Recognition Algorithms [J]. IEEE Trans. Pattern Anal. Machine Intell., 2000, 22 (10): 1090-1104.

[35] Phillips P J. The Facial Recognition Technology (FERET) Database. http://www.itl.nist.gov/iad/humanid/feret/feret_master.html.

[36] Draper B A, Baek K, Bartlett M S, et al. Recognizing faces with PCA and ICA [J]. Computer vision and image understanding: Special issue on Face Recognition, 2003, 91 (1-2): 115-137.

[37] Hamamoto Y, Uchimura S, Watanabe M, et al. Recognition of handwritten numerals using Gabor features [C] //Proc. of 13th Int. Conf. Pattern Recognition, Vienna, August 1996, 3: 250-253.

[38] Yang J, Yang J Y, Zhang D, et al. Feature fusion: parallel strategy vs. serial strategy

[J]. Pattern Recognition, 2003, 36 (6): 1369-1381.

[39] Lou Z, Liu K, Yang J Y, et al. Rejection criteria and pairwise discrimination of handwritten numerals based on structural features [J]. Pattern Analysis and Applications, 1999, 2 (3): 228-238.

[40] Jin Z, Yang J Y, Tang Z M, et al. A theorem on uncorrelated optimal discriminant vectors [J]. Pattern Recognition, 2001, 34 (10): 2041-2047.

[41] Xu Y, Yang J Y, Jin Z. A Novel Method For Fisher Discriminant Analysis [J]. Pattern Recognition, 2004, 37 (2): 381-384.

第 4 章

流形学习

在模式识别及计算机视觉领域，经常面临模式空间维数持续增长的问题。基于流形学习的降维方法成为解决该类问题的一种有效工具，它是通过找出高维数据的内在低维流形结构完成降维的。进一步，由于数据通常嵌入在不同的流形空间，流形上的对齐方法也为发现数据的共同嵌入空间及数据间的联系提供了一种解决方案。目前，流形学习方法已成功应用于图像分类、生物识别和任务迁移等。

4.1 概述

流形学习是将高维空间中数据映射到低维空间进行重新表示。目前，流形学习方法主要是将原始数据投影到保持着原始数据的一些几何特性的低维嵌入空间。形式上流形学习可以看成从一组观察数据里推导出它的产生式模型。结合以上流形学习的定义，对于高维空间 $\mathcal{X}$ 中的数据点 $\boldsymbol{X}\in\mathbf{R}^D$（其中 $D\gg d$），通常被认为是从嵌入在高维空间 $\mathbf{R}^D$ 的低维流形上采样而得到的。该低维流形对于数据后续分析及可视化有着重要意义，可认为是隐含的本质流形。那么流形学习的目标可以看作得到高维空间 $\mathcal{X}$ 中的采样点 $\boldsymbol{X}$ 在低维空间 $\mathcal{Y}$ 中的低维表示 $\boldsymbol{Y}\in\mathbf{R}^d$，或者寻找一个从观察的高维空间到低维嵌入空间的映射 $f:\mathbf{R}^D\rightarrow\mathbf{R}^d$，从而实现从 $\mathcal{X}$ 到 $\mathcal{Y}$ 的低维嵌入。对数据分布的假设不同，形成了不同的流形算法，例如，保持流形的局部重构表示关系[1]和流形的测定距离关系[2]等。与经典子空间方法相比，流形学习可以更好地处理高维非线性流形数据结构。

数学上，流形[3]可看作是一般几何对象的统称。它通常被定义为一个拓扑空间，且局部具有欧几里得空间性质，例如，常见的直线、圆，以及不同维数的曲面等。球面是二维流形，它由许多二维图形表示，其中一个很小的三角形等同于平面图形，如图 4-1 所示。流形可以抽象定义为：

假设 $\mathcal{X}$ 是豪斯多夫（Hausdorff）拓扑空间，若对任意一点 $\boldsymbol{X}\in\mathcal{X}$，都存在一个 $\boldsymbol{X}$ 的开邻域 $\mathcal{N}$ 与 d 维欧几里得空间 $\mathbf{R}^d$ 的一个开子集同胚，则可称 $\mathcal{X}$ 是 d 维拓扑流形，或者 d 维流形。[4]

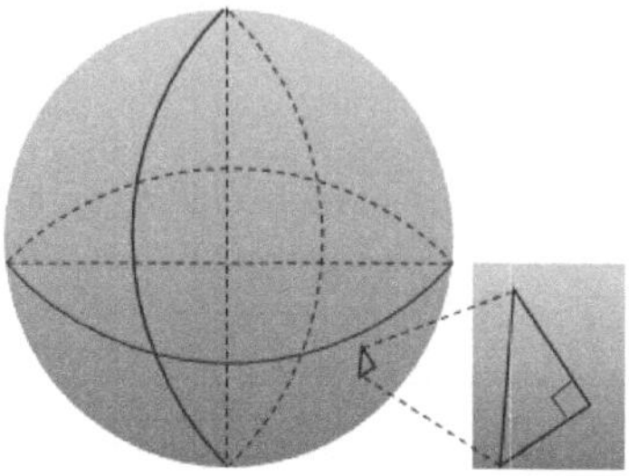

图 4-1　二维流形示例

4.2 非线性嵌入方法

近 20 年来，在等距映射（Isomeric Mapping，ISOMAP）[2]等经典的非线性流形学习方法推出后，流形学习方法受到学者的广泛关注，在模式识别和计算机视觉等领域崭露头角，成为研究热点并显现出广泛的应用前景。本节介绍一些非线性流形学习算法，如 ISOMAP 算法、局部线性嵌入（Locally Linear Embedding，LLE）算法、拉普拉斯特征映射（Laplacian Eigenmaps，LE）算法、局部保持投影（Locality Preserving Projection，LPP）算法、非局部保持投影（Non-Locality Preserving Projection，NLPP）算法等。

4.2.1 ISOMAP 算法

ISOMAP[2]算法目标为：低维嵌入空间需要保持原始高维数据点之间的测地距离。其理论基础是线性降维方法 MDS[5]，将其保持欧几里得距离框架推广到非线性流形学习框架中，以保持流形上样本点之间的测地距离。基于流形的定义，流形的足够小邻域可同胚于 $\mathbf{R}^d$ 空间中的一个开子集，于是 ISOMAP 算法首先是在高维空间中计算出局部欧几里得距离，再利用图论中如 Dijkstra 最短路径算法[6]来逼近测地距离，如图 4-2 所示。

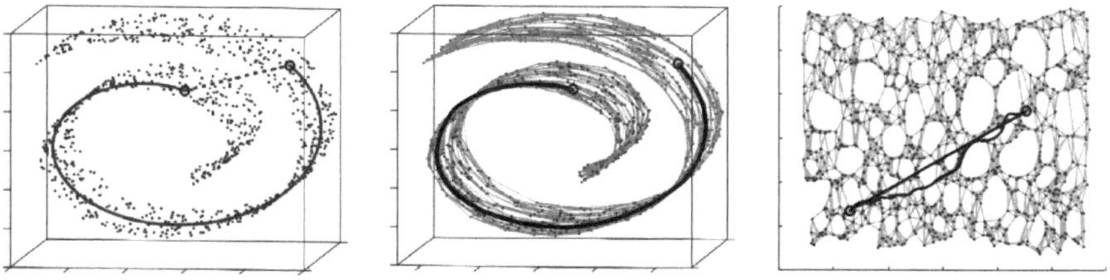

（a）　　（b）　　（c）

图 4-2 ISOMAP 算法示意图[2]

图 4-2（a）中流形上两点间的虚线表示两点间的欧几里得距离，实线表示两点间的流形测地距离；图 4-2（b）中曲线表示利用训练样本通过 Dijkstra 算法得到最短路径来逼近流形上的测地距离；图 4-2（c）表示经过 ISOMAP 算法最终得到的低维嵌入空间，其中粗实线代表欧几里得距离，细实线代表高维测地距离，可以发现两者基本一致，意味着低维嵌入点保持了数据点在高维空间中的测地距离。表 4-1 进一步介绍了该算法的基本步骤。

表 4-1 ISOMAP 算法

输入 高维空间的数据集合 $\mathcal{X}=\{\boldsymbol{X}_i\in\mathbf{R}^D\}$
步骤 1 邻域关系建立 对于高维数据集合 $\mathcal{X}$ 中每一个数据点 $\boldsymbol{X}_i$，寻找其邻域集合 $\mathcal{N}(i)$，邻域可通过以下两种方式确定： （1）对于点 $\boldsymbol{X}_i$，若给定参数 $\varepsilon\in\mathbf{R}$，使得 $\Vert\boldsymbol{X}_i-\boldsymbol{X}_j\Vert<\varepsilon$，则可认为 $\boldsymbol{X}_j$ 是 $\boldsymbol{X}_i$ 的近邻点。 （2）对于点 $\boldsymbol{X}_i$，若给定正整数 k，使得 $\boldsymbol{X}_j$ 是 $\boldsymbol{X}_i$ 的 k 近邻，则可认为 $\boldsymbol{X}_j$ 是 $\boldsymbol{X}_i$ 的近邻点。 与此同时，需要计算邻域两点的欧几里得距离，并定义边权重矩阵。 **步骤 2** 最短距离计算 通过 Dijkstra 算法计算任意两点之间的最短路径 $d(\boldsymbol{X}_i,\boldsymbol{X}_j)$ 来作为测地距离，然后定义一个测地距离矩阵 $\boldsymbol{D}$，其中元素 $D_{ij}=d(\boldsymbol{X}_i,\boldsymbol{X}_j)^2$。 **步骤 3** 等距嵌入 （1）计算 $\boldsymbol{H}=-\frac{1}{2}(\boldsymbol{I}-\boldsymbol{e}_N\boldsymbol{e}_N^{\mathrm{T}})\boldsymbol{D}(\boldsymbol{I}-\boldsymbol{e}_N\boldsymbol{e}_N^{\mathrm{T}})$ 的最大 d 个特征值 λ_i，以及相对应的特征向量 $\boldsymbol{v}_i$，其中，$i=1,2,\cdots,d$。 （2）根据上一步结果计算出低维嵌入解 $\boldsymbol{Y}=[\lambda_1^{-1}v_1,\lambda_2^{-1}v_2,\cdots,\lambda_d^{-1}v_d]^{\mathrm{T}}$。其中，$\boldsymbol{Y}$ 每个列向量 $\boldsymbol{Y}_i\in\mathbf{R}^d$ 即为对应的高维数据点 $\boldsymbol{X}_i$ 的低维嵌入点
输出 低维嵌入集合 $\mathcal{Y}=\{\boldsymbol{Y}_i\in\mathbf{R}^d\}$

该算法存在一些不足之处：对流形数据采样中的空洞问题较为敏感，容易导致测地距离计算出现大的偏差；算法需要两点之间的测地线，因此流形

的连通区域要求是凸区域；当邻域的图模型参数设置改变时，将会影响该算法的拓扑稳定性。

4.2.2 LLE 算法

LLE[1,7]算法目标为：在目标空间的低维嵌入中仍然能够保持原始高维数据点的流形局部几何特性。非线性流形在较小的局部区域上可以近似认为是欧几里得空间，因此流形具有局部线性特征。LLE 算法利用每个点在其邻域上的线性重构系数来刻画流形上的局部几何属性。LLE 算法示意图如图 4-3 所示。

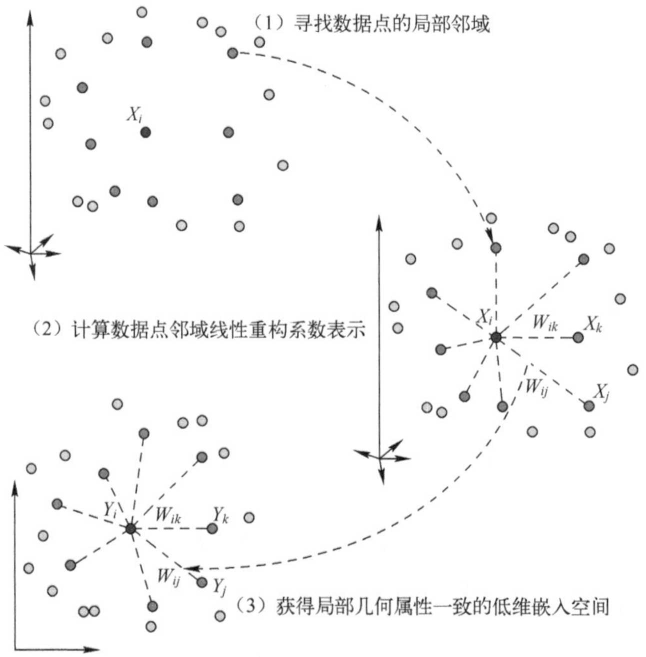

图 4-3　LLE 算法示意图[1]

LLE 算法需要最优化的关于权重的目标函数及寻求样本低维表示，但它对于流形的空洞区域不稳定，并存在全局结构变形等问题。表 4-2 给出了 LLE 算法的基本步骤。

表 4-2 LLE 算法

输入 高维空间的数据集合 $\mathcal{X}=\{\boldsymbol{X}_i \in \mathbf{R}^D\}$
步骤 1 确定局部邻域 对于高维数据集合 $\mathcal{X}$ 中每个数据点 $\boldsymbol{X}_i$，寻找其邻域集合 $\mathcal{N}(i)$，且记 $\boldsymbol{X}_j \in \mathcal{N}(i)$。 **步骤 2** 计算近邻线性重构系数表示 使用数据点的近邻点集合 $\mathcal{N}(i)$ 重构该数据点 $\boldsymbol{X}_i$，$\boldsymbol{W}_{ij}$ 为各近邻数据点对应的线性重构系数，最优权重优化目标函数如下： $$\min_{\boldsymbol{W}_{ij}} \left\| \boldsymbol{X}_i - \sum_j \boldsymbol{W}_{ij}\boldsymbol{X}_j \right\|^2 \quad (4-1)$$ $$\text{s.t.} \quad \sum_j \boldsymbol{W}_{ij} = 1$$ **步骤 3** 保持局部几何属性的低维嵌入 通过最小化目标函数得到目标集合 $\mathcal{Y}$，最小化目标函数如下： $$J(\boldsymbol{Y}) = \sum_i \left\| \boldsymbol{Y}_i - \sum_j \boldsymbol{W}_{ij}\boldsymbol{Y}_j \right\|^2 = \operatorname{tr}(\boldsymbol{Y}^{\mathrm{T}}(\boldsymbol{I}-\boldsymbol{W})^{\mathrm{T}}(\boldsymbol{I}-\boldsymbol{W})\boldsymbol{Y}) \quad (4-2)$$ 式中，$\boldsymbol{I}$ 为单位矩阵，$\boldsymbol{W}$ 为由 $\boldsymbol{W}_{ij}$ 构成的权重矩阵。在 $\boldsymbol{Y}^{\mathrm{T}}\boldsymbol{Y}=1$ 及 $\boldsymbol{Y}\boldsymbol{e}=0(\boldsymbol{e}=[1,1,\cdots,1]^{\mathrm{T}})$ 约束下，通过对稀疏矩阵 $(\boldsymbol{I}-\boldsymbol{W})^{\mathrm{T}}(\boldsymbol{I}-\boldsymbol{W})$ 进行特征值分解，得到的第 2 个到第 $(d+1)$ 个最小特征值 $\boldsymbol{\lambda}_i$ 和对应特征向量 $\boldsymbol{v}_i$，其中 $i=2,3,\cdots,(d+1)$。最终解 $\boldsymbol{Y}=[\boldsymbol{v}_2,\boldsymbol{v}_3,\cdots,\boldsymbol{v}_{(d+1)}]^{\mathrm{T}}$，$\boldsymbol{Y}$ 的每个列向量 $\boldsymbol{Y}_i \in \mathbf{R}^d$，即为对应的高维数据点 $\boldsymbol{X}_i$ 的低维嵌入点
输出 低维嵌入集合 $\mathcal{Y}=\{\boldsymbol{Y}_i \in \mathbf{R}^d\}$

4.2.3 LE 算法

LE[8] 算法目标为：在目标空间的低维嵌入中保持原始高维数据点的局部邻域信息。该算法使用一个无向有权图来刻画流形上数据点之间的近邻距离关系，其中图模型的顶点对应于每一个高维数据点，顶点间的边对应数据点之间的近邻关系，边上的权重则对应近邻点之间的相似性度量。该算法使用权重作为惩罚系数，可形式化为最小二乘代价函数，再利用图的拉普拉斯矩阵特征值分解，求解该目标函数：

$$J(\boldsymbol{Y}) = \sum_i \|\boldsymbol{Y}_i - \boldsymbol{Y}_j\|^2 \boldsymbol{W}_{ij} \tag{4-3}$$

LE 算法类似于 LLE 算法，约束低维空间坐标的单位协方差，从而排除平凡解。表 4-3 给出了该算法的基本步骤。

表 4-3 LE 算法

输入 高维空间的数据集合 $\mathcal{X}=\{\boldsymbol{X}_i\in\mathbf{R}^D\}$

步骤 1 邻域关系建立

构建图模型中的邻接关系或边集合 $\mathcal{E}$。高维数据集合 $\mathcal{X}$ 中每个数据点记为 $\boldsymbol{X}_i$，其邻域集合可由以下两种方式获得：

（1）对于点 $\boldsymbol{X}_i$，若给定参数 $\mathcal{E}\in\mathbf{R}$，使得 $\|\boldsymbol{X}_i-\boldsymbol{X}_j\|<\mathcal{E}$，则可认为 $\boldsymbol{X}_j$ 是 $\boldsymbol{X}_i$ 的近邻点。

（2）对于点 $\boldsymbol{X}_i$，若给定正整数 k，使得 $\boldsymbol{X}_j$ 是 $\boldsymbol{X}_i$ 的 k 近邻，则可认为 $\boldsymbol{X}_j$ 是 $\boldsymbol{X}_i$ 的近邻点。

其中，第一种方法在几何意义上更为直观和对称，但难以确定参数 $\mathcal{E}$；第二种方法更有效，参数选择更容易，但缺少几何意义。

步骤 2 边权重计算

构造权重矩阵 $\boldsymbol{W}$，确定图模型中每条边 $\mathcal{E}$ 的权重，可由以下两种方式计算：

（1）使用 Heat 核函数：

$$\boldsymbol{W}_{ij}=\begin{cases}\exp\left(-\dfrac{\|\boldsymbol{X}_i-\boldsymbol{X}_j\|^2}{t}\right),\ (i,j)\in\mathcal{E}\\0,\ 其他\end{cases}\tag{4-4}$$

（2）如两边相邻，设置为 1，否则设置为 0：

$$\boldsymbol{W}_{ij}=\begin{cases}1,(i,j)\in\mathcal{E}\\0,\ 其他\end{cases}\tag{4-5}$$

步骤 3 特征映射

计算度矩阵 $\boldsymbol{D}$ 和拉普拉斯矩阵 $\boldsymbol{L}$。其中 $\boldsymbol{D}$ 可定义为

$$\boldsymbol{D}_{ij}=\begin{cases}\sum_j \boldsymbol{W}_{ij},\ i=j\\0,\ 其他\end{cases}\tag{4-6}$$

$\boldsymbol{L}$ 可定义为

$$\boldsymbol{L}_{ij}=\begin{cases}-\boldsymbol{W}_{ij},\ (i,j)\in\mathcal{E}\\\sum_j \boldsymbol{W}_{ij},\ i=j\\0,\ 其他\end{cases}\tag{4-7}$$

然后求解 $\boldsymbol{L}\boldsymbol{v}=\lambda\boldsymbol{D}\boldsymbol{v}$ 特征值和特征向量。在平移不变的约束下，得到第 2 个到第（d+1）个最小特征值 λ_i 和对应特征向量 $\boldsymbol{v}_i$，其中 $i=2,3,\cdots,(d+1)$。最终解 $\boldsymbol{Y}=[\boldsymbol{v}_2,\boldsymbol{v}_3,\cdots,\boldsymbol{v}_{(d+1)}]^{\mathrm{T}}$，$\boldsymbol{Y}$ 的每个列向量 $\boldsymbol{Y}_i\in\mathbf{R}^d$，即为对应的高维数据点 $\boldsymbol{X}_i$ 的低维嵌入点

输出 低维嵌入集合 $\mathcal{Y}=\{\boldsymbol{Y}_i\in\mathbf{R}^d\}$

4.2.4 LPP 算法

LPP[9,10] 算法是 LE 算法的线性近似，其目标是将高维空间中的近邻点投影到低维空间中，且能够保持其近邻关系。该算法将高维数据 $\boldsymbol{X}_i$ 线性变换到低维数据 $\boldsymbol{Y}_i$，即 $\boldsymbol{Y}_i=\boldsymbol{P}^{\mathrm{T}}\boldsymbol{X}_i$，其目标函数为

$$J(\boldsymbol{P}) = \sum_{i,j} \|\boldsymbol{P}^{\mathrm{T}}\boldsymbol{X}_i - \boldsymbol{P}^{\mathrm{T}}\boldsymbol{X}_j\|^2 \boldsymbol{W}_{ij} \tag{4-8}$$

LPP 算法首先建立近邻关系并计算边的权重，得到度矩阵 $\boldsymbol{D}$ 和拉普拉斯矩阵 $\boldsymbol{L}$，然后计算投影矩阵 $\boldsymbol{P}$：

$$\boldsymbol{XLX}^{\mathrm{T}}\boldsymbol{P} = \lambda \boldsymbol{XDX}^{\mathrm{T}}\boldsymbol{P} \tag{4-9}$$

利用投影矩阵 $\boldsymbol{P}$ 将原始高维空间的数据投影到最终求解的低维空间，进而在低维空间中进行数据分析。表 4-4 给出了该算法的基本步骤。

表 4-4　LPP 算法

输入　高维空间的数据集合 $\mathcal{X}=\{\boldsymbol{X}_i \in \mathbf{R}^D\}$
步骤 1　邻域关系建立 构建图模型中的邻接关系或边集合 $\mathcal{E}$。高维数据中每一个数据点记为 $\boldsymbol{X}_i$，获得邻域集合可由下面方式获得：对于点 $\boldsymbol{X}_i$，若给定正整数 k，使得 $\boldsymbol{X}_j$是 $\boldsymbol{X}_i$的 k 近邻，则可认为 $\boldsymbol{X}_j$是 $\boldsymbol{X}_i$的近邻点。 **步骤 2**　边权重计算 构造权重矩阵 $\boldsymbol{W}$，确定图模型中每条边的权重。可由以下两种方式获得： （1）使用式（4-4）计算 $\boldsymbol{W}$。 （2）如两边相邻，设置为 1，否则设置为 0，见式（4-5）。 为简单起见，往往会使用方法（2）。 **步骤 3**　特征映射 计算度矩阵 $\boldsymbol{D}$ 和拉普拉斯矩阵 $\boldsymbol{L}=\boldsymbol{D}-\boldsymbol{W}$，通过求解式（4-9）中特征值进而得到投影矩阵 $\boldsymbol{P}$。利用投影矩阵将数据投影到最终的低维空间
输出　低维嵌入集合 $\mathcal{Y}=\{\boldsymbol{Y}_i \in \mathbf{R}^d\}$

4.2.5　NLPP 算法

NLPP[11]算法是基于非局部散度（scatter）特性抽取特征的一种方法。当非局部信息占据主导地位时，它更为有效。

在 4.2.4 节中，LPP 算法是基于位置特征来建模的，最小化局部量（local quantity），即投影数据的局部散度。但是在某些情况下，这一标准不能保证良好的分类，如图 4-4（a）和（b）给出两种情况：两类采样点均匀分布在C_1 和C_2 两个椭圆中，如果将区域半径设置为大椭圆半长轴的长度，根据 LPP 准则，所有样本投影到 w_1 方向时局部散度最小。在图 4-4（a）中，w_1 对于分类是合适的投影方向，但是图 4-4（b）中样本投影后会在w_1 方向上重叠。从以上情况可看出，非局部量（Non-local quantity）为辨别样本数据提供了重要信息。NLPP 算法则用来表征非局部特征，可以达到良好的分类效果。

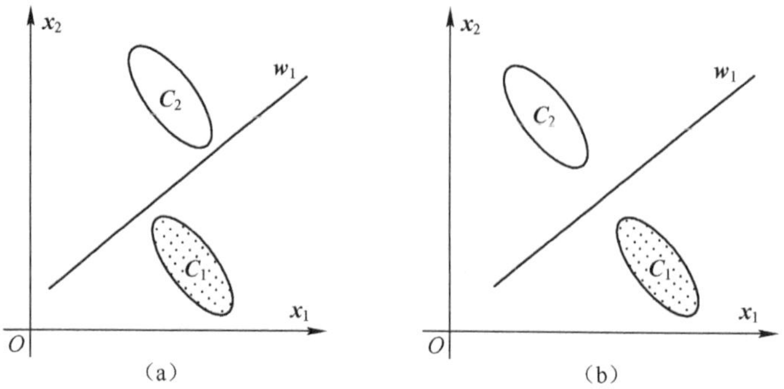

图 4-4　两组二维空间样本及投影方向图解[11]

该算法首先确定邻域关系，非局部散度可通过局部 $\mathcal{E}$ 邻域（$\mathcal{E}>0$）之外的任何一对投影数据点之间的欧几里得距离均方根来表征。在数学形式上，非局部散度可定义为

$$\begin{aligned} J(\boldsymbol{P}) &= \boldsymbol{P}^{\mathrm{T}}\left[\frac{1}{2}\sum_{i,j}(1-\boldsymbol{W}_{ij})(\boldsymbol{X}_i-\boldsymbol{X}_j)(\boldsymbol{X}_i-\boldsymbol{X}_j)^{\mathrm{T}}\right]\boldsymbol{P} \\ &= \boldsymbol{P}^{\mathrm{T}}\boldsymbol{X}\boldsymbol{L}_{\mathrm{N}}\boldsymbol{X}^{\mathrm{T}}\boldsymbol{P} \end{aligned} \tag{4-10}$$

式中，$\boldsymbol{P}$ 为投影矩阵，$\boldsymbol{L}_{\mathrm{N}}=\boldsymbol{D}_{\mathrm{N}}-\boldsymbol{W}_{\mathrm{N}}$，$(\boldsymbol{D}_{\mathrm{N}})_{ii}=\sum_{j=1}^{M}(\boldsymbol{W}_{\mathrm{N}})_{ij}$，$\boldsymbol{W}_{\mathrm{N}}=(1-\boldsymbol{W}_{ij})_{M\times M}$，$M$ 为训练样本总数。最终该算法通过以下公式计算投影矩阵 $\boldsymbol{P}$：

$$\boldsymbol{X}\boldsymbol{L}_{\mathrm{N}}\boldsymbol{X}^{\mathrm{T}}\boldsymbol{P}=\lambda\boldsymbol{X}\boldsymbol{D}_{\mathrm{N}}\boldsymbol{X}^{\mathrm{T}}\boldsymbol{P} \tag{4-11}$$

表 4-5 总结了该算法的基本步骤。

表 4-5　NLPP 算法

输入　高维空间的数据集合 $\mathcal{X}=\{\boldsymbol{X}_i\in\mathbf{R}^D\}$
步骤 1　邻域关系建立 高维数据中每一个数据点记为 $\boldsymbol{X}_i$，获得邻域集合 $\mathcal{N}(i)=\{\boldsymbol{X}_j \mid \Vert\boldsymbol{X}_i-\boldsymbol{X}_j\Vert^2\geqslant\mathcal{E}\}$。 **步骤 2**　边权重计算 构造权重矩阵 $\boldsymbol{W}_{\mathrm{N}}$，确定图模型中每条边的权重。 **步骤 3**　特征投影 计算拉普拉斯矩阵 $\boldsymbol{L}_{\mathrm{N}}$ 和度矩阵 $\boldsymbol{D}_{\mathrm{N}}$，最大化目标函数式（4-10）。最终通过式（4-11）计算出投影矩阵 $\boldsymbol{P}$，利用投影矩阵将数据投影到低维空间
输出　低维嵌入集合 $\mathcal{Y}=\{\boldsymbol{Y}_i\in\mathbf{R}^d\}$

4.2.6 其他非线性嵌入算法

HLLE（Hessian LLE）算法[12]：主要将流形上的黑塞（Hessian）矩阵作为流形局部几何属性描述，并利用该矩阵的零空间达到降维目的。该算法与 LLE 算法相比，得到的嵌入结果更加可靠，但是计算代价增加。

LTSA（Local Tangent Space Alignment）算法[13]：该算法主要基于流形上局部线性属性假设，认为原始高维空间的数据点与它的局部切空间之间存在线性映射关系，且对应的低维嵌入空间数据点与它的局部切空间也存在线性映射关系。它使用局部区域数据的 PCA 主子空间来建立流形局部区域的切空间，然后采用流形局部区域的切空间坐标作为其局部几何表示。LTSA 算法通过建立这些切空间与目标嵌入空间之间的线性变换关系，将这些局部切空间对齐（Alignment）到统一的全局低维线性空间[14]。该算法效果更为稳定，且计算效率非常高。

SDE（Semidefinite Embedding）算法[15]：该算法源于 Kernel PCA 的理论框架，也被称为最大方差展开（Maximum Variance Unfolding，MVU）算法。但 SDE 算法采用优化算法在训练集上学习对应的最优核内积矩阵（Gram 矩阵），弥补 Kernel PCA 难以选择合适核函数的缺陷。其基本思想是：构建邻域图后，在降维过程中最大化数据点之间欧几里得距离并保持邻域点间距离不变，保持流形的局部结构特性。

CE（Conformal Eigenmaps）算法[16]：该算法主要针对如 LLE 等局部保持算法的一些不足进行改进。局部保持算法不能显式保持流形上距离、角度等局部特征，所以该算法把 LE 或 LLE 的降维结果作为初始输入，施加额外约束条件在最大限度上保持邻域点之间的夹角，进而得到保角（Abgle-preserving）的低维嵌入空间。该算法的最终目标可形式化为求解小规模半正定规划问题。

Diffusion maps 算法[17]：该算法类似于 ISOMAP 算法，高维数据点在低维嵌入后保持距离不变。不同的是，Diffusion maps 要保持的不是测地距离，而是该算法对应的扩展距离（Diffusion distance）。为了避免测地距离计算不准确的问题，Diffusion maps 算法从动态系统角度出发，度量数据点之间的距离，利用马尔可夫随机游走算法定义数据图模型上两点之间的路径距离。该算法得到的扩展距离比测地距离更为准确，更加稳定。

综上所述，流形学习算法可以概括为三大步骤[4]。第一步是对于流形结构或高维数据点间的关系建立数学上的描述，例如，ISOMAP 算法中的测地距离和 LLE 中的局部线性重构权重。第二步是建立保持流形结构的目标函数，例如，ISOMAP 算法可保持高维数据点之间的测地距离；LLE 算法可保持高维数据点的局部几何特性；MDS 算法可保持原始高维数据点间的欧几里得距离关系。第三步是给出上述目标函数的优化策略，即优化流形结构保持的目标，最终完成低维嵌入。

4.3 特殊的黎曼流形

黎曼流形是一种具有黎曼度量的微分流形，是欧几里得空间中的曲线、曲面等概念的推广。在计算机视觉与模式识别等领域，黎曼流形已成功应用于许多实际任务中。例如，格拉斯曼流形和李群流形及对应的黎曼度量学习方法，已广泛应用于行人检测、行为识别、纹理分类和人脸识别等任务上。[18-21]

下面介绍几种特殊的黎曼流形：正交矩阵的格拉斯曼流形、非对称正定矩阵的李群流形、对称正定矩阵的李群流形等。

4.3.1 正交矩阵的格拉斯曼流形

定义 4-1 格拉斯曼流形（Grassmann manifold）。由所有在 $\mathbf{R}^n$ 上的 m 维线性子空间张成的黎曼流形称为格拉斯曼流形，记为 $G_{n,m}$。格拉斯曼流形也可以定义为：在格拉斯曼流形空间中的每个 m 维子空间 $\boldsymbol{v}$ 对应着一个 $n\times n$ 维的正交投影矩阵 $\boldsymbol{P}$，其秩为 m。如果 $m\times n$ 维的矩阵 $\boldsymbol{Y}$ 在空间 $\boldsymbol{v}$ 中展开，则 $\boldsymbol{Y}^{\mathrm{T}}\boldsymbol{Y}=\boldsymbol{P}$。当 $m=1$ 时，格拉斯曼流形是一个实投影空间，包含所有过原点的线[18,19]。

假设 $\boldsymbol{S}$ 是格拉斯曼流形 $G_{n,m}$ 上任意一个集合，在 $\boldsymbol{S}$ 上的度量便是一个度量函数 d：$\boldsymbol{S}\times\boldsymbol{S}\rightarrow\mathbf{R}$，对于所有的 $\boldsymbol{X}_i,\boldsymbol{X}_j\in\boldsymbol{S}$，满足以下三个属性：对称性、正值和三角不等性。在格拉斯曼流形上，任意两点之间的最小距离可定义为

$$
\begin{aligned}
&D_{\text{Grassmann}}(\boldsymbol{X}_i,\boldsymbol{X}_j)\\
&=\min_{M>0}\|(\boldsymbol{X}_i-\boldsymbol{X}_j\boldsymbol{M})^{\mathrm{T}}(\boldsymbol{X}_i-\boldsymbol{X}_j\boldsymbol{M})\|_{\mathrm{F}}\\
&=\min_{M>0}\|\boldsymbol{I}-\boldsymbol{X}_i^{\mathrm{T}}\boldsymbol{X}_j\boldsymbol{M}-\boldsymbol{M}^{\mathrm{T}}\boldsymbol{X}_j^{\mathrm{T}}\boldsymbol{X}_i+\boldsymbol{M}^{\mathrm{T}}\boldsymbol{M}\|_{\mathrm{F}}
\end{aligned}
\tag{4-12}
$$

式中，$\boldsymbol{X}_i,\boldsymbol{X}_j\in\mathbf{R}^{m\times n}$是流形上的两个点，且满足$\boldsymbol{X}_i^{\mathrm{T}}\boldsymbol{X}_i=\boldsymbol{I}$，$\boldsymbol{X}_j^{\mathrm{T}}\boldsymbol{X}_j=\boldsymbol{I}$，$\|\cdot\|_{\mathrm{F}}$表示弗罗贝尼乌斯（Frobenius）范数。对于一个矩阵$\boldsymbol{A}$，其元素表示为A_{ij}，则弗罗贝尼乌斯范数定义为

$$\|\boldsymbol{A}\|_{\mathrm{F}}=\left(\sum_{i=1}^{m}\sum_{j=1}^{n}|A_{ij}|^2\right)^{1/2}=[\mathrm{tr}(\boldsymbol{A}^{\mathrm{H}}\boldsymbol{A})]^{1/2} \tag{4-13}$$

式中，$\boldsymbol{A}^{\mathrm{H}}$表示矩阵$\boldsymbol{A}$的共轭转置，行与列调换后，将每个元素做共轭处理。在矩阵$\boldsymbol{M}$是正定的条件下，式（4-12）定义了一种有约束的优化问题，可以利用拉格朗日乘子法来求解此问题[22]。如果矩阵$\boldsymbol{M}$在$n\times n$矩阵空间$\mathbf{R}^{n\times n}$里任意变化，最小格拉斯曼距离可以在$\boldsymbol{M}=\boldsymbol{X}_j^{\mathrm{T}}\boldsymbol{X}_i$获得。因此格拉斯曼度量定义为

$$D_{\text{Grassmann}}(\boldsymbol{X}_i,\boldsymbol{X}_j)=\|\boldsymbol{I}-\boldsymbol{M}^{\mathrm{T}}\boldsymbol{M}\|_{\mathrm{F}} \tag{4-14}$$

利用格拉斯曼流形的性质，研究基于自回归滑动平均模型的图像分类算法，以解决手写字体识别、人脸识别和场景识别等问题。该框架一般由四个步骤组成：

（1）基于序列图像块的表示方法；

（2）建立自回归滑动平均模型；

（3）形成图像格拉斯曼流形；

（4）构建格拉斯曼核函数。

这里先引入自回归滑动平均模型（Auto-Regressive and Moving Average, ARMA）[23]。对于已知图像i，按某种方式将其分成n个图像块，组建图像序列$\{\boldsymbol{f}(\boldsymbol{x}_i)\}_{i=1,\cdots,n}$，$\boldsymbol{f}(\boldsymbol{x}_i)\in\mathbf{R}^m$代表第$n$个序列图像块的外观特征，进而构建自回归滑动平均模型。序列图像块特征$\boldsymbol{f}(\boldsymbol{x}_i)\in\mathbf{R}^m$是一个带有观测噪声的当前状态的线性函数。图像块之间的空间序列关系可以通过状态$\boldsymbol{z}(\boldsymbol{x}_i)\in\mathbf{R}^n$来表示，因此，每个图像都可建模为一个自回归滑动平均模型：

$$\begin{cases}\boldsymbol{f}(\boldsymbol{x}_i)=\boldsymbol{C}\boldsymbol{z}(\boldsymbol{x}_i)+\varphi(i)\\ \boldsymbol{z}(\boldsymbol{x}_{i+1})=\boldsymbol{T}\boldsymbol{z}(\boldsymbol{x}_i)+\psi(i)\end{cases} \tag{4-15}$$

式中，$\boldsymbol{C}\in\mathbf{R}^{m\times n}$是观测矩阵，$\boldsymbol{T}\in\mathbf{R}^{n\times n}$是转移矩阵，$\boldsymbol{z}(\boldsymbol{x}_0)\in\mathbf{R}^n$是初始化状态向量，$\varphi(i)$和$\psi(i)$分别是状态和观测噪声。模型参数$(\boldsymbol{C},\boldsymbol{T})$并不处于一个线性空间中，为了确保过程收敛，约束转移矩阵$\boldsymbol{T}$的最大特征值位于单位圆上，观测矩阵$\boldsymbol{C}$是一个正交矩阵。因此对于给定的一个图像，n代表序列图像块的总数目，图像所对应的矩阵可表示为

$$\boldsymbol{O}_n^{\mathrm{T}}=[\boldsymbol{C}^{\mathrm{T}},(\boldsymbol{C}\boldsymbol{T})^{\mathrm{T}},(\boldsymbol{C}\boldsymbol{T}^2)^{\mathrm{T}},\cdots,(\boldsymbol{C}\boldsymbol{T}^n)^{\mathrm{T}}] \tag{4-16}$$

因此，自回归滑动平均模型参数可表示为格拉斯曼流形上一个点[24]，每个图像都可以通过学习其对应的自回归滑动平均参数，表示为流形上的一个点。

格拉斯曼流形提供了一个解决图像分类的方法，基于格拉斯曼流形上的距离度量，可学习一个支持向量机分类器。格拉斯曼核函数可以定义为

$$K_{\text{Grassmann}}(\boldsymbol{X}_i,\boldsymbol{X}_j)=\exp(-\gamma D^2_{\text{Grassmann}}(\boldsymbol{X}_i,\boldsymbol{X}_j)) \tag{4-17}$$

式中，$D_{\text{Grassmann}}(\boldsymbol{X}_i,\boldsymbol{X}_j)$是格拉斯曼流形 $G_{n,m}$上两点之间的距离度量，γ 是缩放参数。

很容易证明，格拉斯曼核函数是一个有效的 Mercer 核。首先

$$D_{\text{Grassmann}}(\boldsymbol{X}_i,\boldsymbol{X}_j)=D_{\text{Grassmann}}(\boldsymbol{X}_j,\boldsymbol{X}_i) \tag{4-18}$$

因此

$$K_{\text{Grassmann}}(\boldsymbol{X}_i,\boldsymbol{X}_j)=K_{\text{Grassmann}}(\boldsymbol{X}_j,\boldsymbol{X}_i) \tag{4-19}$$

这表明格拉斯曼核函数是对称的。如果

$$\sum_{i=1}^{D}\sum_{j=1}^{D}K_{\text{Grassmann}}(\boldsymbol{X}_i,\boldsymbol{X}_j)c_ic_j \geqslant 0 \tag{4-20}$$

说明 $K_{\text{Grassmann}}$是非负定的，$\boldsymbol{X}_1,\cdots,\boldsymbol{X}_D$ 是格拉斯曼流形上的点序列，$c_1,\cdots,c_D$ 为实数，D 表示训练集中的样本数目。采用参考文献［25］与参考文献［26］的方法来验证是否是一个核函数，对于任意向量 $\boldsymbol{z}$ 可以得到

$$\begin{aligned}
\boldsymbol{z}^{\mathrm{T}}K_{\text{Grassmann}}\boldsymbol{z} &= \sum_i\sum_j z_iK_{\text{Grassmann}(ij)}z_j \\
&= \sum_i\sum_j z_i\phi(\boldsymbol{X}_i)^{\mathrm{T}}\phi(\boldsymbol{X}_j)\,z_j \\
&= \sum_i\sum_j z_i\sum_k \phi_k(\boldsymbol{X}_i)^{\mathrm{T}}\,\phi_k(\boldsymbol{X}_j)\,z_j \\
&= \sum_k\sum_i\sum_j z_i\,\phi_k(\boldsymbol{X}_i)^{\mathrm{T}}\phi_k(\boldsymbol{X}_j)\,z_j \\
&= \sum_k\Big(\sum_i z_i\phi_k(\boldsymbol{X}_i)\Big)^2 \\
&\geqslant 0
\end{aligned} \tag{4-21}$$

故 $K_{\text{Grassmann}}$是一个核函数。

基于核函数能够对图像进行有效的度量，随后基于分类算法可完成图像的分类。

4.3.2　非对称正定矩阵的李群流形

定义 4-2　李群流形（Lie group）　李群流形 G 是具有群结构的微分流形[27]，满足两个解析映射，即二元运算和逆运算：

$$\begin{aligned} &\text{二元运算} \quad g_1 g_2 : G \times G \rightarrow G \\ &\text{逆运算} \quad g_1^{-1} : G \rightarrow G \end{aligned} \tag{4-22}$$

式中，$g_1 \in G$ 和 $g_2 \in G$，是李群流形上的点。这两个解析映射都满足群公理，从而具有群结构[28]。同时，群具有唯一的单位元 $\boldsymbol{I} \in G$。

李群和李代数之间的关系：李代数 g 是李群流形 G 在单位元 $\boldsymbol{I}$ 的切空间。李代数刻画了李群流形在单位元附近的局部形状，借助指数映射操作，可以将李代数变换为李群空间。相似地，借助对数映射操作，可以将李群流形变换为李代数空间。李群流形和李代数空间可以通过指数（exp）和对数（log）操作存在映射关系：

$$\overline{\boldsymbol{X}} = \log(\boldsymbol{X}),\ \boldsymbol{X} = \exp(\overline{\boldsymbol{X}}) \tag{4-23}$$

式中，$\boldsymbol{X} \in G$ 和 $\overline{\boldsymbol{X}} \in g$，分别对应着李群流形和李代数空间上的元素。以具有二维矩阵空间结构的李群流形为例，矩阵的指数和对数映射可表示为

$$\begin{aligned} \log(\boldsymbol{X}) &= \sum_{i=1}^{\infty} \frac{(-1)^{i-1}}{i} (\boldsymbol{X} - \boldsymbol{I})^i \\ \exp(\overline{\boldsymbol{X}}) &= \sum_{i=0}^{\infty} \frac{1}{i!} \overline{\boldsymbol{X}}^i \end{aligned} \tag{4-24}$$

任意两个群元素 $\boldsymbol{X}_i$ 与 $\boldsymbol{X}_j$ 之间的测地线距离为

$$D_{\mathrm{LG}}(\boldsymbol{X}_i, \boldsymbol{X}_j) = \|\log(\boldsymbol{X}_i^{-1} \boldsymbol{X}_j)\|_{\mathrm{F}} \tag{4-25}$$

利用李群流形的性质，研究基于自回归滑动平均模型的人脸图像分类算法。整个框架分为四个步骤：

（1）抽取图像特征，构建序列图像块；

（2）建立自回归滑动平均模型的人脸表示；

（3）在李群流形上分析人脸图像；

（4）建立李群核函数。

为了更好地分析基于自回归滑动平均模型的人脸表示，对于人脸图像 i，将其参数化为一个特殊结构的上三角矩阵 $\boldsymbol{X}_i$：

$$\boldsymbol{X}_i=\begin{bmatrix}\boldsymbol{R}_i & \boldsymbol{U}_i\\ \boldsymbol{0} & \boldsymbol{I}_{n-1}\end{bmatrix} \tag{4-26}$$

式中，$\boldsymbol{U}_i=[\boldsymbol{T}_{x_{i,1}},\cdots,\boldsymbol{T}_{x_{i,n-1}}]\in\mathbf{R}^{k\times(n-1)}$ 是人脸图像 i 的均值状态向量，$\boldsymbol{R}_i$ 是对称正定协方差矩阵 $\boldsymbol{Q}_i$ 的 Cholesky 分解，即 $\boldsymbol{R}_i^{\mathrm{T}}\boldsymbol{R}_i=\boldsymbol{Q}_i$。可以通过李群流形的定义证明，所有矩阵 $\boldsymbol{X}_i$ 组成一个李群流形 G。

任意两个群元素 $\boldsymbol{X}_i$ 与 $\boldsymbol{X}_j$ 的乘法二元操作是：

$$\begin{aligned}\boldsymbol{X}_i\boldsymbol{X}_j&=\begin{bmatrix}\boldsymbol{R}_i & \boldsymbol{U}_i\\ \boldsymbol{0} & \boldsymbol{I}_{n-1}\end{bmatrix}\begin{bmatrix}\boldsymbol{R}_j & \boldsymbol{U}_j\\ \boldsymbol{0} & \boldsymbol{I}_{n-1}\end{bmatrix}\\&=\begin{bmatrix}\boldsymbol{R}_i\boldsymbol{R}_j & \boldsymbol{R}_i\boldsymbol{U}_j+\boldsymbol{U}_i\\ \boldsymbol{0} & \boldsymbol{I}_{n-1}\end{bmatrix}\end{aligned} \tag{4-27}$$

式中，$\boldsymbol{R}_j$ 是对称正定协方差矩阵 $\boldsymbol{Q}_j$ 的 Cholesky 分解，$\boldsymbol{R}_i$ 与 $\boldsymbol{R}_j$ 是两个上三角矩阵，矩阵 $\boldsymbol{R}_i$ 和 $\boldsymbol{R}_j$ 的二元运算 $\boldsymbol{R}_i\boldsymbol{R}_j$ 也是一个上三角矩阵。可以看出，群二元运算 $\boldsymbol{X}_i\boldsymbol{X}_j\in G$ 是从点积流形 $G\times G$ 到李群流形 G 上的一个平滑映射 φ：$G\times G\rightarrow G$。

任意群元素 $\boldsymbol{X}_i$ 的逆操作是：

$$\begin{aligned}\boldsymbol{X}_i^{-1}&=\begin{bmatrix}\boldsymbol{R}_i & \boldsymbol{U}_i\\ \boldsymbol{0} & \boldsymbol{I}_{n-1}\end{bmatrix}^{-1}\\&=\begin{bmatrix}\boldsymbol{R}_i^{-1} & -\boldsymbol{R}_i^{-1}\boldsymbol{U}_i\\ \boldsymbol{0} & \boldsymbol{I}_{n-1}\end{bmatrix}\end{aligned} \tag{4-28}$$

观察可知，逆操作 $\boldsymbol{X}_i^{-1}\in G$ 是点积流形到李群流形 G 上的一个平滑映射，即 $\psi:G^{-1}\rightarrow G$，因此可以说所有的 $\boldsymbol{X}_i$ 矩阵构成了一个李群流形，其二元操作和逆操作都是平滑映射。基于以上分析，可在李群流形上研究自回归滑动平均模型的参数结构，基于已经定义的李群流形，由式（4-25）可测量任意两个人脸图像之间的距离。

每个图像都可以建模为一个自回归滑动平均模型，从而获取人脸图像的外观和空间信息。其模型参数不处于一个线性拓扑空间，而可以在一个李群流形空间。李群的几何属性有助于产生合适的距离度量。基于李群流形的几何属性及其度量定义，可利用李群核函数，计算两个人脸图像所对应的 ARMA 模型之间的相似性。为了有效处理人脸图像的复杂非线性变化问题，可利用李群核函数来定义人脸图像之间的相似性，并通过李群核函数的支持向量机进行人脸分析。根据参考文献［29］中所述，任意对称半正定函数，都满足 Mercer 条件，并能用于支持向量机的核函数。因此，李群核函数可定义为

$$K_{\mathrm{LG}}(\boldsymbol{X}_i,\boldsymbol{X}_j)=\exp(-\gamma(D_{\mathrm{LG}}(\boldsymbol{X}_i,\boldsymbol{X}_j))) \tag{4-29}$$

式中，$D_{\mathrm{LG}}(\boldsymbol{X}_i,\boldsymbol{X}_j)$是李群流形 G 上任意两个数据点之间的距离，γ 是缩放参数。可证明李群核函数是一个有效的 Mercer 核。首先，因为

$$D_{\mathrm{LG}}(\boldsymbol{X}_i,\boldsymbol{X}_j)=D_{\mathrm{LG}}(\boldsymbol{X}_j,\boldsymbol{X}_i) \tag{4-30}$$

可得

$$K_{\mathrm{LG}}(\boldsymbol{X}_i,\boldsymbol{X}_j)=K_{\mathrm{LG}}(\boldsymbol{X}_j,\boldsymbol{X}_i) \tag{4-31}$$

这意味着李群核函数是对称的。K_{LG}也是非负的，即

$$\sum_{i=1}^{N}\sum_{j=1}^{N}K_{\mathrm{LG}}(\boldsymbol{X}_j,\boldsymbol{X}_i)c_ic_j\geqslant 0 \tag{4-32}$$

式中，$\boldsymbol{X}_1,\cdots,\boldsymbol{X}_N$ 是李群流形上点的序列，$c_1,\cdots,c_N$ 为不全为 0 的任意实数，N 表示训练集的数目。类似格拉斯曼核函数，仍可利用参考文献［26］的方法证明。

4.3.3　对称正定矩阵的李群流形

当 $d\times d$ 维的对称正定（Symmetric Positive Definite，SPD）矩阵张成的空间被赋予一个合适的黎曼度量时，这一空间就形成了一个特定类型的黎曼流形，即所谓的对称正定矩阵流形 S_+^d。

SPD 矩阵流形可以认为是一个局部同胚于欧几里得空间而全局可微的拓扑空间。数学上，可采用对数映射$\log_{\boldsymbol{X}_i}$：$S_+^d\rightarrow T_{\boldsymbol{X}_i}S_+^d$，$\boldsymbol{X}_i\in S_+^d$，表示 SPD 流形上的点 $\boldsymbol{X}_i$ 的切线位于对应的切空间 $T_{\boldsymbol{X}_i}S_+^d$上，在这个切空间上定义内积运算$\langle,\rangle_{\boldsymbol{X}_i}$，则流形上的黎曼度量是切空间上定义的内积族。相应的，有指数映射$\exp_{\boldsymbol{X}_i}$：$T_{\boldsymbol{X}_i}S_+^d\rightarrow S_+^d$，$\boldsymbol{X}_i\in S_+^d$。若采用黎曼度量，则流形上的任意两点 $\boldsymbol{X}_i$、$\boldsymbol{X}_j$ 之间的测地距离可定义为

$$D_s(\boldsymbol{X}_i,\boldsymbol{X}_j)=\langle\log_{\boldsymbol{X}_i}(\boldsymbol{X}_j),\log_{\boldsymbol{X}_i}(\boldsymbol{X}_j)\rangle_{\boldsymbol{X}_i} \tag{4-33}$$

常用的黎曼度量有对数欧几里得度量（Log-Euclidean Metric，LEM）[30]和仿射不变度量（Affine-Invariant Metric，AIM）[31]。仿射不变度量利用了黎曼

几何结构，但其缺点是：SPD 矩阵流形非平坦空间，导致其具有非常高的计算复杂度。相对而言，对数欧几里得度量可在 SPD 矩阵对数空间执行高效的欧几里得计算，通过赋予 SPD 矩阵流形一个李群结构，并对其施加双不变度量，从而将其归结为平坦的黎曼空间。下面介绍与对数欧几里得度量相关的对数映射和指数映射。

将对数欧几里得度量应用于 SPD 流形 S_+^d，让 T_i、T_j 为点 $\boldsymbol{X}$ 的切空间 $T_{\boldsymbol{X}}S_+^d$ 的两个基本元素，$D_{\boldsymbol{X}}\log.T$ 表示 $\boldsymbol{X}$ 的矩阵对数沿着 T 的方向导数，其内积定义为

$$\langle T_i,T_j\rangle_{\boldsymbol{X}}=\langle D_{\boldsymbol{X}}\log.T_i,D_{\boldsymbol{X}}\log.T_j\rangle \tag{4-34}$$

对数映射和指数映射则可定义为

$$\begin{aligned}\log_{X_i}(X_j)&=D_{\log(X_i)}\exp.(\log(\boldsymbol{X}_j)-\log(\boldsymbol{X}_i))\\ \exp_{X_i}(T)&=\exp(\log(\boldsymbol{X}_i)+D_{X_i}\log.T)\end{aligned} \tag{4-35}$$

式中，$D_{\log(\boldsymbol{X})}\exp.=(D_{\boldsymbol{X}}\log.)^{-1}$，$\log\circ\exp=\boldsymbol{I}$。$\log\circ\exp$ 表示 log 函数和 exp 函数的复合运算。

根据式（4-34）和式（4-35），SPD 矩阵之间的测地距离可以形式化为

$$\begin{aligned}D_s(\boldsymbol{X}_i,\boldsymbol{X}_j)&=\langle\log_{X_i}(\boldsymbol{X}_j),\log_{X_i}(\boldsymbol{X}_j)\rangle_{X_i}\\ &=\|\log(\boldsymbol{X}_i)-\log(\boldsymbol{X}_j)\|_F\end{aligned} \tag{4-36}$$

基于上述理论，黄智武等人[18]进一步提出了一种对数-欧几里得度量学习方法（Log-Euclidean Metric Learning，LEML）。该方法直接对 SPD 矩阵对数学习 $k\times k$ 维的 SPD 矩阵对数，相比于先前方法具有更好的判别能力。

4.3.4 矩阵流形上的降维算法

矩阵流形上的高维数据具有一定的冗余性，其判别能力受影响，所以需要研究在矩阵流形上的降维算法。与此同时，利用对称正定矩阵流形（如区域协方差[32]）的黎曼特性，分析二阶视觉特征表示，已广泛应用在对象检测、纹理识别等问题中。本节介绍对称正定矩阵流形上的降维算法[19,33]。

根据 4.3.3 节的理论分析，对称正定矩阵是嵌入在李群流形上的，通过优化数据可把高维李群流形映射到低维李群流形，降低对称正定矩阵的维度，从而减少模型的时间复杂度。具体来说，两个李群流形 G 和 H 上的点分别表示为 $\boldsymbol{X}_i\in S_m^+$ 和 $\boldsymbol{Y}_i\in S_n^+$（通常 $n<m$），根据李群同态理论[34]，李群 G 和 H 存在

一个变换关系，即 ϕ：$\boldsymbol{X}_i \to \boldsymbol{Y}_i$。李群流形 G 和 H 在单位元 $\boldsymbol{I}$ 的切空间分别对应着李代数 g 和 h。李群流形和其对应的李代数空间可以通过指数和对数操作相互映射，即 $G=\exp(g)$，$g=\log(G)$。$\overline{\boldsymbol{X}}_i \in h$，$\overline{\boldsymbol{Y}}_i \in g$ 分别是李代数空间中的两个点，通过指数和对数映射，对应着 $\boldsymbol{X}_i \in G$，$\boldsymbol{Y}_i \in H$，即

$$\begin{aligned} &\overline{\boldsymbol{X}}_i = \log(\boldsymbol{X}_i), \boldsymbol{X}_i = \exp(\overline{\boldsymbol{X}}_i) \\ &\overline{\boldsymbol{Y}}_i = \log(\boldsymbol{Y}_i), \boldsymbol{Y}_i = \exp(\overline{\boldsymbol{Y}}_i) \end{aligned} \tag{4-37}$$

从式（4-37）可以看出，$\overline{\boldsymbol{X}}_i$ 是对称的，并和 $\boldsymbol{X}_i$ 矩阵维度相同。同理，$\overline{\boldsymbol{Y}}_i$ 也是对称的，和 $\boldsymbol{Y}_i$ 维度一致。根据李群流形 G 和 H 之间的变换 ϕ：$\boldsymbol{X}_i \to \boldsymbol{Y}_i$，对应的李代数空间 h 和 g 上的变换关系是 ϕ_*：$\overline{\boldsymbol{X}}_i \to \overline{\boldsymbol{Y}}_i$，即

$$\phi_*: \overline{\boldsymbol{Y}}_i = \boldsymbol{P}^{\mathrm{T}} \overline{\boldsymbol{X}}_i \boldsymbol{P} \tag{4-38}$$

式中，矩阵 $\boldsymbol{P} \in \mathbf{R}^{m \times n}$，在矩阵 $\overline{\boldsymbol{X}}_i$ 两边同时乘以 $\boldsymbol{P}^{\mathrm{T}}$ 和 $\boldsymbol{P}$ 能够保证数据的对称结构。基于李群流形和李代数之间存在指数和对数映射式（4-37）关系，李群流形 G 和 H 存在对应的变换：

$$\begin{aligned} \phi: \boldsymbol{Y}_i &= \exp(\overline{\boldsymbol{Y}}_i) \\ &= \exp(\boldsymbol{P}^{\mathrm{T}} \overline{\boldsymbol{X}}_i \boldsymbol{P}) \\ &= \exp(\boldsymbol{P}^{\mathrm{T}} \log(\boldsymbol{X}_i) \boldsymbol{P}) \end{aligned} \tag{4-39}$$

根据上述李群变换 ϕ，李群流形 G 上所有的元素 $\boldsymbol{X}_i$ 都可以映射到李群流形 H 的元素 $\boldsymbol{Y}_i$。根据李群流形的定义，可证明集合 H 也是一个李群流形。元素$(\boldsymbol{Y}_i, \boldsymbol{Y}_j \in H)$之间的二元操作和逆操作是：

$$\begin{aligned} \boldsymbol{Y}_i \odot \boldsymbol{Y}_j :&= \exp(\log(\boldsymbol{Y}_i) + \log(\boldsymbol{Y}_j)) \\ &= \exp(\boldsymbol{P}^{\mathrm{T}} \log(\boldsymbol{X}_i) \boldsymbol{P} + \boldsymbol{P}^{\mathrm{T}} \log(\boldsymbol{X}_j) \boldsymbol{P}) \\ &= \exp(\boldsymbol{P}^{\mathrm{T}} (\log(\boldsymbol{X}_i) + \log(\boldsymbol{X}_j)) \boldsymbol{P}), \\ \boldsymbol{Y}_i \odot \boldsymbol{Y}_j^{-1} :&= \exp(\log(\boldsymbol{Y}_i) - \log(\boldsymbol{Y}_j)) \\ &= \exp(\boldsymbol{P}^{\mathrm{T}} \log(\boldsymbol{X}_i) \boldsymbol{P} - \boldsymbol{P}^{\mathrm{T}} \log(\boldsymbol{X}_j) \boldsymbol{P}) \\ &= \exp(\boldsymbol{P}^{\mathrm{T}} (\log(\boldsymbol{X}_i) - \log(\boldsymbol{X}_j) \boldsymbol{P})), \\ Y_i^{-1} :&= \exp(-\log(\boldsymbol{Y}_i)) \\ &= \exp(-\boldsymbol{P}^{\mathrm{T}} \log(\boldsymbol{X}_i) \boldsymbol{P}) \end{aligned} \tag{4-40}$$

由于 $\boldsymbol{X}_i$ 和 $\boldsymbol{X}_j$ 都是对称正定矩阵，因此 $\boldsymbol{Y}_i \odot \boldsymbol{Y}_j$ 和 $\boldsymbol{Y}_i^{-1}$ 也是对称正定矩阵。根据李群流形的定义，可以证明所有的投影点 $\boldsymbol{Y}_i$ 构成一个李群流形 H。图 4-5 展示了李群流形之间的变换关系。

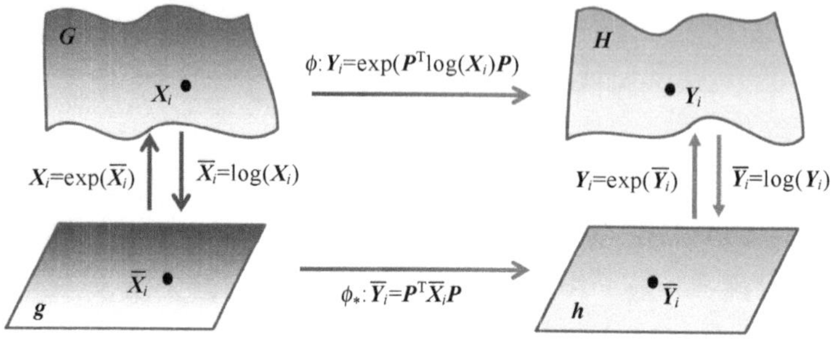

图 4-5　李群流形之间的变换关系[19]

通过学习投影矩阵 $\boldsymbol{P}$，可把高维李群流形的点映射到低维李群流形空间。基于通用的图嵌入框架[35]，优化类内紧密性和类间分离度，在李群流形上进行判别变换，从而降低李群流形的维度。具体来说，利用边际费希尔分析方法[36]，定义固有图和惩罚图表示李群流形的局部空间结构关系。固有图 $\boldsymbol{W}^{\mathrm{w}}$ 表示类内紧密性，连接同一类临近的数据点；惩罚图 $\boldsymbol{W}^{\mathrm{b}}$ 表示类间分离性，连接不同类别之间的边际点。假设在李群流形 G 上，给定 N 个有标签的数据点 $\{\boldsymbol{X}_i, l_i\}_{i=1}^{N}$；其中，$\boldsymbol{X}_i \in S_n^+$，$l_i \in \{1,2,\cdots,C\}$，$C$ 表示类别数目。基于类内紧密性和类间分离性，$\boldsymbol{W}^{\mathrm{w}}$ 和 $\boldsymbol{W}^{\mathrm{b}}$ 可定义为

$$\boldsymbol{W}_{ij}^{\mathrm{w}} = \begin{cases} 1,\ \boldsymbol{X}_i \in N_{k_1}^{\ +}(\boldsymbol{X}_j) \text{或} \boldsymbol{X}_j \in N_{k_1}^{\ +}(\boldsymbol{X}_i) \\ 0,\ \text{其他} \end{cases}$$
$$\boldsymbol{W}_{ij}^{\mathrm{b}} = \begin{cases} 1,\ (\boldsymbol{X}_i, \boldsymbol{X}_j) \in P_{k_2}(c_i) \text{或} (\boldsymbol{X}_i, \boldsymbol{X}_j) \in P_{k_2}(c_j) \\ 0,\ \text{其他} \end{cases} \tag{4-41}$$

式中，$N_{k_1}^{\ +}(\boldsymbol{X}_i)$ 表示同一类内样本 $\boldsymbol{X}_i$ 的 k_1 个临近点，$P_{k_2}(c)$ 表示数据 $\{(\boldsymbol{X}_i, \boldsymbol{X}_j) | \boldsymbol{X}_i \in \pi_c,\ \boldsymbol{X}_j \notin \pi_c\}$ 之间的最临近的 k_2 个数据点，其中，π_c 代表第 c 类的样本数据集合。李群流形上数据点之间的最短距离可以通过式（4-25）来计算。

为了降低李群流形的维度并保持数据的几何结构，通过优化类内紧密性和类间分离性来达到判别分析的目的，增加李群流形上的数据判别能力。换句话说，图 $\boldsymbol{W}^{\mathrm{w}}$ 的类内数据点更加紧致，图 $\boldsymbol{W}^{\mathrm{b}}$ 类间数据点更加分离。具体来

说，就是优化以下两个目标函数：

$$\begin{aligned}\min_{\boldsymbol{P}} \boldsymbol{f}_1 &= \sum_{i,j} D_{\mathrm{LG}}(\boldsymbol{Y}_i,\boldsymbol{Y}_j)^2 \boldsymbol{W}_{ij}^{\mathrm{w}} \\ &= \sum_{i,j} \|\log(\boldsymbol{Y}_i) - \log(\boldsymbol{Y}_j)\|_{\mathrm{F}}^2 \boldsymbol{W}_{ij}^{\mathrm{w}} \\ &= \sum_{i,j} \|\log(\exp(\boldsymbol{P}^{\mathrm{T}}\log(\boldsymbol{X}_i)\boldsymbol{P})) - \log(\exp(\boldsymbol{P}^{\mathrm{T}}\log(\boldsymbol{X}_j)\boldsymbol{P}))\|_{\mathrm{F}}^2 \boldsymbol{W}_{ij}^{\mathrm{w}} \\ &= \sum_{i,j} \|\boldsymbol{P}^{\mathrm{T}}\log(\boldsymbol{X}_i)\boldsymbol{P} - \boldsymbol{P}^{\mathrm{T}}\log(\boldsymbol{X}_j)\boldsymbol{P}\|_{\mathrm{F}}^2 \boldsymbol{W}_{ij}^{\mathrm{w}} \end{aligned} \tag{4-42}$$

$$\begin{aligned}\min_{\boldsymbol{P}} \boldsymbol{f}_2 &= \sum_{i,j} D_{\mathrm{LG}}(\boldsymbol{Y}_i,\boldsymbol{Y}_j)^2 \boldsymbol{W}_{ij}^{\mathrm{b}} \\ &= \sum_{i,j} \|\log(\boldsymbol{Y}_i) - \log(\boldsymbol{Y}_j)\|_{\mathrm{F}}^2 \boldsymbol{W}_{ij}^{\mathrm{b}} \\ &= \sum_{i,j} \|\log(\exp(\boldsymbol{P}^{\mathrm{T}}\log(\boldsymbol{X}_i)\boldsymbol{P})) - \log(\exp(\boldsymbol{P}^{\mathrm{T}}\log(\boldsymbol{X}_j)\boldsymbol{P}))\|_{\mathrm{F}}^2 \boldsymbol{W}_{ij}^{\mathrm{b}} \\ &= \sum_{i,j} \|\boldsymbol{P}^{\mathrm{T}}\log(\boldsymbol{X}_i)\boldsymbol{P} - \boldsymbol{P}^{\mathrm{T}}\log(\boldsymbol{X}_j)\boldsymbol{P}\|_{\mathrm{F}}^2 \boldsymbol{W}_{ij}^{\mathrm{b}} \end{aligned} \tag{4-43}$$

式中，$\boldsymbol{Y}_i=\exp(\boldsymbol{P}^{\mathrm{T}}\log(\boldsymbol{X}_i)\boldsymbol{P})$ 和 $\log(\boldsymbol{Y}_i)=\boldsymbol{P}^{\mathrm{T}}\log(\boldsymbol{X}_i)\boldsymbol{P}$。在低维李群流形 H 上，如果类内近邻点相互连接不紧密，式（4-42）则惩罚类内近邻点；如果类间数据点相邻比较近，式（4-43）惩罚类间数据点。通过把上述两个问题的最小化，最优化问题可表示为

$$\boldsymbol{P}^* = \underset{\boldsymbol{P}}{\operatorname{argmin}}(\boldsymbol{f}_1 - \boldsymbol{f}_2) \tag{4-44}$$

利用变换投影 $\log(\boldsymbol{Y}_i)=\boldsymbol{P}^{\mathrm{T}}\log(\boldsymbol{X}_i)\boldsymbol{P}$，可以推出：

$$\begin{aligned}\boldsymbol{f}_1 &= \sum_{i,j} \|\log(\boldsymbol{Y}_i) - \log(\boldsymbol{Y}_j)\|_{\mathrm{F}}^2 \boldsymbol{W}_{ij}^{\mathrm{w}} \\ &= \sum_{i,j} \|\boldsymbol{P}^{\mathrm{T}}\log(\boldsymbol{X}_i)\boldsymbol{P} - \boldsymbol{P}^{\mathrm{T}}\log(\boldsymbol{X}_j)\boldsymbol{P}\|_{\mathrm{F}}^2 \boldsymbol{W}_{ij}^{\mathrm{w}} \\ &= \sum_{i,j} \mathrm{tr}((\boldsymbol{P}^{\mathrm{T}}\log(\boldsymbol{X}_i)\boldsymbol{P} - \boldsymbol{P}^{\mathrm{T}}\log(\boldsymbol{X}_j)\boldsymbol{P})^{\mathrm{T}}(\boldsymbol{P}^{\mathrm{T}}\log(\boldsymbol{X}_i)\boldsymbol{P} - \boldsymbol{P}^{\mathrm{T}}\log(\boldsymbol{X}_j)\boldsymbol{P}))\boldsymbol{W}_{ij}^{\mathrm{w}} \\ &= \sum_{i,j} \mathrm{tr}((\boldsymbol{P}^{\mathrm{T}}\log(\boldsymbol{X}_i)\boldsymbol{P} - \boldsymbol{P}^{\mathrm{T}}\log(\boldsymbol{X}_j)\boldsymbol{P})(\boldsymbol{P}^{\mathrm{T}}\log(\boldsymbol{X}_i)\boldsymbol{P} - \boldsymbol{P}^{\mathrm{T}}\log(\boldsymbol{X}_j)\boldsymbol{P}))\boldsymbol{W}_{ij}^{\mathrm{w}} \\ &= \sum_{i,j} \mathrm{tr}(\boldsymbol{P}^{\mathrm{T}}\log(\boldsymbol{X}_i)\boldsymbol{P}\boldsymbol{P}^{\mathrm{T}}\log(\boldsymbol{X}_i)\boldsymbol{P} - \boldsymbol{P}^{\mathrm{T}}\log(\boldsymbol{X}_i)\boldsymbol{P}\boldsymbol{P}^{\mathrm{T}}\log(\boldsymbol{X}_j)\boldsymbol{P} - \\ &\quad \boldsymbol{P}^{\mathrm{T}}\log(\boldsymbol{X}_j)\boldsymbol{P}\boldsymbol{P}^{\mathrm{T}}\log(\boldsymbol{X}_i)\boldsymbol{P} + \boldsymbol{P}^{\mathrm{T}}\log(\boldsymbol{X}_j)\boldsymbol{P}\boldsymbol{P}^{\mathrm{T}}\log(\boldsymbol{X}_j)\boldsymbol{P})\boldsymbol{W}_{ij}^{\mathrm{w}} \\ &= 2\sum_{i,j} \mathrm{tr}(\boldsymbol{P}^{\mathrm{T}}\log(\boldsymbol{X}_i)\boldsymbol{P}\boldsymbol{P}^{\mathrm{T}}\log(\boldsymbol{X}_i)\boldsymbol{P} - \boldsymbol{P}^{\mathrm{T}}\log(\boldsymbol{X}_i)\boldsymbol{P}\boldsymbol{P}^{\mathrm{T}}\log(\boldsymbol{X}_j)\boldsymbol{P})\boldsymbol{W}_{ij}^{\mathrm{w}} \end{aligned} \tag{4-45}$$

同理，有

$$\begin{aligned} f_2 &= \sum_{i,j} \|\log(Y_i) - \log(Y_j)\|_F^2 W_{ij}^b \\ &= 2\sum_{i,j} \mathrm{tr}(P^T\log(X_i)PP^T\log(X_i)P - P^T\log(X_i)PP^T\log(X_j)P)W_{ij}^b \end{aligned} \tag{4-46}$$

相对于变换矩阵 P，对目标函数 f_1 求偏导：

$$\begin{aligned} \frac{\partial f_1}{\partial P} &= 2\sum_{i,j} \mathrm{tr}(4\log(X_i)PP^T\log(X_i)P - 2\log(X_i)PP^T\log(X_j)P - \\ &\quad 2\log(X_j)PP^T\log(X_i)P)W_{ij}^w \\ &= 8\sum_{i,j} (\log(X_i)PP^T\log(X_i)P - \log(X_i)PP^T\log(X_j)P)W_{ij}^w \end{aligned} \tag{4-47}$$

同理，有

$$\frac{\partial f_2}{\partial P} = 8\sum_{i,j} (\log(X_i)PP^T\log(X_i)P - \log(X_i)PP^T\log(X_j)P)W_{ij}^b \tag{4-48}$$

结合式（4-47）和式（4-48）得出目标函数 f_1-f_2 的梯度：

$$\begin{aligned} \frac{\partial(f_1 - f_2)}{\partial P} = 8\sum_{i,j} &(\log(X_i)PP^T\log(X_i)P - \\ &\log(X_i)PP^T\log(X_j)P)(W_{ij}^w - W_{ij}^b) \end{aligned} \tag{4-49}$$

根据式（4-49），并通过共轭梯度法进行优化，来更新变换矩阵 P（类似于邻近组件分析方法[37]）：

$$P_{t+1} = P_t - \epsilon\frac{\partial(f_1-f_2)}{\partial P_t} \tag{4-50}$$

式中，ϵ 代表梯度下降的步长，P 是一个 $m\times n$（$n<m$）的非方阵的矩阵，可以通过对称正定矩阵的判别分析来降低数据维度。通过优化式（4-44），利用共轭梯度下降法[38]来求解变换矩阵 P。综上所述，矩阵流形上的降维优化算法可用表 4-6 来描述。

表 4-6　矩阵流形上的降维算法

输入	在李群流形 G 上，训练集数据点 $\{X_i, l_i\}_{i=1}^N$；其中，$X_i \in S_n^+$ 和 $l_i \in \{1,2,\cdots,C\}$，C 表示类别总数目
步骤 1	初始化变换矩阵 $P \in \mathbf{R}^{m\times n}$。
步骤 2	利用式（4-41），构建固有图 W^w 和惩罚图 W^b。
步骤 3	求解问题式（4-44）来优化判别变换矩阵 P。
步骤 4	利用式（4-39），把高维李群流形 G 上的点投影到低维李群流形 H 上

4.4 流形对齐

在实际应用中，数据通常来自不同的场景，例如，不同条件下拍摄的图像[39]，具有相同行为事件的不同视频序列[40]和不同人脸图像的表情变化序列[41]等。这些数据嵌入在不同的（流形）空间中，且通常蕴含着更低维的本质流形结构，这为建立不同维度数据集之间的联系提供了条件。借助于一些先验知识，如手工标记的对应点或数据集本身的几何结构，流形对齐可以建立不同数据集之间的联系，并最终发现一个公共的嵌入子空间以便对来自不同数据集的数据进行比较。流形对齐大体上可以分为无监督和（半）监督两类方法。（半）监督方法[42-46]与无监督方法类似，通常在无监督方法基础上，利用了数据集之间预先标记的对应点学习流形对齐。本节将介绍无监督流形对齐的相关方法[47-49]。

4.4.1 无监督流形对齐问题描述

首先给出采用的一些数学符号。$\boldsymbol{X}_{i\cdot}$（$\boldsymbol{X}_{\cdot i}$）表示矩阵 $\boldsymbol{X}$ 的第 i 行（列），X_{ij} 代表矩阵 $\boldsymbol{X}$ 的第 i 行和第 j 列对应的元素。$\mathbf{1}_{m\times n},\mathbf{0}_{m\times n}\in\mathbf{R}^{m\times n}$ 是所有元素为 1 和 0 的矩阵，$\mathbf{1}$ 是所有元素都为 1 的向量。$\boldsymbol{I}_n\in\mathbf{R}^{n\times n}$ 是一个 n 阶单位矩阵。$\mathrm{tr}(\cdot)$ 表示矩阵的迹操作。$\|\boldsymbol{X}\|_{\mathrm{F}}^2=\mathrm{tr}(\boldsymbol{X}^{\mathrm{T}}\boldsymbol{X})$ 是矩阵的弗罗贝尼乌斯范数。$\mathrm{vec}(\boldsymbol{X})$ 表示矩阵按列向量化操作。$\mathrm{diag}(\boldsymbol{X})$ 表示按顺序取矩阵 $\boldsymbol{X}$ 的对角元素所构成的列向量。$\mathrm{diag}(\boldsymbol{x})$ 是把向量转化为对角矩阵，且矩阵的对角元素为 $\boldsymbol{x}$。$\boldsymbol{X}\otimes\boldsymbol{Z}$ 和 $\boldsymbol{X}\circ\boldsymbol{Z}$ 分别标记矩阵 $\boldsymbol{X}$ 和 $\boldsymbol{Z}$ 的克罗内克（Kronecker）积操作和哈达玛（Hadamard）积操作。不等式 $\boldsymbol{u}=[u_1,\cdots,u_n]^{\mathrm{T}}\geqslant 0$ 表示当 $i=1,\cdots,n$ 时，$u_i\geqslant 0$。

在没有任何监督信息的情况下，对于给定的不同数据集学习一个（显式或隐式的）共同子空间以发现这些数据的本质流形表示，并进而建立它们之间的联系，同时期望发现两个流形之间的匹配点，以增强流形之间的关系，并进一步解决一些实际问题。令 $\boldsymbol{X}\in\mathbf{R}^{d_x\times n_x}$ 和 $\boldsymbol{Z}\in\mathbf{R}^{d_z\times n_z}$ 表示给定的两个数据集，分别嵌入在两个不同的流形 M_x 和 M_z 上，其中 d 和 n 分别表示样本的维度和数量。令函数 ϕ_x、ϕ_z 分别表示流形 M_x、M_z 到共同嵌入空间 M 的投影变换。为了叙述方便，下面假设 $n_x\leqslant n_z$。

给定来自两个流形上的观察数据集 $\boldsymbol{X}$ 和 $\boldsymbol{Z}$，无监督流形对齐学习数据点到共同嵌入空间的投影变换 ϕ_x 和 ϕ_z，同时发现数据集 $\boldsymbol{X}$ 和 $\boldsymbol{Z}$ 之间的对应点。其目的是发现流形内部数据点的本质表示和流形之间的关系。形式化上，用 0-1 矩阵 $\boldsymbol{F}\in\{0,1\}^{n_x\times n_z}$表示数据集 $\boldsymbol{X}$ 和 $\boldsymbol{Z}$ 之间的对应关系，$\boldsymbol{F}_{ij}=1$ 表示 $\boldsymbol{X}$ 的第 i 个点与 $\boldsymbol{Z}$ 的第 j 个点是一对匹配。若要求对应点最多是一对一的匹配，则二元矩阵 $\boldsymbol{F}$ 的集合可以定义为

$$\prod=\{\boldsymbol{F}\mid\boldsymbol{F}\in\{0,1\}^{n_x\times n_z},\boldsymbol{F}\boldsymbol{1}_{n_z}=\boldsymbol{1}_{n_x},\boldsymbol{1}_{n_x}^{\mathrm{T}}\boldsymbol{F}\leqslant\boldsymbol{1}_{n_z},n_x\leqslant n_z\}\tag{4-51}$$

$n_x\neq n_z$ 意味着部分匹配。

4.4.2 无监督流形的点点对齐

无监督流形对齐通常利用流形的结构先验来避免烦琐的人工标注问题。例如，Wang 等人[50]提出了利用流形结构的一致性来对齐两个不同的流形。为了发现结构匹配关系，在计算两点的匹配得分时，考虑每个点近邻结构的所有置换情况，因此该方法有着指数阶的时间复杂度。对此，Pei 等人[51]提出了在排序每个点的局部近邻关系之后，用参数曲线拟合每个点的近邻结构关系。这些方法在进行流形对齐之前都需要预先确定流形上每个点的局部邻接关系，而最终对齐的流形上的点后，其局部邻接关系通常会发生改变，例如，在流形部分匹配情况下有些近邻点最终没有匹配点。

这里介绍一种针对流形点点匹配的广义无监督流形对齐（Generalized Unsupervised Manifold Alignment，GUMA）[47]方法。该方法将流形对齐转化为一个显式的混合整数规划模型，同时发现数据集之间的对应点和学习嵌入空间的投影变换。该模型利用如下三个方面的先验知识来对齐流形：

（1）流形几何结构的一致性；

（2）在嵌入空间的特征匹配程度；

（3）流形结构的保持能力。

该方法在发现流形之间对应点的过程中，进一步提出了迭代投影算法优化。该方法通过在非凸的目标函数中引入一个辅助函数来保证它的凸性，然后在这个凸目标函数解的路径上查找原目标函数的近似整数解，且证明该迭代算法是收敛的。GUMA 方法的特点包括：

（1）同时处理流形结构的发现和对齐；

（2）处理流形全局结构上的匹配；

(3) 同时处理流形结构对齐和特征匹配。

1. GUMA 模型

在没有任何标注信息的情况下，流形对齐是比较棘手的事情，特别是对两个异质的数据集。尽管如此，拥有同一主题含义的数据集之间还是有一定联系的，通常体现在数据集的几何结构关系上。因此这些隐式的先验为流形对齐提供了可能性。GUMA 模型利用以下三个方面的先验知识来对齐流形。

1) 流形几何结构的一致性

流形几何结构中常用的表示方法是采用图的拓扑结构，将每个流形表示为局部加权的图模型。定义数据集 $\boldsymbol{X}$ 和 $\boldsymbol{Z}$ 中数据点的邻接矩阵为 $\boldsymbol{K}_x$ 和 $\boldsymbol{K}_z$。在不考虑边的方向情况下，这些邻接矩阵是非负对称的。然而在变换空间中的对应点，它们的局部邻接关系可能不同于预先定义的局部邻接关系，这是由于在对齐过程中通常会改变邻域关系，如插入或删除邻接边。针对该问题，采用全邻接矩阵来描述数据的几何结构，如欧几里得距离 $\boldsymbol{K}_{ij}=\|\boldsymbol{X}_{\cdot i}-\boldsymbol{X}_{\cdot j}\|^2$。这样的全局邻接矩阵可能不是正定的，但它独特地定义了流形的几何结构，而且该方法可以在进行流形对齐的同时发现近邻结构。所以流形几何结构的一致性可以表示为最小化下面的能量函数

$$E_{\mathrm{s}}=\|\boldsymbol{K}_x-\boldsymbol{F}\boldsymbol{K}_z\boldsymbol{F}^{\mathrm{T}}\|_{\mathrm{F}}^2 \tag{4-52}$$

式中，$\boldsymbol{F}\in\prod$是 0-1 整数矩阵，$\|\cdot\|_{\mathrm{F}}$ 是 $\boldsymbol{F}$ 范数，见式 (4-51)。

2) 嵌入空间的特征匹配程度

相同主题含义下的两个数据集 $\boldsymbol{X}$ 和 $\boldsymbol{Z}$，其对应点在共同嵌入空间 $\boldsymbol{M}$ 上的距离应该尽可能小。数学上可以形式化为下面的能量项

$$E_{\mathrm{f}}=\|\phi_x(\boldsymbol{X})-\phi_z(\boldsymbol{Z})\boldsymbol{F}^{\mathrm{T}}\|_{\mathrm{F}}^2 \tag{4-53}$$

式中，$\boldsymbol{F}\in\prod$。该式惩罚了数据点在目标特征空间中 $\boldsymbol{M}$ 的样本匹配程度。在实际应用中，变换映射 ϕ_x 和 ϕ_z 通常是受限制的，例如采用流形几何结构保持或仿射不变性约束以避免出现过拟合现象。

3) 流形结构的保持能力

流形嵌入通常要保持流形的局部近邻关系。类似于许多流形学习算法[1,52,53]，可以构建数据集 $\boldsymbol{X}$ 和 $\boldsymbol{Z}$ 的局部邻接权重矩阵 $\boldsymbol{W}_x$ 和 $\boldsymbol{W}_z$。形式化上，几何结构保持项可以最小化下面的能量函数：

$$E_{\mathrm{p}}=\sum_{i,j}\|\phi_x(\boldsymbol{x}_i)-\phi_x(\boldsymbol{x}_j)\|^2W_{ij}^x+\sum_{i,j}\|\phi_z(\boldsymbol{z}_i)-\phi_z(\boldsymbol{z}_j)\|^2W_{ij}^2$$
$$=\mathrm{tr}(\phi_x(\boldsymbol{X})\boldsymbol{L}_x\phi_x(\boldsymbol{X})^{\mathrm{T}}+\phi_z(\boldsymbol{Z})\boldsymbol{L}_z\phi_z(\boldsymbol{Z})^{\mathrm{T}}) \tag{4-54}$$

式中，W_{ij}是数据集中第 i 点和第 j 点的权重系数，$\boldsymbol{L}_x$ 和 $\boldsymbol{L}_z$ 是 $\boldsymbol{X}$ 和 $\boldsymbol{Z}$ 的权重系数所对应的拉普拉斯矩阵。

基于上述分析，广义无监督流形对齐可以形式化为下面的整数优化模型：

$$\min_{\varphi_x,\varphi_z,\boldsymbol{F}} E_{\mathrm{s}}+\gamma_{\mathrm{f}}E_{\mathrm{f}}+\gamma_{\mathrm{p}}E_{\mathrm{p}}$$
$$\text{s.t. } \boldsymbol{F}\in\prod,\ \phi_x,\phi_z\in\Theta \tag{4-55}$$

式中，γ_{f}、γ_{p} 是平衡参数，Θ 是嵌入映射的约束空间。该模型需要联合求解流形的对应点和嵌入变换。

由于两个数据集可能包含不同数量的样本点，这意味着流形对齐是部分匹配问题。常用的做法是对样本量少的数据集补充一些元素（如 **0** 向量[54]），或者对样本量多的数据集进行聚类，以使两个数据集的样本数量相同。这时 $\boldsymbol{F}$ 是一个全置换矩阵，但这样的处理方法会影响对齐的结果。而 GUMA 提供了直接求解不同样本量情况下的方法。

2. GUMA 模型优化

在式（4-55）中，由于涉及多个不可分解的变量和0-1 约束，直接优化该模型难度很大。在 GUMA 方法中给出了一个近似优化算法。该算法将原问题分解为两个子问题：匹配矩阵 $\boldsymbol{F}$ 的优化和投影变换 ϕ_x、ϕ_z 的优化。当给定变换函数 ϕ_x、ϕ_z 求解 $\boldsymbol{F}$ 时，该模型转化为最小化一个非凸的二次整数规划问题。对此，增广目标函数为凸函数，修订弗兰克-沃尔夫算法[55]来迭代投影得到它的一个合理解。当给定 $\boldsymbol{F}$ 求解 ϕ_x、ϕ_z 时，若 ϕ_x、ϕ_z 约束为线性变换，则模型可以转化为特征值分解问题；若 ϕ_x、ϕ_z 采用仿射变换，则通过特征值分解可以求得它的解。最终交替迭代优化上述两个子模型，直到目标函数收敛。

第一个子模型：发现对应点

当给定嵌入变换 ϕ_x、ϕ_z 时，对应点 $\boldsymbol{F}$ 的优化等价于求解目标函数

$$\min_{\boldsymbol{F}\in\prod}(E_{\mathrm{s}}+\gamma_{\mathrm{f}}E_{\mathrm{f}}) \tag{4-56}$$

标记数据集 $\boldsymbol{X}$ 和 $\boldsymbol{Z}$ 在变换空间的特征分别为 $\hat{\boldsymbol{X}}=\phi_x(\boldsymbol{X})$ 和 $\hat{\boldsymbol{Z}}=\phi_z(\boldsymbol{Z})$，且标记 $\hat{\boldsymbol{F}}=\boldsymbol{F}^{\mathrm{T}}\boldsymbol{F}\in\{0,1\}^{n_z\times n_z}$，则式（4-56）的 $E_{\mathrm{s}}+\gamma_{\mathrm{f}}E_{\mathrm{f}}$ 经过一系列推导后，可以重新

表述为

$$\begin{aligned} E_s+\gamma_f E_f &= \|\boldsymbol{K}_x-\boldsymbol{F}\boldsymbol{K}_z\boldsymbol{F}^{\mathrm{T}}\|_{\mathrm{F}}^2+\gamma_f\|\hat{\boldsymbol{X}}-\hat{\boldsymbol{Z}}\boldsymbol{F}^{\mathrm{T}}\|_{\mathrm{F}}^2 \\ &= \|\boldsymbol{K}_x\boldsymbol{F}-\boldsymbol{F}\boldsymbol{K}_z\|^2+\mathrm{tr}(\boldsymbol{F}^{\mathrm{T}}\mathbf{1}\mathbf{1}^{\mathrm{T}}\boldsymbol{F}\boldsymbol{K}_{zz})+\mathrm{tr}(\boldsymbol{F}^{\mathrm{T}}\boldsymbol{B})+\tau \end{aligned} \tag{4-57}$$

式中，$\boldsymbol{K}_{zz}=\boldsymbol{K}_z\odot\boldsymbol{K}_z$，$\widetilde{\boldsymbol{Z}}=\hat{\boldsymbol{Z}}\odot\hat{\boldsymbol{Z}}$，$\boldsymbol{B}=\gamma_f(\mathbf{1}\mathbf{1}^{\mathrm{T}}\widetilde{\boldsymbol{Z}}-2\hat{\boldsymbol{X}}^{\mathrm{T}}\hat{\boldsymbol{Z}})-\mathbf{1}\mathbf{1}^{\mathrm{T}}\boldsymbol{K}_{zz}$，$\tau$ 是常量。因此，优化式（4-56）等价于求解函数

$$\min_{\boldsymbol{F}\in\Pi}\Psi_0(\boldsymbol{F})=\|\boldsymbol{K}_x\boldsymbol{F}-\boldsymbol{F}\boldsymbol{K}_z\|^2+\mathrm{tr}(\boldsymbol{F}^{\mathrm{T}}\mathbf{1}\mathbf{1}^{\mathrm{T}}\boldsymbol{F}\boldsymbol{K}_{zz})+\mathrm{tr}(\boldsymbol{F}^{\mathrm{T}}\boldsymbol{B}) \tag{4-58}$$

它显然是关于 $\boldsymbol{F}$ 的二次函数。特别是当 $n_x=n_z$，即 $\boldsymbol{F}$ 为全置换矩阵时，式（4-58）可以简化为

$$\min_{\boldsymbol{F}\in\Pi}\Psi_1(\boldsymbol{F})=\|\boldsymbol{K}_x\boldsymbol{F}-\boldsymbol{F}\boldsymbol{K}_z\|^2+\mathrm{tr}(\boldsymbol{F}^{\mathrm{T}}(-2\gamma_f\hat{\boldsymbol{X}}^{\mathrm{T}}\hat{\boldsymbol{Z}})) \tag{4-59}$$

接下来修订弗兰克-沃尔夫算法求解式（4-58）。由于弗兰克-沃尔夫算法针对的是定义在紧致凸集上关于凸目标函数的优化问题，而定义域Π显然不是紧致的凸集，所以松弛定义域Π为右随机矩阵[56]：

$$\Pi'=\{\boldsymbol{F}\,|\,\boldsymbol{F}\geqslant 0,\boldsymbol{F}\mathbf{1}_{n_z}=\mathbf{1}_{n_x},\mathbf{1}_{n_x}^{\mathrm{T}}\boldsymbol{F}\leqslant\mathbf{1}_{n_z},n_x\leqslant n_z\} \tag{4-60}$$

可以证明，Π'是一个封闭有界的凸集，且目标函数 $\Psi_0(F)$ 在定义域Π'上通常是非凸的。由定理 4-1 可知，可以通过引入一个辅助函数使目标函数成为凸函数，且该凸函数具有与原目标函数相同的 0-1 整数解。

定理 4-1 令 $\lambda=n_x\times\max\{-\min(\mathrm{eig}(\boldsymbol{K}_{zz})),0\}$，若在 $\Psi_0(\boldsymbol{F})$ 中引入辅助函数：

$$g(\boldsymbol{F})=\lambda\,\mathrm{tr}(\boldsymbol{F}\boldsymbol{F}^{\mathrm{T}}) \tag{4-61}$$

则新的函数 $\Psi(\boldsymbol{F})=\Psi_0(\boldsymbol{F})+g(\boldsymbol{F})$ 在定义域Π'上是凸函数，同时在定义域Π上与 $\Psi_0(\boldsymbol{F})$ 有相同的解。

因此最终优化的目标函数为

$$\min_{\boldsymbol{F}\in\Pi'}\Psi(\boldsymbol{F})=\|\boldsymbol{K}_x\boldsymbol{F}-\boldsymbol{F}\boldsymbol{K}_z\|^2+\mathrm{tr}(\boldsymbol{F}^{\mathrm{T}}\mathbf{1}\mathbf{1}^{\mathrm{T}}\boldsymbol{F}\boldsymbol{K}_{zz}+\lambda\boldsymbol{F}\boldsymbol{F}^{\mathrm{T}})+\mathrm{tr}(\boldsymbol{F}^{\mathrm{T}}\boldsymbol{B}) \tag{4-62}$$

表 4-7 给出了算法的整个流程。

表 4-7 迭代投影匹配算法

输入	$\boldsymbol{K}_x$、$\boldsymbol{K}_z$、$\hat{\boldsymbol{X}}$、$\hat{\boldsymbol{Z}}$、$\boldsymbol{F}_0$
步骤 1	初始化：$\boldsymbol{F}^*=\boldsymbol{F}_0$，$v=\Psi(\boldsymbol{F}_0)$，$k=0$
步骤 2	repeat
步骤 3	计算 Ψ 对 $\hat{\boldsymbol{F}}$ 梯度，$\nabla(\boldsymbol{F}_k)=2(\boldsymbol{K}_x^{\mathrm{T}}\boldsymbol{K}_x\boldsymbol{F}_k+\boldsymbol{F}_k\boldsymbol{K}_z\boldsymbol{K}_z^{\mathrm{T}}-2\boldsymbol{K}_x^{\mathrm{T}}\boldsymbol{F}_k\boldsymbol{K}_z+\mathbf{1}\mathbf{1}^{\mathrm{T}}\boldsymbol{F}_k\boldsymbol{K}_{zz}+\lambda\boldsymbol{F}_k)+\boldsymbol{B}$

续表

步骤 4	利用 KM 算法求解 $\boldsymbol{H}=\underset{\boldsymbol{F}\in\Pi'}{\operatorname{argmin}}G(\boldsymbol{F})=\operatorname{tr}(\nabla(\boldsymbol{F}_k)^{\mathrm{T}}\boldsymbol{F})$
步骤 5	if $\Psi(\boldsymbol{H})<\Psi(\boldsymbol{F}_k)$ then
步骤 6	$\boldsymbol{F}_{k+1}=\boldsymbol{H}$
步骤 7	else
步骤 8	查找最优步长 $\delta=\underset{0\leqslant\delta\leqslant 1}{\operatorname{argmin}}\Psi(\boldsymbol{F}_k+\delta(\boldsymbol{H}-\boldsymbol{F}_k))$
步骤 9	$\boldsymbol{F}_{k+1}=\boldsymbol{F}_k+\delta(\boldsymbol{H}-\boldsymbol{F}_k)$
步骤 10	end if
步骤 11	if $\Psi(\boldsymbol{H})<v$ then
步骤 12	$\boldsymbol{F}^*=\boldsymbol{H}$，$v=\Psi(\boldsymbol{H})$
步骤 13	end if
步骤 14	$k=k+1$
步骤 15	until $\boldsymbol{F}_{k+1}=\boldsymbol{F}_k$
输出	$\boldsymbol{F}^*$

首先将目标函数 Ψ 的一阶泰勒近似投影到凸集 Π'（见步骤 4）。由于一阶梯度函数 $G(\boldsymbol{F})=\operatorname{tr}(\nabla(\boldsymbol{F}_k)^{\mathrm{T}}\boldsymbol{F})$ 是定义在 Π' 上的线性函数，因此可以认为其是凹函数。研究表明，凹函数的（局部）最小点是其约束集的一些极值点[57]，事实上 Π 中的 0-1 矩阵是 Π' 中的一些极值点。因此当 $\boldsymbol{F}\in\Pi'$ 时，可在定义域 Π 上采用经典的 Kuhn-Munkres(KM) 算法[58]求解 $\min G(\boldsymbol{F})$，其时间复杂度为 $O(n^3)$。特别当 $\boldsymbol{F}$ 为全置换矩阵时，根据伯克霍夫-冯·诺依曼（Birkhoof-von Neumann）理论[59,60]，双随机矩阵（即右随机矩阵等式成立）形成了 Birkhoff 多面体，且其顶点是所有置换矩阵。因此在双随机矩阵定义域 $\boldsymbol{F}\in\Pi'$ 上最优化 $\min G(\boldsymbol{F})$ 的解，等同于在置换域 $\boldsymbol{F}\in\Pi$ 上求解 $\min G(\boldsymbol{F})$。对于求得的 $\boldsymbol{H}$ 解，算法分两种情况处理：若其函数值小于当前值，则显然是一个下降点；否则，在下降方向上搜寻最优解（步骤 8、步骤 9）。该算法的收敛性定理如下。

定理 4-2 在表 4-7 中的迭代投影算法，它的目标函数值 $\Psi(\boldsymbol{F}_k)$ 在每一次迭代中是非递增的，且 $\{\boldsymbol{F}_1,\boldsymbol{F}_2,\cdots\}$ 是收敛的。

证明：对于表 4-7 中的算法，若执行步骤 5、步骤 6，则 $\Psi(\boldsymbol{F}_{k+1})=\Psi(\boldsymbol{H})<\Psi(\boldsymbol{F}_k)$；若执行步骤 8、步骤 9，由于 δ 是最优步长，则 $\Psi(\boldsymbol{F}_{k+1})=\Psi(\boldsymbol{F}_k+\delta(\boldsymbol{H}-\boldsymbol{F}_k))\leqslant\Psi(\boldsymbol{F}_k)$。因此目标函数值 $\Psi(\boldsymbol{F}_k)$ 是非递增的。由于 $\boldsymbol{F}_k$ 始终作用在有界的凸集上，则目标函数是有界的，进而解序列 $\{\boldsymbol{F}_1,\boldsymbol{F}_2,\cdots\}$ 必定

是收敛的。

下面推导该算法解的界，首先给出定义反映函数弯曲程度的受限制平滑性质[61]，然后给出解的界定理。

定义 4-3 给定集合 $\boldsymbol{S}$ 和范数 $\|\cdot\|$，定义一个函数 $f:\mathbf{R}^p\to\mathbf{R}$ 上的受限制平滑性质（Restricted Smoothness Property，RSP）常量为

$$L_{\|\cdot\|}(f;\boldsymbol{S})=\sup_{\boldsymbol{x},\boldsymbol{y}\in\boldsymbol{S},\alpha\in[0,1]}\frac{f((1-\alpha)\boldsymbol{x}+\alpha\boldsymbol{y})-f(\boldsymbol{x})-\langle\nabla f(\boldsymbol{x}),\alpha(\boldsymbol{y}-\boldsymbol{x})\rangle}{\frac{1}{2}\alpha^2\|\boldsymbol{y}-\boldsymbol{x}\|^2} \tag{4-63}$$

定理 4-3 假设当 $\boldsymbol{F}$ 分别属于 $\prod$ 和 $\prod'$ 时，$\min G(\boldsymbol{F})$ 的最优解分别对应为 $\boldsymbol{F}^{\mathrm{a}}$ 和 $\boldsymbol{F}^{\mathrm{b}}$。若算法执行 k 次迭代，步骤 8 和步骤 9 分别执行了 k_2 次迭代，则

$$\Psi(\boldsymbol{F}_k)-\Psi(\boldsymbol{F}^{\mathrm{b}})\leqslant\frac{8}{k_2}L_{\|\cdot\|}(\Psi;\prod') \tag{4-64}$$

若步骤 5 和步骤 6 最后更新时的算法迭代次数为 k_1，则

$$\Psi(\boldsymbol{F}^*)-\Psi(\boldsymbol{F}^{\mathrm{a}})\leqslant\frac{8}{k_1}L_{\|\cdot\|}(\Psi;\prod') \tag{4-65}$$

第二个子模型：学习投影变换

给定 $\boldsymbol{F}$，求解嵌入投影变换 ϕ_x 和 ϕ_z 等价于最小化目标函数：

$$\min_{\phi_x,\phi_z\in\Theta}\Phi(\phi_x,\phi_z)=\gamma_{\mathrm{f}}E_{\mathrm{f}}+\gamma_{\mathrm{p}}E_{\mathrm{p}} \tag{4-66}$$

利用式（4-53）和式（4-54），则有

$$\begin{aligned}\Phi(\phi_x,\phi_z)&=\gamma_{\mathrm{f}}\|\phi_x(\boldsymbol{X})-\phi_z(\boldsymbol{Z})\boldsymbol{F}^{\mathrm{T}}\|_{\mathrm{F}}^2+\gamma_{\mathrm{p}}\mathrm{tr}(\phi_x(\boldsymbol{X})\boldsymbol{L}_x\phi_x(\boldsymbol{X})^{\mathrm{T}}+\phi_z(\boldsymbol{Z})\boldsymbol{L}_z\phi_z(\boldsymbol{Z})^{\mathrm{T}})\\&=\mathrm{tr}(\phi_x(\boldsymbol{X})(\gamma_{\mathrm{f}}\boldsymbol{I}+\gamma_{\mathrm{p}}\boldsymbol{L}_x)\phi_x(\boldsymbol{X})^{\mathrm{T}})+\mathrm{tr}(\phi_z(\boldsymbol{Z})(\gamma_{\mathrm{f}}\boldsymbol{F}^{\mathrm{T}}\boldsymbol{F}+\gamma_{\mathrm{p}}\boldsymbol{L}_z)\phi_z(\boldsymbol{Z})^{\mathrm{T}})\\&\quad-2\gamma_{\mathrm{f}}\mathrm{tr}(\phi_x(\boldsymbol{X})\boldsymbol{F}\phi_z(\boldsymbol{Z})^{\mathrm{T}})\end{aligned} \tag{4-67}$$

为了避免琐碎（trivial）的解，考虑加入约束 $\phi_x\in\Theta_x$ 和 $\phi_z\in\Theta_z$，其中

$$\Theta_x=\{\phi_x\,|\,\boldsymbol{X}\boldsymbol{1}=\boldsymbol{0},\phi_x(\boldsymbol{X})(\gamma_{\mathrm{f}}\boldsymbol{I}+\gamma_{\mathrm{p}}\boldsymbol{L}_x)\phi_x(\boldsymbol{X})^{\mathrm{T}}=\boldsymbol{I}\} \tag{4-68}$$

$$\Theta_z=\{\phi_z\,|\,\boldsymbol{Z}\boldsymbol{1}=\boldsymbol{0},\phi_z(\boldsymbol{Z})(\gamma_{\mathrm{f}}\boldsymbol{F}^{\mathrm{T}}\boldsymbol{F}+\gamma_{\mathrm{p}}\boldsymbol{L}_z)\phi_z(\boldsymbol{Z})^{\mathrm{T}}=\boldsymbol{I}\} \tag{4-69}$$

因此最小化模型式（4-66）等价于最大化模型：

$$\max_{\phi_x\in\Theta_x,\phi_z\in\Theta_z}\mathrm{tr}(\phi_x(\boldsymbol{X})\boldsymbol{F}\phi_z(\boldsymbol{Z})^{\mathrm{T}}) \tag{4-70}$$

上述模型与典型相关分析（Canonical Correlation Analysis，CCA）有着密切联系。下面主要考虑线性模型，即 $\phi_x(\boldsymbol{X})=\boldsymbol{P}_x^{\mathrm{T}}\boldsymbol{X}$ 和 $\phi_z(\boldsymbol{Z})=\boldsymbol{P}_z^{\mathrm{T}}\boldsymbol{Z}$。式（4-68）和式（4-69）关于 Θ_x 和 Θ_z 的定义表明 $\boldsymbol{P}_x$ 和 $\boldsymbol{P}_z$ 具有仿射不变性。因此在对数据 $\boldsymbol{X}$ 和 $\boldsymbol{Z}$ 去中心化后，线性模型可以形式化为

$$\max_{P_x,P_z} \operatorname{tr}(P_x^{\mathrm{T}} X F Z^{\mathrm{T}} P_z)$$
$$\text{s.t.}\ P_x^{\mathrm{T}} X(\gamma_f I+\gamma_p L_x)X^{\mathrm{T}} P_x=I \tag{4-71}$$
$$P_z^{\mathrm{T}} Z(\gamma_f F^{\mathrm{T}} F+\gamma_p L_z)Z^{\mathrm{T}} P_z=I$$

令 $C=XFZ^{\mathrm{T}}$，$A=X(\gamma_f I+\gamma_p L_x)X^{\mathrm{T}}$，$B=Z(\gamma_f F^{\mathrm{T}}F+\gamma_p L_z)Z^{\mathrm{T}}$，则上述模型的解可以通过下面等式的特征值分解来求得：

$$A^{-1}CB^{-1}C^{\mathrm{T}}P_x=\lambda^2 P_x \tag{4-72}$$

$$B^{-1}C^{\mathrm{T}}A^{-1}CP_z=\lambda^2 P_z \tag{4-73}$$

上述解通常要求矩阵 A 和 B 是可逆的。为了避免矩阵的奇异值问题，可以在矩阵中加入一个小的正则项 εI，其中 ε 为一个小的常数。

3. GUMA 时间复杂度分析

通过循环迭代优化上述两个子模型：发现对应点和学习嵌入变换，该算法如同许多块坐标下降方法（Block-coordinate descent method），始终能达到一个合理的解。表 4-8 总结了整个无监督流形对齐算法。

表 4-8　无监督流形对齐算法

输入	数据集 X、Z 和嵌入空间维度 d
步骤 1	初始化匹配矩阵 $F\in\prod$ 和线性投影变换 P_x 和 P_z
步骤 2	计算全局几何机构矩阵 K_x 和 K_z
步骤 3	repeat
步骤 4	利用表 4-7 中的迭代投影匹配算法求解匹配矩阵 F
步骤 5	对式(4-71)进行特征值分解得到 P_x 和 P_z
步骤 6	until 目标函数收敛
输出	F、P_x 和 P_z

该算法的主要计算代价是在步骤 5 中发现对应点，即执行表 4-7 中的迭代投影匹配算法。该算法中，由于每次 KM 算法所需的时间复杂度是 $O(n^3)$，且弗兰克-沃尔夫算法通常有着 $O\left(\frac{1}{k}\right)$ 的收敛率（k 是迭代次数），因此无监督流形对齐算法表 4-8 的步骤 5 每次迭代的计算代价大约为 $O(kn^3)$。若整个算法需要迭代 t 次，则整个算法的复杂度为 $O(tkn^3)$。在实际的实验中，算法仅需要很少的迭代次数就能完成好的收敛性，图 4-6 给出了算法的目标函数在蛋白质序列对齐任务上的收敛趋势，图 4-6（a）中的每段线表示在流形对齐过程中，

每次调用迭代投影匹配算法时目标函数式（4-58）的收敛情况。图4-6（b）表示整个流形对齐的目标函数式（4-55）的收敛情况。

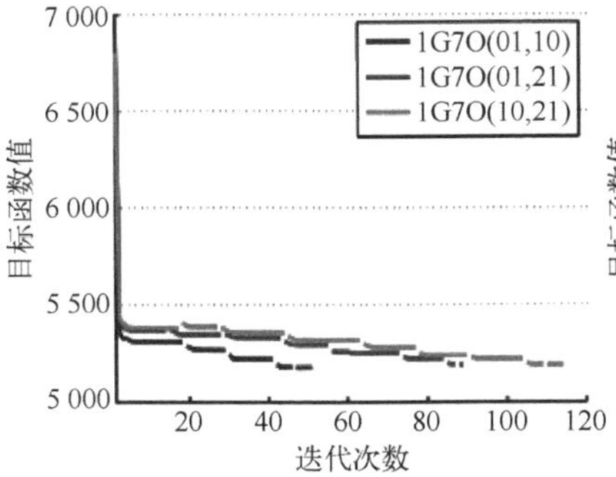

（a）目标函数式（4-58）的收敛性

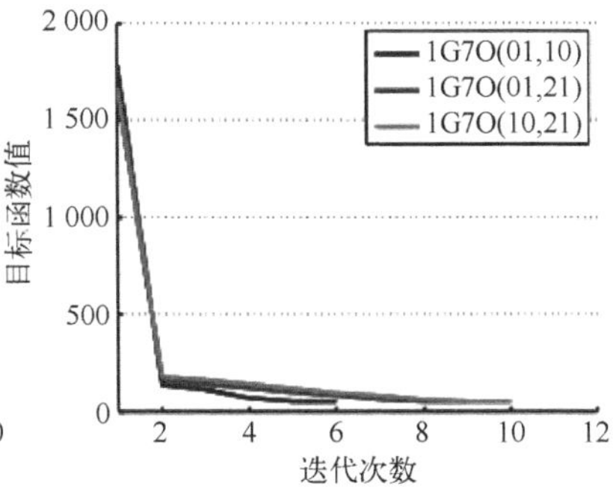

（b）目标函数式（4-55）的收敛性

图4-6 算法收敛趋势（蛋白质序列数据）[47]

4.4.3 无监督流形的分布对齐

在4.4.2节，流形对齐被形式化数据的点点匹配模型，这容易遭受数据噪声的影响。接下来，从数据分布的角度，介绍无监督流形的对齐，具体以域自适应（Domain Adaptation）学习任务来阐述该工作。

在域自适应任务中，研究如何将源域学习的模型适应于目标域。因为收集标记样本费时费力，通常目标域包含少量标记样本或完全未标记样本。将 $\boldsymbol{X}^{\mathrm{s}}=[\boldsymbol{x}_1^{\mathrm{s}},\cdots,\boldsymbol{x}_{N_{\mathrm{s}}}^{\mathrm{s}}]\in\mathbf{R}^{D\times N_{\mathrm{s}}}$表示为源域数据，$y_i^{\mathrm{s}}\in\{1,2,\cdots,K\}$ 表示为第 i 个样本 $\boldsymbol{x}_i^{\mathrm{s}}$ 的标签；其中，D 是特征维数，N_{s} 是源域样本总数，K 是类别总数。类似地，采用符号 $\boldsymbol{X}^{\mathrm{t}}=[\boldsymbol{x}_1^{\mathrm{t}},\cdots,\boldsymbol{x}_{N_{\mathrm{t}}}^{\mathrm{t}}]\in\mathbf{R}^{D\times N_{\mathrm{t}}}$标记为来自相同 K 类的目标域数据；其中，N_{t} 是目标样本总数。

在域自适应中，通常假设源域和目标域的样本具有不同的数据分布。为了减少数据分布欠匹配的问题，采用引入中间域的方法（参考图4-7）来提取两个域的不变特征，以缓解源域和目标域之间的分布欠匹配问题。对此，先前的方法[62,63]将每个域建模为一个子空间，通过主成分分析，该域的子空间可以认为由其主要成分所组成。在两个子空间之间插值一些子空间，从而实现在源域和目标域之间构建一些中间域。但是将一个域建模为子空间，特别当两个子空间相交于一个公共子空间时，不足以表示两个域之间的分布差异。图4-8中绘制了两个域（即点和三角形）二维相交子空间中的样本，图4-8（a）是来自

Caltech 和 DSLR 数据集的旅行自行车样本，图 4-8（b）是来自 Caltech 和 Amazon 数据集的视频投影机样品，可观察到其分布是不同的。然而，基于子空间的方法[62,63]不能很好地解决相交子空间中分布不匹配的问题。

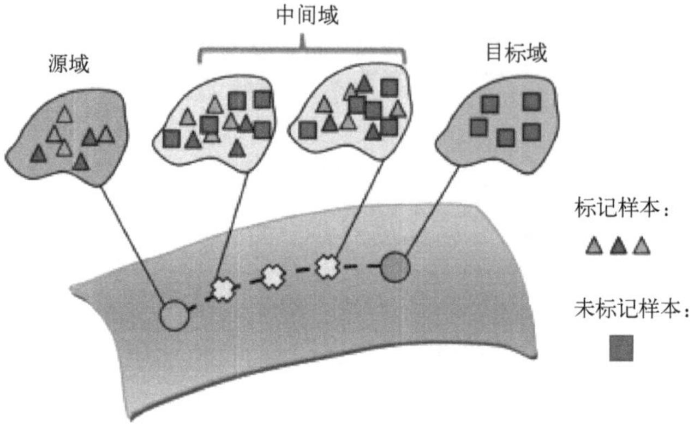

图 4-7　基于插值中间域的域自适应框架[48]

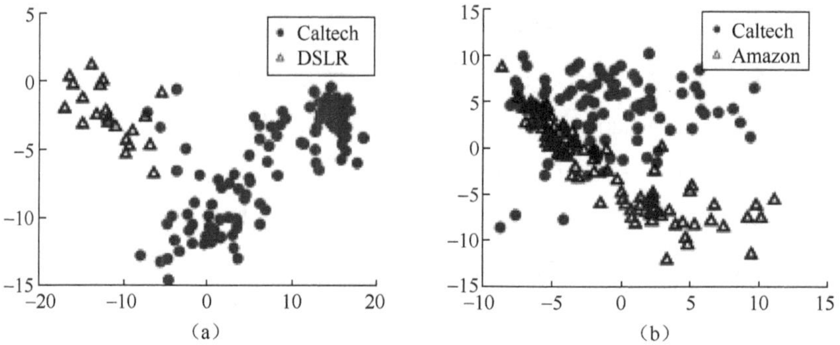

图 4-8　二维相交子空间中不同域样本的分布[48]

针对上述问题，接下来介绍了一种无监督的域自适应方法，即协方差迁移的域自适应（Domain Adaptation by Shifting Covariance，DASC）[48]。该方法不需要标记目标域样本，但可以有效缓解域分布欠匹配的问题。该方法建模每个数据域为一个协方差矩阵，而协方差矩阵通常是正定的（若半正定，可以适当加入小的正则化项）。由于正定矩阵嵌入在黎曼流形上，可利用黎曼流形的两点之间的测地线找到中间点，进而发现共享的特征表示。具体地，首先将两个不同的点采用对数矩阵运算投影到欧几里得空间中，并在此空间中插入若干等距点。通过将这些插值点反向映射到原黎曼流形空间，可获得一组插值的协方差矩阵。然后利用 PCA 从这些协方差矩阵中学习投影变换，将两个域的样本映射成一组中间域的特征表示，进而实现源域和目标域的迁移学习。若目标域含有标记信息，可采用线性判别分析（Linear Discriminant Analysis，LDA）[64]提取判别特征表示。最后，可将所有特征连接起来形成域不变特征，采用最近邻（Nearest Neighbor，NN）或支持向量机（Support Vector Machine，SVM）分类器完成单源域自适应任务。对于多源域自适应，采用多核学习的思路，同时优化最佳目标分类器和不同源域的最佳权重。

1. 协方差迁移的域自适应

协方差反映了数据分布特性，可利用两个域之间的中间协方差来减少数据分布欠匹配的问题。将源域和目标域的协方差矩阵分别表示为 $\boldsymbol{C}^{\mathrm{s}}$ 和 $\boldsymbol{C}^{\mathrm{t}}$，且 $\boldsymbol{C}^{\mathrm{s}}$ 和 $\boldsymbol{C}^{\mathrm{t}}$ 为 SPD 矩阵。因为 SPD 矩阵嵌入在黎曼流形上，所以每个域可认为是流形上的一个点。为了连接源域和目标域，在黎曼流形上寻求一个从 $\boldsymbol{C}^{\mathrm{s}}$ 到 $\boldsymbol{C}^{\mathrm{t}}$ 的测地路径$g(t)\,|_{t=0}^{1}$，其中 $g(t)$是在测地路径上的 SPD 矩阵，并且期望满足 $g(0)=\boldsymbol{C}^{\mathrm{s}}$，$g(1)=\boldsymbol{C}^{\mathrm{t}}$，当 t 从 0 增加到 1 时，$\boldsymbol{C}^{\mathrm{s}}$ 逐渐变为 $\boldsymbol{C}^{\mathrm{t}}$。

通过在测地路径 $g(t)$上滑动，两个域之间的协方差可以逐渐减小，并最终达到目标域的数据分布。然而，在黎曼流形上寻找这样一条测地路径是很困难的。DASC 方法采用了对数欧几里得度量，它可以在黎曼流形上获得稳健的性能[30]。

在引入对数欧几里得度量之前，首先给出协方差矩阵 $\boldsymbol{C}$ 的矩阵指数 $\exp(\cdot)$ 和对数 $\log(\cdot)$的定义，即

$$\exp(\boldsymbol{C})=\boldsymbol{U}\exp(\boldsymbol{\Lambda})\boldsymbol{U}^{\mathrm{T}},\ \log(\boldsymbol{C})=\boldsymbol{U}\log(\boldsymbol{\Lambda})\boldsymbol{U}^{\mathrm{T}} \tag{4-74}$$

式中，$\boldsymbol{C}=\boldsymbol{U}\boldsymbol{\Lambda}\boldsymbol{U}^{\mathrm{T}}$，来自奇异值分解（Singular Value Decomposition，SVD）。然后，在 SPD 矩阵空间上进一步定义对数乘法$\odot$和对数标量乘法$\otimes$，即

$$\boldsymbol{C}_1\odot\boldsymbol{C}_2=\exp(\log(\boldsymbol{C}_1)+\log(\boldsymbol{C}_2)) \tag{4-75}$$

$$\lambda\otimes\boldsymbol{C}_1=\exp(\lambda\log(\boldsymbol{C}_1))=\boldsymbol{C}_1^{\lambda} \tag{4-76}$$

式中，$\boldsymbol{C}_1$ 和 $\boldsymbol{C}_2$ 是两个 SPD 矩阵，而 λ 是一个标量。当 SPD 矩阵空间与乘法相关联时，它实际上是一个李群[30]，它可能导致产生一个双不变度量，即其中的对数欧几里得度量（这里称为 LEM）。形式上，基于 LEM 的两个对称正定矩阵 $\boldsymbol{C}_1$ 和 $\boldsymbol{C}_2$ 的距离可以写成：

$$\mathrm{DIST}(\boldsymbol{C}_1,\boldsymbol{C}_2)=\|\log(\boldsymbol{C}_1)-\log(\boldsymbol{C}_2)\|_{\mathrm{F}} \tag{4-77}$$

式中，$\|\cdot\|_{\mathrm{F}}$ 是矩阵 Frobenius 范数。利用对数欧几里得度量，SPD 矩阵空间

可以同构且等距映射到对称矩阵的欧几里得空间中[30]，这意味着在欧几里得空间中可以简化关于黎曼流形的计算。具体来说，可以使用矩阵指数和对数运算来计算测地线 $g(t)$ 上的插值点，即

$$\boldsymbol{C}(t)=\exp((1-t)\log(\boldsymbol{C}^{s})+t\log(\boldsymbol{C}^{t})) \tag{4-78}$$

因此，为了寻找从源域到目标域的测地路径，首先将协方差矩阵 $\boldsymbol{C}^{s}$ 和 $\boldsymbol{C}^{t}$ 映射到欧几里得空间，在任意 $0\leqslant t\leqslant 1$ 的情况下，可得到欧几里得空间连接 $\log(\boldsymbol{C}^{s})$ 和 $\log(\boldsymbol{C}^{t})$ 直线上的插值点，然后利用矩阵指数运算得到黎曼流形测地线上的插值点，其框架如图 4-9 所示，将插入的协方差矩阵表示为 $\boldsymbol{C}_j|_{j=1}^{n}$，源域和目标域的协方差矩阵分别对应于 $\boldsymbol{C}_0$ 和 $\boldsymbol{C}_{n+1}$。首先通过矩阵对数运算，将黎曼流形上的协方差矩阵 $\boldsymbol{C}_0$ 和 $\boldsymbol{C}_{n+1}$ 转化为欧几里得空间中的点 $\widetilde{\boldsymbol{C}}_0$ 和 $\widetilde{\boldsymbol{C}}_{n+1}$。然后沿直线 $(\widetilde{\boldsymbol{C}}_0,\widetilde{\boldsymbol{C}}_{n+1})$ 插入 n 个等距点 $\widetilde{\boldsymbol{C}}_i|_{i=1}^{n}$。最后，将矩阵指数运算应用于 $\widetilde{\boldsymbol{C}}_i$，得到 n 个中间域的协方差矩阵 $\boldsymbol{C}_i$，$i=1,\cdots,n$。

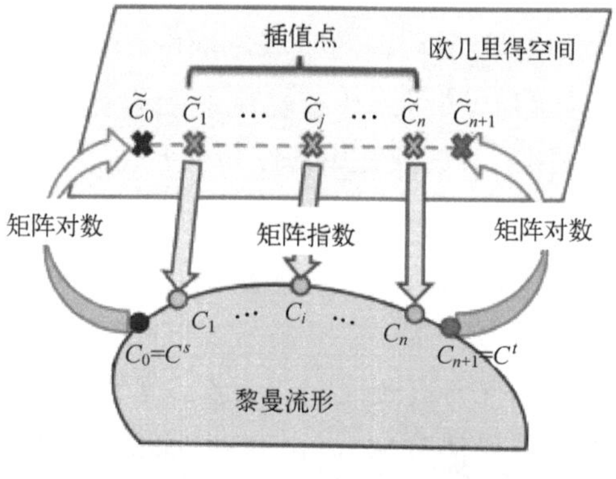

图 4-9　流形上的协方差插值框架[48]

为了获得域不变特征，一种常见的方法是将原始特征从源/目标域投影到这些中间域中。为此，对每个协方差矩阵进行 PCA[64] 以获得投影矩阵。数学形式上，将 $\boldsymbol{P}_j|_{j=0}^{n+1}\in\mathbf{R}^{D\times d}$ 表示为用 PCA 从 $n+2$ 个协方差矩阵得到的投影矩阵。对于源/目标域中的任何样本 $\boldsymbol{x}_i$（即 $\boldsymbol{x}_i^{s}$ 或 $\boldsymbol{x}_i^{t}$），无监督的投影特征可以通过 $\hat{\boldsymbol{x}}_{ij}=\boldsymbol{P}_j^{\mathrm{T}}\boldsymbol{x}_i$ 计算求得。然后，可以借鉴样本标记信息对投影特征进行线性判别学习，其判别特征标记为 $\boldsymbol{z}_{ij}$。标记信息可来自无监督域自适应（半监督域自适应）的源域（源域和目标域）。最后，通过将 $n+2$ 特征连接起来形成域不变

特征 $z_i=[z_{i0}^{\mathrm{T}},\cdots,z_{i(n+1)}^{\mathrm{T}}]^{\mathrm{T}}$。至此，在获得两个域中样本的域不变特征后，可以采用任何类型的分类器（如 SVM 分类器或 NN 分类器）来执行跨域识别任务。

2. 多源域自适应

当存在多个源域时，可将它们与目标域逐一连接起来，从而在黎曼流形上构造多个测地路径。数学形式上，给定 M 个源域 $\boldsymbol{X}^{s,1},\boldsymbol{X}^{s,2},\cdots,\boldsymbol{X}^{s,M}$，采用上述方法进行特征提取后得到 M 对域的不变特征 $(\boldsymbol{Z}^{s,1},\boldsymbol{Z}^{t,1}),(\boldsymbol{Z}^{s,2},\boldsymbol{Z}^{t,2}),\cdots,(\boldsymbol{Z}^{s,M},\boldsymbol{Z}^{t,M})$，其中，$\boldsymbol{Z}^{s,m}=[\boldsymbol{Z}_1^{s,m},\cdots,\boldsymbol{Z}_{N_m}^{s,m}]$ 和 $\boldsymbol{Z}^{t,m}=[\boldsymbol{Z}_1^{t,m},\cdots,\boldsymbol{Z}_{N_t}^{t,m}]$ 是由第 m 个源域 $\boldsymbol{X}^{s,m}$ 和目标域 $\boldsymbol{X}^{t}$ 生成的，即第 m 条测地线，N_m 和 N_t 分别代表源域和目标域样本总数。需要注意的是，同一对源域和目标域（例如 $\boldsymbol{Z}^{s,m}$ 和 $\boldsymbol{Z}^{t,m}$）的特征是同质的，因为它们是使用相同的投影矩阵计算得到的。对于每对源域和目标域，多源域自适应可学习一个分类器，然后将其融合。但某些源域可能与目标域相关性更强，因此相应的分类器对于最终的分类尤为重要。接下来介绍联合优化多个分类器及多源域的权重。

为了简化符号，采用 $\{z_i^m|_{i=1}^{N^m}\}$ 表示第 m 个域不变特征的样本，其中，$N^m=N_l^m+N_u$，N_l^m 是标记样本的数量，N_u 是未标记样本的数量。在无监督域自适应任务中，标记的样本来自源域，未标记的样本来自目标域。

针对每种类型的域的不变特征，利用源域的标记样本和目标域的未标记样本来训练一个二值 SVM 分类器。数学形式上，将第 m 个分类器表示为

$$f^m(z_i^m)=\boldsymbol{w}_m^{\mathrm{T}}\phi_m(z_i^m)+b_m \quad (i=1,\cdots,N^m)$$

其中，$\phi_m(z_i^m)$ 是非线性特征映射函数，$\boldsymbol{w}_m$ 和 b_m 分别是 SVM 分类器的权重向量和偏置。同时也学习每个分类器 $f^m(z_i^m)$ 的权重系数 γ_m：

$$\min_{\substack{\boldsymbol{\gamma},\boldsymbol{w}_m,b_m,\\ f^m,\zeta_i^m,\zeta_i^{m*}}} \sum_{m=1}^{M}\left\{\frac{1}{2\gamma_m}\|\boldsymbol{w}_m\|^2+C\sum_{i=1}^{N^m}(\zeta_i^m+\zeta_i^{m*})+\frac{\theta}{2}(\|\boldsymbol{f}_l^m-\boldsymbol{y}_l^m\|^2+\gamma_m\|\boldsymbol{f}_u^m-\boldsymbol{v}_u\|^2)\right\} \tag{4-79}$$

$$\text{s.t.}\quad \boldsymbol{w}_m^{\mathrm{T}}\phi_m(z_i^m)+b_m-f_i^m\leqslant\varepsilon+\zeta_i^m,\ \zeta_i^m\geqslant 0 \tag{4-80}$$

$$f_i^m-\boldsymbol{w}_m^{\mathrm{T}}\phi_m(z_i^m)-b_m\leqslant\varepsilon+\zeta_i^{m*},\ \zeta_i^{m*}\geqslant 0 \tag{4-81}$$

$$0\leqslant\boldsymbol{\gamma}\leqslant 1 \tag{4-82}$$

式中的符号含义解释如下：

（1）$\boldsymbol{\gamma}=[\gamma_1,\cdots,\gamma_M]^{\mathrm{T}}$，是 M 个分类器的权重系数向量。

（2）$\boldsymbol{y}_l^m=[y_1^m,\cdots,y_{N_l^m}^m]^{\mathrm{T}}$，表示第 m 对源域和目标域标记样本的标签向量；其中，$y_i^m=\{+1,-1\}$，$i=1,\cdots,N_l^m$。

（3）$\boldsymbol{v}_u=[v_1,\cdots,v_{N_u}]^{\mathrm{T}}$，是目标域中未标记样本的虚拟标签。

（4）$\boldsymbol{f}^m=[(\boldsymbol{f}_l^m)^{\mathrm{T}},(\boldsymbol{f}_u^m)^{\mathrm{T}}]^{\mathrm{T}}$，表示使用第 m 个类型特征时，样本的期望决策值向量；其中，$\boldsymbol{f}_l^m=[\boldsymbol{f}_1^m,\cdots,\boldsymbol{f}_{N_l^m}^m]^{\mathrm{T}}$ 和 $\boldsymbol{f}_u^m=[\boldsymbol{f}_{N_l^m+1}^m,\cdots,\boldsymbol{f}_{N_l^m+N_u}^m]^{\mathrm{T}}$ 分别是标记样本和未标记样本的向量。

（5）ζ_i^m 和 ζ_i^{m*} 是 ε 不敏感损失的松弛变量。

（6）C 和 θ 是正则化参数。

具体来说，式（4-79）中的第一项是正则化分类器；第二项是使分类器的决策值（即 $\boldsymbol{w}_m^{\mathrm{T}}\phi_m(\boldsymbol{z}_i^m)+b_m$）接近期望决策值 $\boldsymbol{f}_l^m$；第三项约束标记样本的期望决策值 $\boldsymbol{f}_l^m$ 尽可能接近其标签 $\boldsymbol{y}_l^m$，并引入正则化项约束目标域上未标记样本的期望决策值 $\boldsymbol{f}_u^m$ 及学习源域的最佳权重 $\boldsymbol{\gamma}$。

（1）数据相关正则化项。在式（4-79）第三项中，数据相关正则化项不仅约束分类器中未标记数据的期望决策值与虚拟标签一致，并且赋予相关源域的分类器更高权重。如果第 m 个源域与目标域相关性更强，那么期望决策值 $\boldsymbol{f}_u^m$ 更接近未标记数据 $\boldsymbol{v}_u$ 的虚拟标签。在此情况下，相应的 γ_m 将变大。另一方面，较大的 γ_m 也会使 $\boldsymbol{f}_u^m$ 更接近 $\boldsymbol{v}_u$。

（2）虚拟标签。为了构造虚拟标签向量 $\boldsymbol{v}_u$，首先为每对源域和目标域训练一个 SVM 分类器，并用它们预测未标记样本的决策值。数学形式上，给定一个未标记样本 $\boldsymbol{x}$，利用 M 个决策值 $p_m|_{m=1}^M$ 的加权和计算出 $\boldsymbol{x}$ 的虚拟标签，即 $\sum_{m=1}^{M}\mathrm{e}^{-\frac{1}{\delta}d_m^2}p_m$，其中，$d_m$ 是 $\boldsymbol{x}$ 与第 m 个源域的最近样本的距离，参数 δ 用于确定局部邻域的权重。

接下来交替优化权重系数向量 $\boldsymbol{\gamma}$ 和分类器参数。

（1）固定 $\boldsymbol{\gamma}$。此时，式（4-79）中关于 m（$m=1,\cdots,M$）的优化问题是可分离的。因此，可逐个优化这 M 个子问题。为了便于叙述，下面省略下标 m。

对于每个子问题，引入拉格朗日乘子 $\alpha_i's$ 和 $n_i's$（$\alpha^*{}_i's$ 和 $n^*{}_i's$）用于式（4-80）和式（4-81）中的约束条件，分别将原始变量$(\boldsymbol{f}^m,\boldsymbol{w}_m,b_m,\zeta_i^m,\zeta_i^{m*})$的拉格朗日导数设置为 0，可获得下面的等式：

$$\boldsymbol{w}_m=\gamma_m\boldsymbol{\Phi}_m(\boldsymbol{\alpha}^*-\boldsymbol{\alpha})\tag{4-83}$$

$$\boldsymbol{f}^m=\begin{pmatrix}\boldsymbol{y}_l^m\\ \boldsymbol{v}_u\end{pmatrix}+\begin{pmatrix}\boldsymbol{I}_{N_l^m} & \boldsymbol{0}_{N_l^m\times N_u}\\ \boldsymbol{0}_{N_u\times N_l^m} & \frac{1}{\gamma_m}\boldsymbol{I}_{N_u}\end{pmatrix}\frac{\boldsymbol{\alpha}-\boldsymbol{\alpha}^*}{\theta} \tag{4-84}$$

约束条件为：$\mathbf{1}^{\mathrm{T}}\boldsymbol{\alpha}=\mathbf{1}^{\mathrm{T}}\boldsymbol{\alpha}^*$，$0\leqslant\boldsymbol{\alpha},\boldsymbol{\alpha}^*\leqslant C$，其中，$\boldsymbol{\alpha}=[\alpha_1,\cdots,\alpha_{N^m}]^{\mathrm{T}}$，$\boldsymbol{\alpha}^*=[\alpha_1^*,\cdots,\alpha_{N^m}^*]^{\mathrm{T}}$，$\boldsymbol{\Phi}_m=[\phi_m(\boldsymbol{z}_1^m),\cdots,\phi_m(\boldsymbol{z}_{N^m}^m)]$。

将这些方程和约束条件代入拉格朗日乘子，可以得到以下对偶形式：

$$\min_{\alpha,\alpha^*}\frac{1}{2}(\boldsymbol{\alpha}-\boldsymbol{\alpha}^*)^{\mathrm{T}}\widetilde{\boldsymbol{K}}_m(\boldsymbol{\alpha}-\boldsymbol{\alpha}^*)+(\widetilde{\boldsymbol{y}}^m)^{\mathrm{T}}(\boldsymbol{\alpha}-\boldsymbol{\alpha}^*)+\varepsilon\mathbf{1}^{\mathrm{T}}(\boldsymbol{\alpha}+\boldsymbol{\alpha}^*) \tag{4-85}$$

$$\text{s.t.}\quad \mathbf{1}^{\mathrm{T}}\boldsymbol{\alpha}=\mathbf{1}^{\mathrm{T}}\boldsymbol{\alpha}^*,\ 0\leqslant\boldsymbol{\alpha},\boldsymbol{\alpha}^*\leqslant C \tag{4-86}$$

式中，$\widetilde{\boldsymbol{y}}^m=\begin{pmatrix}\boldsymbol{y}_l^m\\ \boldsymbol{v}_u\end{pmatrix}$，$\widetilde{\boldsymbol{K}}_m=\gamma_m\boldsymbol{K}_m+\frac{1}{\theta}\begin{pmatrix}\boldsymbol{I}_{N_l^m} & \boldsymbol{0}_{N_l^m\times N_u}\\ \boldsymbol{0}_{N_u\times N_l^m} & \frac{1}{\gamma_m}\boldsymbol{I}_{N_u}\end{pmatrix}$，$\boldsymbol{K}_m=\boldsymbol{\Phi}_m^{\mathrm{T}}\boldsymbol{\Phi}_m$ 是第 m 个类型特征的核矩阵。实际上，上述对偶公式类似于 SVR 公式，可以用 LIBSVM[65] 求解。

（2）固定$\boldsymbol{f}^m$、$\boldsymbol{w}_m$、b_m。当每个分类器已知时，$\gamma_m|_{m=1}^M$可优化为

$$\min_{\gamma}\ \frac{1}{2}\sum_{m=1}^{M}\left(\frac{1}{\gamma_m}\|\boldsymbol{w}_m\|^2+\theta\gamma_m\|\boldsymbol{f}_u^m-\boldsymbol{v}_u\|^2\right) \tag{4-87}$$

$$\text{s.t.}\quad 0\leqslant\gamma\leqslant1$$

式中，$\boldsymbol{w}_m$ 和$\boldsymbol{f}_u^m$可以分别通过式（4-83）和式（4-84）计算得出。

上述问题是一个带有约束的凸优化问题。通过将 $\boldsymbol{\gamma}$ 的导数设为 0 并应用框式约束得到解决方案，即 $\gamma_m=\min\left\{\sqrt{\dfrac{\|\boldsymbol{w}_m\|^2}{(\theta\|\boldsymbol{f}_u^m-\boldsymbol{v}_u\|^2)}},1\right\}$，然后通过 $\boldsymbol{\gamma}\leftarrow\dfrac{\boldsymbol{\gamma}}{(\mathbf{1}^{\mathrm{T}}\boldsymbol{\gamma})}$ 将其归一化。

表 4-9 总结了多源域的自适应迁移学习算法。

表 4-9　多源域的自适应迁移学习算法

输入　多源域数据$X^{s,m}(m=1,\cdots,M)$和对应的标记向量$\boldsymbol{y}_l^m$，目标域中未标记的数据X^t
步骤 1　采用 DASC 方法获得 M 个域不变特征，$\{\boldsymbol{z}_i^m,i=1,\cdots,N_l^m,\cdots,N^m\},m=1,\cdots,M$
训练：
步骤 2　生成虚拟标签向量$\boldsymbol{v}_u$
步骤 3　初始化 $t\leftarrow1$

续表

步骤 4	repeat
步骤 5	if $t=1$ then
步骤 6	设置权重系数向量 $\boldsymbol{\gamma}\leftarrow\frac{\mathbf{1}}{M}$
步骤 7	else
步骤 8	基于所学到的（$\boldsymbol{\alpha}_m$，$\boldsymbol{\alpha}_m^*$），分别用 $\boldsymbol{w}_m=\gamma_m\boldsymbol{\Phi}_m(\boldsymbol{\alpha}^*-\boldsymbol{\alpha})$ 和 $\boldsymbol{f}^m=\begin{pmatrix}\boldsymbol{y}_l^m\\ \boldsymbol{v}_u\end{pmatrix}+\begin{pmatrix}\boldsymbol{I}_{N_l^m} & \mathbf{0}_{N_l^m\times N_u}\\ \mathbf{0}_{N_u\times N_l^m} & \frac{1}{\gamma_m}\boldsymbol{I}_{N_u}\end{pmatrix}\frac{\boldsymbol{\alpha}-\boldsymbol{\alpha}^*}{\theta}$ 计算出 $\boldsymbol{w}_m$ 和 $\boldsymbol{f}^m$
步骤 9	通过 $\gamma_m=\min\left\{\sqrt{\frac{\lVert\boldsymbol{w}_m\rVert^2}{(\theta\lVert\boldsymbol{f}_u^m-\boldsymbol{v}_u\rVert^2)}},1\right\}$ 和 $\boldsymbol{\gamma}\leftarrow\frac{\boldsymbol{\gamma}}{(\mathbf{1}^T\boldsymbol{\gamma})}$ 求解出权重系数向量 $\boldsymbol{\gamma}$
步骤 10	end if
步骤 11	使用 LIBSVM 逐一求解 M 个 SVR 问题，得到 $(\boldsymbol{\alpha}_m,\boldsymbol{\alpha}_m^*)\mid_{m=1}^{M}$
步骤 12	$t\leftarrow t+1$
步骤 13	until 式（4-79）中的目标变化小于预定阈值
测试：	
步骤 14	利用 $f(x)=\sum_{m=1}^{M}\gamma_m(\phi_m(z^m)^{\mathrm{T}}\boldsymbol{\Phi}_m(\boldsymbol{\alpha}_m^*-\boldsymbol{\alpha}_m)+b_m)$ 预测目标域样本的标记
输出	目标域示例的标记

首先将权重系数向量初始化为 $\frac{1}{M}\mathbf{1}$，按照式（4-85）逐一求解 M 个 SVR 问题，得到双变量 $(\boldsymbol{\alpha}_m,\boldsymbol{\alpha}_m^*)\mid_{m=1}^{M}$。然后，分别用式（4-83）和式（4-84）计算 $\boldsymbol{w}_m$ 和 $\boldsymbol{f}^m$。通过求解式（4-87）得到 $\boldsymbol{\gamma}$。权重系数向量 $\boldsymbol{\gamma}$ 通过 $\boldsymbol{\gamma}\leftarrow\frac{\boldsymbol{\gamma}}{(\mathbf{1}^{\mathrm{T}}\boldsymbol{\gamma})}$ 进一步归一化。重复上述两个步骤，直到式（4-79）中目标值的变化小于预定阈值。

最后，融合 M 个分类器，可得到目标域中未标记样本 $\boldsymbol{x}$ 的预测结果，即

$$f(x)=\sum_{m=1}^{M}\gamma_m(\phi_m(z^m)^{\mathrm{T}}\boldsymbol{\Phi}_m(\boldsymbol{\alpha}_m^*-\boldsymbol{\alpha}_m)+b_m) \tag{4-88}$$

式中，$\boldsymbol{z}^m$ 是 $\boldsymbol{x}$ 的第 m 个特征，$\boldsymbol{\alpha}_m$ 和 $\boldsymbol{\alpha}_m^*$ 是从式（4-85）第 m 个子问题中学习的对偶变量。

针对多源域问题，上述方法与域自适应机（DAM）[66] 和域选择机（DSM）[67] 相关，但也有着本质的区别。具体来说，DAM 和 DSM 主要处理同质的源域，而该方法旨在处理异构源域；在 DAM 和 DSM 的正则化项中，只

考虑一种未标记目标数据的特征类型，而该方法在依赖数据的正则化项中考虑了未标记目标数据的不同类型特征。最近，Chen 等人[68]的工作研究了相同的域自适应选择，当目标域的样本具有所有类型的特征时，不同源域的样本可由不同类型的特征来表示，但缺点是需要推断出目标域样本的标签，由此导致高昂的计算代价。与之相反，该方法通过数据相关正则化项利用未标记的目标域样本，从而不需要推断它们的标签，因此工作效率更高。

4.5 应用

流形学习不仅具有强有力的理论基础，在实际应用中也有着重要的潜力。接下来，从图像分类、生物识别和域迁移学习三方面对上述流形学习方法的应用展开介绍。

4.5.1 图像分类

为了验证基于李群流形和自回归滑动平均模型的图像分类算法在分类问题中的有效性，在若干人脸识别数据集上进行实验，图 4-10 所示为人脸示例图，其中第一行来自 AR[69]人脸数据集，第二行来自 FRGC V1.0[70]人脸数据集。

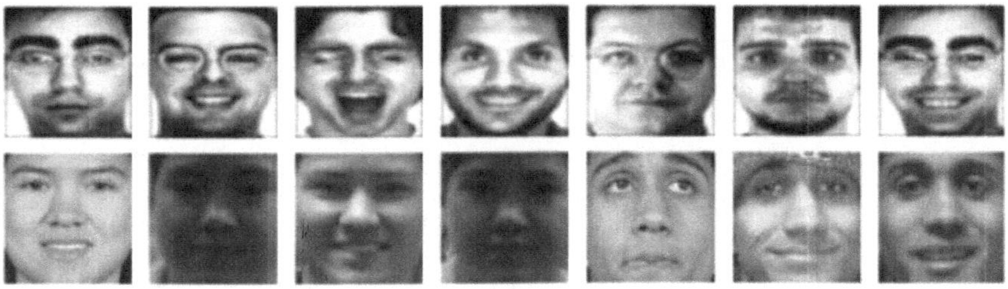

图 4-10 人脸示例图[69,70]

整体思路如图 4-11 所示，将输入的原始图像平均分成 16 个($n=4^2$)图像块，并采用 z 字形顺序扫描这些图像块，构建所对应的序列图像块。基于序列图像块的图像表示方式构架图像自回归滑动平均模型，得到的模型参数子空间可以构建李群流形。

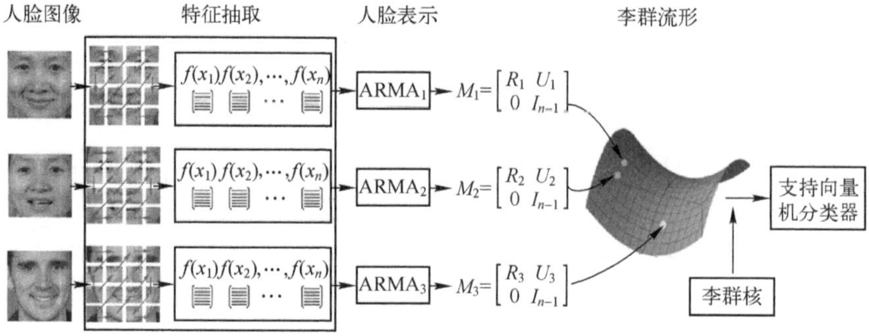

图 4-11　基于李群流形和自回归滑动平均模型的人脸分析框架示意图[19]

此处使用 z 字形扫描方法，它是一种结构保持空间曲线算法，曾经被应用到 JPEG[71]算法中，能够获取图像块的水平和垂直空间信息。和其他的扫描方式（如水平行序扫描、水平行主序扫描和希尔伯特扫描）相比，具有更强的泛化能力。

这种图像分类的问题可以描述为：给定一张人脸图像，判定是否是一个特定的人，通过比较人脸和特定人的模型来确定。首先构建基于自回归滑动平均模型的人脸表示，然后基于模型之间的相似性度量，构建李群核，最后利用 SVM 进行分类。

将该算法和其他基于 SVM 的方法进行识别率对比。所有实验中核函数（如线性核、KL 核、Martin 核、RBF 核）的参数选择方法和基于李群核的方法是一致的，即采用三折交叉验证的方法进行参数选择。

对于人脸识别，表 4-10、图 4-12（a）和图 4-12（b）分别显示了在 3 个人脸数据集上基于不同核函数的实验结果，即基于全局图像的线性核（线性核+无图像分块）、径向基核函数[29,65]（RBF 核+无图像分块）、基于图像块的 KL 核[72]（KL 核+图像分块）、Martin 核[73]（Martin 核+图像分块）和李群核算法（LG 核+图像分块）。其中图像分块指的是基于序列图像块的图像表示方式。从表 4-10 和图 4-12 中可以看出，识别率随着训练样本个数的增加而逐渐增加。总体来说，在四个不同的人脸数据集上，基于图像块的李群核算法超过其他所有方法。

针对两个人脸图像所对应的自回归滑动平均模型之间的相似性度量，相比于 Martin 核和 KL 核，李群核算法能得到更合适的度量。由此可知，通过李群流形的几何属性进行人脸识别能提高分类效果。除此之外，基于图像块的李群核方法超过其他两种基于全局图像（无图像块）的支持向量机核（线性核和径向基核）算法。因此通过获取人脸图像的局部外观特征和空间关系，基于李群流形和自回归滑动平均模型的人脸识别能够提高识别效果。

表 4-10 在 FRGC V1.0 [70] 人脸数据集上不同核方法的分类结果[19]

算　法	分　类　率	
	Half：Half	4：Rest
线性核+无图像分块	86.78%	71.97%
RBF 核+无图像分块	85.75%	70.06%
KL 核+图像分块	62.21%	51.43%
Martin 核+图像分块	85.17%	75.47%
LG 核+ 图像分块	**89.21%**	**79.12%**

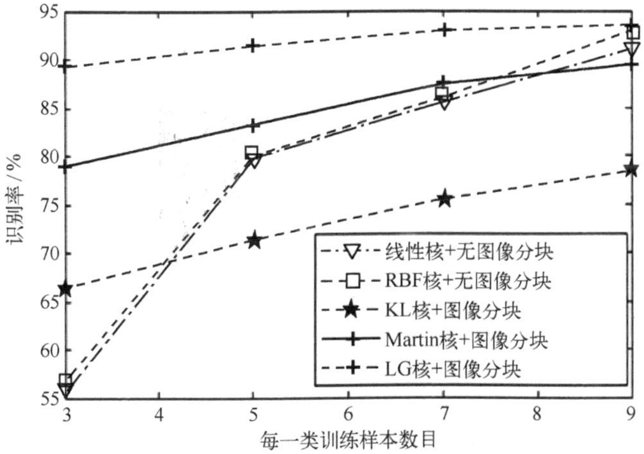

（a）AR数据集不同核方法结果示意图[19]

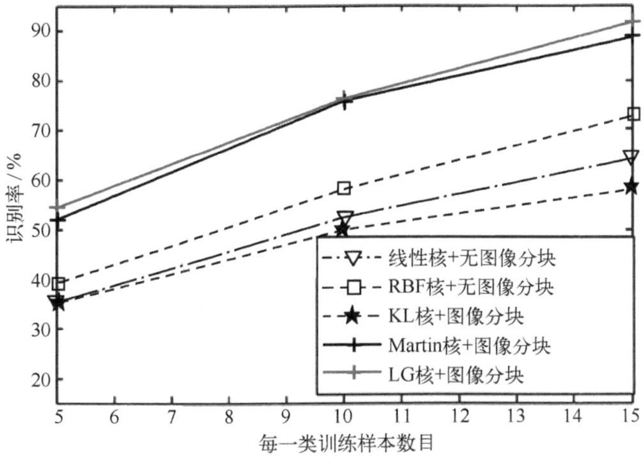

（b）FRGC V2.0数据集不同核方法结果示意图[19]

图 4-12 不同核方法结果示意图

4.5.2 生物识别

在生物识别问题中，掌纹、指纹和虹膜等生物特征具有很高的可用性。香港理工大学生物识别研究中心开发了一种实时多光谱掌纹捕捉设备，可以捕捉蓝、绿、红及近红外照明下的掌纹图像，并以此构建了一个大型多光谱掌纹数据集——PolyU 数据集[74]。该数据集包含 100 个不同手掌的掌纹，每个手掌有 6 个样本，即总共 600 张灰度图像。每个手掌的 6 个样本分两次采集，第一次采集前 3 个样本，第二次采集后 3 个样本，其中两次采集时间平均间隔为两个月。

下面介绍流形学习算法[11]在该数据集上进行测试的情况。首先自动裁剪每个原始图像中心部分，将其调整为 128×128 像素，再通过直方图均衡进行预处理。图 4-13 所示为两个手掌的部分示例图像，其中（a）和（b）分别代表两个不同掌纹手掌预处理后的样本。对于每一类掌纹，第一次采集的 3 个样本作为训练样本，第二次采集的 3 个样本作为测试样本。

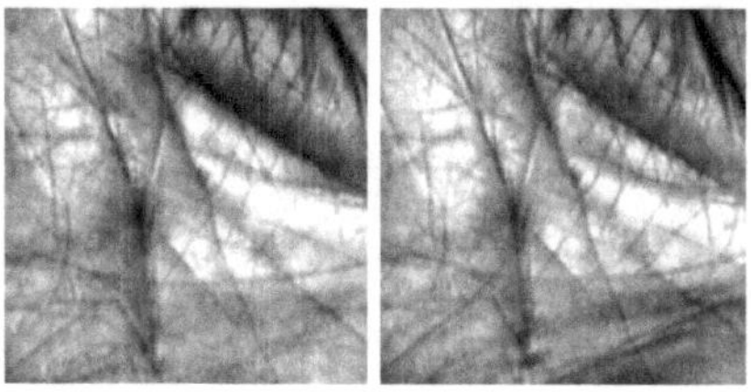
（a）

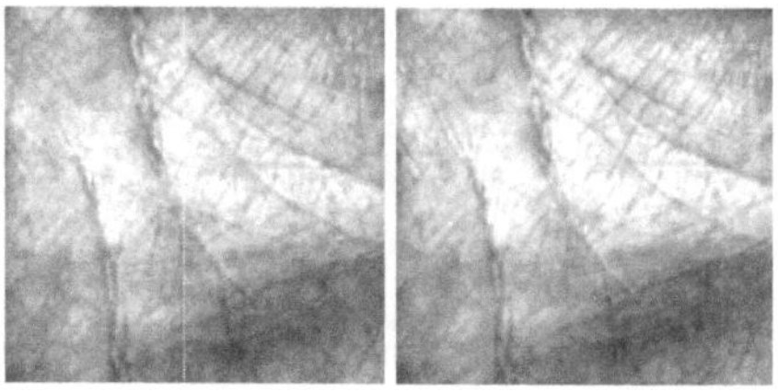
（b）

图 4-13　PolyU 掌纹数据集中的部分裁剪样本[11]

将 NLPP 算法及对比算法 PCA[75]、LDA[76] 和 LPP[9,10] 分别用于掌纹特征提取。其中，由于奇点问题，LDA、LPP 和 NLPP 均涉及 PCA 阶段，该阶段主成分数量被设置为 120，LPP 和 NLPP 的 k 近邻参数设置为 2。提取特征后，采用具有余弦距离的最近邻分类器进行分类。表 4-11 展示了 NLPP 与另外三种方法的比较结果，表中第 2 行和第 3 行分别为最大识别率和相应维度，其中 NLPP 的最大识别率高达 99.7%，即只有一个识别错误样本。这也表明：流形学习方法提取出的特征有利于后续的分类任务。总体上，该方法能够有效地向表征该事物的流形逼近，从而使得流形上不同区域的差别在特征空间中得到体现。

表 4-11 PCA、LDA、LPP 和 NLPP 最高识别率

类别	方法			
	PCA	LDA	LPP	NLPP
识别率/%	86.0	97.7	98.7	**99.7**
维度	90	95	95	100

4.5.3 域迁移学习

本节简要讨论流形对齐在域迁移学习中的应用，具体可参见参考文献[49]。流形对齐方法可以扩展应用于无监督域迁移学习问题。域迁移学习问题通常给定源域和目标域，其目标是将源域知识迁移到目标域，以便处理目标域的任务，例如目标域中未知类别的样本预测类别信息。根据目标域中的数据是否包含标注信息，可以分为（半）监督域迁移学习和无监督域迁移学习。在无监督域迁移学习中，目标域没有任何可以利用的标注信息。这里尝试迁移源域的结构到目标域，即假设源域和目标域的结构有着相似之处。具体来说，假设源域和目标域的数据分别分布在不同的流形上，利用流形对齐来发现一个公共的投影空间，在该空间中利用源域数据的类别信息对目标域中未知类别的样本进行类别预测。

将无监督流形的点点对齐算法（即无监督流形对齐 UMA，见 4.4.2 节）在 4 个公开的数据集上评测，它们包括 Amazon、Webcam、DSLR[33] 和 Caltech-256[77]。根据参考文献［62，63，39］的算法，先提取 SURF 特征[78]，然后用 800 个 TF（Token Frequency）特征对每一个图像进行编码，其中，词典采用 Amazon 数据集进行训练。这些特征在每一维上被归一化为 0 均值和单位标准差，即 z-scored。每一个数据集可以看作是一个域，所以共需做 12 次两两域迁移学习。若 Amazon、Webcam 和 Caltech-256 数据集作为源域，每类随机选取 20 个样本作为训练数据；若 DSLR 作为源域，则每类选取 8 个样本作为训练数据。目标域中的所有样本都没有类别信息，需要预测其类别。对于每对域的迁移任务，需要进行 20 次随机实验。由于在现实中的图像样本具有多样性，为了削弱单个样本对知识迁移的干扰，对源域和目标域的数据采用聚类方法以获取稳定的样本点及其结构信息，其聚类数量由 Jump 方法[79] 自动选取。为了利用源域的类别信息，对源域中的每一类执行聚类操作。将聚类中心作为流形上的样本点执行流形对齐操作，并在公共的投影空间采用最近

邻分类方法来判断目标域中样本类别信息。

若干个无监督域迁移学习方法被用来做对比，它们包括 OriFea、SGF（Sampling Geodesic Flow）[62]、GFK（Geodesic Flow Kernel）[63]、ITL（Information Theoretical Learning）[80]和SA（Subspace Alignment）[81]。OriFea 直接使用原来的 SIFT 特征来进行分类。SGF 及其扩展 GFK 分别采用子空间（PCA 的主成分）描述源域和目标域，进而把源域和目标域看作格拉斯曼流形上的两个点，然后利用这两个点在流形上的中间插值点（或中间域）来捕获源域和目标域的共享特征。ITL 是一种利用信息熵建模的无监督域迁移学习方法。SA 尝试对齐两个域的主方向，即学习两个域之间的线性变换，以使得两个域的主成分方向相同。在监督情况下，SGF 对训练样本的特征做 PLS 线性投影以提取判别信息，此方法简称 SGF（PLS）；而 GFK 则首先利用源域的类别做 PLS 判别投影，然后做域迁移学习，此方法简称 GFK（PLS）。无监督流形对齐 UMA 学习的线性变换把原始特征投影到共同空间后再进行分类预测。所有实验均采用最近邻分类方法。

在 12 个域迁移任务测试中，UMA 方法取得了 9 个最高精度，而且在其他 3 个域迁移任务中也达到了与当前最好方法可比的分类结果。图 4-14 给出了 UMA 方法与其他的无监督域迁移学习方法在其中 2 个域迁移学习任务中的对比结果。相比于其他方法，UMA 方法的分类表现更具有竞争力。理论上，相比于使用子空间方法来表示数据域，流形则更好地描述了数据域的结构信息。

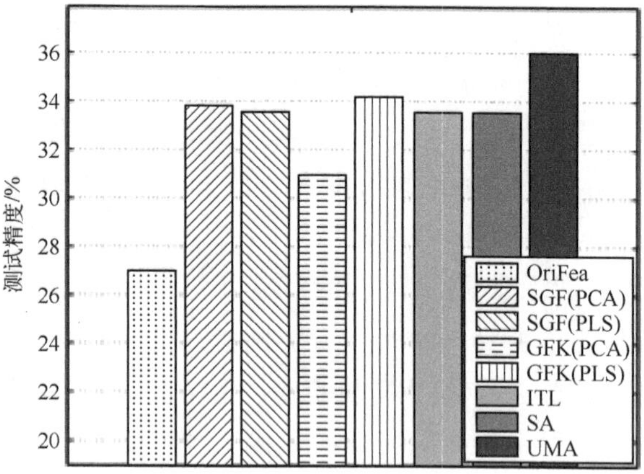

（a）A→W

图 4-14　无监督域迁移方法的性能对比

（A 代表 Amazon，W 代表 Webcam）[49]

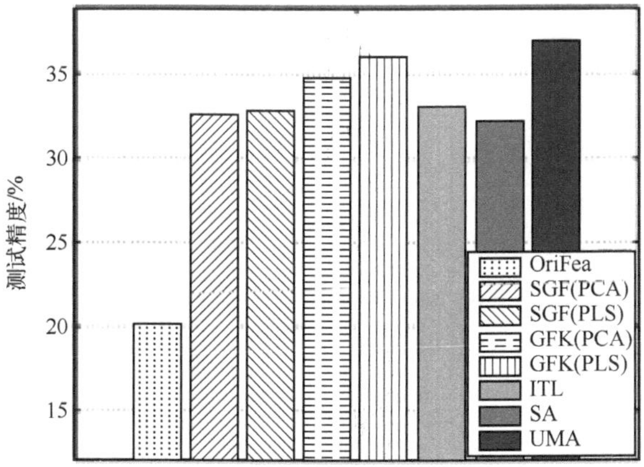

（b）W→A

图 4-14　无监督域迁移方法的性能对比（续）

（A 代表 Amazon，W 代表 Webcam）[49]

参考文献

[1] Roweis S T. Nonlinear Dimensionality Reduction by Locally Linear Embedding [J]. Science, 2000, 290 (5500): 2323-2326.

[2] Tenenbaum J B. A Global Geometric Framework for Nonlinear Dimensionality Reduction [J]. Science, 2000, 290 (5500): 2319-2323.

[3] Boothby, William M. An Introduction to Differentiable Manifolds and Riemannian Geometry [M]. Salt Lake City: Academic Press Inc, 1975.

[4] 李博．基于耦合映射的度量学习和流形对齐研究 [D]．哈尔滨：哈尔滨工业大学，2009.

[5] Young G, Householder A. A note on multidimensional psychophysical analysis [J]. Psychometrika, 1941, 6 (5): 331-333.

[6] Dijkstra E W. A note on two problems in connexion with graphs [M]. New York: Springer-Verlag New York, Inc. 1959.

[7] Saul L K, Roweis S T. Think globally, fit locally: unsupervised learning of low dimensional manifolds [J]. JMLR, 2003, 4: 119-155.

[8] Belkin M, Niyogi P. Laplacian Eigenmaps for Dimensionality Reduction and Data Representation [M]. Cambridge: MIT Press, 2003, 15 (6): 1373-1396.

[9] He X, Niyogi P. Locality Preserving Projections [G]. Advances in Neural Information Pro-

cessing Systems, 2003：153-160.

[10] He X, Yan S, Hu Y, et al. Face Recognition Using Laplacian Faces [J]. IEEE Transactions on Pattern Analysis and Machine Intelligence, 2005, 27 (3)：328-340.

[11] Yang J, Zhang D, Yang J Y. Non-locality Preserving Projection and Its Application to Palmprint Recognition [C] // International Conference on Control. IEEE, 2007：1-4.

[12] Donoho D L, Grimes C. Hessian Eigenmaps：Locally Linear Embedding Techniques for High-Dimensional Data [J]. Proc National Academy of Arts & Sciences, 2003, 100 (10)：5591-5596.

[13] Zhang Z Y, Zha H Y. Principal manifolds and nonlinear dimensionality reduction viat angent space alignment [J]. Journal of Shanghai University, 2004, 8 (4)：406-424.

[14] 王瑞平. 流形学习方法及其在人脸识别中的应用研究 [D]. 北京：中国科学院计算技术研究所, 2010.

[15] Weinberger K Q, Saul L K. Unsupervised Learning of Image Manifolds by Semidefinite Programming [J]. International Journal of Computer Vision, 2006, 70 (1)：77-90.

[16] Sha F, Saul L K. Analysis and extension of spectral methods for nonlinear dimensionality reduction [C]// Machine Learning, Proceedings of the Twenty-Second International Conference (ICML 2005), Bonn, Germany, August 7-11, 2005：784-791.

[17] Lafon S, Lee A B. Diffusion Maps and Coarse-Graining：A Unified Framework for Dimensionality Reduction, Graph Partitioning, and Data Set Parameterization [J]. IEEE Transactions on Pattern Analysis and Machine Intelligence, 2006, 28 (9)：1393-1403.

[18] 黄智武. 黎曼度量学习及其在视频人脸识别中的应用研究 [D]. 北京：中国科学院大学, 2015.

[19] 许春燕. 基于黎曼流形的图像分类算法研究 [D]. 武汉：华中科技大学, 2015.

[20] Tuzel O, Porikli F, Meer P. Pedestrian Detection via Classification on Riemannian Manifolds [J]. IEEE Trans Pattern Anal Mach Intell, 2008, 30 (10)：1713-1727.

[21] Guojun L, Mei X. Face recognition based on Riemannian manifold learning [C] // International Conference on Computational Problem-solving. IEEE, 2011：55-59.

[22] Voit M, Nickel K, Stiefelhagen R. Neural Network-based Head Pose Estimation and Multi-view Fusion [C] // International Evaluation Conference on Classification of Events. Berlin：Springer-Verlag, 2006：291-298.

[23] Doretto G, Chiuso A, Ying N W, et al. Dynamic Textures [J]. International Journal of Computer Vision, 2003, 51 (2)：91-109.

[24] Chikuse, Yasuko. Statistics on special manifolds [M]. Vol. 174. Berlin：Springer Science & Business Media, 2012.

[25] Abou-Moustafa K T, Shah M, Torre F D L, et al. Relaxed Exponential Kernels for Unsupervised Learning [C] // Pattern Recognition-33rd DAGM Symposium, Frankfurt/Main, Germany, August 31-September 2, 2011. Proceedings. Berlin: Springer-Verlag, 2011: 184-195.

[26] Yang M, Zhang L, Shiu C K, et al. Robust Kernel Representation With Statistical Local Features for Face Recognition [J]. IEEE Transactions on Neural Networks and Learning Systems, 2013, 24 (6): 900-912.

[27] Tuzel O, Porikli F M, Meer P. Learning on lie groups for invariant detection and tracking [C] // 2008 IEEE Computer Society Conference on Computer Vision and Pattern Recognition (CVPR 2008), 24-26 June 2008, Anchorage, Alaska, USA. IEEE, 2008: 1-8.

[28] Davis J V, Kulis B, Jain P, et al. Information-theoretic metric learning [C] // Icml 07: International Conference on Machine Learning. 2007.

[29] Cortes C, Vapnik V. Support-Vector Networks [J]. Machine Learning, 1995, 20 (3): 273-297.

[30] Arsigny V, Fillard P, Pennec X, et al. Geometric Means in a Novel Vector Space Structure on Symmetric Positive-Definite Matrices [J]. SIAM Journal on Matrix Analysis and Applications, 2007, 29 (1): 328-347.

[31] Pennec X, Fillard P, Ayache N. A Riemannian Framework for Tensor Computing [J]. International Journal of Computer Vision, 2006, 66 (1): 41-66.

[32] Tuzel O, Porikli F, Meer P. Region Covariance: A Fast Descriptor for Detection and Classification [C] // European Conference on Computer Vision. 2006: 589-600.

[33] Xu C, Lu C, Gao J, et al. Facial Analysis with Lie Group Kernel [J]. IEEE Transactions on Circuits and Systems for Video Technology, 2015, 25 (7): 1140-1150.

[34] Chevalley C. Theory of Lie groups [M] // Theory of Lie groups. Princeton: Princeton University Press, 1946.

[35] Yan S, Xu D, Zhang B, et al. Graph embedding and extensions: a general framework for dimensionality reduction [J]. IEEE Transactions on Pattern Analysis and Machine Intelligence, 2007, 29 (1): 40-51.

[36] Mika S, Ratsch G, Weston J, et al. Fisher Discriminant Analysis with Kernels [C] // Neural Networks for Signal Processing IX, 1999. Proceedings of the 1999 IEEE Signal Processing Society Workshop. IEEE, 1999.

[37] Goldberger J, Roweis S, Hinton G, et al. Neighbourhood components analysis [C] // International Conference on Neural Information Processing Systems. 2004: 513-520.

[38] Stephen Boyd L V, Stephen Boyd L V. Convexoptimization [J]. IEEE Transactions on

Automatic Control, 2006, 51 (11): 1859-1859.

[39] Saenko K, Kulis B, Fritz M, et al. Adapting Visual Category Models to New Domains [C] // Computer Vision - ECCV 2010, 11th European Conference on Computer Vision, Heraklion, Crete, Greece, September 5-11, 2010, Proceedings, Part IV. Berlin: Springer-Verlag, 2010.

[40] Soomro K, Zamir A R, Shah M. UCF101: A Dataset of 101 Human Actions Classes From Videos in The Wild [J]. Computer Science, 2012.

[41] Gross R, Matthews I, Cohn J, et al. Multi-PIE [J]. Image and Vision Computing, 2010, 28 (5): 807-813.

[42] Ham J, Lee D, Saul L. Semisupervised alignment of manifolds [C]. In Proceedings of the Annual Conference on Uncertainty in Artifificial Intelligence, 2005, 10: 120-127.

[43] Shon A, Grochow K, Hertzmann A, et al. Learning shared latent structure for image synthesis and robotic imitation [M] // Advances in Neural Information Processing Systems 18, Cambridge: The MIT Press, 2005: 1233-1240.

[44] Chang W, Mahadevan S. Manifold alignment using Procrustes analysis [C] // International Conference on Machine Learning, 2008: 1120-1127.

[45] Wang C, Mahadevan S. Manifold Alignment Preserving Global Geometry [R/OL]. UMass Computer Science Department UM-CS-2012-031, 2012. http://www-anw.cs.umass.edu/legacy/pubs.shtml.

[46] Liang X, Fei W, Zhang C. Semi-definite Manifold Alignment [C] // 2007: 773-781.

[47] Zhen C, Hong C, Shan S, et al. Generalized Unsupervised Manifold Alignment [C] // International Conference on Neural Information Processing Systems, 2014: 2429-2437.

[48] Cui Z, Li W, Xu D, et al. Flowing on Riemannian Manifold: Domain Adaptation by Shifting Covariance [J]. IEEE Transactions on Cybernetics, 2014, 44 (12): 2264.

[49] 崔振. 稀疏与流形表示及其在人脸识别中的应用研究 [D]. 北京：中国科学院大学, 2014.

[50] Wang C, Mahadevan S. Manifold alignment without correspondence [C] // International Jont Conference on Artifical Intelligence, 2009, 2 (3).

[51] Pei Y, Huang F, Shi F, et al. Unsupervised Image Matching Based on Manifold Alignment. [J]. IEEE Transactions on Pattern Analysis & Machine Intelligence, 2012, 34 (8): 1658.

[52] Belkin M, Niyogi P. Laplacian Eigenmaps for Dimensionality Reduction and Data Representation [M]. Cambridge: MIT Press, 2003, 15 (6): 1373-1396.

[53] He X. Locality preserving projections [G]. In Advances in Neural Information Processing

Systems, 2014, 16 (153).

[54] Zaslavskiy M, Bach F, Vert J P. A path following algorithm for the graph matching problem [J]. IEEE Transactions on Pattern Analysis & Machine Intelligence, 2008, 31 (12): 2227-42.

[55] Frank M, Wolfe P. An algorithm for quadratic programming [J]. Naval research logistics quarterly, 1956, 3 (1-2): 95-110.

[56] Merris R. Combinatorial Matrix Classes by Richard A. Brualdi [J]. Siam Review, 2008, 50 (2): 395-397.

[57] Rockafellar R T. Convex Analysis [J]. Volume 28, Princeton university press, 1997.

[58] Munkres J. Algorithms for the Assignment and Transportation Problems [J]. Journal of the Society for Industrial and Applied Mathematics, 1957, 5 (1): 32-38.

[59] Birkhoff G. Three Observations on LinearAlgebra [J]. Univ. nac. tacuman Rev. ser. a, 1946, 5: 147-151.

[60] Neumann V J. A certain zero - sum two - person game equivalent to the optimal assignmentproblem [J]. Contributions to the Theory of Games, 1953: 5-12.

[61] Tewari A, Ravikumar P, Dhillon I S. Greedy Algorithms for Structurally Constrained High Dimensional Problems [C] // International Conference on Neural Information Processing Systems, 2011: 882-890.

[62] Gopalan R, Li R, Chellappa R. Domain adaptation for object recognition: An unsupervised approach [C] // IEEE International Conference on Computer Vision, ICCV 2011, Barcelona, Spain, November 6-13, 2011. IEEE, 2011: 999-1006.

[63] Grauman K. Geodesic flow kernel for unsupervised domain adaptation [C] // Proceedings of the 2012 IEEE Conference on Computer Vision and Pattern Recognition (CVPR). IEEE, 2012: 2066-2073.

[64] Belhumeur P N, Hespanha J P, Kriegman D J. Eigenfaces vs. Fisherfaces: Recognition Using Class Specific Linear Projection [J]. IEEE Transactions on Pattern Analysis and Machine Intelligence, 1997, 19 (7): 711-720.

[65] Chang C C, Lin C J. LIBSVM: A library for support vector machines [J]. ACM Transactions on Intelligent Systems and Technology (TIST), 2011, 2 (3): 27.

[66] Duan L, Tsang I W, Xu D, et al. Domain adaptation from multiple sources via auxiliary classifiers [C] // Proceedings of the 26th Annual International Conference on Machine Learning, ICML 2009, Montreal, Quebec, Canada, June 14-18, 2009. DBLP, 2009, 23 (3): 504-518.

[67] Duan L, Xu D, Chang S F. Exploiting web images for event recognition in consumer videos:

A multiple source domain adaptation approach [C] // Computer Vision and Pattern Recognition (CVPR), 2012 IEEE Conference on. IEEE, 2012: 1338-1345.

[68] Chen L, Duan L, Xu D. Event Recognition in Videos by Learning from Heterogeneous Web Sources [C] // IEEE Conference on Computer Vision & Pattern Recognition. IEEE Computer Society, 2013: 2666-2673.

[69] Martínez A, Benavente R. The AR Face Database [J]. Cvc Technical Report, 1998, 24.

[70] Phillips P J, Flynn P J, Scruggs T, et al. Overview of the Face Recognition Grand Challenge [C] // Computer Vision and Pattern Recognition, 2005. CVPR 2005. IEEE Computer Society Conference on. IEEE, 2005, 1: 947-954.

[71] Wallace G. The JPEG still picture compressionstandard [J]. IEEE Transactions on Consumer Elec-tronics, 1992, 38 (1).

[72] Chan A B. Probabilistic kernels for the classification of auto-regressive visual processes [C] // Proc. 2005 IEEE Computer Society Conference CVPR. IEEE Computer Society, 2005: 846-851.

[73] De Cock K, De Moor B. Subspace angles between linear stochastic models [C] // IEEE Conference on Decision & Control. IEEE, 2000: 1561-1566.

[74] Zhang D. PolyU palmprint database [DB/OL]. http: //www4. comp. polyu. edu. hk/~biometrics/.

[75] Turk M, Pentland A. Eigenfaces for Recognition [J]. J Cogn Neurosci, 1991, 3 (1): 71-86.

[76] Swets D L, Weng J. Using discriminant eigenfeatures for image retrieval [G]. IEEE Computer Society, 1996, 18 (8): 831-836.

[77] Griffin G, Holub A, Perona P. Caltech-256 object category dataset [R]. California Institute of Technology, 2007.

[78] Bay H, Tuytelaars T, Gool L V. SURF: Speeded Up Robust Features [C] // European Conference on Computer Vision. 2006: 404-417.

[79] James S G M. Finding the Number of Clusters in a Dataset: An Information-Theoretic Approach [J]. Journal of the American Statistical Association, 2003, 98 (463): 750-763.

[80] Shi Y, Sha F. Information-Theoretical Learning of Discriminative Clusters for Unsupervised Domain Adaptation [C]. The 29th International Conference on Machine Learning (ICML), 2012.

[81] Fernando B, Habrard A, Sebban M, et al. Unsupervised Visual Domain Adaptation Using Subspace Alignment [C] // International Conference on Computer Vision (ICCV). IEEE, 2013.

第 5 章

稀疏表示

5.1 稀疏表示的基本算法

稀疏表示（Sparse Representation）是信号处理领域的一个十分引人关注的研究方向。经过近 20 年的发展，稀疏表示在理论、模型、优化等方面都获得了长足的发展。简而言之，稀疏表示的目的就是用少量的基本信号的线性组合来表达大部分或全部的原始信号，从而获得更为简洁的原始信号表示方式。这种方法能够帮助我们了解和掌握信号中所蕴含的关键信息，以便进一步对信号进行分析、处理和加工。这就像我们查字典，虽然目前已有的汉字数目繁多、形式各异，但它们大多都可以通过从两百余个已有偏旁部首中选择若干个进行合理组合得到，据此就可以很方便地将汉字在字典中定位。稀疏表示被提出后，由于其简洁性和高效性，便很快地被应用于信号压缩、分解、编码等多个方面。

实际上，动物的认知过程也和稀疏表示有着密切的关系。1959 年达维德·胡贝尔（David H. Hubel）和托尔斯滕·维泽尔（Torsten N. Wiesel）在研究猫的视觉条纹皮层上的细胞的感受野（Receptive Field）时，发现初级视觉皮层（即 V1 区）上的细胞的感受野能够对视觉感知信息产生稀疏的响应，即大部分神经元都处于静息状态，而只有少数的神经元被刺激并处于激活状态[1,2]。他们也因这个发现获得了 1981 年的诺贝尔奖。基于此，有学者认为，动物之所以能够在有限的脑容量下认识并记忆大千世界中的大量事物，与脑神经元响应外界刺激时的稀疏性是分不开的。

在信号处理及模式识别领域，稀疏表示的数学模型可写为

$$\min_{\boldsymbol{\alpha}} \|\boldsymbol{x}-\boldsymbol{D}\boldsymbol{\alpha}\|_2+\lambda\ \|\boldsymbol{\alpha}\|_0 \tag{5-1}$$

式中，$\boldsymbol{x}\in\mathbf{R}^d$，为 d 维的输入信号；$\boldsymbol{D}\in\mathbf{R}^{d\times m}$，为过完备的字典（Dictionary）；$\boldsymbol{\alpha}\in\mathbf{R}^m$，为编码系数。在式（5-1）中，$\|\cdot\|_0$代表$L_0$范数，表示计算向量 $\boldsymbol{\alpha}$ 中

非零元素的个数；矩阵 $\boldsymbol{D}$ 中的每一列称为一个“原子”（Atom）。因此，整个模型式（5-1）的意思是希望仅使用 $\boldsymbol{D}$ 中很少量的原子进行线性组合，就能够实现对输入信号 $\boldsymbol{x}$ 的准确表达，其中向量 $\boldsymbol{\alpha}$ 中的非零元素就对应选中的一组原子，零元素则表示对应的原子未被用于重构信号 $\boldsymbol{x}$。一般而言，我们希望最后选中的原子数目 b 非常少，即 $b \ll m$，这也就是“稀疏表示”中“稀疏”二字的含义。

实际上，式（5-1）隐含了一个假设，即该模型对于任意给定信号 $\boldsymbol{x}$ 都能寻找到一个稀疏的 $\boldsymbol{\alpha}$ 来进行恢复，但一个很重要的问题是，这样的 $\boldsymbol{\alpha}$ 对任意的信号 $\boldsymbol{x}$ 都存在吗？换言之，我们需要对解的存在性问题进行探究。庆幸的是，著名的华裔数学天才陶哲轩（Terence Tao）教授在 2008 年给出了证明：当过完备字典矩阵 $\boldsymbol{D}$ 满足一个比较宽泛的条件时，输入信号便可以被稀疏地表示。具体地，陶哲轩教授和学生 Candes 从压缩感知（Compressive Sensing）的角度出发，提出了“限定等距性”（Restricted Isometry Property，RIP）定理，即我们常说的 RIP 条件，它的具体内容如下所述。

定理 5-1（RIP 条件） 假设 $\boldsymbol{D}$ 是一个 $d \times m$ 矩阵，$s \in [1, m]$ 是一个整数。若存在一个常数 $\delta_s \in (0,1)$，使得对于任意 $\boldsymbol{D}$ 的子矩阵 $\boldsymbol{D}_s \in \mathbf{R}^{d \times s}$ 及 s 维的向量 $\boldsymbol{\alpha}$ 有

$$(1-\delta_s)\|\boldsymbol{\alpha}\|_2^2 \leqslant \|\boldsymbol{D}_s\boldsymbol{\alpha}\|_2^2 \leqslant (1+\delta_s)\|\boldsymbol{\alpha}\|_2^2 \tag{5-2}$$

则称矩阵 $\boldsymbol{D}$ 满足 s-限定等距性，且等距常数为 δ_s。

定理 5-1 不但告诉我们给定信号可以由过完备字典矩阵 $\boldsymbol{D}$ 的若干原子构成的子矩阵 $\boldsymbol{D}_s$ 恢复（即 $\boldsymbol{D}_s\boldsymbol{\alpha}$），还表明其恢复误差的上下界与向量 $\boldsymbol{\alpha}$ 的 L_2 范数有关。因此，式（5-1）的模型对于实际问题来说是有意义的，我们可以放心地使用稀疏表示的数学工具对问题进行建模和求解。

虽然式（5-1）从形式上看非常简单，但其求解却并不容易。不难发现，式（5-1）是一个非凸的离散优化问题，因此求解它是 NP 难（NP-Hard）的。自稀疏表示的原始模型被提出后，很多学者都对其求解提出了不同的方法。其中，陶哲轩和 Candes 合作证明了在 RIP 条件下，式（5-1）中关于向量 $\boldsymbol{\alpha}$ 的 L_0 范数优化问题与其 L_1 范数的优化问题具有相同的解。也就是说，式（5-1）的优化问题可以被松弛为下面的形式：

$$\min_{\boldsymbol{\alpha}} \|\boldsymbol{x}-\boldsymbol{D}\boldsymbol{\alpha}\|_2 + \lambda\|\boldsymbol{\alpha}\|_1 \tag{5-3}$$

其中，$\|\cdot\|_1$ 称为 L_1 范数，其定义为 $\|\boldsymbol{\alpha}\|_1 = \sum_i |\boldsymbol{\alpha}_i|$，即计算向量 $\boldsymbol{\alpha}$ 的所有元

素的绝对值之和。注意，相比于式（5-1），式（5-3）所表示的模型是一个连续的凸优化问题，因此其一定有唯一解。实际上，式（5-3）的形式就是我们常说的最小绝对收缩和选择算子（Least Absolute Shrinkage and Selection Operator，LASSO）[3]。LASSO 模型由斯坦福大学著名的统计学教授 Robert Tibshirani 于 1996 年提出的，关于其原理和算法实现有一个网站①做了很好的总结。LASSO 模型常用的解法有坐标轴下降法和最小角回归（Least Angle Regression，LARS）法，其中 LARS 法的代码实现可参见相关网站②。

5.2 基于稀疏表示的特征抽取

特征抽取是计算机视觉和图像处理中的一个概念。图像特征抽取是指通过某种方式获得一张图像最有效的直观描述或抽象表示。图像特征抽取可定义为在某种准则下获得一个最优的线性变换，并经过这个线性变换把高维数据投影到较低维的空间，以达到维数压缩、消除各种变量的相关性、提高分类效果的目的。在本节中，我们主要介绍三种基于稀疏表示的特征抽取的方法。

5.2.1 稀疏主成分分析方法

经典的主成分分析（Principal Component Analysis，PCA）已被广泛用于数据处理。它的成功运用在于能够找到一系列最小化信息损失的线性不相关基。但是，PCA 也有着明显的缺陷，即每一个基向量都是所有变量的非零线性组合，这使得 PCA 很难解释哪些变量在这组数据中起主要作用。在某些高维数据分析中，我们常常希望知道哪些变量不起主要作用或根本不起作用，从而在数据的获取过程中直接忽略不必要的成分、变量或特征，以减小工作量。另一方面，我们也总是期望能够用最少的变量对数据进行合理的解释。但是，PCA 并不能解决这些问题。

针对以上情况，研究人员提出了各种各样的方法进行特征选择。这些方法包括 Breiman 提出的 Nonnegative Garotte[4]、Jolliffe 等提出的 SCoTLASS[5]、

① http://statweb.stanford.edu/~tibs/lasso.html。

② https://web.stanford.edu/~hastie/Papers/LARS/。

Tibshirani 提出的 LASSO[3] 等。Zou 和 Hastie 全面分析了这几种方法的不足，提出了 Elastic Net[6] 方法，能够同时进行特征选择和系数收缩。这些方法通过直接对特征向量加上非零元素个数的限制，或加入 L_1 范数进行优化，来达到特征选择的功能，使得最终得到的向量是一个稀疏的向量。从而，这些稀疏向量被赋予了一定的解释功能，为我们对数据的深层次理解起到了非常明显的促进作用。同时，用这样的稀疏学习所得的特征，常常能达到更好的分类或预测效果。

为了得到稀疏的投影轴，Zou 等人提出了稀疏主成分分析（Sparse Principal Component Analysis，SPCA）[7]。SPCA 的目标函数被表示成了一个回归型的最优化问题，并通过引入带 L_1 范数的 LASSO 限制来获得稀疏系数。

1. 稀疏主成分分析

令数据矩阵 $\boldsymbol{X}_{n\times p}=[\boldsymbol{x}_1,\boldsymbol{x}_2,\cdots,\boldsymbol{x}_n]^{\mathrm{T}}$，$n$ 为观测样本的数目，p 为变量的数目。不失一般性，假设矩阵 $\boldsymbol{X}$ 中样本均值为 0，则 $\boldsymbol{X}$ 的 SVD 分解为

$$\boldsymbol{X}=\boldsymbol{U}\boldsymbol{D}\boldsymbol{V}^{\mathrm{T}} \tag{5-4}$$

$\boldsymbol{U}$ 称为主成分向量（Principal Component，PC），$\boldsymbol{V}$ 的列称为主成分系数。

参考文献［7］提出了一个自包含（Self-contained）回归类型准则来推导主成分向量。令 $\boldsymbol{x}_i$ 表示矩阵 $\boldsymbol{X}$ 的第 i 行向量，首先考虑主要的主成分（Leading Principal Component）。

定理 5-2 对任意的 $\lambda>0$，令

$$\begin{gathered}(\hat{\boldsymbol{\alpha}},\hat{\boldsymbol{\beta}})=\underset{\boldsymbol{\alpha},\boldsymbol{\beta}}{\operatorname{argmin}}\sum_{i=1}^{n}\|\boldsymbol{x}_i-\boldsymbol{\alpha}\boldsymbol{\beta}^{\mathrm{T}}\boldsymbol{x}_i\|_2^2+\lambda\|\boldsymbol{\beta}\|_2^2\\ \text{s. t.}\quad \|\boldsymbol{\alpha}\|^2=1\end{gathered} \tag{5-5}$$

则有 $\hat{\boldsymbol{\beta}}\propto\boldsymbol{V}_1$。

下面的定理 5-3 扩展了定理 5-2，得到了主成分向量的整个序列。

定理 5-3 假设要求得数据的前 k 个主成分，令 $\boldsymbol{A}_{p\times k}=[\boldsymbol{\alpha}_1,\cdots,\boldsymbol{\alpha}_k]$，$\boldsymbol{B}_{p\times k}=[\boldsymbol{\beta}_1,\cdots,\boldsymbol{\beta}_k]$ 均为 $p\times k$ 型矩阵。对任意的 $\lambda>0$，令

$$\begin{gathered}(\hat{\boldsymbol{A}},\hat{\boldsymbol{B}})=\underset{\boldsymbol{A},\boldsymbol{B}}{\operatorname{argmin}}\sum_{i=1}^{n}\|x_i-\boldsymbol{A}\boldsymbol{B}^{\mathrm{T}}x_i\|_2^2+\lambda\sum_{j=1}^{k}\|\boldsymbol{\beta}_j\|_2^2\\ \text{s. t.}\quad \boldsymbol{A}^{\mathrm{T}}\boldsymbol{A}=\boldsymbol{I}_{k\times k}\end{gathered} \tag{5-6}$$

则有 $\hat{\boldsymbol{\beta}}_j\propto\boldsymbol{V}_j$，$j=1,2,\cdots,k$。

定理 5-2 和定理 5-3 有效地将 PCA 问题转化为回归问题。为了获得稀疏

主成分向量，把带L_1范数的 LASSO 限制引入自包含回归问题式（5-6）中，并求解以下最优化问题：

$$(\hat{\boldsymbol{A}},\hat{\boldsymbol{B}}) = \underset{\hat{A},B}{\operatorname{argmin}} \sum_{i=1}^{n} \|\boldsymbol{x}_i - \boldsymbol{A}\boldsymbol{B}^{\mathrm{T}}\boldsymbol{x}_i\|_2^2 + \lambda \sum_{j=1}^{k} \|\boldsymbol{\beta}_j\|_2^2 + \sum_{j=1}^{k} \lambda_{1,j} \|\boldsymbol{\beta}_j\|_1$$
$$\text{s.t.} \quad \boldsymbol{A}^{\mathrm{T}}\boldsymbol{A} = \boldsymbol{I}_{k\times k} \tag{5-7}$$

式中，$\|\cdot\|_1$是L_1范数。通过选用适当的λ 和$\lambda_{1,j}$，可以得到稀疏的最优投影矩阵 $\hat{\boldsymbol{B}}$。对于一个固定的$\boldsymbol{A}$，这个最优解可以用 Elastic Net 求得。

SPCA 用于基因表达数据，可以分析得出那些重要的基因因子[6]。此外，稀疏性可以提升模型的泛化性能，如果把它用于模式特征抽取，则有可能得到更好的效果。

2. 稀疏特征抽取

稀疏特征抽取与紧致特征抽取有着相似的表现形式，它们都把一个高维向量投影到一个低维子空间上。但是，稀疏特征抽取与紧致特征抽取又有着完全不一样的本质属性。不妨假定有一个只有两个非零元素的稀疏特征向量，则当一个高维模式向量投影到一个稀疏投影轴$\boldsymbol{\varphi}$上时，有：

$$\boldsymbol{y}_i = \boldsymbol{x}_i^{\mathrm{T}}\boldsymbol{\varphi} = \boldsymbol{x}_i^{\mathrm{T}}[0,\cdots,0,a_j,0,\cdots,0,a_k,0,\cdots,0]^{\mathrm{T}} \tag{5-8}$$

从上式容易看出，只有第j个和第k个元素对低维特征$\boldsymbol{y}_i$有贡献。因而，这样的稀疏投影有特征选择的功能，即所有零元素所对应的特征被完全过滤掉了。另外，从最大化方差的角度出发，这样的一个投影向量也说明，这两个特征对数据的分布（刻画方差）有较大的贡献，从而说明这两个特征在此数据中占据了重要的位置。由于一个模式的分量，即每个变量，都有可能对应于一个具有物理意义的量（如质量、长度等），所以这样的特征给出了物理意义（语义）上的解释。

5.2.2　稀疏判别分析方法

SPCA 把稀疏主成分的求解过程转化为一个含L_1范数的回归问题。通过表示系数的稀疏化，它成功地发现了哪些变量对数据的方差起到了决定性的作用或贡献，从而使我们可以了解到数据本身更深层次的问题。但是，对数据的方差起到最有贡献的变量，并不一定对分类也起到最为重要的作用。Aspremont 等[8]利用半正定规划的方法提出了直接的稀疏主成分学习。

Moghaddam 等[9,10]提出利用矩阵谱边界的思想进行稀疏子空间学习并得到一个统一的算法框架：利用贪心算法进行稀疏主成分学习与稀疏线性判别分析。但他们所提出的稀疏线性判别分析只适用于两类情形，因此不具备普遍性。较有影响力的稀疏判别投影学习方法是 Clemmensen 等[11]提出的稀疏判别分析（Sparse Discriminant Analysis，SDA）。SDA 把惩罚判别分析（Penalized Discriminant Analysis，PDA）[12]推广到了稀疏的情形，通过利用一个略作改变的 Elastic Net 回归结合 SVD 分解，相互迭代得到一簇最优的稀疏判别投影。

线性判别分析（Linear Discriminant Analysis，LDA）曾被 Hastie 等人用最优分值（Optimal Scoring）的方法写成了回归形式[12]。其思想是把类属变量看成量化变量来处理。最优分值问题定义为

$$\begin{aligned}(\hat{\boldsymbol{\theta}},\hat{\boldsymbol{\varphi}})&=\underset{\boldsymbol{\theta},\boldsymbol{\varphi}}{\operatorname{argmin}}\ m^{-1}\|\boldsymbol{Y\theta}-\boldsymbol{X\varphi}\|_2^2\\ \text{s. t.}\quad & m^{-1}\|\boldsymbol{Y\theta}\|_2^2=1\end{aligned}\tag{5-9}$$

式中，$\boldsymbol{Y}$ 是只含 0、1 值的代表各类属性的 $m\times c$ 阶矩阵变量，m 是样本个数，$\boldsymbol{X}$ 是数据矩阵，每一列就是一个高维模式向量。

PDA 增加了一个附加项去优化以下问题：

$$\begin{aligned}(\hat{\boldsymbol{\theta}},\hat{\boldsymbol{\varphi}})&=\underset{\boldsymbol{\theta},\boldsymbol{\varphi}}{\operatorname{argmin}}\ m^{-1}\|\boldsymbol{Y\theta}-\boldsymbol{X\varphi}\|_2^2+\lambda_2\|\boldsymbol{\Omega}^{1/2}\boldsymbol{\varphi}\|_2^2\\ \text{s. t.}\quad & m^{-1}\|\boldsymbol{Y\theta}\|_2^2=1\end{aligned}\tag{5-10}$$

式中，$\lambda_2>0$，$\boldsymbol{\Omega}$ 是一个惩罚矩阵，它可以是与数据相关的类内散度，也可以是单位矩阵等。

与上面的两个方法不同的是，为了得到稀疏的投影向量，SDA 引入了 L_1 范数到上面的优化问题式（5-10）中。SDA 的优化模型定义为

$$\begin{aligned}(\hat{\boldsymbol{\theta}},\hat{\boldsymbol{\varphi}})&=\underset{\boldsymbol{\theta},\boldsymbol{\varphi}}{\operatorname{argmin}}\ m^{-1}\|\boldsymbol{Y\theta}-\boldsymbol{X\varphi}\|_2^2+\lambda_2\|\boldsymbol{\Omega}^{1/2}\boldsymbol{\varphi}\|_2^2+\lambda_1\|\boldsymbol{\varphi}\|_1\\ \text{s. t.}\quad & m^{-1}\|\boldsymbol{Y\theta}\|_2^2=1\end{aligned}\tag{5-11}$$

式中，$\lambda_1>0$。

至今为止，还没有直接得到这个模型最优解的方法。但是，可以利用 Elastic Net 回归结合 SVD 分解进行迭代得到。

首先，对于某个固定的 $\boldsymbol{\theta}$，有

$$\hat{\boldsymbol{\varphi}}_i=\underset{\boldsymbol{\varphi}}{\operatorname{argmin}}\ m^{-1}\|\boldsymbol{Y\theta}_i-\boldsymbol{X\varphi}_i\|_2^2+\lambda_2\|\boldsymbol{\Omega}^{1/2}\boldsymbol{\varphi}_i\|_2^2+\lambda_2\|\boldsymbol{\varphi}_i\|_1\tag{5-12}$$

这本质上是一个 Elastic Net 回归问题。

其次，对于某个固定的 $\boldsymbol{\varphi}$，有

$$\begin{aligned} &\hat{\boldsymbol{\theta}}=\underset{\boldsymbol{\theta}}{\operatorname{argmin}} m^{-1}\|\boldsymbol{Y\theta}-\boldsymbol{X\varphi}\|_2^2 \\ &\text{s. t.}\quad m^{-1}\|\boldsymbol{Y\theta}\|_2^2=1 \end{aligned} \tag{5-13}$$

令$\boldsymbol{D}_\pi=m^{-1}\boldsymbol{Y}^{\mathrm{T}}\boldsymbol{Y}$，式（5-10）可以写成$\boldsymbol{\theta}^{\mathrm{T}}\boldsymbol{D}_\pi\boldsymbol{\theta}=1$。再令$\boldsymbol{\theta}^*=\boldsymbol{D}_\pi^{1/2}\boldsymbol{\theta}$，$\hat{\boldsymbol{Y}}=\boldsymbol{X\varphi}$，则这个优化问题变为

$$\begin{aligned} &\hat{\boldsymbol{\theta}}^*=\underset{\boldsymbol{\theta}^*}{\operatorname{argmin}} m^{-1}\|\boldsymbol{Y}\boldsymbol{D}_\pi^{-1/2}\boldsymbol{\theta}^*-\hat{\boldsymbol{Y}}\|_2^2 \\ &\text{s. t.}\quad \|\boldsymbol{\theta}^*\|_2^2=1 \end{aligned} \tag{5-14}$$

事实上，当 $\boldsymbol{Y}$ 与$\hat{\boldsymbol{Y}}$有相同的维数时，这是一个平衡 Procrustes 问题[13]。当维数不等时，可以通过对矩阵添加零元素的方法使得它们相等。这个问题可以由 SVD 分解$\boldsymbol{D}_\pi^{-1/2}\boldsymbol{Y}^{\mathrm{T}}\hat{\boldsymbol{Y}}$得到。由于只需要估计 $\boldsymbol{U}$ 和 $\boldsymbol{V}$，即$\boldsymbol{Y}^{\mathrm{T}}\hat{\boldsymbol{Y}}=\boldsymbol{UDV}^{\mathrm{T}}$，那么最优解可以表示为

$$\hat{\boldsymbol{\theta}}^*=\boldsymbol{UV}^{\mathrm{T}}\text{或 }\hat{\boldsymbol{\theta}}=\boldsymbol{D}_\pi^{-1/2}\boldsymbol{UV}^{\mathrm{T}} \tag{5-15}$$

由以上两步互相迭代，就可以得到最优的稀疏投影。

SDA 提供了一种如何得到稀疏判别投影的途径，它通过迭代回归的方法，有效地得到了稀疏判别投影。

5.2.3　稳健联合稀疏嵌入方法

正交邻域保持投影（Orthogonal Neighborhood Preserving Projections，ONPP）是一种著名的线性流形学习方法[14]，它能够提供一组用于降维的正交投影。然而 ONPP 存在一个问题，它将L_2范数作为基本度量，使得它对异常值或数据变化非常敏感。为了增强传统方法 ONPP 的稳健性，参考文献［15］提出了一种基于线性重构的稳健和稀疏维数约简方法，引入$L_{2,1}$范数作为基本度量和正则化项，该方法称为稳健联合稀疏嵌入（Robust Jointly Sparse Embedding，RJSE）。

1. 稳健回归模型

为了增强 ONPP 的稳健性，使用$L_{2,1}$范数作为损失函数的度量。此外，与最小化低维特征空间中信息损失的 ONPP 不同，这里的目标是减少不同邻域的重构误差。通过使用$L_{2,1}$范数来增加稳健性，有以下模型：

$$\min_{\boldsymbol{\alpha}} \|\boldsymbol{M}\boldsymbol{X}^{\mathrm{T}}\boldsymbol{\alpha}\boldsymbol{\alpha}^{\mathrm{T}}-\boldsymbol{M}\boldsymbol{X}^{\mathrm{T}}\|_{2,1} \quad \text{s. t.} \quad \boldsymbol{\alpha}^{\mathrm{T}}\boldsymbol{\alpha}=1 \tag{5-16}$$

式中，$\boldsymbol{\alpha} \in \mathbf{R}^m$是投影向量，$\boldsymbol{M}=(\boldsymbol{I}-\boldsymbol{W})$，$\boldsymbol{W}$是权重系数。对于优化问题式（5-16），有定理5-4。

定理 5-4 如果$L_{2,1}$范数优化问题得到的矩阵$\boldsymbol{D}$的对角元素为相同的非零常数，则优化问题式（5-16）的解空间与ONPP的解空间相同。

定理5-4说明了当矩阵$\boldsymbol{D}$的对角元素为非零常数时，优化问题式（5-16）的最优投影与ONPP的最优投影相同。然而，如果重构误差不是一个常数，式（5-16）将不能得到与ONPP相同的解。由对角矩阵$\boldsymbol{D}$的定义可知，如果第i个数据的重构误差较大，则矩阵$\boldsymbol{D}$的第i个对角元素将非常小，这将影响第i个重构误差对目标函数的贡献。这是该方法稳健性强的根本原因。

2. 松弛回归模型

式（5-16）仍不是稀疏回归形式。期望在式（5-16）中加入$L_{2,1}$范数正则化项，使模型能够提供联合稀疏特征抽取的功能。然而，由于投影矩阵变得稀疏后，重构误差将增大。为了解决这一问题，首先用新的变量$\boldsymbol{\beta}$替换式（5-16）中$\boldsymbol{M}\boldsymbol{X}^{\mathrm{T}}\boldsymbol{\alpha}\boldsymbol{\alpha}^{\mathrm{T}}$的$\boldsymbol{\alpha}$来松弛模型，使其能够拟合数据并获得更好的泛化能力。由此，新模型变为回归形式，以便添加正则化项来获得稀疏投影。接下来考虑模型式（5-16）的松弛形式：

$$\min_{\boldsymbol{\alpha},\boldsymbol{\beta}} \|\boldsymbol{M}\boldsymbol{X}^{\mathrm{T}}\boldsymbol{\beta}\boldsymbol{\alpha}^{\mathrm{T}}-\boldsymbol{M}\boldsymbol{X}^{\mathrm{T}}\|_{2,1} \quad \text{s. t.} \quad \boldsymbol{\alpha}^{\mathrm{T}}\boldsymbol{\alpha}=1 \tag{5-17}$$

对于上述模型，有以下结论，即定理5-5。

定理 5-5 假设$\boldsymbol{X}\boldsymbol{M}^{\mathrm{T}}\boldsymbol{M}\boldsymbol{X}^{\mathrm{T}}$是满秩的，在迭代算法的第一步将$\widetilde{\boldsymbol{D}}$初始化为单位矩阵，则ONPP得到的投影$\boldsymbol{p}$与式（5-17）的投影$\boldsymbol{\beta}$完全相同。

定理5-5说明了式（5-17）在迭代算法的第一步中，当$\boldsymbol{X}\boldsymbol{M}^{\mathrm{T}}\boldsymbol{M}\boldsymbol{X}^{\mathrm{T}}$为满秩且$\widetilde{\boldsymbol{D}}$初始化为单位矩阵时，与ONPP具有相同的投影。式（5-17）作为基于ONPP的回归模型，很容易求解得到最优解。然而，式（5-17）的最优解仍然不是稀疏的。因此，下面将提出一个稳健稀疏模型来解决这个问题，得到用于特征选择的稀疏投影。

3. 稳健联合稀疏投影

通过在式（5-17）中加入$L_{2,1}$范数正则化项，可以得到一个稳健且稀疏子空间进行特征选择，其保留了数据集的流形结构。

为了进行特征选择，需要在回归模型中加入一个联合稀疏正则化项。此外，向量形式的目标函数只能学习一个投影向量，并且仅在这种低维（即一维）子空间中获得良好的性能是不够的。为了学习一组用于特征抽取的投影向量（即投影矩阵），达到最小化重构误差的目的，将基于向量的模型式（5-17）扩展为基于矩阵的模型，得到以下矩阵形式的表达式：

$$\min_{\boldsymbol{A},\boldsymbol{B}} \|\boldsymbol{M}\boldsymbol{X}^{\mathrm{T}}\boldsymbol{B}\boldsymbol{A}^{\mathrm{T}}-\boldsymbol{M}\boldsymbol{X}^{\mathrm{T}}\|_{2,1}+\lambda\|\boldsymbol{B}\|_{2,1}$$
$$\text{s.t.}\quad \boldsymbol{A}^{\mathrm{T}}\boldsymbol{A}=\boldsymbol{I} \tag{5-18}$$

式中，$\lambda>0$，$\boldsymbol{A}\in\mathbf{R}^{m\times d}$，$\boldsymbol{B}\in\mathbf{R}^{m\times d}$。该模型可以得到用于特征抽取的稀疏判别投影矩阵。

4. 实验

在本节中，我们比较了十种不同的降维方法，包括传统方法 LDA、NPE[16]、ISOMAP[17]、ONPP[14]，最先进的方法 USSL[18]、SAIR[19]、JELSR[20,21]、SOGFS[22]、SLE[23]和前文介绍的方法 RJSE。我们使用四个标准数据集 AR、ORL、FERET 和 COIL-20，测试方法在不同条件下的性能。实验结果见图 5-1 和表 5-1～表5-4。

表 5-1　AR 的最佳平均识别率和相应的维度

方　法	无　遮　挡		5×5 遮挡方块		7×7 遮挡方块	
	识别率/%	维度	识别率/%	维度	识别率/%	维度
LDA	86.08	115	82.58	115	81.47	115
NPE	85.35	145	82.21	145	81.13	145
ISOMAP	81.92	120	78.66	125	77.38	120
ONPP	88.85	145	83.45	145	79.98	145
USSL	90.85	150	89.68	150	87.23	145
SAIR	88.48	150	86.42	150	82.57	150
JELSR	72.98	150	71.30	150	66.74	150
SOGFS	76.29	145	76.48	150	74.73	140
SLE	89.93	150	88.17	150	86.48	145
RJSE	**91.63**	135	**90.50**	110	**88.86**	110

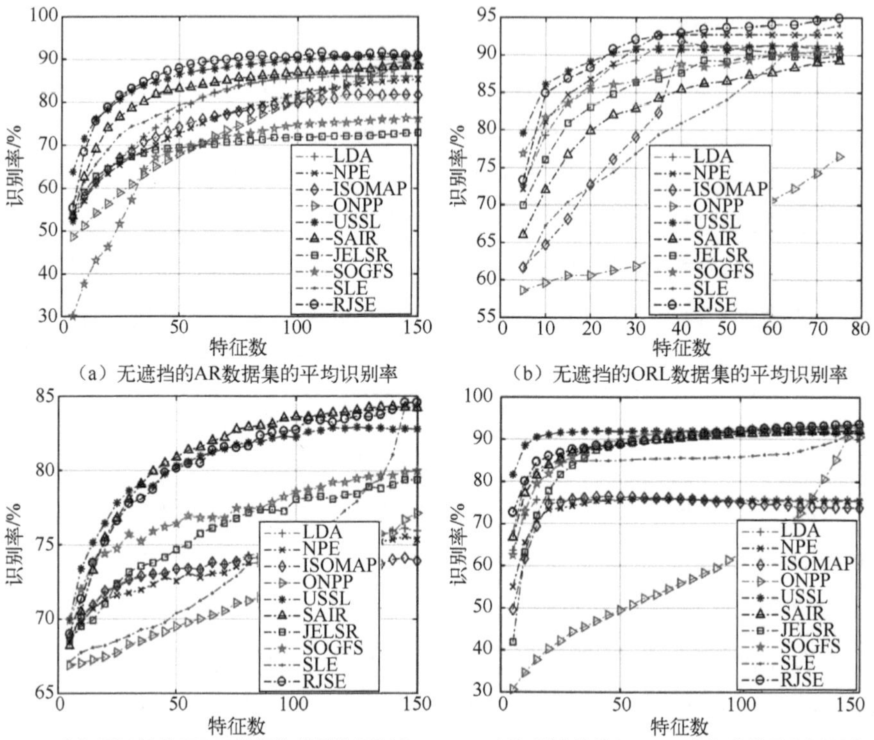

（a）无遮挡的AR数据集的平均识别率

（b）无遮挡的ORL数据集的平均识别率

（c）无遮挡的FERET数据集的平均识别率

（d）无遮挡的COIL-20数据集的平均识别率

图 5-1　实验结果

表 5-2　ORL 的最佳平均识别率和相应的维度

方　法	无　遮　挡		5×5 遮挡方块		7×7 遮挡方块	
	识别率/%	维度	识别率/%	维度	识别率/%	维度
LDA	91. 25	35	87. 42	40	86. 58	35
NPE	92. 71	35	89. 79	35	**87. 29**	35
ISOMAP	91. 88	40	90. 04	40	86. 29	40
ONPP	76. 50	75	69. 96	75	67. 33	75
USSL	91. 25	60	86. 29	35	81. 96	35
SAIR	89. 25	75	85. 46	75	80. 00	75
JELSR	89. 92	75	85. 46	70	83. 04	75
SOGFS	90. 67	75	89. 42	70	86. 33	75
SLE	93. 96	75	**92. 19**	75	**88. 17**	75
RJSE	**94. 88**	75	**92. 17**	70	87. 63	60

表 5-3　FERET 的最佳平均识别率和相应的维度

方　法	无　遮　挡		5×5 遮挡方块		7×7 遮挡方块	
	识别率/%	维度	识别率/%	维度	识别率/%	维度
LDA	76.10	145	71.93	125	70.65	125
NPE	75.57	145	71.70	120	70.73	115
ISOMAP	74.37	110	70.78	105	69.87	110
ONPP	77.13	150	70.02	150	69.32	150
USSL	82.93	125	77.77	115	72.03	85
SAIR	**84.32**	140	79.20	145	74.07	150
JELSR	79.37	145	78.55	55	75.20	65
SOGFS	80.00	150	78.48	145	74.12	150
SLE	**84.37**	150	**80.25**	150	74.92	150
RJSE	**84.57**	150	**80.05**	150	**76.08**	65

表 5-4　COIL-20 的最佳平均识别率和相应的维度

方　法	无　遮　挡		5×5 遮挡方块		7×7 遮挡方块	
	识别率/%	维度	识别率/%	维度	识别率/%	维度
LDA	75.65	20	73.82	15	73.02	20
NPE	75.96	60	73.86	60	73.31	55
ISOMAP	76.45	45	74.61	40	74.27	45
ONPP	90.53	145	88.32	145	82.44	145
USSL	92.05	60	91.13	45	88.82	35
SAIR	92.10	145	90.64	140	88.95	150
JELSR	92.98	150	**92.17**	150	90.48	150
SOGFS	92.86	145	91.44	130	89.98	150
SLE	92.88	150	**92.81**	150	**91.35**	150
RJSE	**93.55**	150	**92.85**	150	**91.63**	150

我们从三个方面对实验结果进行分析：

（1）在传统的流形学习方法中，ONPP 的学习效果明显优于 NPE 和 ISOMAP。这是因为 ONPP 通过正交投影来去除琐碎的特征。此外，新的稀疏方法 USSL、JELSR、SOGFS、SLE 和 RJSE 进一步将流形学习扩展到稀疏情形，因此其性能优于 ONPP。

（2）在 ORL、FERET 和 COIL-20 数据集上的实验结果表明，SLE 和

RJSE 比 USSL、JELSR 和 SOGFS 更有效。与 USSL、JELSR 和 SOGFS 相比，RJSE 和 SLE 的优点是在保留流形结构的同时兼顾了损失函数的重构误差。

（3）为了检验不同算法的稳健性，在每张图像上随机添加遮挡方块。实验结果见表 5-1～表 5-4，证明了 RJSE 方法的稳健性优于其他方法。

实验结果表明，RJSE 方法利用$L_{2,1}$范数作为度量和正则化项，提高了传统 ONPP 的性能。代码实现可参见相关网站①。

5.3 基于稀疏表示的分类

5.3.1 稀疏系数的作用

在参考文献［24］中，研究学者表示：$\boldsymbol{y}$ 在字典 $\boldsymbol{D}$ 的稀疏表达是很自然地具有分辨性的，因此可以通过类别特定的表示残差来表示 $\boldsymbol{y}$ 的身份。本节将介绍一些讨论稀疏系数的作用的工作。

1. 正则化对系数的作用

参考文献［25］对基于稀疏表示的分类方法（Sparse Representation-based Classification，SRC）[24]中的稀疏系数的作用做了分析。一个对稀疏系数的直观的启示就是，在分类场景下每类数据总是位于$\mathbf{R}^m$的一个小的子空间里。因此，一个测试样本可以由类别相同的训练样本较好地重建，并且在所有类别的训练样本上表示应该是稀疏的。另外，由于不同类别的数据存在一定的相似性，在编码系数上增加稀疏性同样有助于识别类别。原因很直观，以L_0范数稀疏正则化为例，如果 $\boldsymbol{y}$ 是属于类别 i，那么在$\boldsymbol{D}_i$中可以仅用很少的样本（如 5 或 6 个样本），以很好的精度表示$\boldsymbol{y}_0$作为对比，我们在$\boldsymbol{D}_j$上可能需要更多的样本（如 8 或 9 个样本）以相近的精度来表示 $\boldsymbol{y}$。在稀疏约束和其他正则化上，$\boldsymbol{D}_i$上 $\boldsymbol{y}$ 的表示误差明显低于在$\boldsymbol{D}_i$上，这使得 $\boldsymbol{y}$ 的分类任务更加简单。

现在有一些问题还不是很清楚：是否必须在编码系数中加入L_1范数稀疏，或者在编码系数上可以用其他的正则化？比如，在参考文献［25］中，同时考虑了两种正则化，包括L_1范数稀疏正则化器和L_2范数最小二乘正则化器。

① http://www.scholat.com/laizhihui。

通过 L_p 范数正则化，$p=1$ 或 2，字典 $\boldsymbol{D}$ 对 $\boldsymbol{y}$ 的表示可以公式化为

$$\begin{aligned}\hat{\boldsymbol{\alpha}} &= \underset{\boldsymbol{\alpha}}{\operatorname{argmin}} \|\boldsymbol{y}-\boldsymbol{D}\boldsymbol{\alpha}\|_2^2 \\ \text{s.t.} \quad & \|\boldsymbol{\alpha}\|_{l_p} \leqslant \varepsilon\end{aligned} \tag{5-19}$$

式中，ε 是一个小的正数。设 $r=\|\boldsymbol{y}-\boldsymbol{D}\hat{\boldsymbol{\alpha}}\|_2^2$，图 5-2（a）和图 5-2（b）绘制了 $p=1$ 和 2 时相应的 r 随 ε 的变化曲线，即给出了两个相似类别的 r 随 ε 的变化曲线，以说明正则化怎样提高识别率。以人脸识别为例，我们用 Yale B 数据集[26,27]的两个类别的训练样本做了一个样例实验。类别 32 的人脸图像被用作测试样本，类别 5 和类别 32 的训练数据被用作字典，通过式（5-19）来表示测试样本。

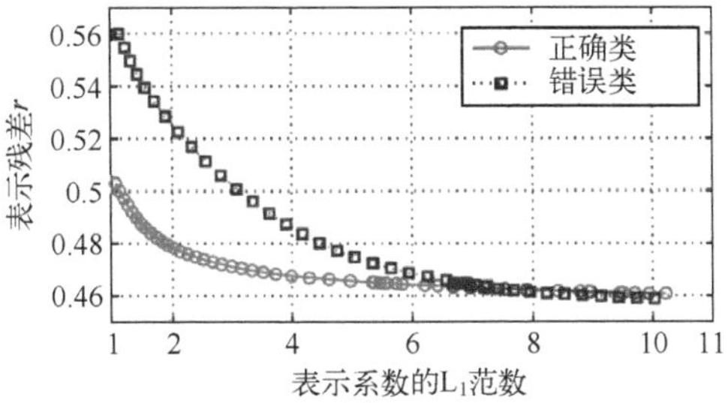

（a）$p=1$

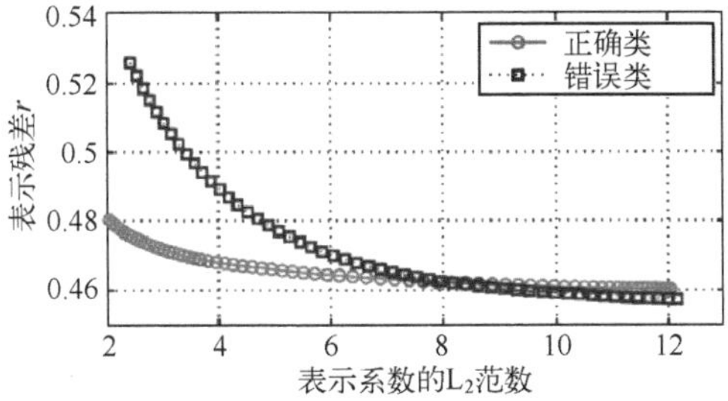

（b）$p=2$

图 5-2　表示残差相对表达系数的 L_p 范数曲线

从图 5-2（a）可以看出，当只使用几个训练样本（例如少于 3 个样本）来表示测试样本时，这两个类都有很大的表示错误。在实践中，系统会将此样本视为假冒者，并直接拒绝。当考虑的训练样本越来越多时，表示残差 r 会减小。但是，如果使用过多的样品（例如超过 10 个样品）来代表测试样品，r 区分这两类的能力也会降低。因此，对编码系数进行稀疏正则化可以使表示更加稳定。从图 5-2（b）可以得到类似的观察结果：L_2 范数正则化对增加基

于表示的分类任务的识别方面也很有效。从这个例子可以得出如下结论：$\boldsymbol{\alpha}$ 上的L_1范数稀疏性的作用就是比较基础地对结果进行正则化，但是非稀疏的L_2范数正则化在人脸分类中也可以起到与稀疏L_1范数正则化相似的作用。

2. 基于协同表示的分类方法

在分析稀疏系数作用的基础上，参考文献［25］提出了一种更通用的人脸识别协同表示模型。协同表示模型通过使用所有类别的训练数据来表示测试样本，从而借用其他类数据来进行表示，避免了小样本问题。然而，“协同代表”也可以称为“竞争代表”，因为每一类都会竞争性地去表示 $\boldsymbol{y}$。如果一个类别贡献更多，这意味着其他类别贡献更少。在人脸表示问题中，“合作”和“竞争”实际上是同一个硬币的两面。因此，一个直观但非常有效的分类规则是通过其相应的编码系数来检查哪个类在 $\boldsymbol{y}$ 的协同表示中贡献最大，或者等效为检查哪个类具有最少的重构残差。SRC 框架中也采用了这一规则，显示出非常强大的分类能力。为此，参考文献［25］提出了基于协同表示的分类（Collaborative Representation based Classification，CRC）方法。

通过在字典 $\boldsymbol{D}$ 上对给定的测试图像 $\boldsymbol{y}$ 进行编码，可以将其写为 $\boldsymbol{y}=\boldsymbol{x}+\boldsymbol{e}$，其中，$\boldsymbol{x}\approx\boldsymbol{D\alpha}$ 是要从 $\boldsymbol{y}$ 中进行分类而重建的组件，$\boldsymbol{e}$ 是要从 $\boldsymbol{y}$ 中删除的组件（如噪声、遮挡和损坏）。一般地，协同表示的模型为

$$\hat{\boldsymbol{\alpha}}=\underset{\boldsymbol{\alpha}}{\operatorname{argmin}}\|\boldsymbol{y}-\boldsymbol{D\alpha}\|_{L_q}+\lambda\|\boldsymbol{\alpha}\|_{L_p} \tag{5-20}$$

式中，λ 是正则化参数；$p,q=1$ 或 2。p 和 q 的不同设置导致不同实例化的协同表示模型。例如，在 SRC 中，p 设置为 1，而 q 设置为 1 或 2 分别处理有无遮挡/损坏的人脸识别。

基于上述讨论，参考文献［25］建议使用$\|\boldsymbol{\alpha}\|_2$来正则化式（5-20）的解，并且推出以下协同表示的正则化最小二乘实例：

$$\hat{\boldsymbol{\alpha}}=\underset{\boldsymbol{\alpha}}{\operatorname{argmin}}\|\boldsymbol{y}-\boldsymbol{D\alpha}\|_2^2+\lambda\|\boldsymbol{\alpha}\|_2^2 \tag{5-21}$$

L_2范数正则化项$\|\boldsymbol{\alpha}\|_2$的作用在于两个方面：首先，当 $\boldsymbol{D}$ 欠定时，它使最小二乘的解稳定；其次，它给解 $\hat{\boldsymbol{\alpha}}$ 引入了一定的类别稀疏，虽然这种稀疏比L_1范数弱得多。由于式（5-21）具有可解析的解，因此很容易求解出来。参考文献［25］的实验表明，CRC 具有相似的精度且速度更快。

5.3.2 表示残差的正则化

表示残差的测量与人脸对各种遮挡的稳健性密切相关。由于遮挡的变化

问题（比如，伪装，连续或逐像素的遮挡，遮挡位置的随机性和遮挡像素的强度等），遮挡/腐败的人脸识别是一个非常具有挑战性的问题。在参考文献［24］中，SRC 使用范数来允许面部遮挡，并且取得了较好的效果。

本节将探讨基于稀疏表示的人脸识别的另一个问题：表征信号保真度的式子$\|\boldsymbol{y}-\boldsymbol{D\alpha}\|_2^2 \leqslant \varepsilon$是否有效，特别当观测图像$\boldsymbol{y}$是有噪声，即在很多异常值存在的情况下。为了解决人脸识别中的遮挡问题，一些学者提出了L_1范数保真度（如$\|\boldsymbol{y}-\boldsymbol{D\alpha}\|_1 \leqslant \varepsilon$）[24,28]和基于熵的高斯核保真度[29,30]，这两项均对人脸遮挡产生稳健性的结果。保真度对最终的编码结果有很大的影响。从最大后验（Maximum A Posterior，MAP）的估计得知，使用L_2范数或L_1范数来定义保真度实际上是假设编码残差$\boldsymbol{e}=\boldsymbol{y}-\boldsymbol{D\alpha}$遵循高斯分布或拉普拉斯分布的。然而，在实践中，这种假设可能并不成立，尤其是在测试的人脸图像中存在遮挡、腐败和表情变化时。基于 MAP，参考文献［31］和参考文献［32］提出了正则化稳健编码（Regularized Robust Coding，RRC）模型，接下来对其进行详细介绍。

1. 正则化稳健编码

在 RRC 模型[31,32]中，假设编码残差$\boldsymbol{e}$和编码向量$\boldsymbol{\alpha}$分别独立且具有相同的分布。从贝叶斯估计的角度考虑面部表征问题，能够更具体地实施最大后验估计。通过在给定字典$\boldsymbol{D}$上对测试图像$\boldsymbol{y}$进行编码，编码向量$\boldsymbol{\alpha}$的 MAP 估计为$\hat{\boldsymbol{\alpha}}=\underset{\boldsymbol{\alpha}}{\operatorname{argmax}}[\ln P(\boldsymbol{\alpha} \mid \boldsymbol{y})]$。根据贝叶斯公式，有

$$\hat{\boldsymbol{\alpha}}=\underset{\boldsymbol{\alpha}}{\operatorname{argmax}} \ln P(\boldsymbol{y} \mid \boldsymbol{\alpha})+\ln P(\boldsymbol{\alpha}) \tag{5-22}$$

假设编码残差$\boldsymbol{e}=\boldsymbol{y}-\boldsymbol{D\alpha}=[e_1,e_2,\cdots,e_n]$的元素$e_i$是独立同分布，且概率密度函数是$f_{\boldsymbol{\theta}}(e_i)$，可以得$P(\boldsymbol{y} \mid \boldsymbol{\alpha})=\prod_{i=1}^{n} f_{\boldsymbol{\theta}}(y_i-\boldsymbol{r}_i\boldsymbol{\alpha})$。同时，假设编码向量$\boldsymbol{\alpha}=[\alpha_1,\alpha_2,\cdots,\alpha_m]$的元素$\alpha_j(j=1,2,\cdots,m)$具有独立同分布先验概率$f_{\boldsymbol{0}}(\alpha_j)$，则有$P(\boldsymbol{\alpha})=\prod_{j=1}^{m} f_{\boldsymbol{0}}(\alpha_j)$。使$\rho_{\boldsymbol{\theta}}(\boldsymbol{e})=-\ln f_{\boldsymbol{\theta}}(\boldsymbol{e})$，$\rho_{\boldsymbol{0}}(\boldsymbol{\alpha})=-\ln f_{\boldsymbol{0}}(\boldsymbol{\alpha})$，则式（5-22）中关于$\boldsymbol{\alpha}$的 MAP 估计为

$$\hat{\boldsymbol{\alpha}}=\underset{\boldsymbol{\alpha}}{\operatorname{argmin}} \sum_{i=1}^{n} \rho_{\boldsymbol{\theta}}(y_i-\boldsymbol{r}_i\boldsymbol{\alpha})+\sum_{j=1}^{m} \rho_{\boldsymbol{0}}(\alpha_j) \tag{5-23}$$

式（5-23）称为 RRC 模型，因为对于异常值，保真项$\sum_{i=1}^{n} \rho_{\boldsymbol{\theta}}(y_i-\boldsymbol{r}_i\boldsymbol{\alpha})$将

会非常稳健，而 $\sum_{j=1}^{m}\rho_{\boldsymbol{0}}(\alpha_j)$ 是一个取决于先验概率 $P(\boldsymbol{\alpha})$ 的正则化项。当 α_j 分别为拉普拉斯分布和高斯分布时，$\sum_{j=1}^{m}\rho_{\boldsymbol{0}}(\alpha_j)$ 也将分别变为 L_1 范数约束和 L_2 范数约束。

由于图像变化的多样性，很难预先确定表示残差的分布。RRC 模型要求未知的概率密度函数 $f_{\boldsymbol{\theta}}(\boldsymbol{e})$ 分别是关于 $|\boldsymbol{e}|$ 对称的、可微的，并且是单调的。RRC 允许 $f_{\boldsymbol{\theta}}$ 具有更灵活的适应于输入测试图像 $\boldsymbol{y}$ 的形状，使得系统对异常值更稳健。然后，可以将式（5-23）的最小化问题转换为迭代重加权正则化编码问题，以便有效且高效地获得 RRC 的近似 MAP 解。其他稳健表示模型（例如基于熵的稀疏表示[29,30]）也迭代地使用重新加权的稀疏编码框架来实施模型构建。

2. 迭代重加权正则化编码

对表示项使用泰勒展开，可以将 RRC 模型变为迭代重加权稀疏编码问题[31,32]：

$$\hat{\boldsymbol{\alpha}} = \underset{\boldsymbol{\alpha}}{\operatorname{argmin}} \frac{1}{2}\|\boldsymbol{W}^{1/2}(\boldsymbol{y}-\boldsymbol{D\alpha})\|_2^2 + \sum_{j=1}^{m}\rho_{\boldsymbol{0}}(\alpha_j) \tag{5-24}$$

$\boldsymbol{W}$ 的对角元素为

$$\boldsymbol{W}_{i,i} = \omega_{\boldsymbol{\theta}}(e_{0,i}) = \frac{\rho_\theta'}{e_{0,i}}(e_{0,i}) \tag{5-25}$$

根据 $\rho_{\boldsymbol{\theta}}$ 的性质，$\rho_{\boldsymbol{\theta}}'(e_i)$ 将与 e_i 具有相同的符号。因此，$\boldsymbol{W}_{i,i}$ 是一个非负的标量。

式（5-24）是式（5-23）的局部近似，通过迭代重加权正则化编码，使得 RRC 最小化是可行的，其中，$\boldsymbol{W}$ 通过式（5-25）来更新。元素 $\boldsymbol{W}_{i,i}$，即 $\omega_{\boldsymbol{\theta}}(e_i)$，是测试图像 $\boldsymbol{y}$ 中像素 i 的权重。直观地，在人脸识别中，异常像素值（例如被遮挡或损坏的像素）的权重应该较小，以减少它们在 $\boldsymbol{D}$ 上对编码 $\boldsymbol{y}$ 的影响。由于字典 $\boldsymbol{D}$ 是由非被遮挡/未被破坏的人脸训练图像组成的，能够很好地表示面部部分，异常像素值将会具有较大的编码残差。因此，具有残差值大的像素 e_i 应该权值较小，可以通过定义 $\boldsymbol{W}$ 的公式来确定 RRC。在参考文献［29］和参考文献［30］中提出了几个权重函数（例如高斯和 Huber），可以提高人脸识别的稳健性。在参考文献［31］和参考文献［32］中，权重函数定义为

$$\omega_{\boldsymbol{\theta}}(e_i) = \frac{\exp(-\mu e_i^2+\mu\delta)}{1+\exp(-\mu e_i^2+\mu\delta)} \tag{5-26}$$

式中，μ 和 δ 是正的标量。参考文献［31］提出了一个 RRC 的替代解决过程，其中编码系数和权重是迭代地估计的。式（5-24）是式（5-23）中的 RRC 的局部近似，并且在每步迭代中，均通过迭代重加权稳健编码来减小式（5-23）的目标值。由于式（5-23）的损失函数是有界的（不小于 0），并且迭代重加权稳健编码中的最小化迭代过程是可收敛的。

RRC 的求解过程如图 5-3 所示[32]。可以看到，在几次迭代之后，面部遮挡能被准确检测出来（例如，太阳镜部分的权值为 0，而其他部分权值为 1）。

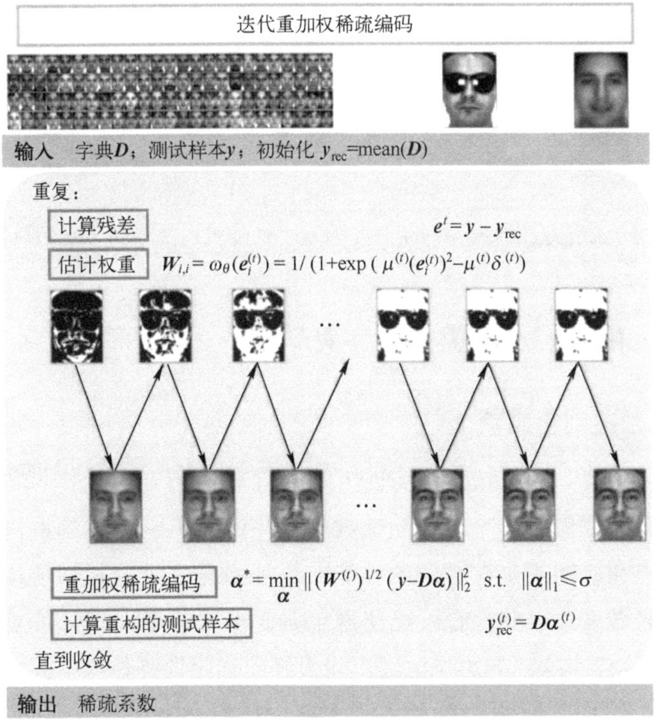

图 5-3　RRC 的求解过程

图 5-4 展示了两个使用稀疏编码系数的 RRC 面部遮挡识别（50%的随机腐蚀和 40%的块遮挡）的示例。其中，图 5-4（a）是原始干净图像；图 5-4（b）是带有随机点破坏和遮挡的测试图像；图 5-4（c）是正则化稳健编码估计的权重图；图 5-4（d）是正则化稳健编码计算的表达系数；图 5-4（e）是正则化稳健编码的重建图像。

图 5-4（a）和（b）分别是来自扩充的 Yale B 数据集[26,27]的未遮挡样本和

腐蚀的测试样品。图 5-4（c）展示了估计的权重图，从中可以看到未被遮挡的像素具有大的权值（例如，1），且被遮挡的像素具有小的权重（例如，0）。RRC 的估计表示系数分别在图 5-4（d）的上图和下图中给出。从图 5-4（e）中，我们看到 RRC 具有非常好的图像重建质量，有效地消除了块遮挡和阴影。

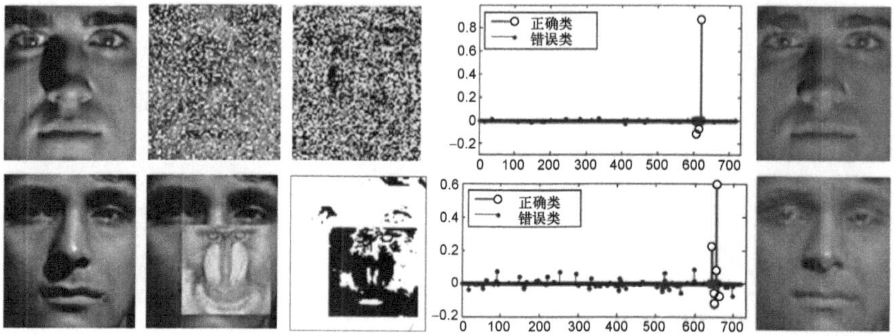

（a）（b）（c）（d）（e）

图 5-4　人脸遮挡时的识别性能（如 50%的随机点破坏和 40%的块遮挡）

5.3.3　稀疏表示分类中的字典学习

1. 费希尔鉴别字典学习

稀疏表示分类[24]在稳健人脸识别中获得了非常可期的性能，特别是其用所有类别的训练数据做字典来表示测试数据，并计算类别相关的重构误差来获得对噪声、野点和遮挡等非常稳健的性能。尽管稀疏表示分类性能优异，但直接用训练样本来做表达字典，有可能使得字典变得非常庞大（计算复杂度急剧提升），性能受到样本噪声的影响已经不能很好地利用训练数据中的鉴别信息。

为了解决这样的问题，参考文献［33］和参考文献［34］提出了类专用（即类别先关）的字典学习方法，其中，训练数据的鉴别信息利用费希尔准则的思想加以利用。费希尔鉴别字典学习的模型为

$$
\begin{aligned}
&\min_{\boldsymbol{D},\boldsymbol{X}}\sum_{i=1}^{K}(\|\boldsymbol{A}_i-\boldsymbol{D}\boldsymbol{X}_i\|_{\mathrm{F}}^2+\|\boldsymbol{A}_i-\boldsymbol{D}\boldsymbol{X}_i^i\|_{\mathrm{F}}^2)+\\
&\lambda_1\|\boldsymbol{X}\|+\lambda_2(\mathrm{tr}((\boldsymbol{X})-\boldsymbol{S}_{\mathrm{b}}(\boldsymbol{X}))+\eta\|\boldsymbol{X}\|_{\mathrm{F}}^2) \qquad (5\text{-}27)\\
&\mathrm{s.t.}\ \|\boldsymbol{d}_n\|_2=1,\forall n;\ \|\boldsymbol{D}_j\boldsymbol{X}_i^j\|_{\mathrm{F}}^2\leqslant\varepsilon_f,\forall i\neq j
\end{aligned}
$$

式中，$\boldsymbol{A}_i$表示带标签的训练样本，$\boldsymbol{D}_i$表示第 i 类的子字典，$\boldsymbol{X}_i^i$表示第 i 类标签

样本在第 i 类子字典上的编码系数。

费希尔鉴别字典学习模型的第一行是鉴别性数据表达项，其目的是使$\boldsymbol{D}_i$只能很好地表示第 i 类数据，而对其他类别数据的表示较差，从而使得类专用字典的表示能力具有鉴别能力。

费希尔鉴别字典学习模型的第二行是稀疏系数约束项和费希尔准则系数鉴别项。其中费希尔系数鉴别项要求表达系数矩阵 $\boldsymbol{X}$ 具有小的类内散度；即类内散度矩阵$\boldsymbol{S}_{\mathrm{w}}(\boldsymbol{X})$的迹小，而类间散度矩阵$\boldsymbol{S}_{\mathrm{b}}(\boldsymbol{X})$的迹大。

通过字典 $\boldsymbol{D}$ 和表达系数 $\boldsymbol{X}$ 的迭代优化，费希尔鉴别字典学习能够使得类专用字典的重构能力具有鉴别力，同时使得字典的表达系数也具有很强的鉴别力。通过大量的图像实验验证，费希尔鉴别字典学习比直接用训练数据作为字典和其他字典学习方法具有更高的识别性能。图 5-5 所示的是费希尔鉴别字典学习在扩展的 Yale B 人脸数据集上的优化过程例子，其中，图 5-5（a）是费希尔鉴别字典学习的迭代收敛过程；图 5-5（b）表示系数鉴别项费希尔值$\dfrac{\mathrm{tr}(\boldsymbol{S}_{\mathrm{w}}(\boldsymbol{X}))}{\mathrm{tr}(\boldsymbol{S}_{\mathrm{b}}(\boldsymbol{X}))}$随着迭代过程下降；图 5-5（c）表示类专用字典的表达重构能力的鉴别力越来越强。

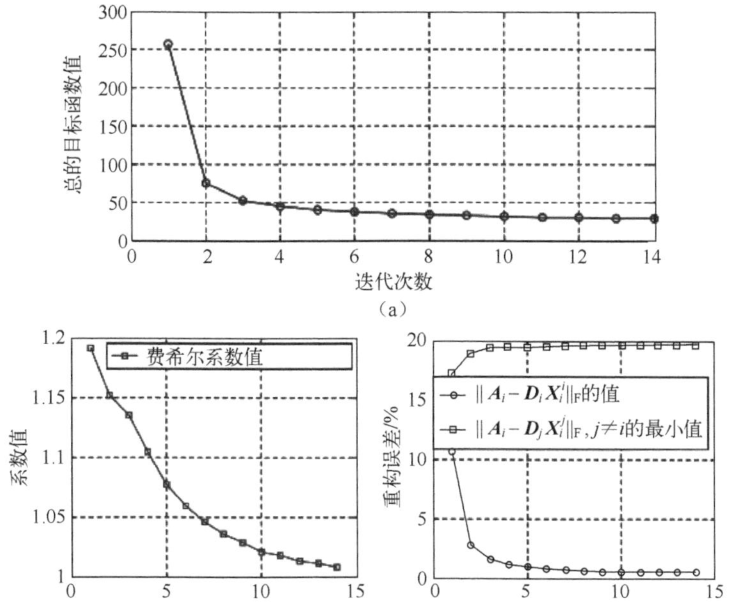

图 5-5 费希尔鉴别字典学习在扩展的 Yale B 人脸数据集上的优化过程例子

2. 结合类专用和类通用的判别字典学习

有监督的合成字典学习的普遍性和特殊性表示，近来得到了很好的研究，如在本节的前面部分内容中，费希尔鉴别字典学习可以被归类为类专用的合成字典学习。近年来，分类字典（即类似于特征分析）也受到关注。参考文献［35］提出了一种合成-分析字典学习的用于分类的方法，在这种方法中同时进行分析字典和合成字典的学习，不仅考虑了字典的共性部分，还考虑字典的特殊性部分，基于这两种联合的学习可以提供更完整的数据表示，因此分类的准确性也得到了提高。

令$\boldsymbol{P}_0$和$\boldsymbol{D}_0$分别表示合成字典和分析字典，$\boldsymbol{D}=[\boldsymbol{D}_1,\cdots,\boldsymbol{D}_k,\cdots,\boldsymbol{D}_K]$，$\boldsymbol{P}=[\boldsymbol{P}_1,\cdots,\boldsymbol{P}_k,\cdots,\boldsymbol{P}_K]$，$\boldsymbol{P}_k$和$\boldsymbol{D}_k$分别是第 k 类的分析字典和合成字典，$\boldsymbol{d}_i^0$和$\boldsymbol{d}_i^k$分别是$\boldsymbol{D}_0$和$\boldsymbol{D}_k$的第 i 个原子向量。参考文献［35］提出的数学模型为

$$\begin{aligned}&\min_{\boldsymbol{D}_0,\boldsymbol{P}_0,\boldsymbol{D},\boldsymbol{P}}\|\boldsymbol{X}-\boldsymbol{D}_0S_\eta(\boldsymbol{P}_0\boldsymbol{X})-\boldsymbol{D}S(\boldsymbol{P}\boldsymbol{X})\|_\mathrm{F}^2+\gamma R_0(\boldsymbol{D}_0,\boldsymbol{P}_0)+\lambda R(\boldsymbol{D},\boldsymbol{P})\\&\text{s. t.}\quad\|\boldsymbol{d}_i^0\|_2^2\leqslant1,\forall i;\ \|\boldsymbol{d}_i^k\|_2^2\leqslant1,\forall i,k\end{aligned}\tag{5-28}$$

这里，$R_0(\boldsymbol{D}_0,\boldsymbol{P}_0)$和$R(\boldsymbol{D},\boldsymbol{P})$分别是共性表示和特性表示的鉴别性正则化项。

虽然通用字典丢失了与类别标签的相关性，但是编码系数的鉴别性可以被挖掘而使得共用字典能够更好地分类。因此参考文献［35］设计了一个编码系数的标签保存项，用于同时最小化类内误差和最大化类间差异。所提出的鉴别性的分析编码系数项的数学公式为

$$R_0(\boldsymbol{D}_0,\boldsymbol{P}_0)=\|\boldsymbol{Y}-\boldsymbol{W}S_\eta(\boldsymbol{P}_0\boldsymbol{X})\|_\mathrm{F}^2\tag{5-29}$$

式中，$\boldsymbol{Y}$ 是一个标签矩阵；$\boldsymbol{W}$ 是一个鉴别性的矩阵，用于映射编码系数到标签空间；S_η 是一个硬间隔操作函数。

因为特定类的字典原子拥有对类别标签的相关性，因此特定类的表示和编码系数被用于设计一个合适的正则化项。参考文献［35］提出了一个相似费希尔正则化项在分析编码系数和合成表示上。$R(\boldsymbol{D},\boldsymbol{P})$的公式为

$$R(\boldsymbol{D},\boldsymbol{P})=\sum_{k=1}^{K}\|\boldsymbol{P}_k[\overline{\boldsymbol{X}}_k,\boldsymbol{X}_k-\boldsymbol{M}_k]\|_\mathrm{F}^2\tag{5-30}$$

式中，$\overline{\boldsymbol{X}}_k$是$\boldsymbol{X}_k$的补集，$\boldsymbol{M}_k$是$\boldsymbol{X}_k$的均值矩阵。

参考文献［35］在多个数据集上做了验证实验，包括行为分类、人脸识别和性别分类，显示了所提出的普遍性-特殊性的分析-综合字典学习（Analysis-Synthesis Dictionary Learning for Universality-Particularity，ASDL-UP）方法能够获得更好的性能。比如，在 LFW 人脸数据集上，ASDL-UP 在人脸

变化复杂时（表情、遮挡、光照加遮挡），其识别性能高于其他大多数方法，提升了 3%以上。

3. 半监督判别字典学习

字典学习在稀疏表示的成功中起到了重要的作用，同时促进了无监督和有监督的字典学习方法的快速发展。然而，在大多数实际应用中，有标记的训练样本数目通常非常有限，而获取大量未标记的训练样本相对容易。因此，旨在有效探索未标注训练数据的鉴别性的半监督字典学习，已引起研究人员的高度重视。

在主流的半监督字典学习中引入了各种正则化，但是如何设计一个有效的字典学习和无标记数据类别估计的统一模型，以及如何更好地发现有标签和无标签数据中的鉴别性仍然有待研究。参考文献［36］提出了一种新的判别式半监督字典学习（Discriminative Semi-Supervised Dictionary Learning，DSS-DL）模型，通过引入判别式表示和熵正则化项，不仅可以避免不正确的类别估计的影响，而且在最终的分类中也可以很好地利用字典的鉴别性信息。除了通过判别式表示增强对学习字典的区分，扩展字典也被用于探究嵌入在未标记数据中的鉴别性信息。

参考文献［36］提出了一个鉴别性的基于熵正则化的半监督字典学习方法。其数学模型为

$$\begin{gathered}\min_{\boldsymbol{D},\boldsymbol{E},\boldsymbol{P},\boldsymbol{X}} \sum_{i=1}^{C}\left(\|\boldsymbol{A}_i-[\boldsymbol{D}_i\ \boldsymbol{E}_i]\boldsymbol{X}_i^i\|_{\mathrm{F}}^2+\gamma\|\boldsymbol{X}_i^i\|_1+\lambda\|\boldsymbol{X}_i^i-\boldsymbol{M}_i\|_{\mathrm{F}}^2\right)+\\ \sum_{j=1}^{N}\left(\sum_{i=1}^{C}P_{i,j}\|\boldsymbol{b}_j-[\boldsymbol{D}_i\ \boldsymbol{E}_i]y_j^i\|_{\mathrm{F}}^2+\gamma\|y_j^i\|_1\right)-\beta\left(-\sum_{j=1}^{N}\sum_{i=1}^{C}P_{i,j}\log P_{i,j}\right)\\ \text{s. t.}\quad y_j=\text{Code\_Classify}(\boldsymbol{b}_j,\boldsymbol{D},\boldsymbol{E}),\ \sum_{i=1}^{C}P_{i,j}=1\end{gathered}\tag{5-31}$$

式中，$\boldsymbol{A}_i$表示带标签训练样本，$\boldsymbol{D}_i$表示第 i 类的子字典，$\boldsymbol{E}_i$表示第 i 类的扩展字典，$\boldsymbol{X}_i^i$表示第 i 类标签样本在第 i 类子字典上的编码系数向量，$\boldsymbol{M}_i$表示第 i 类编码系数的均值矩阵，$\boldsymbol{b}_j$、$P_{i,j}$和y_j^i分别表示第 j 个样本、第 j 个非标签样本属于第 i 类的概率和第 j 个样本在第 i 类上的编码系数。

对于有标记训练的数据，模型中引入了一个判别表示项$\|\boldsymbol{A}_i-[\boldsymbol{D}_i\ \boldsymbol{E}_i]\boldsymbol{X}_i^i\|_{\mathrm{F}}^2$和一个判别系数项$\|\boldsymbol{X}_i^i-\boldsymbol{M}_i\|_{\mathrm{F}}^2$。由于 $\boldsymbol{D}_i$ 和 $\boldsymbol{E}_i$ 都与第 i 类有关，因此 $\boldsymbol{A}_i$ 可以很

好地由$[\boldsymbol{D}_i\ \boldsymbol{E}_i]$表示，并且$\boldsymbol{X}_i^i$的列向量应该彼此相似。又因为我们想要对所有类别的数据实施稀疏表示，所以应该最小化$\|\boldsymbol{X}_i^i\|_1$的和。

对于未标记训练的数据，每个类别都需要引入一个概率权重。例如，一个大的概率值$P_{i,j}$（如1）表示第j个未标记训练样本来自第i类，并且对应的特定类i的字典$[\boldsymbol{D}_i\ \boldsymbol{E}_i]$能很好地表示第$j$个未标记训练样本。

所提出的模型的最后一项是非标签数据的估计类可能性的熵正则化。基于相当有限的标记训练数据，不可能正确估计所有未标记样本的类别。如果未标记样本$\boldsymbol{b}_j$在第i个类别上有最小的重构误差，那么只最小化$\sum_{l=1}^{c} P_{i,j}\|\boldsymbol{b}_j - [\boldsymbol{D}_i\ \boldsymbol{E}_i]y_j^i\|_F^2$会导致$P_{i,j}=1$。然而，这其实是错误的。为了降低所学字典性能变差的风险，参考文献［36］引入了一个熵估计类概率的正则化来约束非标签的训练样本，以便于更好地反映估计的类别和未标记的训练数据之间的关系。

在人脸识别和数字识别的实验上，参考文献［36］所提出的方法比当时最好的半监督字典学习方法[37]性能提高约2%。

5.3.4 扩展的稀疏表示分类

受到稀疏表示[24]在遮挡面部识别中成功应用的启发，有很多方法被提出用于处理更具挑战性的问题，下面就不对齐稳健模型、欠采样人脸识别和基于多特征的稀疏表示分类进行分别介绍。

1. 不对齐稳健模型

虽然可以用准备好的已对齐的人脸作为训练图像，但是这就要求测试图像必须使用具有自动剪切功能的面部检测器来得到，例如Viola和Jones的面部检测器[38]，这不可避免地会引起若干像素的配准误差，将严重影响包括SRC在内的许多人脸识别方法的性能。

为了解决这个问题，Deng等人[39]提出学习对训练图像变换不变的编码基，从而获得更好的对齐、编码和识别性能；同时提出图像对齐和稀疏表示[40-42]，可对不对齐、遮挡和其他变化（例如照明）同时进行处理。然而，它们仍然存在着重大的问题。参考文献［40］中的方法采用间接模型（利用相邻像素的关系）来恢复图像变换，这使原始问题复杂化，并削弱处理不对齐问题的能力。与参考文献［40］不同，参考文献［41］和参考文献［42］

采用了直接恢复的图像变换和稀疏表示。然而，对训练样本而非测试图片进行变形操作会使得用于稀疏表示的字典的规模非常大，这极大地增加了图像表示的难度和时间的复杂度。参考文献［41］中的最新工作使用了一个通过稀疏表示进行稳健对齐（Robust Alignment by Sparse Representation，RASR）的积分模型，该模型没有参考文献［40］和参考文献［42］中的缺点。

在 RASR 中，由于图像空间变换与未知身份的耦合，模型难以优化，作者提出了一种按对象脸进行穷举搜索的次优算法，该算法的时间复杂度随人脸的数目的增加而线性增加。这种耗时的优化使得 RASR 在大规模实时的人脸识别系统中受到限制。为了克服 RASR 的缺点，参考文献［43］提出了一种用于人脸识别的不对齐稳健表示（Misalignment Robust Representation，MRR）模型：

$$\underset{\boldsymbol{\alpha},\boldsymbol{\tau},\boldsymbol{e}}{\operatorname{argmin}}\|\boldsymbol{e}\|_1 \quad \text{s. t.} \quad \boldsymbol{y}\odot\boldsymbol{\tau}=(\boldsymbol{A}\odot\boldsymbol{T})\boldsymbol{\alpha}+\boldsymbol{e} \tag{5-32}$$

在以上的 MRR 模型中，$\boldsymbol{A}\odot\boldsymbol{T}$ 的操作将训练样本对齐，使得所有训练样本的线性组合，即$(\boldsymbol{A}\odot\boldsymbol{T})\boldsymbol{\alpha}$，更准确地表示一个查询的人脸图像，从而有利于转换的准确恢复。表示误差的L_1范数最小化旨在增加 MRR 模型对图像遮挡的稳健性，例如伪装、块遮挡或像素损坏。

MRR 的算法过程如图 5-6 所示，图中展示了两个有遮挡和无遮挡实例的不对齐稳健表示（MRR）识别的算法过程。一些对齐的训练样本显示在图 5-6 的第一行框中。查询图像与所有对齐的人脸跨越的面部空间对齐。经过粗搜索和细搜索（在图 5-6 的第二行中示出），对查询图像的变形进行校正，并且对齐的查询图像与对齐的训练图像具有良好的对应关系。最后，对齐的查询图像由对齐的训练样本通过 SRC 表示，输出其身份。与需要按对象进行对齐的 RASR 相比，MRR 仅需要两个具有相似精度的变形恢复操作。

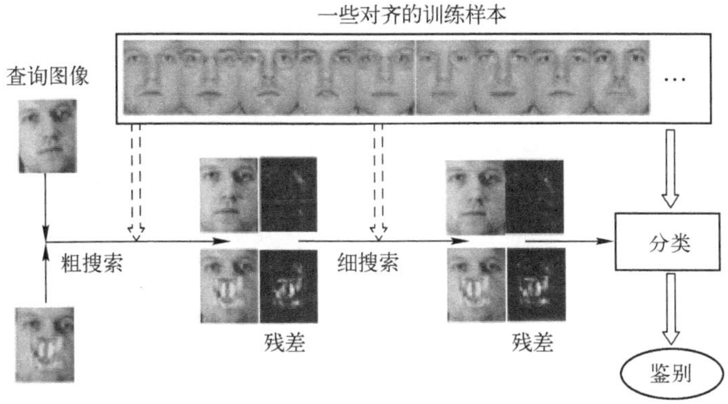

图 5-6　MRR 的算法过程

2. 欠采样人脸识别

在人脸识别的许多实际应用中（例如，执法、电子护照和驾驶执照），针对每个对象，只能有一张面部训练图像。这使得人脸识别的问题特别困难，因为只可以使用非常有限的信息来预测查询样本中的变化。如何在每个对象一个训练样本（Single Training Sample Per Person，STSPP）的情况下实现稳健的人脸识别性能，是人脸识别中最具挑战性的问题之一。

考虑到不同受试者的面部图像变化具有很多共性，一个额外的通用训练集（每个对象有多个样本）可以为 STSPP 图库集带来新的有用信息（例如，通用类内变化）。因此，在参考文献［44］和参考文献［45］中使用了一个通用训练集来提取具有 STSPP 的人脸识别的表达式不变量和姿态不变量信息。最近，Deng 等人[46]通过将 SRC 方法扩展到具有 STSPP 的人脸识别。所谓的扩展 SRC（Extended SRC，ESRC）通过计算通用训练集中的类内差异，然后使用通用差异矩阵来编码查询和图库样本之间的差异。

尽管已经提出了许多改进，但在 ESRC 和其他基于通用训练的具有 STSPP 的人脸识别方法中仍有几个问题有待解决。第一，通用的类内差异可能与图库对象的差异不同，因此可能无法保证从通用训练集中获得有用的判别信息。第二，学习的差异矩阵可能非常大且冗余，因为涉及通用训练集中的许多对象，这将最终增加人脸识别算法的计算负担。第三，由于遮挡位置的随机性和遮挡像素的强度不同，所学习的差异矩阵不能表示查询图像中的未知遮挡。为了解决上述问题，参考文献［47］提出了学习具有强大的差异表示能力的紧凑字典，其与从通用训练集到图库集的自适应投影相结合。参考文献［47］中提出的稀疏差异字典学习（Sparse Variation Dictionary Learning，SVDL）方法不是通过图库集独立地学习通用训练集，而是通过联合学习投影来链接通用训练集和图库集，从而适应图库集。学习到的稀疏变化字典可以容易地集成到基于稀疏表示的分类的框架中，从而可以很好地处理人脸图像的各种变化，包括照明、表达、遮挡和姿势等。此外，Zhuang 等人[48]还提出了一种基于稀疏表示的分类框架来解决单样本人脸识别的算法。为了补偿最初由多个图库图像提供的缺失照明信息，通过稀疏使用的照明字典拟合来自一个或多个附加对象的辅助面部图像的照明示例来学习照明字典。通过在照明字典中强制执行查询图像的稀疏表示，参考文献［48］的模型可以有效地恢复照明和姿势信息，并将其从对准阶段传送到识别阶段。

目前的单样本人脸识别方法还存在一些问题。例如，ESRC 和 SVDL 都是利用人脸全局特征，但人脸全局特征对较大的人脸变化不稳健。虽然一些方法中利用人脸局部信息，能在一定程度上克服人脸变化，但是忽略了人脸特殊区域的鉴别信息；比如，人脸图像的眼睛等区域不易受到人脸变化的影响，且具有很高的重复检测率。为了解决这些问题，参考文献［49］提出基于局部自适应卷积特征（Adaptive Convolution Feature，ACF）表示的单样本人脸识别方法，同时充分地利用了卷积神经网络训练下高鉴别性的人脸局部特征。

首先检测人脸的 5 个特征点（眼睛、鼻子、嘴巴对应的点)，然后提取人脸局部区域的特征。人脸特征点包括人脸的特殊关键点和在人脸上均匀采样得到的均匀特征点。局部自适应卷积特征表示流程图如图 5-7 所示。

由于人脸的关键局部部位（眼睛、鼻子、嘴巴）有着高鉴别能力，并且可以在人脸各种变化的情况下准确地检测出来，故参考文献［49］充分利用了这个关键局部区域。但是由于这些关键区域非常少，为了全面覆盖整个人脸区域，参考文献［49］在整个人脸上采样得到关键特征点。以每个特征点为中心提取一个小块，即可得到基于人脸特征点的局部特征。提取过程参见图 5-7，每个图像局部区域独立学习出一个卷积神经网络，并连接最终的分类目标。最终局部自适应的特征被学习。

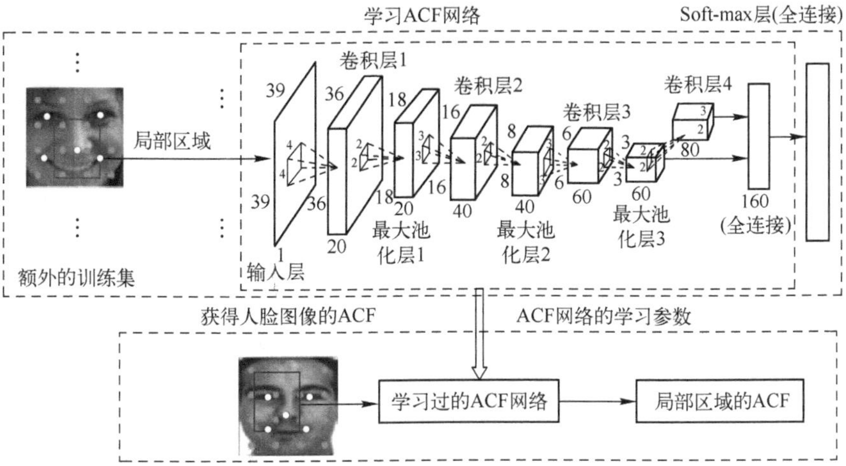

图 5-7 局部自适应卷积特征表示流程图

令 $\boldsymbol{y}=[\boldsymbol{y}_1,\boldsymbol{y}_2,\cdots,\boldsymbol{y}_k,\cdots,\boldsymbol{y}_K]$，其中，$\boldsymbol{y}_k$为 $\boldsymbol{y}$ 的第 k 个局部区域，$k\leqslant K$。类似的，广义集也可以建立 K 个变化字典，第 k 个变化字典$\boldsymbol{D}_k$对应 $\boldsymbol{y}$ 的第 k 个

局部区域。另外，标记$\boldsymbol{G}_k$为与第 k 个局部区域对应的查询字典。那么基于稳健性局部表示的数学模型为

$$\min_{\alpha_k}\sum_{k=1}^{K}\left(\|\boldsymbol{y}_k-[\boldsymbol{G}_k\ \boldsymbol{D}_k]\boldsymbol{\alpha}_k\|_2^2+\lambda\|\boldsymbol{\alpha}_k\|_2^2+\mu\|\boldsymbol{\alpha}_k-\overline{\boldsymbol{\alpha}}\|_2^2\right) \tag{5-33}$$

式中，$\boldsymbol{\alpha}_k=[\boldsymbol{\rho}_k;\boldsymbol{\beta}_k]$为第 k 个局部区域的表示系数。$\overline{\boldsymbol{\alpha}}$表示$\boldsymbol{\alpha}_k$的均值向量。$\boldsymbol{\alpha}_k$和$\boldsymbol{\omega}_k$均为未知量，需要交替进行求解。

一旦经过计算获得$\boldsymbol{\rho}_k$和$\boldsymbol{\beta}_k$之后，最终的分类公式为

$$\text{Identity}=\underset{i}{\operatorname{argmin}}\sum_{k=1}^{K}\frac{\|\boldsymbol{y}_k-\boldsymbol{g}_k^i\rho_k^i-\boldsymbol{D}_k\boldsymbol{\beta}_k\|_2^2}{\|\rho_k^i;\boldsymbol{\beta}_k\|_2^2} \tag{5-34}$$

式中，ρ_k^i为与第 i 个训练样本$\boldsymbol{g}_i$的第 k 个局部区域相关的表示系数。

参考文献［49］提出的基于稳健性局部表示的单样本人脸识别方法 RLR 优于其他方法，尤其是在 LFW 数据集上（此数据集图片由互联网收集得到，人脸变化完全不可控，人脸变化体现在不同光照、表情、遮挡、姿态下），参考文献［49］的方法远高于利用传统特征的单样本人脸识别方法和高于一般深度特征的人脸识别方法。

3. 基于多特征的稀疏表示分类

通过稀疏表示[24]的原始面部识别模型仅利用一些简单特征（例如，下采样特征、随机特征和子空间特征）。为了进一步提高人脸识别的性能，提出了基于稀疏表示方法的多个基于特征的增强多特征人脸识别方法。

Yang 和 Zhang[50]提出利用多尺度、多方位的 Gabor 幅度特征进行稀疏表示和分类。在基于 Gabor 特征的稀疏表示分类中，要求测试图像的不同比例和方向特征的编码系数是相同的。考虑到样本中的不同特征对模式表示和分类的贡献不同，参考文献［51］提出了一种松弛协作表示（Relaxed Collaborative Representation，RCR）模型，可以有效地利用特征的相似性和显著性。在 RCR 模型中，测试图像的不同特征可能是不同的，显著特征对图像的表示有更大的贡献。

为了增加稀疏表示对面部遮挡的稳健性，参考文献［52］提出了一种新的稳健核表示（Robust Kernel Representation，RKR）模型，其具有用于稳健面部识别的局部统计特征（Statistical Local Features，SLF）。这是一种基于核的表示模型，它充分利用 SLF 中嵌入的显著信息，采用稳健回归有效处理人脸图像中的遮挡。在 RKR 模型中，为不同特征的表示项分配不同的权重值。

在这里，大的权重值表示未被遮挡和区分的特征，而被遮挡的特征将具有较低的权重值。

在参考文献［53］中，提出了多任务联合稀疏表示模型，将多个特征和/或实例的强度结合起来进行识别。利用联合已有稀疏范数来强制多个表示向量之间的类级联合稀疏模式。

在参考文献［54］中，提出了通过稀疏表示模型的基于局部遮挡的部分人脸识别方法。Liao 等[54]开发了一种基于多关键点描述符的无对齐人脸表示方法，其中人脸的描述符大小由图像的实际内容决定。这样，任何探测面部图像，可以由各图像的描述符直接构成的字典稀疏地表示。

5.4 稀疏表示的典型应用

目前，稀疏表示已被用于模式识别的诸多方面，在多个应用中都发挥了十分重要的作用，如人脸识别、目标跟踪、显著性检测等。本节主要对稀疏表示在这些实际问题中的应用进行简要的介绍。

5.4.1 人脸识别

随着科技的进步，计算机处理信息的能力显著提高，基于数字图像的生物特征识别技术逐渐成为模式识别领域的一个重要研究方向。在生物特征识别技术中，人脸具有唯一、不可复制、采集方便、无须被研究者配合等特点，性能优于其他的人体生物特征识别技术，因此人脸识别成为模式识别领域中重要的研究方向之一。人脸识别是非常具有挑战性的，具体体现在：人脸识别是一个典型的高维、大类别、小样本问题，且对微小的个体差异不敏感；此外，如墨镜、帽子等遮挡也会增加人脸图像之间的区分难度。从 20 世纪 90 年代开始，各类人脸识别方法不断涌现，大致可以分为基于几何特征的人脸识别方法、基于子空间的人脸识别方法、基于神经网络的人脸识别方法、基于弹性图匹配的人脸识别方法等。

自 2009 年基于稀疏表示的人脸识别算法[24]首次被提出以来，这方面的研究便受到了很多关注，它为实现人脸识别开辟了新的途径。基于稀疏表示的人脸识别算法对遮挡和噪声具有一定的稳健性，且模型简单，不需要进行特征选择。该类算法不仅简单直观，也在一定程度上解决了测试样本有局部遮挡等难题，从而初步实现了人脸的稳健识别。基于稀疏表示的人脸识别流程图如图 5-8 所示。

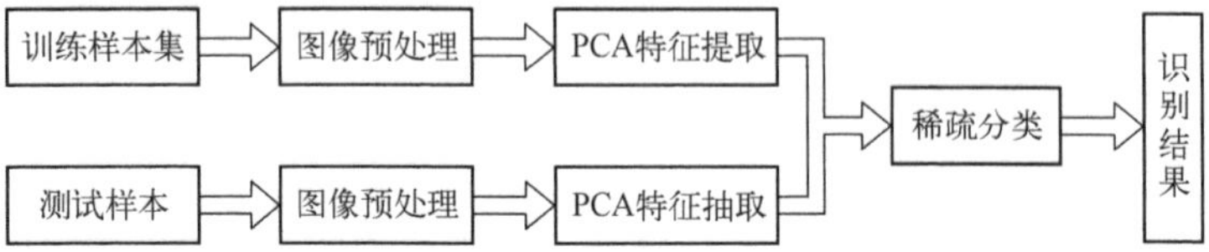

图 5-8　基于稀疏表示的人脸识别流程图

1. 稀疏表示分类器

利用稀疏表示的判别性进行分类的具体做法是，在一个过完备的字典中表示测试样本，其基本元素本身就是训练样本。如果每个类别都有足够的训练样本，则可以将测试样本表示为来自同一类别训练样本的线性组合。SRC 能够稀疏地表示每个自然图像，并且可以利用稀疏表示理论来完成图像任务，因此它被广泛地应用于计算机视觉和模式识别的领域中。由于人脸识别是模式识别与计算机视觉应用的代表性组成部分，这种基于稀疏表示的分类方法在人脸识别中的应用可以充分揭示出稀疏表示的潜在本质。

2. 人脸识别的稀疏表示算法

在人脸识别应用中，样本向量 $\boldsymbol{v}\in\mathbf{R}^d$（$d=wh$）是由一个大小为 $w\times h$ 的灰度图像堆叠其列得到的。稀疏表示和压缩感知理论为稳健的自动人脸识别提供了新的解决方案。

在现实情况下的人脸识别应用中，得到的数据往往不是理想的干净数据，通常会包含一定的噪声。考虑到输入的测试图像 $\boldsymbol{x}$ 被污染或遮挡的情况，则可用下式描述的线性模型表示输入图像：

$$\boldsymbol{x}=\boldsymbol{D\alpha}+\boldsymbol{e} \tag{5-35}$$

式中，$\boldsymbol{e}\in\mathbf{R}^d$是误差向量，$\boldsymbol{e}$ 中非零项对应于测试图像 $\boldsymbol{x}$ 中损坏或被遮挡的像素。

在以上框架下，即使一部分图像像素被遮挡或损坏，仍然可以利用其他未被遮挡的像素及稀疏表示的原理进行识别。具体地，式（5-35）可被重写为

$$\boldsymbol{x}=[\boldsymbol{D},\boldsymbol{I}]\begin{bmatrix}\boldsymbol{\alpha}\\\boldsymbol{e}\end{bmatrix}=\boldsymbol{Bw} \tag{5-36}$$

式中，$\boldsymbol{B}=[\boldsymbol{D},\boldsymbol{I}]\in\mathbf{R}^{d\times(m+d)}$。假设误差项在$\boldsymbol{D}_e\in\mathbf{R}^{d\times m_e}$的基础上满足一个稀疏表示，并且对于一些稀疏向量$\boldsymbol{u}\in\mathbf{R}^d$有$\boldsymbol{e}=\boldsymbol{D}_e\boldsymbol{u}$，则介于$\boldsymbol{e}$的稀疏性质选择特殊的$\boldsymbol{D}_e=\boldsymbol{I}\in\mathbf{R}^{d\times d}$。但是，如果$\boldsymbol{e}$是关于傅里叶（Fourier）或哈尔（Haar）等稀疏，则可将$\boldsymbol{D}_e$添加到$\boldsymbol{B}$中[55]，以便代替$\boldsymbol{I}$来寻找稀疏解，即

$$\boldsymbol{B}=[\boldsymbol{D},\boldsymbol{D}_e]\in\mathbf{R}^{d\times(m+m_e)} \tag{5-37}$$

在有噪声和遮挡等情况下，式（5-3）中的L_1范数最小化问题可以被重新表示为约束条件下的优化问题，即

$$(\mathrm{L}_1^e):\hat{\boldsymbol{\alpha}}=\operatorname{argmin}\|\boldsymbol{\alpha}\|_1 \quad \text{s. t.} \quad \boldsymbol{B}\boldsymbol{w}=\boldsymbol{x} \tag{5-38}$$

因此，SRC对遮挡、噪声和光照等条件具有一定的稳健性。

为了测试基于稀疏表示的人脸识别方法的稳健性，Wright等人在扩充的Yale B数据集[28]上测试了随机像素污染和遮挡两种情况下的实验，并与如下4种先进的人脸识别方法进行了比较：主成分分析方法[56]、独立成分分析（Independent Component Analysis，ICA）方法[57]、局部非负矩阵分解（Local Nonnegative Matrix Factorization，LNMF）方法[58]和最小二乘方法（Least-Square Method）。实验结果详见参考文献［24］。

5.4.2 目标跟踪

目标跟踪（Object Tracking）是机器学习视觉中的一个重要的研究方向，广泛应用于视频监控、无人驾驶等领域。主流的目标跟踪算法分为判别模型和生成模型两类。

基于判别模型的目标跟踪算法的主要任务是区别目标和背景，其基本方法是利用分类器来辨别目标图片中的背景和目标区域，其跟踪效果主要依赖于判别器的性能。基于生成模型的目标跟踪算法的主要目标是找寻与原始目标特征最相似的候选目标特征，其基本方法是利用特征提取算法对目标样本提取特征，然后利用抽取出的特征建立目标模型，再对候选区域使用相同的特征提取算法并建立模型，最后比较两者的相似性，以此来判断是否跟踪成功。

由于稀疏表示有助于获取数据的显著特征，可以在有限的样本容量下，使得参数呈现出稀疏性从而提高模型的可靠性，所以稀疏表示理论被应用于目标跟踪领域，以应对噪声、光照变化、大面积遮挡和形变等问题。其基本的应用方法是使用粒子滤波算法估计目标的运动轨迹，之后用稀疏表示理论

对候选区的目标进行重建，将目标跟踪问题转化为选取最小重构误差问题。Mei 和 Ling[59] 在 2009 年首次将稀疏表示理论和目标追踪结合，利用目标模板和简单模板（Trivial Templates）线性表示目标候选样本。一个良好的目标候选样本的系数应该具有良好的稀疏性，一个差的目标候选样本的系数应该是稠密的。而稀疏性表示可以通过 L_1 正则化的最小二乘方法来求得，最后将与目标模板重构误差最小的候选样本作为跟踪的结果。Liu 等人[60] 在 2010 年将包括空间和时间邻接的动态群稀疏性引入到稀疏表示中，以增强跟踪器的稳健性，提出使用通过最小化重构误差和最大化辨别力的两级稀疏优化在线跟踪算法。Jia 等人[61] 指出，大部分基于稀疏表示的跟踪器仅考虑了整体的表示，而没有充分利用稀疏系数来区分目标和背景，因此当存在类似物体或目标遮挡时，无法很好地跟踪。Jia 等人[61] 由此提出一种基于局部稀疏结构外观模型的跟踪算法，基于对齐池的方法（Alignment-Pooling Method）利用了目标的部分信息及空间信息。

1. 跟踪目标的稀疏表示

基于稀疏表示的目标跟踪算法可以定义为，对于一个给定的目标模板集 $\boldsymbol{D}=[\boldsymbol{d}_1,\cdots,\boldsymbol{d}_n]\in\mathbf{R}^{d\times n}$，包含了 n 个目标模板，每个模板都是一个 d 维的向量。跟踪结果 $\boldsymbol{y}\in\mathbf{R}^d$ 可以用 $\boldsymbol{D}$ 线性表示为

$$y\approx\boldsymbol{D\alpha}=\boldsymbol{\alpha}_1\boldsymbol{d}_1+\boldsymbol{\alpha}_2\boldsymbol{d}_2+\cdots+\boldsymbol{\alpha}_n\boldsymbol{d}_n \tag{5-39}$$

式中，$\boldsymbol{\alpha}=(\alpha_1,\alpha_2,\cdots,\alpha_n)^{\mathrm{T}}\in\mathbf{R}^n$ 是目标系数向量。但是，在许多的目标跟踪场景下，目标通常会存在噪声或被部分遮挡，由此会造成不可预测的错误。为克服上述问题带来的影响，式（5-39）可以被重写为

$$y=\boldsymbol{D\alpha}+\boldsymbol{\epsilon} \tag{5-40}$$

式中，$\boldsymbol{\epsilon}$ 是错误向量，$\boldsymbol{\epsilon}$ 中只有少部分是非零的。非零的部分表示跟踪结果 $\boldsymbol{y}$ 中被污染或遮挡的像素。可以用简单模板 $\boldsymbol{I}=[\boldsymbol{i}_1,\cdots,\boldsymbol{i}_d]\in\mathbf{R}^{d\times d}$ 来捕获被遮挡的像素：

$$y=[\boldsymbol{D},\boldsymbol{I}]\begin{bmatrix}\boldsymbol{\alpha}\\ \boldsymbol{e}\end{bmatrix} \tag{5-41}$$

式中，简单模板 $\boldsymbol{i}_i\in\mathbf{R}^d$ 是有且仅有一个非零输入的向量；$\boldsymbol{e}=(e_1,e_2,\cdots,e_n)^{\mathrm{T}}\in\mathbf{R}^n$ 是系数向量。

2. 非负约束

一般情况下，系数向量 $\boldsymbol{\alpha}$ 可以是任意的实数。但是在目标跟踪的过程

中，目标基本上是由非负系数的目标模板决定的，即跟踪目标与最相似的模板是正相关的。在新的一帧中，目标的外观可能会发生变化，需要引入新的模板来代替原来的模板，此时与目标模板最相似的帧的系数依然是正的。通常在涉及阴影时，如果不加入非负约束，会直接影响到跟踪效果。非负约束作用示意图如图 5-9 所示，其中，图 5-9（a）是第一帧给定的目标模板；图 5-9（b）是不加非负约束的跟踪结果；图 5-9（c）是加入非负约束的跟踪结果。

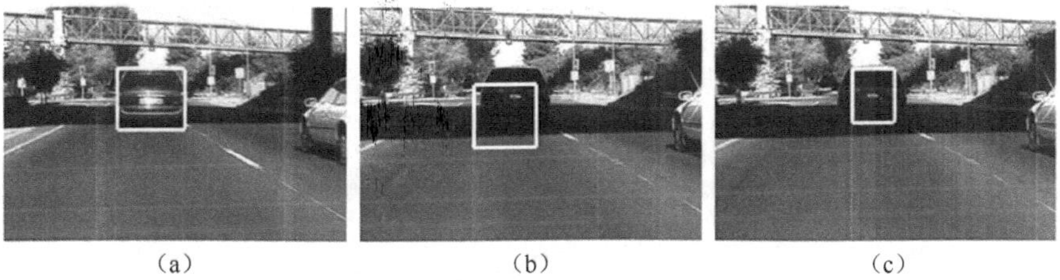

图 5-9 非负约束作用示意图[59]

可以明显看出，加入非负性约束前，目标跟踪结果远离了正确的位置，原因在于跟踪结果的目标强度与目标模板一般是相反的，通过强制加入非负约束可以很好地避免这一问题的发生。因此式（5-40）可以重写为

$$\boldsymbol{y}=[\boldsymbol{D},\boldsymbol{I},-\boldsymbol{I}]\begin{bmatrix}\boldsymbol{\alpha}\\ \boldsymbol{e}^{+}\\ \boldsymbol{e}^{-}\end{bmatrix}=\boldsymbol{B}\boldsymbol{c}^{\mathrm{T}},\quad \text{s.t.}\quad \boldsymbol{c}\geqslant 0 \tag{5-42}$$

式中，$\boldsymbol{e}^{+}\in\mathbf{R}^{d}$ 和 $\boldsymbol{e}^{-}\in\mathbf{R}^{d}$ 称为正简单系数向量（Positive Trivial Coefficient Vector）和负简单系数向量（Negative Trivial Coefficient Vector）；$\boldsymbol{B}=[\boldsymbol{D},\boldsymbol{I},-\boldsymbol{I}]$，$\boldsymbol{c}^{\mathrm{T}}=[\boldsymbol{\alpha},\boldsymbol{e}^{+},\boldsymbol{e}^{-}]$ 是非负系数矩阵。

3. 通过 L_1 最小化实现稀疏

由遮挡和噪声引起的误差通常会对图像像素造成破坏，因此对于好的目标候选区域，向量 $\boldsymbol{e}^{+}$ 和 $\boldsymbol{e}^{-}$ 中仅存在着少量的非零系数。为得到式（5-42）的稀疏解，使用 L_1 正则化最小二乘方法可得

$$\min \|\boldsymbol{B}\boldsymbol{c}-\boldsymbol{y}\|_2^2+\lambda\|\boldsymbol{c}\|_1 \tag{5-43}$$

式中，$\|\cdot\|_1$ 和 $\|\cdot\|_2$ 分别表示 L_1 范数和 L_2 范数。式（5-43）中第一项表示真实的跟踪目标和通过稀疏表示之后重构的跟踪目标的差异性，最后的跟踪结果

是获得最大概率的状态的稀疏表示样本，即最小的重构误差。

图 5-10～图 5-12 分别展示的是基于稀疏表示的目标跟踪算法与已有的目标跟踪算法的实验结果比较，第一行到第四行分别为基于稀疏表示的目标跟踪算法、均值漂移跟踪算法、协方差跟踪算法和自适应粒子滤波器算法。图 5-10 是一组连续的车辆红外图像，图 5-11 是一组涉及光照变化的车辆图像，图 5-12 是一组商场内的人物图像。可以明显地看出，在这 3 个数

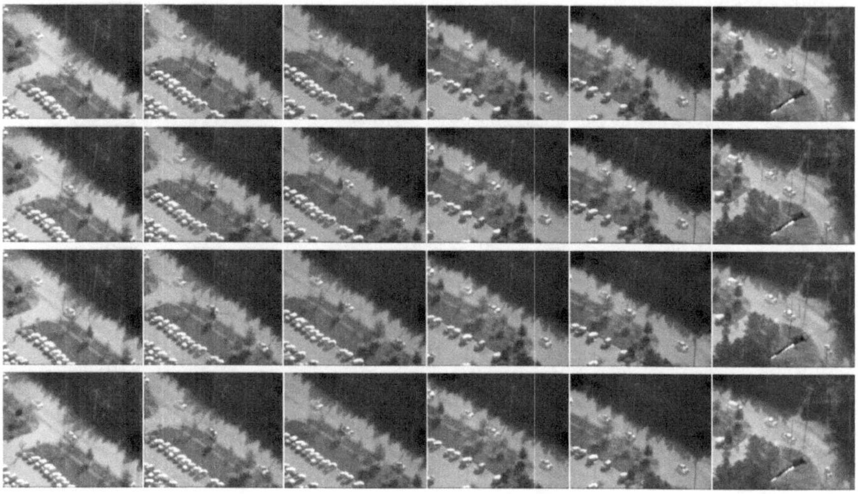

图 5-10　一组连续的车辆红外图像[59]

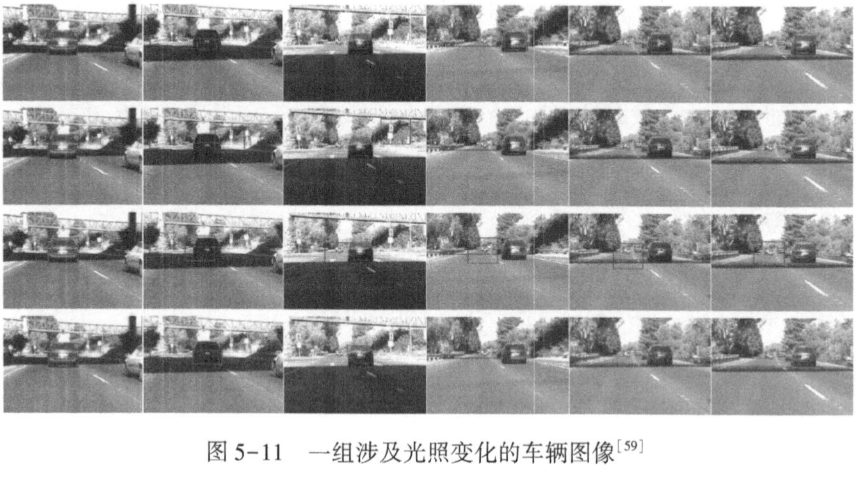

图 5-11　一组涉及光照变化的车辆图像[59]

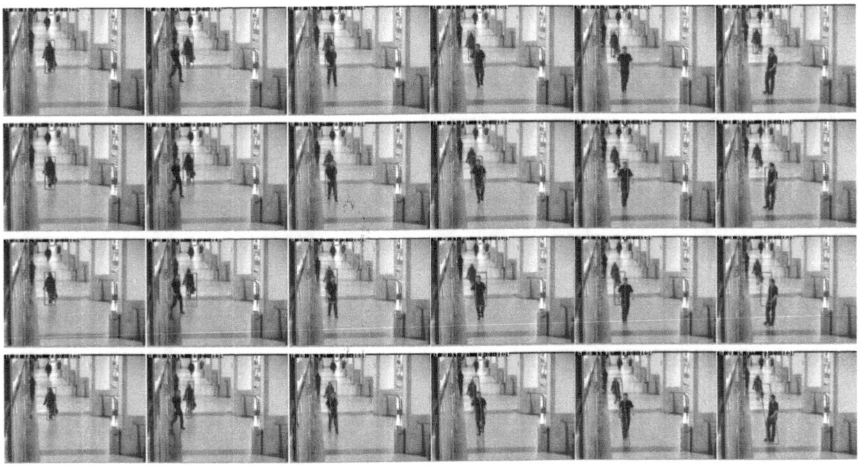

图 5-12 一组商场内的人物图像[59]

据集上，基于稀疏表示的目标跟踪算法可以很好地跟踪目标，而其他的方法都会出现跟踪目标框偏移和失去跟踪目标等情况。

5.4.3 视觉显著性检测

视觉显著性检测（Visual Saliency Detection）是指通过智能算法模拟人的视觉特点，提取图像中的显著区域（即人类感兴趣的区域）。人类视觉系统在面对自然场景时具有快速搜索和定位感兴趣目标的能力，这种视觉注意机制是人们日常生活中处理视觉信息的重要机制。随着互联网带来的大数据量的传播，如何从海量的图像和视频数据中快速地获取重要信息，已经成为计算机视觉领域的一个关键问题。通过在计算机视觉任务中引入这种视觉注意机制，即视觉显著性，可以为视觉信息处理任务带来一系列重大的提升和改善。

在本节中，将从重构误差的角度介绍一种视觉显著性检测算法[62]。第一，通过超像素提取图像的边界，将这些边界作为可能的背景模板，从中构建密集和稀疏的外观模型。对每个图像区域进行计算密集重构误差和稀疏重构误差。第二，利用 K 均值聚类得到的上下文信息来传播重构误差。第三，通过多尺度重构误差的整合来计算像素级显著性，并且使用对象偏置高斯模型（Object-biased Gaussian Model）来细化。第四，应用贝叶斯积分来综合密集重构误差和稀疏重构误差的显著性度量。基于密集与稀疏重构的显著性检测框图如图 5-13 所示。

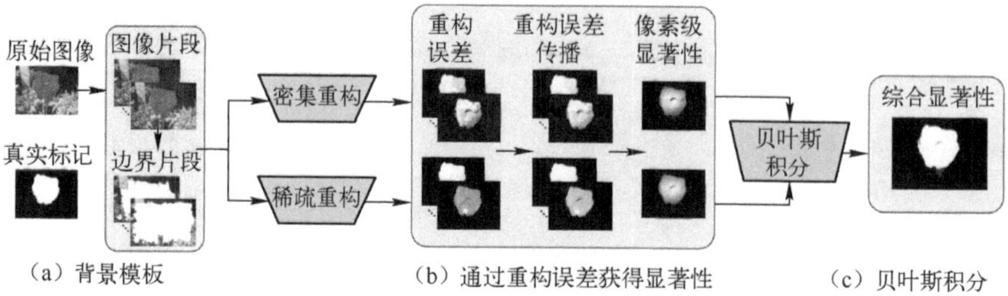

图 5-13 基于密集与稀疏重构的显著性检测框图[62]

我们使用密集重构误差和稀疏重构误差来度量每个由 D 维特征表示的区域的显著性。密集的外观模型呈现出对背景模板更具表现力和通用性的描述，而稀疏的外观模型则生成独特而紧凑的表示。众所周知，密集的外观模型对噪声更为敏感。对于杂乱的场景，密集的外观模型在重构误差度量显著对象时可能效果不佳。另外，稀疏表示的解不稳定（例如，相似区域的稀疏系数可能不同）可能会导致显著性检测结果不连续。因此，在本节中，使用密集表示和稀疏表示来刻画图像区域，并根据重构误差来度量图像的显著性。

在给定背景模板的情况下，直观地将图像显著性检测看作是对背景重构误差的一种估计。假设使用相同的基底，前景区域和背景区域的重构误差必然存在较大的差异。对每个区域，分别用密集表示和稀疏表示来计算两个重构误差。

1. 密集重构误差

基于背景模板，具有较大重构误差的区域更有可能是前景区域。因此，使用主成分分析从背景模板 $\boldsymbol{D}=[\boldsymbol{d}_1,\boldsymbol{d}_2,\cdots,\boldsymbol{d}_M]$（$\boldsymbol{D}\in\mathbf{R}^{D\times M}$）生成的密集外观模型来计算每个区域的重构误差。

$\boldsymbol{D}$ 的归一化协方差矩阵的特征向量 $\boldsymbol{U}_{\boldsymbol{D}}=[\boldsymbol{u}_1,\boldsymbol{u}_2,\cdots,\boldsymbol{u}_{D'}]$ 对应于 $\boldsymbol{D}'$ 个从大到小的特征值，形成了基于背景模板的 PCA。利用基于 $\boldsymbol{U}_{\boldsymbol{D}}$ 的 PCA，计算图像区域 i（$i\in[1,N]$）的重构系数：

$$\beta_i=\boldsymbol{U}_{\boldsymbol{D}}^{\mathrm{T}}(\boldsymbol{x}_i-\overline{\boldsymbol{x}}) \tag{5-44}$$

和图像区域 i 的密集重构误差：

$$\varepsilon_i^d=\|\boldsymbol{x}_i-(\boldsymbol{U}_{\boldsymbol{D}}\beta_i+\overline{\boldsymbol{x}})\|_2^2 \tag{5-45}$$

式中，$\overline{\boldsymbol{x}}$是 $\boldsymbol{X}$ 的平均特征，显著性度量与标准化重构误差成比例（在$[0,1]$范围内）。

2. 稀疏重构误差

稀疏表示已成功应用于图像显著性检测中[63-65]，其基本思想为：如果利用背景字典对图像区域进行稀疏重构，那么图像背景区域的重构误差将会较小，而前景显著性区域的重构误差则较大，因而可以利用重构误差来表征图像的显著性大小。若采用背景字典对图像区域进行稀疏重构，那么区域的显著性值与稀疏重构误差成正比；如果采用前景字典对图像区域进行稀疏重构，那么区域的显著性值与稀疏重构误差成反比。

以稀疏表示为基础，通过挖掘显著性区域的稀疏系数特性来计算显著性图。使用一组背景模板 $\boldsymbol{D}$ 作为稀疏表示的字典，并对图像片段 i 进行以下表示：

$$\boldsymbol{\alpha}_i = \underset{\boldsymbol{\alpha}_i}{\arg\min} \|\boldsymbol{x}_i - \boldsymbol{D}\boldsymbol{\alpha}_i\|_2^2 + \lambda \|\boldsymbol{\alpha}_i\|_1 \tag{5-46}$$

由稀疏系数计算图像区域 i 在背景模板上的稀疏重构误差为

$$\boldsymbol{\varepsilon}_i^s = \|\boldsymbol{x}_i - \boldsymbol{D}\boldsymbol{\alpha}_i\|_2^2 \tag{5-47}$$

由于所有背景模板都被视为字典，因此与密集重构误差相比，稀疏重构误差可以更好地抑制背景，尤其在杂乱的图像中，如图 5-14 的第二行所示。越亮的像素表示更高的显著性值。在图 5-14 中，图 5-14（a）为原始图像；图 5-14（b）为密集重构的显著性图；图 5-14（c）为稀疏重构的显著性图；图 5-14（d）为真实标记。

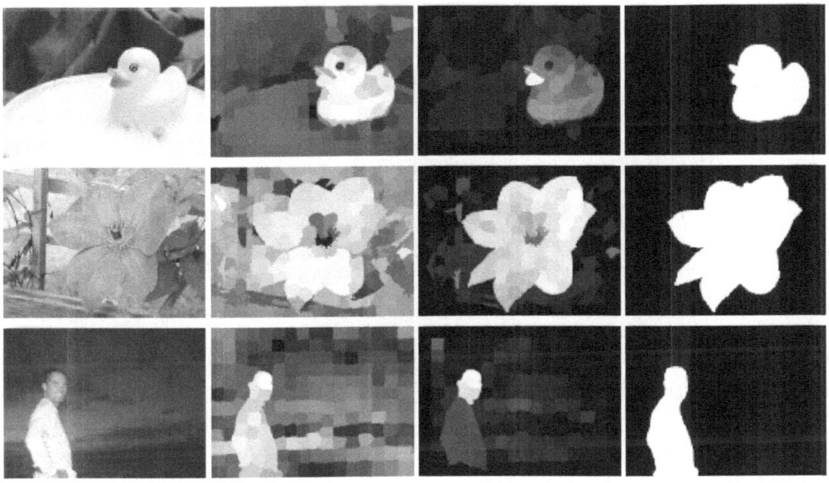

（a）　（b）　（c）　（d）

图 5-14　基于密集重构误差和稀疏重构误差的显著性图[62]

然而，稀疏重构误差在度量显著性方面存在一些缺点。如果将一些前景片段收集到背景模板中（例如，当对象出现在图像边界处时），由于低稀疏重构误差，它们的显著性度量接近于0。此外，由于不正确地将前景区域作为稀疏字典的一部分，使得其他区域的显著性度量不太准确，而密集外观模型不受此问题的影响。当前景区域被错误地包含在背景模板中时，从密集外观模型中提取的主成分在描述这些前景区域时可能不太有效。如图5-14的最后一行所示，当稀疏重构未检测到图像边界处的一些前景片段（如躯干和手臂）时，密集重构仍然可以检测到。

由此可见，稀疏重构误差在处理复杂背景时更加稳健，而密集重构误差能更准确地处理图像边界处的片段。因此，密集重构误差和稀疏重构误差在度量显著性方面是互补的。

为了平滑由密集和稀疏外观模型生成的重构误差，应用 K 均值聚类算法，利用图像片段的 $\boldsymbol{D}$ 维特征将 N 个图像片段聚类成 K 个簇，通过在每个簇中传播重构误差来处理这些图像片段，即基于上下文信息的误差传播方法。对于全分辨率显著性图（Full-resolution Saliency Map），可以对多尺度重构误差的结果进行整合来为每个像素分配显著性，由于显著对象并不总是出现在图像中心，因此可以使用对象偏置高斯模型（Object-biased Gaussian Model）进行细化。如前面所述，密集重构误差和稀疏重构误差的显著性检测是互补的，最后，应用贝叶斯积分来综合这两种显著性度量。

3. 实验

在三个公共数据集（ASD、MSRA和SOD）上，用17种最先进的方法评估了前文所介绍的方法，包括IT（1998）[66]、MZ（2003）[67]、LC（2006）[68]、GB（2006）[69]、SR（2007）[70]、AC（2008）[71]、FT（2009）[72]、CA（2010）[73]、RA（2011）[74]、RC（2015）[75]、CB（2011）[76]、SVO（2011）[77]、DW（2011）[78]、SF（2012）[79]、LR（2012）[80]、GS（2012）[81]和XL（2013）[82]。

在图5-15的ASD数据集和图5-16的MSRA和SOD数据集上，将基于密集与稀疏重构误差的视觉显著性检测算法的评估结果与目前最先进的显著性检测方法进行比较。“精准-召回曲线”（Precision-recall Curves）表明，该算法与现有算法相比，具有良好的一致性和较好的性能。在条形图中，该算法的精准率（Precision）、召回率（Recall）和F-度量值（F-measure）与其他算法相当，但是具有更高的召回率和F-度量值。图5-17显示了该模型生成了更准确的显著性图，具有均匀突出显示的前景和良好抑制的背景。代码实现可参见相关网站①。

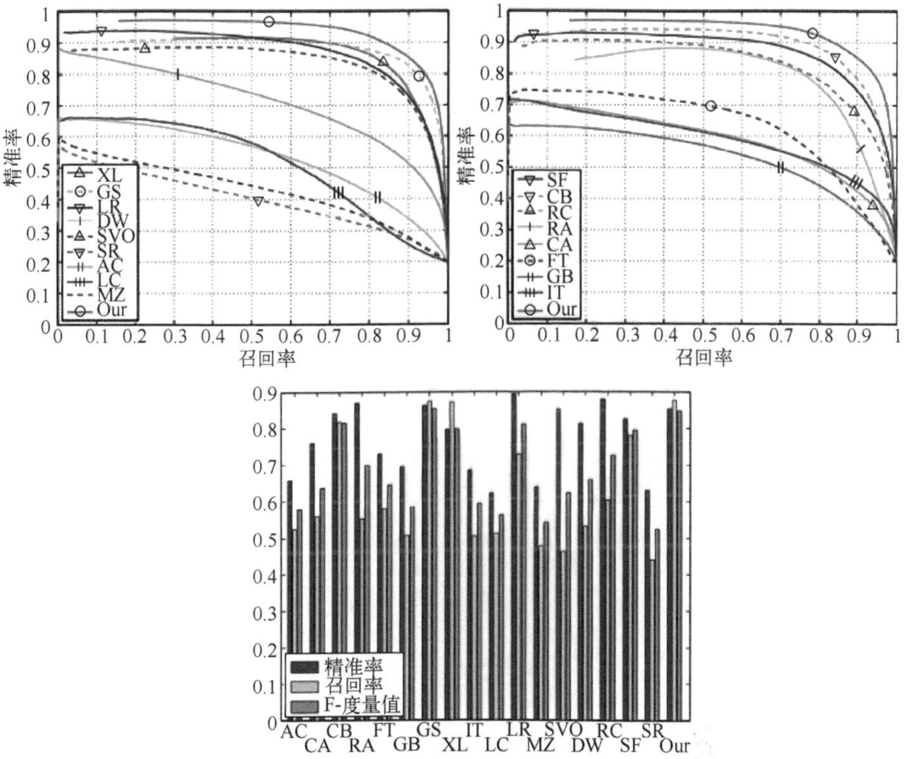

图 5-15 与 ASD 数据集上的 17 种最先进的方法相比，基于密集与稀疏重构误差的视觉显著性检测算法具有更好的性能[62]

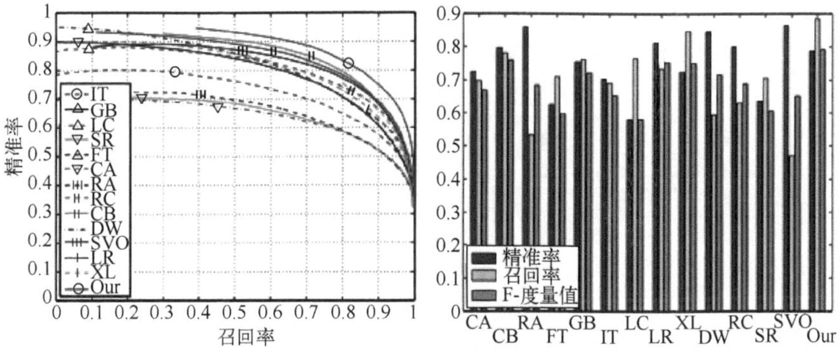

(a) MSRA数据集上

图 5-16 基于密集与稀疏重构误差的视觉显著性检测算法在 MSRA 和 SOD 数据集上的性能优于其他算法[62]

① http://ice.dlut.edu.cn/lu/publications.html。

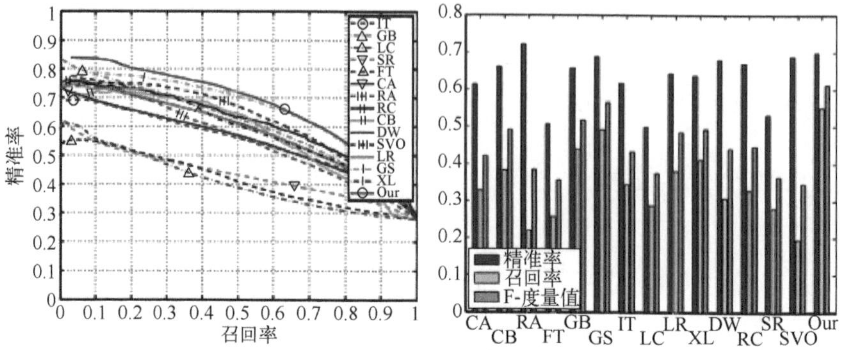

（b）SOD数据集上

图 5-16　基于密集与稀疏重构误差的视觉显著性检测算法在 MSRA 和 SOD 数据集上的性能优于其他算法[62]（续）

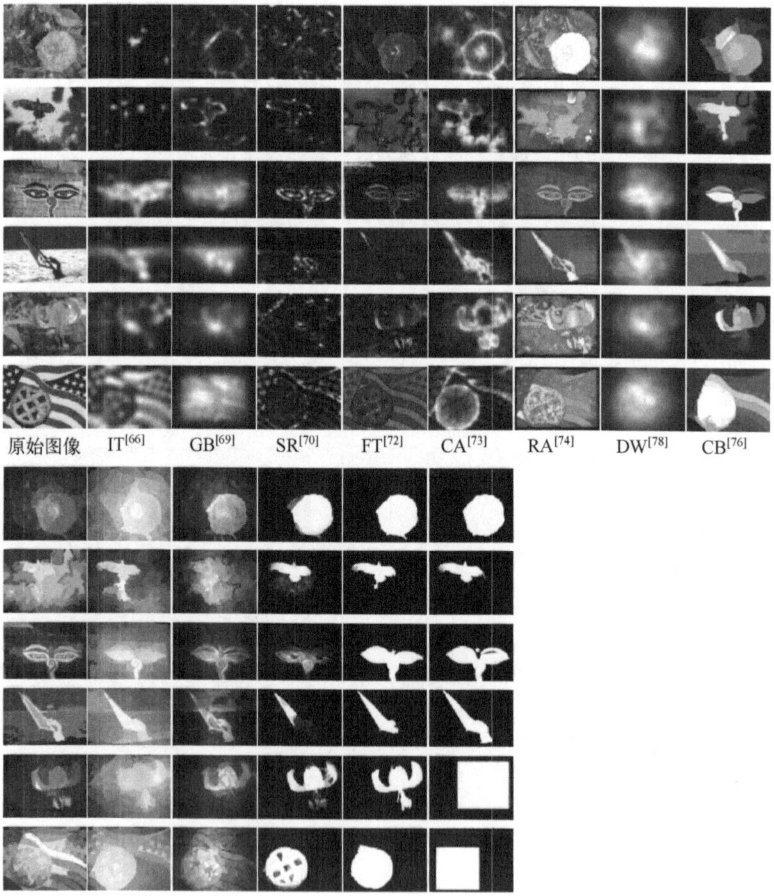

图 5-17　显著性图的比较[62]

图 5-17 从上到下的第 1 行、第 2~4 行、第 5 行与第 6 行是分别来自 ASD、SOD 和 MSRA 数据集的图像，DSR 表示基于密集和稀疏重建的算法，DSR cut 表示生成的显著性图的切割图，GT 表示真实标记。

参考文献

[1] Hubel D H, Wiesel T N. Receptive fields of single neurones in the cat's striate cortex [J]. Journal of Physiology, 1959, 148 (3): 574-591.

[2] 焦李成, 赵进, 杨淑媛, 等. 稀疏认知学习、计算与识别的研究进展 [J]. 北京: 计算机学报, 2016, 39 (4): 835-851.

[3] Tibshirani R. Regression shrinkage and selection via the lasso [J]. Journal of the Royal Statistical Society: Series B (Methodological), 1996, 58 (1): 267-288.

[4] Breiman L. Better subset selection using the non-negative garotte [R]. University of California, Berkeley, 1993.

[5] Jolliffe I T, Trendafilov N T, Uddin M. A modified principal component technique based on the lasso [J]. Journal of Computational and Graphical Statistics, 2003, 12 (3): 531-547.

[6] Zou H, Hastie T. Regression shrinkage and selection via the elastic net, with applications to microarrays [J]. Journal of the Royal Statistical Society: Series B, 2003, 67: 301-20.

[7] Zou H, Hastie T, Tibshirani R. Sparse principal component analysis [J]. Journal of Computational and Graphical Statistics, 2006, 15 (2): 265-286.

[8] d'Aspremont A, Ghaoui L E, Jordan M I, et al. A direct formulation for sparse PCA using semidefinite programming [C]//Advances in Neural Information Processing Systems. 2005: 41-48.

[9] Moghaddam B, Weiss Y, Avidan S. Spectral bounds for sparse PCA: Exact and greedy algorithms [C]//Advances in Neural Information Processing Systems. 2006: 915-922.

[10] Moghaddam B, Weiss Y, Avidan S. Generalized spectral bounds for sparse LDA [C]// Proceedings of the 23rd International Conference on Machine Learning. ACM, 2006: 641-648.

[11] Clemmensen L, Hastie T, Witten D, et al. Sparse discriminant analysis [J]. Technometrics, 2011, 53 (4): 406-413.

[12] Hastie T, Buja A, Tibshirani R. Penalized discriminant analysis [J]. The Annals of Statistics, 1995: 73-102.

[13] Elden L. Algorithms for the regularization of ill-conditioned least squares problems [J].

BIT Numerical Mathematics, 1977, 17 (2): 134-145.

[14] Kokiopoulou E, Saad Y. Orthogonal neighborhood preserving projections: A projection-based dimensionality reduction technique [J]. IEEE Transactions on Pattern Analysis and Machine Intelligence, 2007, 29 (12): 2143-2156.

[15] Lai Z, Chen Y, Mo D, et al. Robust jointly sparse embedding for dimensionality reduction [J]. Neurocomputing, 2018, 314: 30-38.

[16] He X, Cai D, Yan S, et al. Neighborhood preserving embedding [C]//Tenth IEEE International Conference on Computer Vision Volume 1. IEEE, 2005, 2: 1208-1213.

[17] Tenenbaum J B, De Silva V, Langford J C. A global geometric framework for nonlinear dimensionality reduction [J]. Science, 2000, 290 (5500): 2319-2323.

[18] Cai D, He X, Han J. Spectral regression: A unified approach for sparse subspace learning [C]//Seventh IEEE International Conference on Data Mining. IEEE, 2007: 73-82.

[19] Ma Z, Yang Y, Sebe N, et al. Multimedia event detection using a classifier-specific intermediate representation [J]. IEEE Transactions on Multimedia, 2013, 15 (7): 1628-1637.

[20] Hou C, Nie F, Li X, et al. Joint embedding learning and sparse regression: A framework for unsupervised feature selection [J]. IEEE Transactions on Cybernetics, 2014, 44 (6): 793-804.

[21] Hou C, Nie F, Yi D, et al. Feature selection via joint embedding learning and sparse regression [C]//Twenty-Second International Joint Conference on Artificial Intelligence, 2011.

[22] Nie F, Zhu W, Li X. Unsupervised feature selection with structured graph optimization [C]//Thirtieth AAAI Conference on Artificial Intelligence, 2016.

[23] Lai Z, Wong W K, Xu Y, et al. Approximate orthogonal sparse embedding for dimensionality reduction [J]. IEEE Transactions on Neural Networks and Learning Systems, 2016, 27 (4): 723-735.

[24] Wright J, Yang A Y, Ganesh A, et al. Robust face recognition via sparse representation [J]. IEEE Transactions on Pattern Analysis and Machine Intelligence, 2008, 31 (2): 210-227.

[25] Zhang L, Yang M, Feng X, et al. Sparse representation or collaborative representation: Which helps face recognition? [C]//2011 International Conference on Computer Vision. IEEE, 2011: 471-478.

[26] Georghiades A, Belhumeur P, Kriegman D. From few to many: Illumination cone models for face recognition under variable lighting and pose [J]. IEEE Transactions on Pattern

Analysis and Machine Intelligence, 2001, (6): 643-660.

[27] Lee K C, Ho J, Kriegman D J. Acquiring linear subspaces for face recognition under variable lighting [J]. IEEE Transactions on Pattern Analysis and Machine Intelligence, 2005, (5): 684-698.

[28] Wright J, Ma Y. Dense error correction via l_1 minimization [C]//IEEE International Conference on Acoustics, 2010, 56 (7): 3540-3560.

[29] He R, Zheng W S, Hu B G. Maximum correntropy criterion for robust face recognition [J]. IEEE Transactions on Pattern Analysis and Machine Intelligence, 2010, 33 (8): 1561-1576.

[30] He R, Zheng W S, Hu B G, et al. A regularized correntropy framework for robust pattern recognition [J]. Neural Computation, 2011, 23 (8): 2074-2100.

[31] Yang M, Zhang L, Yang J, et al. Robust sparse coding for face recognition [C]//2011 International Conference on Computer Vision. IEEE, 2011: 625-632.

[32] Yang M, Zhang L, Yang J, et al. Regularized robust coding for face recognition [J]. IEEE Transactions on Image Processing, 2012, 22 (5): 1753-1766.

[33] Yang M, Zhang L, Feng X, et al. Fisher discrimination dictionary learning for sparse representation [C]//2011 International Conference on Computer Vision. IEEE, 2011: 543-550.

[34] Yang M, Zhang L, Feng X, et al. Sparse representation based fisher discrimination dictionary learning for image classification [J]. International Journal of Computer Vision, 2014, 109 (3): 209-232.

[35] Yang M, Liu W, Luo W, et al. Analysis-synthesis dictionary learning for universality-particularity representation based classification [C]//Thirtieth AAAI Conference on Artificial Intelligence, 2016.

[36] Yang M, Chen L. Discriminative semi-supervised dictionary learning with entropy regularization for pattern classification [C]//Thirty-First AAAI Conference on Artificial Intelligence, 2017.

[37] Wang X, Guo X, Li S Z. Adaptively unified semi-supervised dictionary learning with active points [C]//Proceedings of the IEEE International Conference on Computer Vision, 2015: 1787-1795.

[38] Viola P, Jones M J. Robust real-time face detection [J]. International Journal of Computer Vision, 2004, 57 (2): 137-154.

[39] Deng W, Hu J, Lu J, et al. Transform-invariant PCA: A unified approach to fully automatic face alignment, representation, and recognition [J]. IEEE Transactions on Pattern Anal-

ysis and Machine Intelligence, 2013, 36 (6): 1275-1284.

[40] Yan S, Wang H, Liu J, et al. Misalignment-robust face recognition [J]. IEEE Transactions on Image Processing, 2009, 19 (4): 1087-1096.

[41] Wagner A, Wright J, Ganesh A, et al. Towards a practical face recognition system: Robust registration and illumination by sparse representation [C]//2009 IEEE Conference on Computer Vision and Pattern Recognition. IEEE, 2009: 597-604.

[42] Huang J, Huang X, Metaxas D. Simultaneous image transformation and sparse representation recovery [C]//2008 IEEE Conference on Computer Vision and Pattern Recognition. IEEE, 2008: 1-8.

[43] Yang M, Zhang L, Zhang D. Efficient misalignment-robust representation for real-time face recognition [C]//European Conference on Computer Vision. Springer, Berlin, Heidelberg, 2012: 850-863.

[44] Li A, Shan S, Gao W. Coupled bias-variance tradeoff for cross-pose face recognition [J]. IEEE Transactions on Image Processing, 2011, 21 (1): 305-315.

[45] Mohammadzade H, Hatzinakos D. Projection into expression subspaces for face recognition from single sample per person [J]. IEEE Transactions on Affective Computing, 2012, 4 (1): 69-82.

[46] Deng W, Hu J, Guo J. Extended SRC: Undersampled face recognition via intraclass variant dictionary [J]. IEEE Transactions on Pattern Analysis and Machine Intelligence, 2012, 34 (9): 1864-1870.

[47] Yang M, Van Gool L, Zhang L. Sparse variation dictionary learning for face recognition with a single training sample per person [C]//Proceedings of the IEEE International Conference on Computer Vision. 2013: 689-696.

[48] Zhuang L, Chan T H, Yang A Y, et al. Sparse illumination learning and transfer for single-sample face recognition with image corruption and misalignment [J]. International Journal of Computer Vision, 2015, 114 (2-3): 272-287.

[49] Yang M, Wang X, Zeng G, et al. Joint and collaborative representation with local adaptive convolution feature for face recognition with single sample per person [J]. Pattern Recognition, 2017, 66: 117-128.

[50] Yang M, Zhang L. Gabor feature based sparse representation for face recognition with gabor occlusion dictionary [C]//European Conference on Computer Vision. Springer, Berlin, Heidelberg, 2010: 448-461.

[51] Yang M, Zhang L, Zhang D, et al. Relaxed collaborative representation for pattern classification [C]//2012 IEEE Conference on Computer Vision and Pattern Recognition. IEEE,

2012: 2224-2231.

[52] Yang M, Zhang L, Shiu S C K, et al. Robust kernel representation with statistical local features for face recognition [J]. IEEE Transactions on Neural Networks and Learning Systems, 2013, 24 (6): 900-912.

[53] Yuan X T, Liu X, Yan S. Visual classification with multitask joint sparse representation [J]. IEEE Transactions on Image Processing, 2012, 21 (10): 4349-4360.

[54] Liao S, Jain A K, Li S Z. Partial face recognition: Alignment-free approach [J]. IEEE Transactions on Pattern Analysis and Machine Intelligence, 2012, 35 (5): 1193-1205.

[55] MacWilliams F J, Sloane N J A. The theory of error - correcting codes [M]. Elsevier, 1977.

[56] Turk M, Pentland A. Eigenfaces for recognition [J]. Journal of Cognitive Neuroscience, 1991, 3 (1): 71-86.

[57] Kim J, Choi J, Yi J, et al. Effective representation using ICA for face recognition robust to local distortion and partial occlusion [J]. IEEE Transactions on Pattern Analysis and Machine Intelligence, 2005, 27 (12): 1977-1981.

[58] Li S Z, Hou X W, Zhang H J, et al. Learning spatially localized, parts-based representation [C]//Proceedings of the 2001 IEEE Computer Society Conference on Computer Vision and Pattern Recognition. IEEE, 2001, 1: I-I.

[59] Mei X, Ling H. Robust visual tracking using l_1 minimization [C]//2009 IEEE 12th International Conference on Computer Vision. IEEE, 2009: 1436-1443.

[60] Liu B, Yang L, Huang J, et al. Robust and fast collaborative tracking with two stage sparse optimization [C]//European Conference on Computer Vision. Springer, Berlin, Heidelberg, 2010: 624-637.

[61] Jia X, Lu H, Yang M H. Visual tracking via adaptive structural local sparse appearance model [C]//2012 IEEE Conference on Computer Vision and Pattern Recognition. IEEE, 2012: 1822-1829.

[62] Li X, Lu H, Zhang L, et al. Saliency detection via dense and sparse reconstruction [C]//Proceedings of the IEEE International Conference on Computer Vision, 2013: 2976-2983.

[63] Lu H, Li X, Zhang L, et al. Dense and sparse reconstruction error based saliency descriptor [J]. IEEE Transactions on Image Processing, 2016, 25 (4): 1592-1603.

[64] Li N, Sun B, Yu J. A weighted sparse coding framework for saliency detection [C]//Proceedings of the IEEE Conference on Computer Vision and Pattern Recognition, 2015: 5216-5223.

[65] Yuan Y, Li C, Kim J, et al. Dense and sparse labeling with multidimensional features for saliency detection [J]. IEEE Transactions on Circuits and Systems for Video Technology, 2016, 28 (5): 1130-1143.

[66] Itti L, Koch C, Niebur E. A model of saliency-based visual attention for rapid scene analysis [J]. IEEE Transactions on Pattern Analysis and Machine Intelligence, 1998 (11): 1254-1259.

[67] Ma Y F, Zhang H J. Contrast-based image attention analysis by using fuzzy growing [C]// Proceedings of the 11th ACM International Conference on Multimedia. ACM, 2003: 374-381.

[68] Zhai Y, Shah M. Visual attention detection in video sequences using spatiotemporal cues [C]//Proceedings of the 14th ACM International Conference on Multimedia. ACM, 2006: 815-824.

[69] Harel J, Koch C, Perona P. Graph-based visual saliency [C]//Advances in Neural Information Processing Systems. 2006: 545-552.

[70] Hou X, Zhang L. Saliency detection: A spectral residual approach [C]//2007 IEEE Conference on Computer Vision and Pattern Recognition. IEEE, 2007: 1-8.

[71] Achanta R, Estrada F, Wils P, et al. Salient region detection and segmentation [C]//International Conference on Computer Vision Systems. Springer, Berlin, Heidelberg, 2008: 66-75.

[72] Achanta R, Hemami S, Estrada F, et al. Frequency-tuned salient region detection [C]// IEEE International Conference on Computer Vision and Pattern Recognition, 2009 (CONF): 1597-1604.

[73] Goferman S, Zelnik-Manor L, Tal A. Context-aware saliency detection [J]. IEEE Transactions on Pattern Analysis and Machine Intelligence, 2011, 34 (10): 1915-1926.

[74] Rahtu E, Kannala J, Salo M, et al. Segmenting salient objects from images and videos [C]//European Conference on Computer Vision. Springer, Berlin, Heidelberg, 2010: 366-379.

[75] Cheng M M, Mitra N J, Huang X, et al. Global contrast based salient region detection [J]. IEEE Transactions on Pattern Analysis and Machine Intelligence, 2015, 37 (3): 569-582.

[76] Jiang H, Wang J, Yuan Z, et al. Automatic salient object segmentation based on context and shape prior [C]// The British Machine Vision Conference. 2011, 6 (7): 9.

[77] Chang K Y, Liu T L, Chen H T, et al. Fusing generic objectness and visual saliency for salient object detection [C]//2011 International Conference on Computer Vision. IEEE,

2011: 914-921.

[78] Duan L, Wu C, Miao J, et al. Visual saliency detection by spatially weighted dissimilarity [C]//2011 IEEE Conference on Computer Vision and Pattern Recognition. IEEE, 2011: 473-480.

[79] Perazzi F, Krähenbühl P, Pritch Y, et al. Saliency filters: Contrast based filtering for salient region detection [C]//2012 IEEE Conference on Computer Vision and Pattern Recognition. IEEE, 2012: 733-740.

[80] Shen X, Wu Y. A unified approach to salient object detection via low rank matrix recovery [C]//2012 IEEE Conference on Computer Vision and Pattern Recognition. IEEE, 2012: 853-860.

[81] Wei Y, Wen F, Zhu W, et al. Geodesic saliency using background priors [C]//European Conference on Computer Vision. Springer, Berlin, Heidelberg, 2012: 29-42.

[82] Xie Y, Lu H, Yang M H. Bayesian saliency via low and mid level cues [J]. IEEE Transactions on Image Processing, 2013, 22 (5): 1689-1698.

第 6 章

低秩模型

6.1 概述

如第 5 章所述，稀疏表示理论无论在数学建模、优化求解，还是在实际应用等方面都取得了巨大的成功。其本质思想是，利用与信号对应的向量或矩阵的稀疏性对信号进行采集和重建。面对现实中的数据，如对图像和视频实现有效地压缩，必须考虑图像和视频在时间或空间上的相关性；又如经典的 Netflix 挑战问题，必须考虑用户喜好的相关性和视频类别的相关性来推断未知的用户评价。这里若用向量的稀疏性来刻画，就需要把它们先按照一定方式拉成列（行）向量进行处理，这样势必会破坏数据内在的结构，导致数据的相关性等信息无法得到充分利用。因此，亟须解决的一个问题是如何充分利用图像和视频数据矩阵列（行）之间的相关性；而矩阵的秩函数恰好能描述这种相关性。事实上，向量的稀疏性可成功地推广到矩阵的低秩性上，而且秩函数的概念早已被用于统计学里的减秩回归和三维立体视觉等众多领域中。从数学意义上来讲，与矩阵的低秩性密切相关的就是向量的稀疏性，矩阵的低秩性是指矩阵奇异值向量的稀疏性，即矩阵列（行）向量极大无关组的个数。为便于解释说明，下面给出低秩矩阵的定义[1]。

定义 6-1 如果矩阵 $\boldsymbol{X}\in\mathbf{R}^{m\times n}$ 的秩远小于矩阵元素的个数 $m\times n$，则称该矩阵是低秩的。这里低秩矩阵的集合记作

$$\Gamma=\{\boldsymbol{X}\in\mathbf{R}^{m\times n}:\operatorname{rank}(\boldsymbol{X})\leqslant r\leqslant\max(m,n)\}$$

对于秩为 r 的矩阵 $\boldsymbol{X}$，其奇异值分解可表示为

$$\boldsymbol{X}=\sum_{i=1}^{r}\sigma_i\boldsymbol{u}_i\boldsymbol{v}_i^{\mathrm{T}}$$

式中，σ_i 是第 i 个奇异值元素，$\boldsymbol{u}_i$ 和 $\boldsymbol{v}_i$ 是相应的奇异向量。

考虑到矩阵的秩函数具有非凸性和不连续性，对应的最小化问题是 NP-

难（NP-Hard）的，直接求解是非常困难的。当前的求解算法主要是匹配追踪算法[2]及其一系列改进算法。研究者将这种通过迭代过程寻找局部最优解的匹配追踪算法归纳为贪心算法。尽管这类算法的计算复杂度比较低，但是计算过程不仅需要大量的测量值，而且重建精度比较低。因此，求解矩阵的秩函数最小化问题的常见做法是选择核范数替代秩函数，转而求解基于核范数的最小化问题[3]。现有理论工作表明，在某些特定的假设条件下，求解核范数的最小化问题得到的最优解就是优化矩阵秩函数最小化问题的解，并且能够以较大的概率恢复出期望的低秩矩阵。为提升矩阵恢复的精度和降低矩阵计算的复杂度，矩阵秩函数的非凸近似函数［如 Schatten-p（$0<p<1$）范数、截断核函数、加权核范数、封顶核范数和矩阵 γ 范数[4]等］和分解函数（如 max 范数[5]）引起众多学者的关注。研究表明，基于核范数的低秩模型的最大优点是对应的优化问题通常容易解决，但不一定能够精确地逼近矩阵的秩，而非凸近似函数可以更精确地逼近秩函数，从而获得较高的恢复精度。近年来，如何构建低秩模型并有效地设计优化算法已经成为计算机视觉和机器学习等领域的研究热点之一。

本章将主要介绍与稳健主成分分析、低秩表示和低秩回归相关的低秩模型和优化算法，并给出其在背景建模、子空间学习和人脸识别三个方面的应用。

为便于给出几个矩阵范数的定义，假设 $\boldsymbol{X}\in\mathbf{R}^{m\times n}$，那么对应的 F 范数、$\mathrm{L}_1$ 范数、$\mathrm{L}_{2,1}$ 范数和核范数可分别表示为 $\|\boldsymbol{X}\|_{\mathrm{F}}=\sqrt{\sum_{i,j}\boldsymbol{X}_{ij}^2}$、$\|\boldsymbol{X}\|_1=\sum_{i,j}|\boldsymbol{X}_{ij}|$、$\|\boldsymbol{X}\|_{2,1}=\sum_j\sqrt{\sum_i\boldsymbol{X}_{ij}^2}$ 和 $\|\boldsymbol{X}\|_*=\sum_i\sigma_i$，其中，$\boldsymbol{X}_{ij}$ 是 $\boldsymbol{X}$ 的第 i 行第 j 列元素，σ_i 是第 i 个奇异值元素。

6.2 与核范数有关的 RPCA

6.2.1 RPCA 和稳健矩阵补全

正如第 2 章和第 4 章所述，传统的 PCA 方法具有极大的研究意义和应用价值。国内外学者在提高 PCA 方法的稳健性上已经取得了一些显著成果。特别地，受稀疏表示及压缩感知技术发展的影响，低秩模型已成为模式识别和计算机视觉中的一个研究热点，在视觉追踪、图像去噪和生物信息分析等方面有着重要应用[6]。当处理高维数据时，通常会涉及一个不可避免的“维数灾难”问题。因此，假设数据本身处于一个低维空间的思路具有极高的研究价值。考虑到传统的 PCA 方法在处理带异常点及受污染数据时并不稳健，导致在实际应用中的可靠性非常有限。为克服这些不足之处，已有研究者从多个角度出发提出了许多稳健的 PCA 方法。最为经典的是 2009 年由 Wright 等人根据数据矩阵的低秩假设提出的 Robust PCA（RPCA）方法[7]，旨在将带稀疏噪声的数据矩阵 $\boldsymbol{D}\in\mathbf{R}^{m\times n}$ 分解成低秩矩阵 $\boldsymbol{X}\in\mathbf{R}^{m\times n}$ 与稀疏矩阵 $\boldsymbol{E}\in\mathbf{R}^{m\times n}$ 之和。

相应地，将 RPCA 写成以下最小化数学模型：

$$\min_{\boldsymbol{X},\boldsymbol{E}} \operatorname{rank}(\boldsymbol{X})+\lambda\|\boldsymbol{E}\|_0 \quad \text{s. t.} \quad \boldsymbol{D}=\boldsymbol{X}+\boldsymbol{E} \tag{6-1}$$

这里，记 $\operatorname{rank}(\cdot)$ 和 $\|\cdot\|_0$ 为矩阵的秩函数和 L_0 范数，$\lambda>0$ 是平衡低秩矩阵和稀疏矩阵的常数。考虑到式（6-1）中目标函数的非凸性及不连续性，可知该最小化问题是 NP-难的。通常的做法是，选择核范数替代秩函数及 L_1 范数替代 L_0 范数，转而求解基于核范数和 L_1 范数的最小化问题：

$$\min_{\boldsymbol{X},\boldsymbol{E}} \|\boldsymbol{X}\|_*+\lambda\|\boldsymbol{E}\|_1 \quad \text{s. t.} \quad \boldsymbol{D}=\boldsymbol{X}+\boldsymbol{E} \tag{6-2}$$

据我们所知，低秩模型引起众多学者的关注是源于 2008 年由 Candes 等人提出的矩阵补全（Matrix Completion，MC）方法[8]，并证明了当矩阵的奇异值及采样数目满足一定的假设条件时，大多数矩阵补全方法可转化为求解简单的基于核范数的凸优化问题，从而以较大的概率恢复所期望的目标矩阵。为便于对 MC 方法进行介绍，假设一个低秩矩阵 $\boldsymbol{X}\in\mathbf{R}^{m\times n}$，其中涉及的元素值可以分为两种：一种是观测到的值，另一种是未观测到的值（即需要补全的数据）。不失一般性，记所有观测到的数据元素的下标集合为 $\Omega\subset\{1,2,\cdots,m\}\times\{1,2,\cdots,n\}$，给出矩阵算子 $P_\Omega(X)$ 的定义：当 $(i,j)\in\Omega$ 时，$(P_\Omega(\boldsymbol{X}))_{ij}=\boldsymbol{X}_{ij}$；否则，$(P_\Omega(\boldsymbol{X}))_{ij}=0$。为恢复出低秩矩阵，可求解以下基于矩阵秩函数的最小化模型：

$$\min_{\boldsymbol{X}} \operatorname{rank}(\boldsymbol{X}) \quad \text{s. t.} \quad P_\Omega(\boldsymbol{X})=P_\Omega(\boldsymbol{D}) \tag{6-3}$$

考虑到模型式（6-3）仍涉及最小化秩函数，这里介绍比核范数更一般的秩近似函数，即 Schatten-p（$0<p\leqslant 1$）范数[9]。低秩矩阵 $\boldsymbol{X}$ 的 Schatten-p

$(0<p\leqslant 1)$ 范数的表达式为 $\|\boldsymbol{X}\|_{S_p}=\left(\sum_i \sigma_i^p\right)^{1/p}$。当 $p\to 0$ 时，$\|\boldsymbol{X}\|_{S_p}$ 接近于矩阵的秩函数 $\operatorname{rank}(\boldsymbol{X})$；当 $0<p<1$ 时，$\|\boldsymbol{X}\|_{S_p}$ 是非凸的秩近似函数；当 $p=1$ 时，$\|\boldsymbol{X}\|_{S_p}$ 就是矩阵的核范数。类似于式（6-2），给出以下基于核范数的矩阵补全模型：

$$\min_{\boldsymbol{X}} \|\boldsymbol{X}\|_* \quad \text{s. t.} \quad P_\Omega(\boldsymbol{X})=P_\Omega(\boldsymbol{D}) \tag{6-4}$$

需要说明的是，式（6-4）是带约束条件的凸优化问题，主要考虑数据中不含噪声的情形。当数据中带有噪声时，可将其松弛到以下无约束的最小化问题：

$$\min_{\boldsymbol{X}} \|\boldsymbol{X}\|_* + \frac{\lambda}{2} f(P_\Omega(\boldsymbol{X})-P_\Omega(\boldsymbol{D})) \tag{6-5}$$

这里的 $f(\cdot)$ 为一般的噪声矩阵描述函数。一般来讲，构建数学模型时，需要针对数据中的不同噪声类型选择不同的刻画方式。从概率分布的角度[10]来说，用 L_1 范数和 L_2 范数可刻画数据噪声服从拉普拉斯分布和高斯分布的情形。在实际应用中，一些数据中的噪声不一定符合这个基本假设，这就促使研究者选择基于高斯核的估计子及 L_1-L_2 估计子对噪声进行刻画。然而，当面对复杂的噪声类型时，可选择 $L_{2,1}$ 范数和核范数对这类数据噪声进行刻画。不同数据噪声的图例如图 6-1 所示。

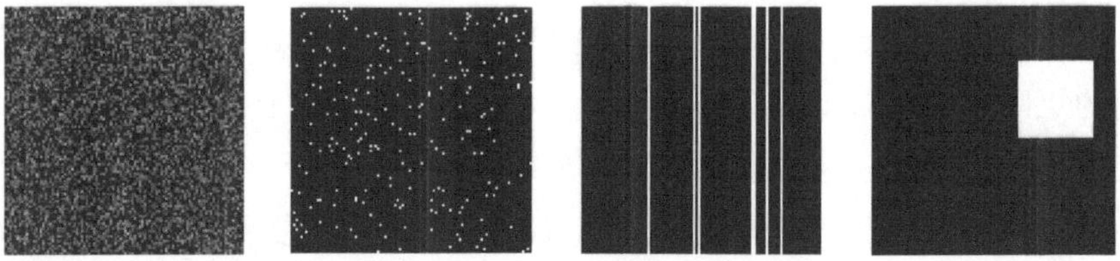

图 6-1　不同数据噪声的图例

尽管已有工作表明 MC 及 RPCA 等方法有着重要应用，但仍存在一些待改进之处。需要特别指出的是，RPCA 是一种直推式的数据表达方法，当对原数据给定一个新样本时，在处理及分析过程中需要将这个新样本放入原来数据集中重新用 RPCA 方法进行低秩稀疏分解。这种做法的缺点是：会消耗大量的计算资源，导致计算效率低下。为克服这个不足之处，Bao 等人[11]提出了归纳式的 Inductive Robust PCA（IRPCA）方法，通过学习一个投影矩阵 $\boldsymbol{P}$ 来处理原始数据中的噪声，进而具有较好的泛化能力，以便直接作用于新样本，来提升对数据的处理及分析能力。现给出 IRPCA 模型：

$$\min_{P,E}\|P\|_*+\lambda\|E\|_1 \quad \text{s.t.} \quad D=PD+E \tag{6-6}$$

下面将通过一个直观的实例给出模型解释[12]，如图 6-2 所示。在图 6-2 中，（a）是原始人脸图像，左边两幅来自同一人，右边两幅来自另一人；（b）中对原始图像中的样本加上块遮挡，作为观测图像，其目的是将（b）中观测图像的块遮挡尽可能地移除干净，即尝试把图像分解为误差图像；（c）是具有低秩特性的误差图像；（e）是将（d）中恢复图像矩阵拉成列向量后构造的低秩矩阵。故可得出以下结论：

（1）将每一幅恢复图像拉成列向量之后组成的矩阵应该是低秩的，如图 6-2（e）所示；

（2）每一幅误差图像矩阵不是矩阵也应该是具有低秩特性的，如图 6-2（c）所示。

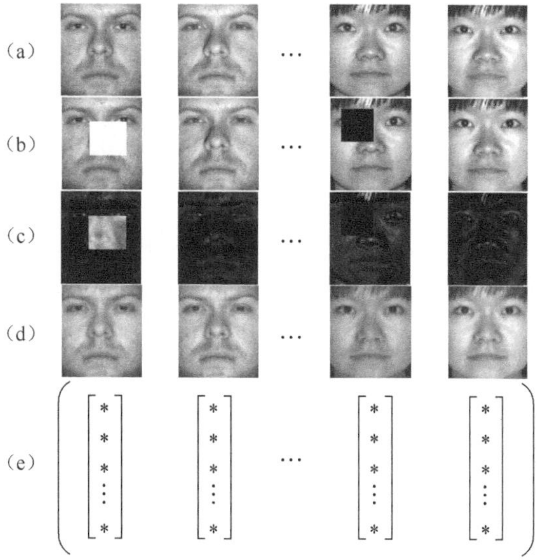

图 6-2　直观的实例

6.2.2　双核范数的矩阵分解

根据上述相关方法的介绍及参考文献［12］，结合图 6-2，可构建以下基于双核范数的矩阵分解（Double Nuclear Norm based Matrix Decomposition，DN-NR）模型：

$$\min_{X,E}\operatorname{rank}(X)+\lambda\sum_{i=1}^{s}\operatorname{rank}(E_i) \quad \text{s.t.} \quad D=X+E \tag{6-7}$$

式中

$$D_i = X_i + E_i, \quad 1 \leqslant i \leqslant s$$

$$D = (\mathrm{vec}(D_1), \mathrm{vec}(D_2), \cdots, \mathrm{vec}(D_s))$$

$$X = (\mathrm{vec}(X_1), \mathrm{vec}(X_2), \cdots, \mathrm{vec}(X_s))$$

$$E = (\mathrm{vec}(E_1), \mathrm{vec}(E_2), \cdots, \mathrm{vec}(E_s))$$

类似于式（6-2）和式（6-5），构建基于双核范数的最小化模型：

$$\min_{X,E} \|X\|_* + \lambda \sum_{i=1}^{s} \|E_i\|_* \quad \text{s.t.} \quad D = X + E \tag{6-8}$$

显然，从形式上来看，式（6-8）是一个矩阵分解模型。若把式（6-8）与式（6-2）相比较，其相似之处是两者都将恢复出的图像矩阵拉成列向量后构建新的数据矩阵，并假定该矩阵具有低秩特性。其不同之处在于处理误差图像矩阵时，式（6-2）将其拉成列向量组成数据矩阵，并假设其是稀疏的；而式（6-8）将误差图像作为矩阵形式来对待，并假设其是低秩的。因此，从一定意义上来讲，可以理解为式（6-8）用“全局低秩”刻画恢复图像矩阵，用“局部低秩”刻画误差图像矩阵。类似上述凸松弛类函数（核范数）及优化算法不一定能很好地得到逼近矩阵秩函数的解，但是核范数逼近矩阵秩函数是目前最常用的技术手段。关于求解核范数的最小化问题，一个常用的优化算法是加速近邻梯度法（Accelerated Proximal Gradient，APG）[13]，它要求目标函数中有可微且利普希茨（Lipschitz）连续项，收敛速度比较快。另一个常用的优化算法是交替方向乘子法（Alternating Direction Method of Multipliers，ADMM）[14, 15]，它要求目标函数可分解为含两个甚至多个不同变量的凸函数之和，它实际上是拉格朗日（Lagrange）乘子法的一个变种。具体做法是，先写出对应的增广拉格朗日函数，通过迭代方式交替更新原始变量、对偶变量和惩罚参数，直至收敛。为评价一阶优化算法，可从计算效率和收敛性两方面进行分析。一般情况下，计算效率是由每步的计算复杂度和总的迭代次数决定的，而收敛性取决于所涉及的优化算法和目标函数所满足的基本假设，通过证明所得到的变量序列是一柯西数列，从而保证算法的全局收敛性；或者证明得到变量序列的子序列满足 KKT（Karush-Kuhn-Tucher）条件，从而保证算法的局部收敛性；或者证明构造的某目标函数是单调下降的，使算法迭代后得到的变量序列是有界的。

接下来，将给出式（6-8）详细的求解过程，先给出对应的增广拉格朗日函数：

$$L_{\mu}(\boldsymbol{X},\boldsymbol{E},\boldsymbol{Y}) = \|\boldsymbol{X}\|_* + \lambda\sum_{i=1}^{s}\|\boldsymbol{E}_i\|_* + \langle\boldsymbol{Y},\boldsymbol{X}+\boldsymbol{E}-\boldsymbol{D}\rangle + \frac{\mu}{2}\|\boldsymbol{X}+\boldsymbol{E}-\boldsymbol{D}\|_{\mathrm{F}}^2$$
$$= \|\boldsymbol{X}\|_* + \lambda\sum_{i=1}^{s}\|\boldsymbol{E}_i\|_* + \frac{\mu}{2}\left\|\boldsymbol{X}+\boldsymbol{E}-\boldsymbol{D}+\frac{1}{\mu}\boldsymbol{Y}\right\|_{\mathrm{F}}^2 - \frac{1}{2\mu}\|\boldsymbol{Y}\|_{\mathrm{F}}^2 \tag{6-9}$$

式中，$\boldsymbol{Y}$ 是拉格朗日乘子变量，$\mu>0$ 是惩罚参数。标准的增广拉格朗日乘子法是先固定变量 $\boldsymbol{Y}$，再对增广拉格朗日函数 $L_{\mu}(\boldsymbol{X},\boldsymbol{E},\boldsymbol{Y})$ 中的变量对$(\boldsymbol{X},\boldsymbol{E}_i)$（$1\leqslant i\leqslant s$）分别求解。构造的目标函数式（6-9）是一类特殊的优化问题，即涉及的各个变量都是可分离的。为了充分利用这个特性，所设计的 ADMM 算法将关于变量对$(\boldsymbol{X},\boldsymbol{E}_i)$（$1\leqslant i\leqslant s$）的子问题采用交替迭代的策略求解，即固定变量对中的一个，进而求解另一个。假设已知第 k 次得到的变量序列为$(\boldsymbol{X}^k,\boldsymbol{E}^k,\boldsymbol{Y}^k,\mu^k)$，下面将给出第 k+1 次得到的变量序列，具体迭代过程如下：

（1）给定$(\boldsymbol{E}^k,\boldsymbol{Y}^k,\mu^k)$，更新 $\boldsymbol{X}$：

$$\boldsymbol{X}^{k+1} = \underset{\boldsymbol{X}}{\operatorname{argmin}}\, L_{\mu^k}(\boldsymbol{X},\boldsymbol{E}^k,\boldsymbol{Y}^k) \tag{6-10}$$

（2）给定$(\boldsymbol{X}^{k+1},\boldsymbol{Y}^k,\mu^k)$，更新$\{\boldsymbol{E}_i\}_{1\leqslant i\leqslant s}$：

$$\boldsymbol{E}_i^{k+1} = \underset{\boldsymbol{E}_i}{\operatorname{argmin}}\, L_{\mu^k}(\boldsymbol{X}^{k+1},\boldsymbol{E}_i,\boldsymbol{Y}^k) \tag{6-11}$$

（3）给定$(\boldsymbol{X}^{k+1},\boldsymbol{E}^{k+1},\mu^k)$，更新 $\boldsymbol{Y}$：

$$\boldsymbol{Y}^{k+1} = \boldsymbol{Y}^{k+1} + \mu^k(\boldsymbol{X}^{k+1}+\boldsymbol{E}^{k+1}-\boldsymbol{D}) \tag{6-12}$$

（4）给定 $\mu_{\max}>0$，$\rho>1$，更新 μ：

$$\mu^{k+1} = \min(\mu_{\max},\rho\mu^k) \tag{6-13}$$

这里最关键的步骤是如何求解子问题式（6-10）和式（6-11），其中更新 $\boldsymbol{E}$ 需要由$\{\boldsymbol{E}_i\}_{1\leqslant i\leqslant s}$构造而成。这两个基于核范数的最小化问题可通过下面矩阵的奇异值阈值算子求得闭式解。

引理 6-1[16] 给定矩阵 $\boldsymbol{X}\in\mathbf{R}^{m\times n}$、常数 $\tau>0$ 和一个秩为 r 的矩阵 $\boldsymbol{Q}\in\mathbf{R}^{m\times n}$，记它的奇异值分解形式为 $\boldsymbol{Q}=\boldsymbol{U\Sigma}V^{\mathrm{T}}$，其中，$\boldsymbol{U}$ 与 $\boldsymbol{V}$ 分别是左奇异矩阵和右奇异矩阵，且满足 $\boldsymbol{UU}^{\mathrm{T}}=\boldsymbol{I}$，$\boldsymbol{VV}^{\mathrm{T}}=\boldsymbol{I}$；$\boldsymbol{\Sigma}$ 是对角矩阵且 $\boldsymbol{\Sigma}=\mathrm{diag}(\sigma_i)$，$1\leqslant i\leqslant\min(m,n)$，$\sigma_i$ 是第 i 个奇异值元素。那么奇异值阈值算子 $\Psi_{\tau}(\boldsymbol{Q})=\boldsymbol{U}\mathrm{diag}(\{\max(0,\sigma_i-\tau)\}_{1\leqslant i\leqslant\min(m,n)})\boldsymbol{V}^{\mathrm{T}}$，可看作是以下最小化问题的最优解：

$$\min_{\boldsymbol{X}}\tau\|\boldsymbol{X}\|_* + \frac{1}{2}\|\boldsymbol{X}-\boldsymbol{Q}\|_{\mathrm{F}}^2 \tag{6-14}$$

接下来，对于式（6-10），可将增广拉格朗日函数式（6-9）做变形。为简便起见，忽略上标及与变量 $\boldsymbol{X}$ 无关的常数量，通过引理 6-1 得到对应的最优解：

$$\begin{aligned}\boldsymbol{X}^* &= \underset{\boldsymbol{X}}{\operatorname{argmin}}\, L_\mu(\boldsymbol{X}) \\ &= \underset{\boldsymbol{X}}{\operatorname{argmin}} \|\boldsymbol{X}\|_* + \frac{\mu}{2}\left\|\boldsymbol{X}-\left(\boldsymbol{D}-\boldsymbol{E}-\frac{1}{\mu}\boldsymbol{Y}\right)\right\|_{\mathrm{F}}^2 = \Psi_{\frac{1}{\mu}}\left(\boldsymbol{D}-\boldsymbol{E}-\frac{1}{\mu}\boldsymbol{Y}\right)\end{aligned} \tag{6-15}$$

类似地，对于式（6-11），也可将增广拉格朗日函数式（6-9）做以下变形：

$$\begin{aligned}\boldsymbol{E}^* &= \underset{\boldsymbol{E}}{\operatorname{argmin}}\, L_\mu(\boldsymbol{E}) = \underset{\boldsymbol{E}}{\operatorname{argmin}} \sum_{i=1}^{s} \Big\{ \lambda \|\boldsymbol{E}_i\|_* + \\ &\quad \operatorname{sum}(\boldsymbol{Y}_i * \boldsymbol{E}_i) + \frac{\mu}{2}\|\boldsymbol{E}_i - (\boldsymbol{D}_i - \boldsymbol{X}_i)\|_{\mathrm{F}}^2 \Big\}\end{aligned} \tag{6-16}$$

式中，符号 $*$ 表示阿达玛（Hadamard）乘积，即矩阵的对应元素相乘；$\operatorname{sum}(\cdot)$表示对矩阵的各元素绝对值求和。从式（6-16）可以看出每一个 $\boldsymbol{E}_i$ 是可分离的，故可独立求解。利用引理 6-2，可得到最优解表达式为

$$\boldsymbol{E}_i^* = \Psi_{\frac{\lambda}{\mu}}\left(\boldsymbol{D}_i-\boldsymbol{X}_i-\frac{1}{\mu}\boldsymbol{Y}_i\right) \tag{6-17}$$

引理 6-2[16]　给定矩阵 $\boldsymbol{X}$、$\boldsymbol{Q} \in \mathbf{R}^{m\times n}$ 和常数 $\alpha \geqslant 0$，$\beta \geqslant 0$，则有

$$\Psi_\alpha(\boldsymbol{D}-\beta\boldsymbol{Q}) = \underset{\boldsymbol{X}}{\operatorname{argmin}} \frac{1}{2}\|\boldsymbol{X}-\boldsymbol{D}\|_{\mathrm{F}}^2 + \alpha\|\boldsymbol{X}\|_* + \beta\langle \boldsymbol{X},\boldsymbol{Q}\rangle \tag{6-18}$$

基于上述讨论及参考文献［12，15］，将给出终止条件的设置。变量对 $(\boldsymbol{X}^\circ,\boldsymbol{E}^\circ,\boldsymbol{Y}^\circ)$ 为式（6-8）最优解的充要条件是，原始可行性条件满足

$$\boldsymbol{D}-\boldsymbol{X}^\circ-\boldsymbol{E}^\circ=\boldsymbol{0}$$

且对偶可行性条件满足

$$\boldsymbol{0} \in \partial\|\boldsymbol{X}^\circ\|_* - \boldsymbol{Y}^\circ \text{和} \boldsymbol{0} \in \partial\, \lambda\|\boldsymbol{E}_i^\circ\|_* - \boldsymbol{Y}_i^\circ，1 \leqslant i \leqslant \min(m,n)$$

当多变量 ADMM 算法（见表 6-1）[12] 迭代到第 $k+1$ 步时，令原始残差为 $\boldsymbol{r}^{k+1}=\boldsymbol{D}-\boldsymbol{X}^{k+1}-\boldsymbol{E}^{k+1}$；当 $\boldsymbol{r}^{k+1}$ 小于某个阈值时，称变量对 $(\boldsymbol{X}^\circ,\boldsymbol{E}^\circ,\boldsymbol{Y}^\circ)$ 符合原始可行性条件。对于对偶可行性条件，考虑到变量 $\boldsymbol{X}^{k+1}$ 是 $L_\mu(\boldsymbol{X},\boldsymbol{E}^k,\boldsymbol{Y}^k)$ 的极小点，变量 $\boldsymbol{E}^{k+1}$ 是 $L_\mu(\boldsymbol{X}^{k+1},\boldsymbol{E},\boldsymbol{Y}^k)$ 的极小点，可由式（6-15）和式（6-16）推得

$$\boldsymbol{0} \in \partial\|\boldsymbol{X}^{k+1}\|_* + \boldsymbol{Y}^k + \mu(\boldsymbol{X}^{k+1}+\boldsymbol{E}^k-\boldsymbol{D}) = \partial\|\boldsymbol{X}^{k+1}\|_* + \boldsymbol{Y}^{k+1} + \mu(\boldsymbol{E}^k-\boldsymbol{E}^{k+1}) \tag{6-19}$$

$$\boldsymbol{0} \in \partial\, \lambda\|\boldsymbol{E}_i^{k+1}\|_* + \boldsymbol{Y}_i^k + \mu(\boldsymbol{X}_i^{k+1}+\boldsymbol{E}_i^{k+1}-\boldsymbol{D}_i) = \partial\, \lambda\|\boldsymbol{E}_i^{k+1}\|_* + \boldsymbol{Y}_i^{k+1} \tag{6-20}$$

显然，令对偶残差为 $\boldsymbol{s}^{k+1}=\mu(\boldsymbol{E}^{k+1}-\boldsymbol{E}^k)$，当 $k\to+\infty$ 时，若 $\boldsymbol{s}^{k+1}\to\boldsymbol{0}$ 满足，

可知变量对$(X^{\circ},E^{\circ},Y^{\circ})$满足第一个对偶可行性条件。类似地，可知变量对$(X^{\circ},E^{\circ},Y^{\circ})$满足第二个对偶可行性条件。

综上所述，第 $k+1$ 步的原始残差和对偶残差可分别表示为

$$r^{k+1}=D-X^{k+1}-E^{k+1} \quad 和 \quad s^{k+1}=\mu(E^{k+1}-E^{k}) \tag{6-21}$$

当上述残差足够小时，可推出多变量 ADMM 算法收敛。故得到的变量(X^{k+1},E^{k+1})为最优解。结合上述分析，根据式（6-21）可选定该算法的终止条件为

$$\|r^{k}\|_2 \leqslant \varepsilon^{\mathrm{pri}} \quad 和 \quad \|s^{k}\|_2 \leqslant \varepsilon^{\mathrm{pri}} \tag{6-22}$$

式中，$\varepsilon^{\mathrm{pri}}=\sqrt{mns}\,\varepsilon^{\mathrm{abs}}+\varepsilon^{\mathrm{rel}}\max\{\|D\|_2,\|X\|_2,\|E\|_2\}$ 和 $\varepsilon^{\mathrm{dual}}=\sqrt{mns}\,\varepsilon^{\mathrm{abs}}+\varepsilon^{\mathrm{rel}}\|\mu E\|_2$，其中 $\varepsilon^{\mathrm{abs}}$、$\varepsilon^{\mathrm{rel}}$分别是绝对终止容差和相对终止容差。

表 6-1 多变量 ADMM 算法

输入	样本集合$\{X_1,X_2,\cdots,X_n\}$，参数 λ、$\varepsilon^{\mathrm{abs}}$、$\varepsilon^{\mathrm{rel}}$
步骤 1	初始化：$Y^0=\mathbf{0}$，$E^0=\mathbf{0}$，$\mu_0=1$，$\mu_{\max}=10^6$，$\rho>1$，$k=0$
步骤 2	更新 X：$X^{k+1}=\Psi_{\frac{1}{\mu_k}}\left(D-E^k-\frac{1}{\mu_k}Y^k\right)$
步骤 3	更新 E：$E_i^{k+1}=\Psi_{\frac{\lambda}{\mu_k}}\left(D_i-X_i^{k+1}-\frac{1}{\mu_k}Y_i^k\right)$，$1\leqslant i\leqslant s$
步骤 4	经式（6-12）与式（6-13）更新 Y 及 μ
步骤 5	如果满足$\|r^k\|_2\leqslant\varepsilon^{\mathrm{pri}}$及$\|s^k\|_2\leqslant\varepsilon^{\mathrm{pri}}$，终止迭代，否则转步骤 2
输出	(X^{k+1},E^{k+1})

6.2.3 双核范数的归纳式矩阵分解

注意到与式（6-2）类似，式（6-8）也是一种直推式方法，即给定一个新的样本，仍然需要将这个新样本放入原来数据集中重新用式（6-8）进行分解。特别地，受式（6-6）的启发，将介绍基于双核范数的归纳式矩阵分解（Inductive DNNR，IDNNR）模型[12]，它的目标仍是学习一个投影矩阵 P，利用该投影矩阵处理原始数据中的噪声，甚至直接用于处理新样本，由式（6-6）和式（6-8）给出以下数学模型：

$$\min_{P,E}\|P\|_* + \lambda\sum_{i=1}^{s}\|E_i\|_* \quad \mathrm{s.t.} \quad D=PD+E \tag{6-23}$$

从式（6-23）中可以看出与式（6-6）的不同之处在于前者使用核范数

刻画误差，而后者使用 L_1 范数；相同之处在于对投影矩阵 $\boldsymbol{P}$ 的处理完全一致。具体来讲，归纳式模型主要有以下两个优点：

（1）独立产生的两个高维向量是准正交的，即噪声向量一般只会落在真实子空间的零空间中。

（2）存在一个线性投影矩阵 $\boldsymbol{P}$，可将新样本投影到潜在的子空间中，并得到较高的恢复精度。

为求解模型式（6-23），通过引入辅助变量，将其转化为以下数学模型：

$$\min_{\boldsymbol{Z},\boldsymbol{P},\boldsymbol{E}} \|\boldsymbol{Z}\|_* + \lambda \sum_{i=1}^{s} \|\boldsymbol{E}_i\|_* \quad \text{s.t.} \quad \boldsymbol{D} = \boldsymbol{PB} + \boldsymbol{E},\ \boldsymbol{Z} = \boldsymbol{P} \tag{6-24}$$

式中，$\boldsymbol{D}$、$\boldsymbol{B}$ 是已知数据矩阵，$\boldsymbol{Z}$、$\boldsymbol{P}$ 和 $\boldsymbol{E}$ 是未知变量。式（6-24）对应的增广拉格朗日函数形式为

$$\begin{aligned} & L_\mu(\boldsymbol{Z},\boldsymbol{P},\boldsymbol{E},\boldsymbol{Y}_1,\boldsymbol{Y}_2) \\ &= \|\boldsymbol{Z}\|_* + \lambda \sum_{i=1}^{s} \|\boldsymbol{E}_i\|_* + \langle \boldsymbol{Y}_1, \boldsymbol{PB} + \boldsymbol{E} - \boldsymbol{D} \rangle + \langle \boldsymbol{Y}_2, \boldsymbol{Z} - \boldsymbol{P} \rangle + \\ &\quad \frac{\mu}{2}(\|\boldsymbol{PB} + \boldsymbol{E} - \boldsymbol{D}\|_F^2 + \|\boldsymbol{Z} - \boldsymbol{P}\|_F^2) \\ &= \|\boldsymbol{Z}\|_* + \lambda \sum_{i=1}^{s} \|\boldsymbol{E}_i\|_* + \frac{\mu}{2}\left(\left\|\boldsymbol{PB} + \boldsymbol{E} - \boldsymbol{D} + \frac{1}{\mu}\boldsymbol{Y}_1\right\|_F^2 + \left\|\boldsymbol{Z} - \boldsymbol{P} + \frac{1}{\mu}\boldsymbol{Y}_2\right\|_F^2\right) - \\ &\quad \frac{1}{2\mu}(\|\boldsymbol{Y}_1\|_F^2 + \|\boldsymbol{Y}_2\|_F^2) \end{aligned} \tag{6-25}$$

式中，$\boldsymbol{Y}_1$、$\boldsymbol{Y}_2$ 是拉格朗日乘子变量，$\mu>0$ 是惩罚参数。为求解式（6-25），仍可借助 ADMM 算法得到下面原始变量的迭代结果，进而更新对偶变量和惩罚参数。为便于表示，忽略上标及与所更新变量无关的常数量，通过引理 6-1 和引理 6-2 可得到变量 $\boldsymbol{Z}$、$\boldsymbol{E}$ 对应的基于核范数的奇异值阈值算子解，而对于 $\boldsymbol{P}$ 的更新，利用式（6-25）关于该变量的可微性，先求导并令其为 0，即可得闭式解。具体更新步骤如下：

$$\begin{aligned} \boldsymbol{Z}^* &= \underset{\boldsymbol{Z}}{\operatorname{argmin}}\, L_\mu(\boldsymbol{Z}) \\ &= \underset{\boldsymbol{Z}}{\operatorname{argmin}} \|\boldsymbol{Z}\|_* + \frac{\mu}{2}\left\|\boldsymbol{Z} - \left(\boldsymbol{P} - \frac{1}{\mu}\boldsymbol{Y}_2\right)\right\|_F^2 = \Psi_{\frac{1}{\mu}}\left(\boldsymbol{P} - \frac{1}{\mu}\boldsymbol{Y}_2\right) \end{aligned} \tag{6-26}$$

$$\begin{aligned} \boldsymbol{P}^* &= \underset{\boldsymbol{P}}{\operatorname{argmin}}\, L_\mu(\boldsymbol{P}) = \underset{\boldsymbol{P}}{\operatorname{argmin}} \left\|\boldsymbol{PB} + \boldsymbol{E} - \boldsymbol{D} + \frac{1}{\mu}\boldsymbol{Y}_1\right\|_F^2 + \left\|\boldsymbol{Z} - \boldsymbol{P} + \frac{1}{\mu}\boldsymbol{Y}_2\right\|_F^2 \\ &= \left[\left(\boldsymbol{Z} + \frac{1}{\mu}\boldsymbol{Y}_2\right) + \left(\boldsymbol{E} - \boldsymbol{D} + \frac{1}{\mu}\boldsymbol{Y}_1\right)\boldsymbol{B}^{\mathrm{T}}\right](\boldsymbol{BB}^{\mathrm{T}} + \boldsymbol{I})^{-1} \end{aligned} \tag{6-27}$$

$$
\begin{aligned}
\boldsymbol{E}^* &= \underset{\boldsymbol{E}}{\arg\min}\, L_\mu(\boldsymbol{E}) \\
&= \underset{\boldsymbol{E}}{\arg\min} \sum_{i=1}^{s} \left\{ \lambda \|\boldsymbol{E}_i\|_* + \mathrm{sum}(\boldsymbol{Y}_{1i} * \boldsymbol{E}_i) + \frac{\mu}{2} \|\boldsymbol{E}_i - (\boldsymbol{D}_i - (\boldsymbol{PB})_i)\|_F^2 \right\} \\
&= \Psi_{\frac{\lambda}{\mu}}\left(\boldsymbol{D}_i - (\boldsymbol{PB})_i + \frac{1}{\mu}\boldsymbol{Y}_{1i} \right)
\end{aligned}
\tag{6-28}
$$

$$
\boldsymbol{Y}_{1*} = \boldsymbol{Y}_1 + \mu(\boldsymbol{PB}+\boldsymbol{E}-\boldsymbol{D}),\quad \boldsymbol{Y}_{2*} = \boldsymbol{Y}_{2*} + \mu(\boldsymbol{Z}-\boldsymbol{P}) \tag{6-29}
$$

这里，对惩罚参数 $\mu>0$ 的更新与式（6-13）相同；对终止条件的设定与式（6-22）类似。上述主要介绍的四种模型，即 RPCA 式（6-2）、IRPCA 式（6-6）、DNNR 式（6-8）和 IDNNR 式（6-24），主要计算量包括矩阵的 SVD 运算及矩阵的逆运算。给定一个 $m\times n$ 矩阵，若假定 $m\geqslant n$，那么精确 SVD 的计算复杂度是 $O(mn^2)$。针对式（6-8）及其对应优化算法，在更新变量 $\boldsymbol{X}$ 时，涉及对 $mn\times s$ 矩阵进行 SVD 运算，其中 s 是样本数且满足 $mn\geqslant s$，故计算复杂度是 $O(mns^2)$。在更新误差图像矩阵变量 $\boldsymbol{E}$ 时，需要对 s 个 $m\times n$ 矩阵进行 SVD 运算，故计算复杂度是 $O(mn^2s)$。由此可知，总的计算复杂度是 $O(mns^2+mn^2s)$。类似地，可推出 RPCA 的计算复杂度是 $O(mns^2)$，显而易见，IDNNR 的计算复杂度要高于模型 DNNR 式（6-8），前者的计算复杂度是 $O(mnk^2+k^3+ksmn+mn^2s)$，其中 k 是输入矩阵 $\boldsymbol{X}$ 的秩。表 6-2 中对比了上述四种模型的计算复杂度。对模型 DNNR 式（6-8）和 IDNNR 式（6-24）的优化还涉及矩阵的逆运算，大尺寸矩阵的求逆将占用大量计算资源。为提升计算效率，可将低秩矩阵分解为两个小尺寸矩阵的乘积，然后等价地转化为一个小规模问题进行求解。为有效减少计算复杂度，也可选择更有效的 SVD 计算工具包 PROPACK[17] 等。

表 6-2 四种模型及算法的计算复杂度比较

性质	算法			
	DNNR	RPCA	IDNNR	IRPCA
计算复杂度	$O(mns^2+mn^2s)$	$O(mns^2)$	$O(mnk^2+k^3+ksmn+mn^2s)$	$O(mnk^2+k^3+ksmn)$

6.2.4 显著性检测的一个简单例子

考虑到自然图像的复杂性、背景矩阵的低秩性和目标矩阵的稀疏性，现有的图像分割技术需要把原始图像分割成一组内部特征一致的超像素，通过多个现有的显著性检测算法得到对应同等个数的显著图[18]，然后用一个特征向量表示每一个超像素，向量中的每一个元素对应于不同显著图中该超像素显著性值的均值。排列所有超像素对应的特征向量，得到关于所有显著图的一个矩阵表示。使用 RPCA 对得到的显著图矩阵进行低秩稀疏矩阵恢复，就可得到代表图像显著目标区域的稀疏矩阵。在显著性融合过程中，可充分考虑单个显著图之间的交叉信息，进而得到精确可靠的结果，同时融合的结果优于任意单个的显著性检测结果。

给定一幅自然图像 $\boldsymbol{I}$，首先执行 d 种显著性检测算法，得到对应的 d 张显著图 $\{\boldsymbol{S}_k \mid 1 \leqslant k \leqslant d\}$，其中 $\boldsymbol{S}_k(p)$ 表示第 k 张显著图中像素 p 对应的显著性值。在每一张显著图中，像素的值都是灰度表示的且被归一化到了 $[0,1]$。接下来，需要做的就是融合这 d 张显著图得到一个最终的显著图 $\boldsymbol{S}$。对于一张显著图 $\boldsymbol{S}_k$，可由图像分割产生的内部特征一致的超像素作为最基本的图像处理单元，而不是单个像素或等尺度的图像块。具体做法是，使用 Meanshift 聚类方法对原图像进行分割，得到需要的结果，图像背景将包含多个超像素。图 6-3 给出了一个可视化示例，其中第一行的原始图像被分割成了一组超像素 $\{\boldsymbol{P}_i\}_{1 \leqslant i \leqslant n}$，$n$ 是超像素的个数。结合图像分割结果，显著图 $\boldsymbol{S}_k$ 用一个 n 维向量进行表示：$\boldsymbol{X}_k = [x_{1k}, x_{2k}, \cdots, x_{nk}]^{\mathrm{T}}$，其中第 i 个元素为超像素 $\boldsymbol{P}_i$ 的平均显著性值。排列 d 种显著图对应的 d 个向量，得到关于所有显著图的一个综合化的矩阵表示：$\boldsymbol{X} = [\boldsymbol{X}_1, \boldsymbol{X}_2, \cdots, \boldsymbol{X}_n] \in \mathbf{R}^{n \times d}$，其中 $\boldsymbol{X}_i$ 对应于第 i 个显著图。最终目的是寻求一个赋值函数 $\boldsymbol{S}(\boldsymbol{P}_i) \in [0,1]$，对应于融合后的显著图。$\boldsymbol{S}(\boldsymbol{P}_i)$ 的值越高，表明超像素 $\boldsymbol{P}_i$ 的显著性值越高。

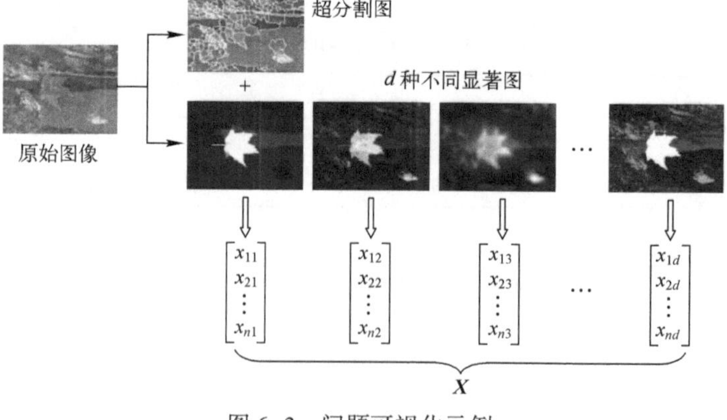

图 6-3　问题可视化示例

通常来讲，一幅自然图像主要由两部分组成：目标和背景，即在一定的特征空间中，图像 $\boldsymbol{I}$ 可以分解成以下形式：$\Phi(\boldsymbol{I})=\boldsymbol{X}+\boldsymbol{E}$，其中$\Phi(\cdot)$表示一个特定的特征转换函数，$\boldsymbol{X}$ 和 $\boldsymbol{E}$ 分别为背景和目标对应的图像矩阵。由于任意一种显著性检测算法都可以看成从图像原始空间到显著图的一个非线性变换，因此，矩阵 $\boldsymbol{X}$ 可以视为图像 $\boldsymbol{I}$ 在显著性特征空间的一个特征表示。为了区别于传统的特征（如 R、G、B 彩色空间），这里称由显著性值所组成的空间为显著性特征空间，故可得公式 $\boldsymbol{I}=\boldsymbol{X}+\boldsymbol{E}$。接下来的目标就是求解出对应图像目标区域的矩阵 $\boldsymbol{E}$。不幸的是，上述所得公式是一个严重的欠约束问题，如果没有其他的附加信息，求解出矩阵 $\boldsymbol{E}$ 是不可能的。换句话说，如果不对公式进行特定的约束，将存在关于矩阵 $\boldsymbol{X}$ 和 $\boldsymbol{E}$ 无穷组的解。

为了达到这个目的，这里通过两个基本原则来估计公式 $\boldsymbol{I}=\boldsymbol{X}+\boldsymbol{E}$ 中的矩阵 $\boldsymbol{X}$ 和 $\boldsymbol{E}$。一方面，对属于背景区域的任意一个超像素，其相应位置的不同的显著图在一般情况下呈现为黑色，都具有较小的显著性值，如图 6-3 所示。背景区域的超像素所对应的显著性值特征向量之间具有很强的相关性，可以假设这些显著性值特征向量位于一个低维的子空间中，可以表示成一个具有低秩特性的矩阵。因此，需要对矩阵 $\boldsymbol{X}$ 加以低秩约束。另一方面，对于一幅图像来说，目标部分往往包含较少个数的超像素，因此目标像素所对应的显著性特征向量可以视为偏离背景特征空间的噪声，表明矩阵 $\boldsymbol{E}$ 是稀疏的。为了求解公式 $\boldsymbol{I}=\boldsymbol{X}+\boldsymbol{E}$ 中的矩阵 $\boldsymbol{E}$，需要对背景区域加以低秩约束和对显著的目标区域加以稀疏约束。综上可知，显著性融合问题[17]可以看成是一个数据矩阵分解问题。

6.3 与核范数有关的 LRR

6.3.1 LRR 和隐式 LRR

在 6.2 节中介绍的 MC 和 RPCA 等方法主要处理数据结构只有一个子空间的情形，无法处理数据结构涉及两个甚至多个子空间的情形。需要特别强调的是，RPCA 只能从数据中提取一个子空间，它无法刻画数据在此子空间中的精细结构。而精细结构的最简单情形是多子空间模型，即数据分布在若干子空间附近，需要找到这些子空间并对其进行描述和刻画，这一重要问题称为 Generalized PCA 问题。随着稀疏表示的发展，国内外学者为求解该子空间学习问题提供了新的思路。现有的子空间学习方法主要分为四类：迭代法、代数法、统计方法和谱聚类方法。当处理带噪声的数据时，谱聚类方法相比于其他三种方法比较稳健，通常会获得较高的聚类性能。当前最具代表性的谱聚类方法是稀疏子空间分割法（Sparse Subspace Segmentation，SSC）[19]、低秩表示方法（Low-Rank Representation，LRR）[20]和最小二乘法（Least Squares Regression，LSR）[21]，这些方法的主要区别体现在两个方面：一是对表示系数矩阵的度量；二是对噪声图像矩阵的刻画。为了更好地描述子空间学习问题，现给出定义，即定义 6-2。

定义 6-2 对充足数据构造的数据集合 $\boldsymbol{X}=[\boldsymbol{X}_1,\boldsymbol{X}_2,\cdots,\boldsymbol{X}_k]=[x_1,x_2,\cdots,x_n]\in\mathbf{R}^{d\times n}$，由 k 个子空间 $\{\boldsymbol{S}_i\}_{1\leq i\leq k}$ 联合生成。假设 $\boldsymbol{X}_i$ 是从子空间 $\boldsymbol{S}_i$ 中收集到的 n_i 个向量组合而成的数据矩阵，其中 $n=\sum_{i=1}^{k}n_i$。子空间学习的目的是将给定的数据集根据所在的不同潜在子空间，使其划分到对应的各自不同类别中。

为更好地解决稳健子空间恢复问题，考虑表示系数矩阵（块对角矩阵）的低秩性而不是稀疏性，下面将介绍基于秩函数的低秩表示模型[20]，具体表达式为

$$\min_{\boldsymbol{X},\boldsymbol{E}}\ \mathrm{rank}(\boldsymbol{X})+\lambda\|\boldsymbol{E}\|_{\mathrm{L}}\quad \mathrm{s.\,t.}\quad \boldsymbol{D}=\boldsymbol{A}\boldsymbol{X}+\boldsymbol{E} \tag{6-30}$$

这里要求数据矩阵 $\boldsymbol{D}$ 在字典 $\boldsymbol{A}$ 上的表示系数矩阵 $\boldsymbol{X}$ 具有低秩特性，这样能保证同一子空间中数据之间的相关性描述，也更利于对给定数据的划分。至于字典 $\boldsymbol{A}$ 的选择，在多个子空间学习问题中，可选择已知数据矩阵作为字典，即 $\boldsymbol{A}=\boldsymbol{D}$；在单个子空间学习问题中，可选择恒等矩阵作为字典，即 $\boldsymbol{A}=\boldsymbol{I}$。正则化项 $\|\boldsymbol{E}\|_{\mathrm{L}}$ 需要根据不同的噪声类型选择合适的度量方式（见图 6-2）。需要指出的是，可通过如何学习一个更好的低秩表示方法来挖掘数据矩阵的结构信息，进而用 $\boldsymbol{AX}$ 或 $\boldsymbol{D}-\boldsymbol{E}$ 得到原始数据矩阵 $\boldsymbol{D}$ 的低秩恢复形式。

为得到最终的聚类结果，用得到的表示系数矩阵 $\boldsymbol{X}$ 定义一个相似矩阵 $|\boldsymbol{X}|+|\boldsymbol{X}^{\mathrm{T}}|$，再对这个相似矩阵（见图 6-4）使用谱聚类方法[22]求得数据的聚类结果。已有研究成果表明，LRR 对子空间分割问题相当有效，并且在处理某些噪声时表现得非常稳健。需要特别注意的是，LRR 要求字典矩阵中的数据充分，但是由于各种原因，所要处理的数据不一定能达到要求。

进一步地，参考文献［23］提出了隐式 LRR 模型：

$$\min_{X,L,E} \operatorname{rank}(\boldsymbol{X})+\operatorname{rank}(\boldsymbol{L})+\lambda\|\boldsymbol{E}\|_{\mathrm{L}} \quad \text{s. t.} \quad \boldsymbol{D}=\boldsymbol{A}\boldsymbol{X}+\boldsymbol{L}\boldsymbol{A}+\boldsymbol{E} \tag{6-31}$$

式中，$\boldsymbol{X}$ 称为行空间表示矩阵，主要用于分类；$\boldsymbol{L}$ 称为列空间表示矩阵，主要用于特征提取。注意，式（6-30）和式（6-31）涉及秩函数，进而可将其转化为基于核范数的最小化问题，然后设计一阶优化算法（如 ADMM）求解，并将其应用于子空间聚类等任务中。

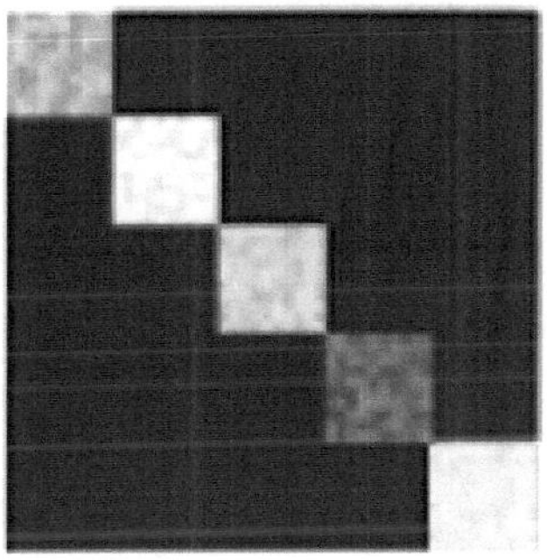

图 6-4　低秩结构的块对角矩阵

6.3.2　无噪声 LRR 的闭解

概括来讲，LRR 的目标是在给定的字典中寻找一组最低秩的线性表示。当数据所在的子空间相对独立，并且训练数据是无噪声的、足够多时，已有工作[24]证明低秩表示的最优解本质就是形状交互矩阵，其本质上是试图从数据中学习一组最优字典，进而得到最优的表示系数矩阵。在实际采集的样本集中，经常含有各种各样受污染的且带有噪声的数据，甚至数据是残缺的或带有异常点，在面对此情况下的数据处理及分析时，LRR 很有可能得不到好的聚类效果，而隐藏的 LRR 不仅可挖掘样本数据中的隐藏信息，还可利用数据的行信息和列信息进行所期望数据矩阵的重建。考虑到式（6-30）中目标函数的非凸性及非连续性，当处理无污染的数据时，即其噪声矩阵 $\boldsymbol{E}$ 为零矩阵，可通过核范数替代秩函数，将其松弛为以下表示形式：

$$\min_{X}\|\boldsymbol{X}\|_{*} \quad \text{s. t.} \quad \boldsymbol{D}=\boldsymbol{A}\boldsymbol{X} \tag{6-32}$$

通过惩罚函数法可将式（6-32）写成以下松弛形式：

$$\min_{X}\|\boldsymbol{X}\|_{*}+\frac{\alpha}{2}\|\boldsymbol{D}-\boldsymbol{A}\boldsymbol{X}\|_{\mathrm{F}}^{2} \tag{6-33}$$

式中，$\alpha>0$ 是一个实参数，当 $\alpha\to\infty$ 时，求解式（6-33）等同于求解式（6-32）。

定义 6-3[24] 对于一个秩为 r 的矩阵 $\boldsymbol{X}\in\mathbf{R}^{m\times n}$，对应的 SVD 为

$$\boldsymbol{X}=\boldsymbol{U\Sigma}V^{\mathrm{T}}$$

若只选择大于零的奇异值及与之相对应的特征向量，那么选择后的分解形式称为矩阵 $\boldsymbol{X}\in\mathbf{R}^{m\times n}$ 的瘦形奇异值分解（Skinny SVD）。即矩阵 $\boldsymbol{X}\in\mathbf{R}^{m\times n}$ 的瘦形奇异值分解为

$$\boldsymbol{X}=\boldsymbol{U}_r\boldsymbol{\Sigma}_r\boldsymbol{V}_r^{\mathrm{T}}$$

式中

$$\boldsymbol{\Sigma}_r=\mathrm{Diag}(\sigma_1,\sigma_2,\cdots,\sigma_r),\quad \{\sigma_i\}_{i=1}^{r}$$

是所有大于零的奇异值元素，$\boldsymbol{U}_r$ 和 $\boldsymbol{V}_r$ 是矩阵 $\boldsymbol{U}$ 和 $\boldsymbol{V}$ 的前 r 列向量构造的正交矩阵。

引理 6-3[24] 假设矩阵 $\boldsymbol{X}\in\mathbf{R}^{m\times n}$ 的瘦形奇异值分解是 $\boldsymbol{X}=\boldsymbol{U}_r\boldsymbol{\Sigma}_r\boldsymbol{V}_r^{\mathrm{T}}$，那么 $\boldsymbol{U}_r$ 和 $\boldsymbol{V}_r$ 符合列正交原则：

$$\boldsymbol{U}_r^{\mathrm{T}}\boldsymbol{U}_r=\boldsymbol{I}_r \qquad \text{和} \qquad \boldsymbol{V}_r^{\mathrm{T}}\boldsymbol{V}_r=\boldsymbol{I}_r$$

对矩阵 $\boldsymbol{X}\in\mathbf{R}^{m\times n}$ 的完整 SVD，可推得

$$\boldsymbol{U}_r^{\mathrm{T}}\boldsymbol{U}_r\neq\boldsymbol{I}_r \qquad \text{和} \qquad \boldsymbol{V}_r^{\mathrm{T}}\boldsymbol{V}_r\neq\boldsymbol{I}_r$$

命题 6-1[24] 假设矩阵 $\boldsymbol{X}\in\mathbf{R}^{m\times n}$ 的瘦形奇异值分解是 $\boldsymbol{X}=\boldsymbol{U}_r\boldsymbol{\Sigma}_r\boldsymbol{V}_r^{\mathrm{T}}$，那么当 $\alpha\to\infty$ 时，问题式（6-33）的最优解是

$$\boldsymbol{A}^*=\boldsymbol{U}_r\boldsymbol{\Sigma}_r\boldsymbol{V}_r^{\mathrm{T}},\quad \boldsymbol{X}^*=\boldsymbol{V}_r^{\mathrm{T}}\boldsymbol{V}_r$$

证明：记式（6-33）的目标函数是 $f(\boldsymbol{A},\boldsymbol{X})=\|\boldsymbol{X}\|_*+\dfrac{\alpha}{2}\|\boldsymbol{D}-\boldsymbol{AX}\|_{\mathrm{F}}^2$，根据凸优化的一阶必要条件，如果 $\boldsymbol{A}^*$ 和 $\boldsymbol{X}^*$ 是 $f(\boldsymbol{A},\boldsymbol{X})$ 的最优解，那么可推得 $\boldsymbol{0}\in\partial_{\boldsymbol{A}}f(\boldsymbol{A}^*,\boldsymbol{X}^*)$，且 $\boldsymbol{0}\in\partial_{\boldsymbol{E}}f(\boldsymbol{A}^*,\boldsymbol{X}^*)$ 成立，其中，$\boldsymbol{0}$ 是各个元素值都为 0 的矩阵。因此，目标函数 $f(\boldsymbol{A},\boldsymbol{X})$ 关于变量 $(\boldsymbol{A},\boldsymbol{X})$ 的一阶次梯度形式记作：

$$\partial_{\boldsymbol{A}}f=\alpha\boldsymbol{X}(\boldsymbol{D}-\boldsymbol{AX}) \tag{6-34}$$

$$\partial_{\boldsymbol{X}}f=\partial\|\boldsymbol{X}\|_*-\alpha\boldsymbol{A}^{\mathrm{T}}(\boldsymbol{D}-\boldsymbol{AX}) \tag{6-35}$$

接下来证明，当 $\alpha\to\infty$ 时

$$\boldsymbol{0}\in\partial_{\boldsymbol{A}}f(\boldsymbol{A}^*,\boldsymbol{X}^*)\text{ 且 }\boldsymbol{0}\in\partial_{\boldsymbol{X}}f(\boldsymbol{A}^*,\boldsymbol{X}^*)$$

不失一般性地，假设 $\boldsymbol{V}_r$ 的正交空间的基矩阵是 $\boldsymbol{V}_\perp$，那么

$$\boldsymbol{V}_r^{\mathrm{T}}\boldsymbol{V}_\perp=\boldsymbol{V}_\perp\boldsymbol{V}_r^{\mathrm{T}}=\boldsymbol{0}$$

根据式（6-34）和 $\mathbf{0}\in\partial_A f(\boldsymbol{A}^*,\boldsymbol{X}^*)$，可得出 $\mathbf{0}=\alpha\boldsymbol{X}(\boldsymbol{D}-\boldsymbol{A}\boldsymbol{X})$。如果 $\boldsymbol{X}^*=\boldsymbol{V}_r^{\mathrm{T}}\boldsymbol{V}_r$，那么必然存在矩阵 $\boldsymbol{B}$ 使得 $\boldsymbol{D}-\boldsymbol{A}^*\boldsymbol{X}^*=\boldsymbol{V}_\perp\boldsymbol{B}$。因此，可将式（6-35）重新写成：

$$\partial_X f=\partial\|\boldsymbol{X}\|_*-\alpha\boldsymbol{A}^{\mathrm{T}}\boldsymbol{V}_\perp\boldsymbol{B}$$

除此之外，记矩阵 $\boldsymbol{X}$ 的核范数的次梯度可表示为

$$\partial\|\boldsymbol{X}\|_*=\{\boldsymbol{U}_X\boldsymbol{V}_X^{\mathrm{T}}+\boldsymbol{\Sigma}:\boldsymbol{U}_X^{\mathrm{T}}\boldsymbol{\Sigma}=\mathbf{0},\quad \boldsymbol{\Sigma}\boldsymbol{V}_X=\mathbf{0},\quad \|\boldsymbol{\Sigma}\|_2\leqslant 1\} \tag{6-36}$$

式中，$\boldsymbol{X}=\boldsymbol{U}_X\boldsymbol{\Sigma}_X\boldsymbol{V}_X^{\mathrm{T}}$是矩阵 $\boldsymbol{X}$ 的奇异值分解形式。特别地，在点$(\boldsymbol{A}^*,\boldsymbol{X}^*)$处，$\boldsymbol{U}_X=\boldsymbol{V}_X=\boldsymbol{V}_r$，将式（6-36）代入式（6-35）中，可得到：

$$\boldsymbol{V}_r\boldsymbol{V}_r^{\mathrm{T}}+\boldsymbol{\Sigma}-\alpha\boldsymbol{A}^{\mathrm{T}}\boldsymbol{V}_\perp\boldsymbol{B}=\mathbf{0} \tag{6-37}$$

由此可推得 $\boldsymbol{V}_r\boldsymbol{V}_r^{\mathrm{T}}+\boldsymbol{\Sigma}=\alpha\boldsymbol{A}^{\mathrm{T}}\boldsymbol{V}_\perp\boldsymbol{B}$ 成立。进一步地，结合 $\boldsymbol{A}^*=\boldsymbol{U}_r\boldsymbol{\Sigma}_r\boldsymbol{V}_r^{\mathrm{T}}$ 可推出：

$$\boldsymbol{V}_r\boldsymbol{V}_r^{\mathrm{T}}+\boldsymbol{\Sigma}=\alpha\boldsymbol{V}_r\boldsymbol{\Sigma}_r\boldsymbol{U}_r^{\mathrm{T}}\boldsymbol{V}_\perp\boldsymbol{B} \tag{6-38}$$

记矩阵 $\boldsymbol{U}_r^{\mathrm{T}}$ 的广义逆为 $\boldsymbol{U}^+$，在式（6-38）等号两侧都乘以 $\boldsymbol{U}^+\boldsymbol{\Sigma}_r^{-1}\boldsymbol{V}_r^{\mathrm{T}}$，可得到：

$$\boldsymbol{U}^+\boldsymbol{\Sigma}_r^{-1}\boldsymbol{V}_r^{\mathrm{T}}(\boldsymbol{V}_r\boldsymbol{V}_r^{\mathrm{T}}+\boldsymbol{W})=\alpha\boldsymbol{U}^+\boldsymbol{\Sigma}_r^{-1}\boldsymbol{V}_r^{\mathrm{T}}\boldsymbol{V}_r\boldsymbol{\Sigma}_r\boldsymbol{U}_r^{\mathrm{T}}\boldsymbol{V}_\perp\boldsymbol{B}=\alpha\boldsymbol{V}_\perp\boldsymbol{B} \tag{6-39}$$

根据式（6-39），由 $\boldsymbol{V}_r^{\mathrm{T}}\boldsymbol{\Sigma}=\mathbf{0}$ 及 $\boldsymbol{V}_r^{\mathrm{T}}\boldsymbol{V}_r=\boldsymbol{I}$ 可知：

$$\boldsymbol{V}_\perp\boldsymbol{B}=\frac{1}{\alpha}\boldsymbol{U}^+\boldsymbol{\Sigma}_r^{-1}\boldsymbol{V}_r^{\mathrm{T}}$$

考虑到 $\boldsymbol{D}=\boldsymbol{A}^*\boldsymbol{X}^*+\boldsymbol{V}_\perp\boldsymbol{B}$，结合上面的结论，可将式（6-39）重新写成以下形式：

$$\boldsymbol{X}=\boldsymbol{U}_r\boldsymbol{\Sigma}_r\boldsymbol{V}_r^{\mathrm{T}}+\frac{1}{\alpha}\boldsymbol{U}^+\boldsymbol{\Sigma}_r^{-1}\boldsymbol{V}_r^{\mathrm{T}}=[\boldsymbol{U}_r,\boldsymbol{U}^+]\begin{bmatrix}\boldsymbol{\Sigma}_r\\ \frac{1}{\alpha}\boldsymbol{\Sigma}_r^{-1}\end{bmatrix}\boldsymbol{V}_r^{\mathrm{T}}=\boldsymbol{U}\begin{bmatrix}\boldsymbol{\Sigma}_r\\ \frac{1}{\alpha}\boldsymbol{\Sigma}_r^{-1}\end{bmatrix}\boldsymbol{V}_r^{\mathrm{T}} \tag{6-40}$$

因此，由式（6-40）推得，当 $\alpha\to\infty$ 时，有 $\boldsymbol{D}=\boldsymbol{U}_r\boldsymbol{\Sigma}_r\boldsymbol{V}_r^{\mathrm{T}}$ 成立，即式（6-33）的一阶必要条件在点$(\boldsymbol{A}^*,\boldsymbol{X}^*)$处满足。由此可知，当 $\alpha\to\infty$ 时，点$(\boldsymbol{A}^*,\boldsymbol{X}^*)$是式（6-33）的最优解。简而言之，对于无污染的数据，低秩表示的最优字典就是数据本身，故有 $\boldsymbol{D}=\boldsymbol{U}_r\boldsymbol{\Sigma}_r\boldsymbol{V}_r^{\mathrm{T}}$。

6.3.3 稳健低秩表示

传统的 LRR 方法并不能有效地处理实际应用中的某些复杂噪声，尤其涉及遮挡扭曲等污染的数据。受 M-估计子和稳健回归理论[25]的启发，下面介

绍把子空间分割问题转化为一个低秩约束的稳健回归模型[26]，然后再用最大似然估计来描述数据中的噪声分布。假设噪声矩阵可表示为 $\boldsymbol{E}=\boldsymbol{D}-\boldsymbol{A}\boldsymbol{X}$，其中，$\|\boldsymbol{X}\|_*<c$，$c>0$ 是一个常数。考虑到噪声矩阵 $\boldsymbol{E}=\{e_{ij}\}_{m\times n}$ 中的每个元素 e_{ij} 都是独立同分布于某一概率分布函数 $f_\theta(e_{ij})$，记 θ 是该概率分布函数中的参数集。那么噪声矩阵的似然估计函数可表示为

$$L(\boldsymbol{E},\theta)=\prod_{ij}f_\theta(e_{ij})$$

为便于计算，最大似然估计的目标是最大化似然函数或似然函数的对数，这也就等同于最小化以下目标函数：

$$-\ln[L(\boldsymbol{E},\theta)]=-\sum_{ij}\ln[f_\theta(e_{ij})] \tag{6-41}$$

这里令

$$F_\theta(\boldsymbol{E})=\sum_{ij}h_\theta(e_{ij})$$

根据最大似然估计原则，可知噪声矩阵 $\boldsymbol{E}$ 应该是以下最小化问题的解：

$$\min_{\boldsymbol{E}} F_\theta(\boldsymbol{E}) \quad \text{s. t.} \quad \boldsymbol{D}=\boldsymbol{A}\boldsymbol{X}+\boldsymbol{E},\ \|\boldsymbol{X}\|_*<c \tag{6-42}$$

进一步地，可由式（6-42）得到与之等价的稳健低秩表示（Robust Low-Rank Representation，RLRR）模型[26]：

$$\min_{\boldsymbol{X},\boldsymbol{E}}\|\boldsymbol{X}\|_*+\lambda F_\theta(\boldsymbol{E}) \quad \text{s. t.} \quad \boldsymbol{D}=\boldsymbol{A}\boldsymbol{X}+\boldsymbol{E} \tag{6-43}$$

不失一般性，假设给定的概率分布函数 $f_\theta(e)$ 是可微的且对 $|e|$ 是单调的。因此，与概率分布函数 $f_\theta(e)$ 相对应的 $h_\theta(e)$ 需满足以下三个性质：

（1）$h_\theta(0)$ 是 $h_\theta(e)$ 全局最小值，即有 $h_\theta(0)=0$。

（2）单调性：如果 $|e_1|>|e_2|$，那么 $h_\theta(e_1)>h_\theta(e_2)$。

（3）可微性：在 0 点的邻域中，$h_\theta(e)$ 的一阶微分存在。

通过进一步验证，服从拉普拉斯分布和高斯分布的概率密度函数都符合以上性质。接下来，将重点考虑式（6-43），假定 $F_\theta(\boldsymbol{E})$ 是定义域与矩阵相关的实值函数，且函数 $F_\theta(\boldsymbol{E}):\mathbf{R}^{m\times n}\to\mathbf{R}$ 可在零矩阵邻域的一阶泰勒展开式来逼近 $F_\theta(\boldsymbol{E})$。现给出 $F_\theta(\boldsymbol{E})$ 的泰勒展开式如下：

$$\widetilde{F}_\theta(\boldsymbol{E})=F_\theta(\boldsymbol{0})+\operatorname{tr}(\nabla F_\theta(\boldsymbol{0})^{\mathrm{T}}\boldsymbol{E})+R_1(\boldsymbol{E}) \tag{6-44}$$

式中，$R_1(\boldsymbol{E})$ 是一个高阶残量，$\nabla F_\theta(\boldsymbol{0})$ 是 $F_\theta(\boldsymbol{E})$ 在零矩阵的梯度函数。考虑到噪声矩阵 $\boldsymbol{E}=\{e_{ij}\}_{m\times n}$ 中的每个元素 e_{ij} 都是相互独立的，且对任意 $s\neq i$ 和 $t\neq j$，都有 $\dfrac{\partial h_\theta(e_{st})}{\partial e_{ij}}=0$，那么

$$\frac{\partial F_\theta(\boldsymbol{E})}{\partial e_{ij}}=\frac{\partial \sum_{s.t} h_\theta(e_{st})}{\partial e_{ij}}=\frac{\partial h_\theta(e_{ij})}{\partial e_{ij}}=h'_\theta(e_{ij}) \tag{6-45}$$

式中，$s.t$ 表示第 s 行的第 t 个元素。因此，$F_\theta(\boldsymbol{E})$ 在零矩阵的梯度可以写成以下形式：

$$\nabla F_\theta(\boldsymbol{0})=\begin{bmatrix} \frac{\nabla F_\theta(\boldsymbol{E})}{\nabla e_{11}},\frac{\nabla F_\theta(\boldsymbol{E})}{\nabla e_{12}},\cdots,\frac{\nabla F_\theta(\boldsymbol{E})}{\nabla e_{1n}} \\ \frac{\nabla F_\theta(\boldsymbol{E})}{\nabla e_{21}},\frac{\nabla F_\theta(\boldsymbol{E})}{\nabla e_{22}},\cdots,\frac{\nabla F_\theta(\boldsymbol{E})}{\nabla e_{2n}} \\ \vdots \quad \vdots \quad \vdots \quad \vdots \\ \frac{\nabla F_\theta(\boldsymbol{E})}{\nabla e_{m1}},\frac{\nabla F_\theta(\boldsymbol{E})}{\nabla e_{m2}},\cdots,\frac{\nabla F_\theta(\boldsymbol{E})}{\nabla e_{mn}} \end{bmatrix}_{\big| E=0}$$

$$=\begin{bmatrix} h'_\theta(0),h'_\theta(0),\cdots,h'_\theta(0) \\ h'_\theta(0),h'_\theta(0),\cdots,h'_\theta(0) \\ \vdots \quad \vdots \quad \vdots \quad \vdots \\ h'_\theta(0),h'_\theta(0),\cdots,h'_\theta(0) \end{bmatrix} \tag{6-46}$$

根据函数 $h_\theta(e)$ 的性质，可知 $h_\theta(0)$ 是 $h_\theta(e)$ 的全局最小值，故得出 $h'_\theta(0)=0$，进而有 $\nabla F_\theta(\boldsymbol{0})=0$。又考虑到 $h_\theta(0)=0$，故可推出：

$$F_\theta(\boldsymbol{0})=\sum_{ij} h_\theta(0)=0$$

由式（6-46）可推得：

$$\widetilde{F}_\theta(\boldsymbol{E})=R_1(\boldsymbol{E})=\frac{1}{2}\mathrm{tr}(\nabla \mathrm{tr}((\nabla F_\theta\ (t\boldsymbol{E})^{\mathrm{T}}\boldsymbol{E})^{\mathrm{T}}\boldsymbol{E}))$$

$$=\frac{1}{2}\sum_{ij}\sum_{kl}\frac{\partial^2 F_\theta(t\boldsymbol{E})}{\partial e_{ij}\,\partial e_{kl}}e_{ij}e_{kl} \tag{6-47}$$

式中，t 是区间 $[0,1]$ 之间的一个参数。考虑到噪声矩阵中的每一个元素 e_{ij} 都相互独立，故对任意 $i\neq k$ 或 $j\neq l$，都有 $\frac{\partial^2 F_\theta(\boldsymbol{E})}{\partial e_{ij}\partial e_{kl}}=0$。进一步地，根据函数 $h_\theta(e)$ 的单调性，可将式（6-47）写成下面的形式：

$$\widetilde{F}_\theta(\boldsymbol{E})=\frac{1}{2}\sum_{ij}\frac{\partial^2 F_\theta(t\boldsymbol{E})}{\partial e_{ij}^2}e_{ij}^2=\frac{1}{2}\sum_{ij}\frac{\mathrm{d}^2 h_\theta(te_{ij})}{\mathrm{d}e_{ij}^2}e_{ij}^2\geqslant 0 \tag{6-48}$$

为简洁地表示式（6-48），可定义一个权重函数 $\boldsymbol{M}=\left[\frac{\mathrm{d}^2 h_\theta(te_{ij})}{\mathrm{d}e_{ij}^2}\right]_{m\times n}$，故可得$\widetilde{F}_\theta(\boldsymbol{E})=\frac{1}{2}\|\boldsymbol{M}^{1/2}\otimes\boldsymbol{E}\|_{\mathrm{F}}^2$。基于此，可根据式（6-43）给出 RLRR 模型的以下表示形式：

$$\min_{\boldsymbol{X},\boldsymbol{E}}\|\boldsymbol{X}\|_*+\lambda\|\boldsymbol{M}^{1/2}\otimes\boldsymbol{E}\| \quad \text{s. t.} \quad \boldsymbol{D}=\boldsymbol{A}\boldsymbol{X}+\boldsymbol{E} \tag{6-49}$$

从式（6-49）可看出，RLRR 模型中有两个关键问题：

（1）如何确定权重矩阵 $\boldsymbol{M}$？

（2）如何求解优化目标？

针对如何确定权重矩阵 $\boldsymbol{M}$ 的问题，权重矩阵 $\boldsymbol{M}$ 的每一个元素 $\boldsymbol{M}_{ij}$都是噪声矩阵 $\boldsymbol{E}$ 中相应位置的权值，记为 $m_\theta(e_{ij})=\frac{\mathrm{d}^2 h_\theta(te_{ij})}{\mathrm{d}e_{ij}^2}$。

为得到更好的恢复性能，可用更小的权值来减小大噪声对表示系数的影响，即为较大的噪声值分配较小的权值。根据参考文献［26］，给出几个不同的权重函数，见表 6-3。不同的正则化准则导出的不同权重函数如图 6-5 所示。

表 6-3 几个不同的权重函数

L_1范数	L_2范数	$L_{2,1}$范数	逻辑斯谛	Welsch
$\frac{1}{\lvert e_{ij}\rvert}$	2	$\frac{1}{\sqrt{\alpha+e_{ij}^2}}$	$\frac{\exp(\alpha(\beta-e_{ij}^2))}{(1+\exp(\alpha(\beta-e_{ij}^2)))}$	$\exp(-\alpha e_{ij}^2)$

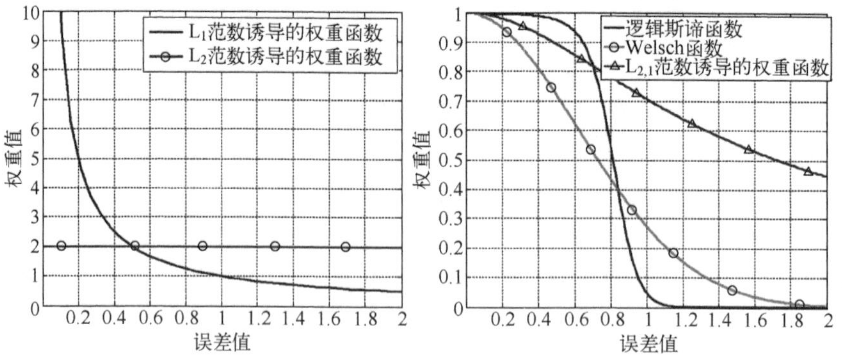

图 6-5 不同的正则化准则导出的不同权重函数

受参考文献 [26] 的思想启发，选择逻辑斯谛（Logistic）函数作为权值函数，即有

$$m_{\theta}(e_{ij})=\frac{\exp(\alpha(\beta-e_{ij}^{2}))}{1+\exp(\alpha(\beta-e_{ij}^{2}))} \tag{6-50}$$

式中，$\alpha>0$ 和 $\beta>0$，均为正实数。特别地，参数 α 控制权重函数值从 1 到 0 的下降速度，参数 β 决定噪声临界值点（临界值点的权值等于 0.5）的位置。

为方便起见，$\frac{\mathrm{d}^{2}h_{\theta}(te_{ij})}{\mathrm{d}e_{ij}^{2}}$ 可以用 $\frac{h_{\theta}'(e_{ij})}{e_{ij}}$ 逼近，即

$$m_{\theta}(e_{ij})=\frac{h_{\theta}'(e_{ij})}{e_{ij}}$$

结合式（6-50）和 $h_{\theta}(0)=0$，进而得出 $h_{\theta}(e)$ 以及相应的非归一化噪声概率密度函数 $h_{\theta}(e)$：

$$h_{\theta}(e_{ij})=-\frac{1}{2\alpha}(\ln(1+\exp(\alpha\beta-\alpha e_{ij}^{2}))-\ln(1+\exp\alpha\beta)) \tag{6-51}$$

可进一步验证 $h_{\theta}(e_{ij})$ 满足上述列出的所有性质。从图 6-5 中可看到，所提出的权重函数以及概率分布比 L_1 范数和 L_2 范数引导的权重函数和概率分布更具弹性。若选择 L_2 范数作为低秩表示的正则化准则，$m_{\theta}(e_{ij})$ 就等于 2；如果选择 L_1 范数作为正则化准则，则有

$$m_{\theta}(e_{ij})=\frac{1}{|e_{ij}|}$$

考虑到表 6-2 中给出的权重函数的值域并不在同一数量级上。为此，可以通过式（6-49）中的参数 λ 进行调节。从一定意义上来讲，权重函数在处理大噪声时分配更小的权值可以削弱噪声的影响，以便选择更具弹性的“长尾”来处理多类噪声的影响，使得 RLRR 模型能更好地描述不同噪声类型，从而挖掘数据的固有结构。事实上，逻辑斯谛函数本质上通过将任意的实数转化成一个后验概率，再将其用作一个权值来减小大噪声的影响，这与假设噪声矩阵的元素独立同分布相吻合，并且使得函数值比较集中在 0 和 1 处，故能更好地降低噪声对数据的影响。

针对 RLRR 模型中的第二个问题，考虑到 RLRR 模型可能会有很多局部最小值解，可找到一个可行的初始点，通过迭代得到好的结果。为得到最优的表示系数矩阵，需先将式（6-49）转化为下面的优化问题：

$$\min_{J,X,E} \|J\|_* + \lambda \|M^{1/2} \otimes E\| \quad \text{s.t.} \quad D = AX + E, \; X = J \tag{6-52}$$

进一步地，该优化问题等同于求解增广拉格朗日函数：

$$L_\mu(J,X,E,Y_1,Y_2) = \|J\|_* + \lambda \|M^{1/2} \otimes E\|_F^2 + \langle Y_1, AX+E-D \rangle + \langle Y_2, X-J \rangle + \frac{\mu}{2}(\|AX+E-D\|_F^2 + \|X-J\|_F^2) \tag{6-53}$$

由于式（6-53）是无约束的多变量优化问题，可选择非精确增广拉格朗日乘子法，并将其命名为迭代重加权的非精确增广拉格朗日乘子法（Iteratively Reweighted Inexact Augmented Lagrange Multiplier Algorithm，IRI-ALM），涉及的主要计算步骤是更新变量 $\boldsymbol{J}$ 和 $\boldsymbol{X}$，可用矩阵奇异值阈值算子及矩阵求逆运算得到，而对变量 $\boldsymbol{E}$ 的更新是一个广义的脊回归问题，由引理 6-4 可得闭式解。关于以上内容的介绍详见参考文献［26］。

引理 6-4 给定矩阵 $X \in \mathbf{R}^{m\times n}$ 及 $Q \in \mathbf{R}^{m\times n}$，假设 X^* 是下面优化问题的最优解：

$$\min_X \alpha \|M^{1/2} \otimes X\|_F^2 + \frac{1}{2}\|X-Q\|_F^2 \tag{6-54}$$

那么 $X^* = \dfrac{Q}{(\alpha M.\hat{}^2 + \mathbf{1})}$。这里，$.\hat{}^2$ 是指对矩阵每个元素都做平方运算，$\mathbf{1}$ 是指每个元素都为 1 的矩阵。

证明：考虑到式（6-54）中的目标函数是凸的且是可微的，令其关于 $X \in \mathbf{R}^{m\times n}$ 的一阶导数为 0，即

$$\frac{\partial\left(\alpha \|M^{1/2} \otimes X\|_F^2 + \frac{1}{2}\|X-Q\|_F^2\right)}{\partial X} = 2\alpha M \otimes X + (X-Q) = 0 \tag{6-55}$$

通过一系列简单的代数变换，可求得最小值点，即 $X^* = \dfrac{Q}{(2\alpha M + \mathbf{1})}$。

6.3.4 非凸低秩表示

为提升聚类的性能及计算的效率，除上述对噪声图像矩阵的稳健刻画外，还可对表示系数矩阵选择相应的刻画。究其原因是，选择核范数作为秩函数的替代，一方面会导致所得解是有偏的，另一方面会因涉及大尺度矩阵的 SVD 导致计算复杂度比较高，带来比较大的计算成本和时间消耗。通过参考文献［4］介绍的秩函数近似的策略，为更好地克服有偏近似的缺陷，可选择

使用非凸的 Schatten-p（$0<p<1$）范数而不是核范数去替代秩函数，建立与 Schatten-p 范数最小化相关的 LRR 模型（SpNM_LRR）。为了更好地克服计算复杂度高的的缺陷，可使用 Schatten-p 范数在 $p=1$、2/3 和 1/2 时的分解形式去替代秩函数[27]，从而建立与 Schatten-p 范数分解相关的 LRR 模型（SpNF_LRR）[28]。

类似于经典的 LRR 模型的优化算法，ADMM 算法可作为模型 SpNM_LRR 和 SpNF_LRR 的优化算法，通过引入辅助变量 $\boldsymbol{J}$，可将模型式（6-30）变成带有两个约束条件的以下问题形式：

$$\min_{\boldsymbol{J},\boldsymbol{X},\boldsymbol{E}} \|\boldsymbol{J}\|_{S_p}^p+\lambda\|\boldsymbol{E}\|_L \quad \text{s. t.} \quad \boldsymbol{D}=\boldsymbol{A}\boldsymbol{X}+\boldsymbol{E},\ \boldsymbol{X}=\boldsymbol{J} \tag{6-56}$$

这里，当 $p=1$ 时，经典的 LRR 可看作是模型式（6-56）的特例。已有工作说明 Schatten-p 范数在 $0<p<1$ 时的恢复性能往往要优于 $p=1$ 的情形。当 $p=2/3$ 和 1/2 时，基于 Schatten-p 范数的最小化子问题有闭式解。

受矩阵 Schatten-p 范数分解的启发如核范数，Schatten-2/3 范数和 1/2 范数（即双边 Frobenius 范数 $\|\cdot\|_{\text{BiF}}$、双边核范数 $\|\cdot\|_{\text{BiN}}$ 和 Frobenius/核混合范数 $\|\cdot\|_{\text{F/N}}$），通过对小尺度矩阵的计算来降低计算复杂度。对给定表示系数矩阵 $\boldsymbol{X}\in\mathbf{R}^{m\times n}$ 满足 $\text{rank}(\boldsymbol{X})=r\leqslant d$，其中 d 为 $\text{rank}(\boldsymbol{X})$ 的上界，将其分解为两个小尺度的子矩阵 $\boldsymbol{U}\in\mathbf{R}^{m\times d}$ 和 $\boldsymbol{V}\in\mathbf{R}^{n\times d}$，使得 $\boldsymbol{X}=\boldsymbol{U}\boldsymbol{V}^{\text{T}}$ 成立。如果记 $\boldsymbol{\Phi}_p(\boldsymbol{U},\boldsymbol{V})$ 为表示系数矩阵 $\boldsymbol{X}\in\mathbf{R}^{m\times n}$ 的 Schatten-p 范数在 $p=1$、2/3 和 1/2 时取值下的分解形式（见表 6-4），那么模型式（6-56）可写成以下形式[28]：

$$\min_{\boldsymbol{U},\boldsymbol{V},\boldsymbol{E}} \boldsymbol{\Phi}_p(\boldsymbol{U},\boldsymbol{V})+\lambda\|\boldsymbol{E}\|_L \quad \text{s. t.} \quad \boldsymbol{D}=\boldsymbol{A}\boldsymbol{U}\boldsymbol{V}^{\text{T}}+\boldsymbol{E} \tag{6-57}$$

表 6-4 Schatten-p 范数的几种分解形式

p-值	Schatten-p 范数	$\min\limits_{\boldsymbol{U},\boldsymbol{V}} \boldsymbol{\Phi}_p(\boldsymbol{U},\boldsymbol{V})$
$p=1$	$\|\boldsymbol{X}\|_*$	$\min\limits_{\boldsymbol{X}=\boldsymbol{U}\boldsymbol{V}^{\text{T}}} \frac{1}{2}(\|\boldsymbol{U}\|_F^2+\|\boldsymbol{V}\|_F^2)$
$p=\frac{2}{3}$	$\|\boldsymbol{X}\|_{\text{F/N}}^2$	$\min\limits_{\boldsymbol{X}=\boldsymbol{U}\boldsymbol{V}^{\text{T}}} \frac{1}{3}(2\|\boldsymbol{U}\|_*+\|\boldsymbol{V}\|_F^2)$
$p=\frac{1}{2}$	$\|\boldsymbol{X}\|_{\text{BiN}}^2$	$\min\limits_{\boldsymbol{X}=\boldsymbol{U}\boldsymbol{V}^{\text{T}}} \frac{1}{2}(\|\boldsymbol{U}\|_*+\|\boldsymbol{V}\|_*)$

选择 $\boldsymbol{\Phi}_p(\boldsymbol{U},\boldsymbol{V})$ 的具体表示形式，为保证每一个子问题便于求解，需要对模型式（6-57）中的目标函数使用灵活的变量分离技术。故可引入多个辅助

变量，从而得到下面含多个约束条件的 SpNF_LRR 模型：

$$\begin{cases} \min\limits_{\{U,V,X,E\}} \dfrac{1}{2}(\|\boldsymbol{U}\|_F^2+\|\boldsymbol{V}\|_F^2)+\lambda\|\boldsymbol{E}\|_L \\ \text{s.t.} \quad \boldsymbol{D}=\boldsymbol{AX}+\boldsymbol{E},\ \boldsymbol{UV}^T=\boldsymbol{X} \\ \min\limits_{\{M,U,V,X,E\}} \dfrac{1}{3}(2\|\boldsymbol{M}\|_*+\|\boldsymbol{V}\|_F^2)+\lambda\|\boldsymbol{E}\|_L \\ \text{s.t.} \quad \boldsymbol{D}=\boldsymbol{AX}+\boldsymbol{E},\ \boldsymbol{UV}^T=\boldsymbol{X},\ \boldsymbol{M}=\boldsymbol{U} \\ \min\limits_{\{M,N,U,V,X,E\}} \dfrac{1}{2}(\|\boldsymbol{M}\|_*+\|\boldsymbol{N}\|_*)+\lambda\|\boldsymbol{E}\|_L \\ \text{s.t.} \quad \boldsymbol{D}=\boldsymbol{AX}+\boldsymbol{E},\ \boldsymbol{UV}^T=\boldsymbol{X},\ \boldsymbol{M}=\boldsymbol{U},\ \boldsymbol{N}=\boldsymbol{V} \end{cases} \tag{6-58}$$

值得注意的是，无论对最小化模型 SpNM_LRR，还是分解模型 SpNF_LRR，都没有对表示系数矩阵和噪声类型有额外的约束，只是选择 Schatten-p 范数及其分解形式替代秩函数，使得目标函数是多变量的(变量数大于等于 3)，通过设计 ADMM 算法，进而交替迭代原始变量、对偶变量和惩罚参数直至终止，得到最优的表示系数矩阵。

6.4 与核范数有关的 RMR

6.4.1 L_q 范数正则核范数的矩阵回归

考虑到基于像素水平的一维向量回归模型，如稀疏表示分类（Sparse Representation Classifier，SRC）[29] 和协同表示分类（Collaborative Representation Classifier，CRC）[30]，通常假设误差图像的每一个像素是独立同分布的。事实上，对于许多现实中的人脸图像，诸如遭受遮挡、伪装或连续光照变化，这个假设就不再成立。如果单独刻画误差的每个像素就会忽视误差图像的全局性结构，究其原因，误差图像中的某些像素之间可能包含了有意义的结构性信息[31-35]。在基于回归分析的人脸识别方法中，通常使用训练图像集来表示一张测试图像，进而获得最佳的表示系数。在理想情况下，误差图像应该是一个零矩阵，自然而然地具有低秩结构。举例来说，测试图像中存在光照变化和遮挡，诸如阴影的部分，光照改变一般会导致一个近似低秩特性的误差图像，如图 6-6 所示；又诸如眼镜与围巾遮挡也会导致一个具有低秩特性的误差图像。

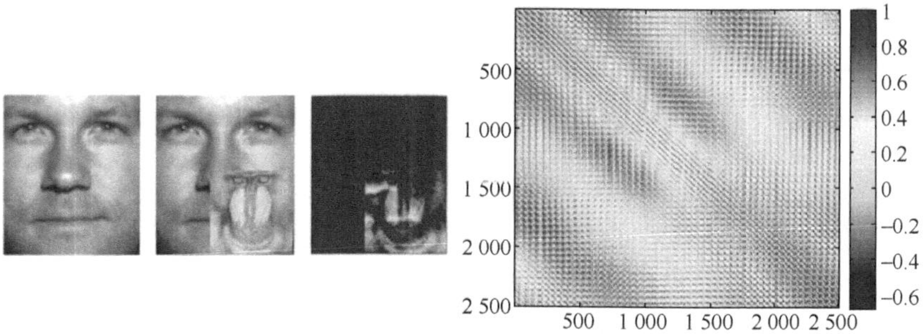

图 6-6　显示遮挡部分的像素是相关的

为了充分利用误差图像矩阵的低秩结构，本节将介绍基于二维误差图像矩阵的低秩回归模型，它不同于基于向量的回归方法，将图像矩阵转化成向量，导致一些结构信息的丢失。需要特别指出的是，低秩回归方法不需要矩阵到向量的转化过程，而是直接最小化误差图像矩阵的秩函数来挖掘图像的结构信息，并以此来计算测试样本在训练数据集下的回归表示系数。为便于表述，现给定 n 个图像矩阵 $\boldsymbol{A}_1,\boldsymbol{A}_2,\cdots,\boldsymbol{A}_n \in \mathbf{R}^{m\times n}$ 和一个图像矩阵 $\boldsymbol{B}\in\mathbf{R}^{m\times n}$，则 $\boldsymbol{B}$ 可被 $\boldsymbol{A}_1,\boldsymbol{A}_2,\cdots,\boldsymbol{A}_n$ 线性地表示，即

$$\boldsymbol{B}=x_1\boldsymbol{A}_1+x_2\boldsymbol{A}_2+\cdots+x_n\boldsymbol{A}_n=\boldsymbol{A}(x)+\boldsymbol{E} \tag{6-59}$$

式中，$\boldsymbol{A}(x):\mathbf{R}^n\to\mathbf{R}^{p\times q}$ 为重建图像矩阵，$x=(x_1,x_2,\cdots,x_n)$ 中的元素分别对应每一个训练样本的表示系数，$\boldsymbol{E}$ 是噪声图像矩阵。在许多实际应用中的人脸变化，诸如遮挡、伪装或由光照改变所带来的残差图像像素之间一般是高度相关的。图 6-6 反映的遮挡部分像素明显是不独立的，可看出余差图像 $\boldsymbol{E}$ 在最优解处是具有低秩特性的，将通过求解秩函数的最小化问题 $\min\limits_x \operatorname{rank}(\boldsymbol{B}-\boldsymbol{A}(x))$ 来获得最优的表示系数 x^*。

为便于优化及防止过拟合，可使用 $\|\boldsymbol{B}-\boldsymbol{A}(x)\|_*$ 作为 $\operatorname{rank}(\boldsymbol{B}-\boldsymbol{A}(x))$ 的替代并增加一个正则项，因此，可得以下基于核范数的低秩回归模型[31, 32]：

$$\min_x \|\boldsymbol{B}-\boldsymbol{A}(x)\|_* + \frac{1}{2}\lambda\|x\|_q^q,\quad q=1,2 \tag{6-60}$$

接下来，将式（6-60）写成带约束的目标函数：

$$\min_{x,\boldsymbol{E}} \|\boldsymbol{E}\|_* + \frac{1}{2}\lambda\|x\|_q^q \quad \text{s. t.} \quad \boldsymbol{B}=\boldsymbol{A}(x)+\boldsymbol{E} \tag{6-61}$$

为获得最优的表示系数 x^*，将设计 ADMM 算法求解目标函数式（6-61），基本思路是先写出目标函数式（6-61）的增广拉格朗日函数，然后交替更新原始变量、对偶变量和惩罚参数，直至收敛。因此，对给定的测试样本 $\boldsymbol{B}$，使用所有训练样本表示来获得的最优解 x^*，进而获得 $\boldsymbol{B}$ 的重构图像矩阵 $\hat{\boldsymbol{B}}=\boldsymbol{A}(x^*)$ 和余差图像矩阵 $\hat{\boldsymbol{E}}=\boldsymbol{B}-\hat{\boldsymbol{B}}$。令

$$\zeta_i:\mathbf{R}^n\rightarrow\mathbf{R}^n$$

是一个特征函数，它表示选取的与第 i 类相关的表示系数。对于 $x\in\mathbf{R}^n$，它的非零元素是 x 中与类别 i 相关的系数。通过使用与第 i 类相关的系数，得到测试样本 $\boldsymbol{B}$ 在类别 i 中的重构图像矩阵，记作

$$\hat{\boldsymbol{B}}_i=\boldsymbol{A}(\zeta_i(x^*))$$

因此，对应的类重构误差可通过下式计算得到：

$$e_i(\boldsymbol{B})=\|\hat{\boldsymbol{B}}-\hat{\boldsymbol{B}}_i\|_*=\|\boldsymbol{A}(x^*)-\boldsymbol{A}(\zeta_i(x^*))\|_* \tag{6-62}$$

故可将分类准则定义为：如果 $e_l(\boldsymbol{B})=\min\limits_i e_i(\boldsymbol{B})$，那么 $\boldsymbol{B}$ 属于第 l 类。

不妨设 $(x^*,\boldsymbol{E}^*,\boldsymbol{Y}^*)$ 是式（6-61）对应的拉格朗日函数

$$L(x,\boldsymbol{E},\boldsymbol{Y})=\|\boldsymbol{E}\|_*+\frac{1}{2}\lambda\|x\|_q^q+\langle\boldsymbol{Y},\boldsymbol{A}(x)+\boldsymbol{E}-\boldsymbol{B}\rangle$$

的鞍点，且

$$q^k=\|\boldsymbol{Y}^k\|_*+\frac{1}{2}\lambda\|x^k\|_2^2$$

$$q^*=\|\boldsymbol{Y}^*\|_*+\frac{1}{2}\lambda\|x^*\|_2^2$$

$$\boldsymbol{R}^k=\boldsymbol{A}(x^k)+\boldsymbol{E}^k-\boldsymbol{B}$$

$$r^k=\mathrm{vec}(\boldsymbol{R}^k)$$

由参考文献［14］可知，原始和对偶问题的最优解满足目标函数的 KKT 条件，故 $\boldsymbol{E}^*$ 是对偶最优的。进一步地，当 $k\rightarrow\infty$ 时，$\boldsymbol{E}^k\rightarrow\boldsymbol{E}^*$。此外，收敛率能反映一个迭代算法的收敛率。由于 ADMM 在强凸假设下可取得 $O\left(\frac{1}{k}\right)$ 的全局收敛，其中 k 是迭代次数。更为重要的是，已有工作提出了 ADMM 更一般的收敛率结果，即在不依赖强凸假设的条件下，ADMM 也能获得一个 $O\left(\frac{1}{k}\right)$ 的收敛率，即仅要求目标函数的两项都是凸的且不需要是光滑的，又因 $\|\boldsymbol{E}\|_*$

和$\|x\|_2^2$都是凸函数，故可取得$O\left(\frac{1}{k}\right)$的收敛率。为进一步提升计算效率，接下来将提出近似的 NMR 模型，并且证明它的最优解和 NMR 的最优解之间存在等价联系。更为重要的是，设计出一种收敛率为$O\left(\frac{1}{k^2}\right)$的快速 ADMM 算法。根据参考文献［31］可给出以下内容。

给定近似的 NMR 模型形式可记作：

$$\min_{x,\boldsymbol{E}}\|\boldsymbol{E}\|_*+\gamma\left(\|\boldsymbol{E}\|_F^2+\frac{1}{2}\lambda\|x\|_q^q\right)+\frac{1}{2}\lambda\|x\|_q^q \quad \text{s. t.} \quad \boldsymbol{B}=\boldsymbol{A}(x)+\boldsymbol{E} \tag{6-63}$$

这里，若记$\theta=\lambda(1+\gamma)$，那么式（6-63）可变为

$$\min_{x,\boldsymbol{E}}\|\boldsymbol{E}\|_*+\gamma\|\boldsymbol{E}\|_F^2+\frac{1}{2}\theta\|x\|_q^q \quad \text{s. t.} \quad \boldsymbol{B}=\boldsymbol{A}(x)+\boldsymbol{E} \tag{6-64}$$

下面的定理说明当γ充分小时，最小化式（6-64）中的目标函数等价于最小化式（6-61）的解。

定理 6-1[31]　假定$(\boldsymbol{E}_\gamma^*,x_\gamma^*)$是式（6-64）的解，且$(\boldsymbol{E}^*,x^*)$是式（6-61）的解，那么

$$\lim_{\gamma\to\infty}\|\boldsymbol{E}_\gamma^*-\boldsymbol{E}^*\|_F^2+\|x_\gamma^*-x^*\|_2^2=0 \tag{6-65}$$

为分析收敛性，需要引入强凸函数的概念，强凸性意味着一个函数是它的局部二次近似函数的上界。即一个函数$f(x)$称为关于参数$\eta_f>0$的强凸函数，当且仅当对所有定义中的x、y和$t\in[0,1]$，有以下不等式成立：

$$f(tx+(1-t)y)\leqslant tf(x)+(1-t)f(y)-\frac{1}{2}\eta_f t(1-t)\|x-y\|_2^2 \tag{6-66}$$

引理 6-5　一个函数$f(x)$是关于参数η_f强凸的，当且仅当函数$x\mapsto f(x)-\frac{\eta_f}{2}\|x\|_2^2$是凸的。

定理 6-2[31]　如果选择$\mu\leqslant\frac{2\gamma\theta^2}{\rho(\boldsymbol{H}^T\boldsymbol{H})^2}$，那么由快速的 ADMM 算法产生的迭代序列$\{\boldsymbol{E}^k\}$满足：

$$\Psi(\boldsymbol{E}^*)-\Psi(\boldsymbol{E}^k)\leqslant\frac{2\|\boldsymbol{E}^1-\boldsymbol{E}^*\|_F^2}{\mu(k+2)^2} \tag{6-67}$$

式中

$$\boldsymbol{H}=[\mathrm{vec}(\boldsymbol{A}_1),\mathrm{vec}(\boldsymbol{A}_2),\cdots,\mathrm{vec}(\boldsymbol{A}_n)]$$

$$\Psi(\boldsymbol{E})=-P^{*}(\boldsymbol{E})-Q^{*}(-\boldsymbol{H}^{\mathrm{T}}\mathrm{vec}(\boldsymbol{Y}))-\langle \boldsymbol{Y},\boldsymbol{B}\rangle$$

与式（6-64）对偶，$\boldsymbol{E}^{*}$ 是最大化对偶函数 $\Psi(\boldsymbol{E})$ 的拉格朗日乘子，并且 $\rho(\boldsymbol{H}^{\mathrm{T}}\boldsymbol{H})$ 是矩阵 $\boldsymbol{H}^{\mathrm{T}}\boldsymbol{H}$ 的谱半径。

由定理 6-2 可知，快速的 ADMM 算法的收敛率是 $O\left(\frac{1}{k^2}\right)$。换句话说，ADMM 的加速版本要比传统的 ADMM 具有更快的收敛率。NMR 及快速 NMR 算法收敛率的比较如图 6-7 所示，图中显示了使用 NMR 移除一张图片上白块遮挡的例子，通过比较目标函数的变化，可见 ADMM 几乎在 40 次迭代后收敛，而快速的 ADMM 仅需要 20 次迭代就可以收敛。

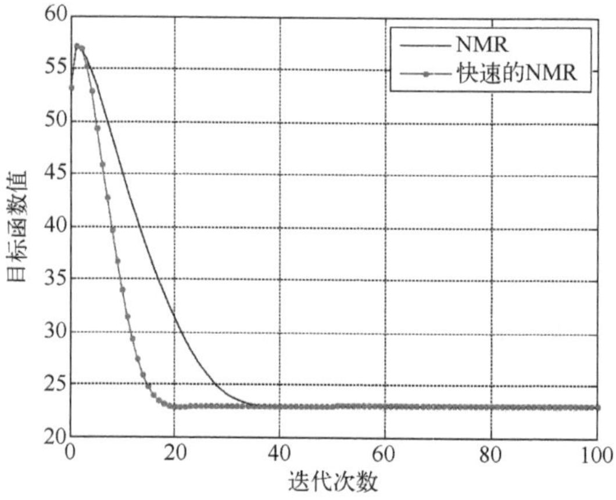

图 6-7　NMR 及快速 NMR 算法收敛率的比较

6.4.2　推广幂指数分布的矩阵回归

在实际应用中，通常使用核范数刻画误差图像的二维结构。应用示例如图 6-8 所示，此图是一个在较差光照条件下的人脸图像。它能够分解为干净的重构图像和重构误差，同时画出了重构误差的经验分布和用高斯分布和拉普拉斯分布拟合后的结果。显然，无论高斯分布还是拉普拉斯分布，都无法很好地拟合经验分布。可见导出的误差图像矩阵变量近似地服从高斯分布，并且误差图像矩阵容量中的像素可以被认为近似独立的，这表明使用推广的矩阵变量的幂指数分布来刻画误差图像矩阵变量 $\boldsymbol{E}$ 是合理的。对于一系列的噪声观测，我们的目的是估计模型表示系数 x。接下来，将介绍推广矩阵变量的幂指数分布的定义，并由此导出基于非凸 Schatten-p 范数的最小化低秩回归模型。

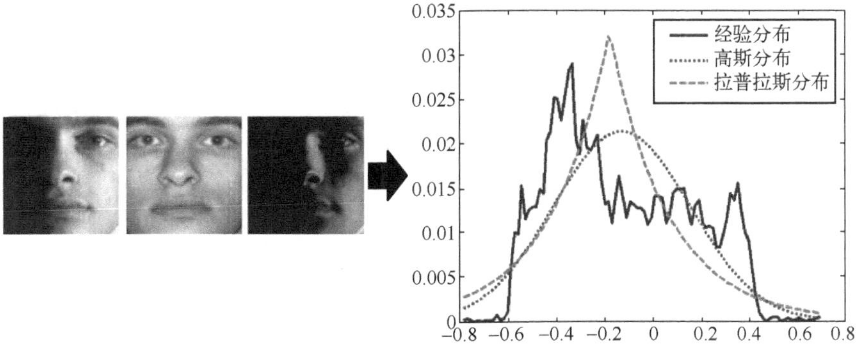

图 6-8　应用示例

定义 6-4[33]　令 $\boldsymbol{X}$ 是维度为 $l\times m$ 的随机矩阵，那么称 $\boldsymbol{X}$ 为推广的矩阵变量的幂指数分布（Extended Matrix variable Power Exponential distribution, E. M. P. E distribution），当且仅当它的概率密度函数有以下形式：

$$f(\boldsymbol{X})=C\exp\left(-\frac{1}{2}(\operatorname{tr}((\boldsymbol{X}-\boldsymbol{M})^{\mathrm{T}}\boldsymbol{\Sigma}^{-1}(\boldsymbol{X}-\boldsymbol{M})\boldsymbol{\Delta}^{-1})^{p/2})^{v/2}\right) \tag{6-68}$$

式中，C 是一个正比例常数，$\boldsymbol{M}\in\mathbf{R}^{l\times m}$，$\boldsymbol{\Sigma}\in\mathbf{R}^{l\times l}$，$\boldsymbol{\Delta}\in\mathbf{R}^{m\times m}$，$\boldsymbol{\Sigma}\geqslant\mathbf{0}$，$\boldsymbol{\Delta}\geqslant\mathbf{0}$，$p>0$，$v>0$。这个分布被简写为$\mathrm{EMPE}_{l,m}(\boldsymbol{M},\boldsymbol{\Sigma}\otimes\boldsymbol{\Delta},p,v)$，其中，$\boldsymbol{\Sigma}\otimes\boldsymbol{\Delta}$ 表示矩阵 $\boldsymbol{\Sigma}$ 和 $\boldsymbol{\Delta}$ 的克罗内克积。

如果 $p=2$ 且 $C=\dfrac{lm\Gamma\left(\dfrac{lm}{2}\right)}{\pi^{lm}\Gamma\left(1+\dfrac{lm}{2p}\right)2^{1+lm/p}}|\boldsymbol{\Sigma}|^{-\frac{m}{2}}|\boldsymbol{\Delta}|^{-\frac{l}{2}}$，那么可以认为在式（6-68）中的随机矩阵变量 $\boldsymbol{X}$ 的期望是 $\boldsymbol{M}$，并且 $\boldsymbol{X}$ 的方差可写为

$$C=\frac{2^{1/v}\Gamma\left(\dfrac{(lm+2)}{2v}\right)}{lm\Gamma\left(\dfrac{lm}{2v}\right)}(\boldsymbol{\Sigma}\otimes\boldsymbol{\Delta})$$

式中，$\Gamma(\cdot)$表示 Γ 范数。假设 $\boldsymbol{E}=\boldsymbol{B}-\boldsymbol{A}(\boldsymbol{x})\sim\mathrm{EMPE}_{l,m}(\boldsymbol{O},\boldsymbol{I}_l\otimes\boldsymbol{I}_m,p,2)$且误差矩阵 $\boldsymbol{E}$ 的元素都是相关的，故有

$$P(\boldsymbol{B} \mid \boldsymbol{x}) = C\exp\left(-\frac{1}{2}\mathrm{tr}((\boldsymbol{B}-\boldsymbol{A}(\boldsymbol{x}))^{\mathrm{T}}(\boldsymbol{B}-\boldsymbol{A}(\boldsymbol{x})))^{p/2}\right) \tag{6-69}$$

$$\ln P(\boldsymbol{B} \mid \boldsymbol{x}) = -\frac{1}{2}\mathrm{tr}((\boldsymbol{B}-\boldsymbol{A}(\boldsymbol{x}))^{\mathrm{T}}(\boldsymbol{B}-\boldsymbol{A}(\boldsymbol{x})))^{p/2}+C_m \tag{6-70}$$

式中，$C_m=\ln C$ 是一个常数。对于表示系数向量 $\boldsymbol{x}=(x_1,x_2,\cdots,x_n)$，假设它们是独立同分布的，且服从高斯分布($q=2$)或拉普拉斯分布($q=1$)，即有

$$P(\boldsymbol{x}) = \prod_{i=1}^{n} \exp\left(-\frac{|x_i|^q}{\beta}\right), \quad \ln P(\boldsymbol{x}) = \sum_{i=1}^{n} -\frac{|x_i|^q}{\beta} \tag{6-71}$$

进一步地，为了估计表示系数向量 $\boldsymbol{x}$，需要求解以下优化问题：

$$\boldsymbol{x} = \underset{\boldsymbol{x}}{\mathrm{argmax}}\ \ln P(\boldsymbol{x} \mid \boldsymbol{B}) = \underset{\boldsymbol{x}}{\mathrm{argmax}}(\ln P(\boldsymbol{B} \mid \boldsymbol{x})+\ln P(\boldsymbol{x})) \tag{6-72}$$

这里称式（6-72）为最大后验概率估计。进一步地，由式（6-70）和式（6-71）整理后可写成：

$$\min_{\boldsymbol{x}} \frac{1}{2}\mathrm{tr}((\boldsymbol{B}-\boldsymbol{A}(\boldsymbol{x}))^{\mathrm{T}}(\boldsymbol{B}-\boldsymbol{A}(\boldsymbol{x})))^{p/2} + \frac{1}{\beta}\sum_{i=1}^{n}\|x_i\|_q^q \tag{6-73}$$

令$\frac{\lambda}{2}=\frac{2}{\beta}$，考虑到 Schatten-$p$（$0<p<1$）范数和 L_q 范数（$q=1$，2）的定义，则式（6-73）可表达为

$$\min_{\boldsymbol{x},\boldsymbol{E}} \|\boldsymbol{E}\|_{\mathrm{S}_p}^p+\frac{1}{2}\lambda\|\boldsymbol{x}\|_q^q, \quad \mathrm{s.t.} \quad \boldsymbol{B}=\boldsymbol{A}(\boldsymbol{x})+\boldsymbol{E} \tag{6-74}$$

关于式（6-74）的优化及其在人脸识别中应用的详细介绍可见参考文献［33］。

6.4.3 树结构核范数的矩阵回归

由参考文献［31-33］可知，基于核范数和 Schatten-p（$0<p<1$）范数的低秩回归模型是处理人脸识别中光照和遮挡问题简单而有效的方法，它主要侧重刻画误差图像的结构特性。然而，误差图像上的局部结构信息也是至关重要的。接下来，将介绍一种新的处理空间连续的矩阵变量的方式，它不仅能考虑矩阵变量的全局结构，还可考虑其局部结构。与拉普拉斯分布和高斯分布相比，树结构拥有更重的尾部区域且能刻画矩阵变量像素之间的依赖关系。基于此，在树结构先验下，一个矩阵变量被假设服从分层的 Kotz-Type 分布，该分布能够有效刻画矩阵变量不同水平的二维局部结构。进一

步地，通过分析图像水平噪声的树结构模式，借助分层的 Kotz-Type 分布来刻画图像水平的噪声。实际上，树结构的基本内容就是所谓的索引树[34]，其定义如下所述。

定义 6-5 给定层数为 d 的索引树 $\boldsymbol{T}$，令 $\boldsymbol{H}_1^1=\{1,2,\cdots,N\}$ 为根节点集且包含所有的训练样本，这里 $\boldsymbol{H}_j^i$ 来表示第 i 层上的第 j 个节点且 $\boldsymbol{T}_i=\cup_{j=1}^{n_i}\boldsymbol{H}_j^i$ 包含了第 i 层的所有节点，其中 $n_0=1$，且 $n_i\geqslant 1$，$i=1,2,\cdots,d$ 为索引树 $\boldsymbol{T}$ 上第 i 层的节点数。此外，索引树中的节点需满足以下两个条件：

（1）相同层的节点应具有非重叠的索引。

（2）令 $\boldsymbol{H}_{j0}^{i-1}$ 是一个非根节点 $\boldsymbol{H}_j^i$ 的父节点，那么 $\boldsymbol{H}_j^i\subseteq\boldsymbol{H}_{j0}^{i-1}$ 和 $\cup_j\boldsymbol{H}_j^i=\boldsymbol{H}_{j0}^{i-1}$。

可根据以下两个基本步骤完成来构建基于树结构的低秩回归模型。

（1）在误差图像矩阵 $\boldsymbol{E}$ 上定义一个索引树 $\boldsymbol{T}$，其中

$$\boldsymbol{T}_i=\{\boldsymbol{H}_1^i,\boldsymbol{H}_2^i,\cdots,\boldsymbol{H}_{n_i}^i\}$$

包含了深度 i 的所有节点，这里假设每一组 $\boldsymbol{E}_{\boldsymbol{H}_j^i}$ 服从以下分布，即有

$$P(\boldsymbol{E}_{\boldsymbol{H}_j^i})\propto\exp\left(-\frac{1}{2}\mathrm{tr}(\boldsymbol{E}_{\boldsymbol{H}_j^i}^{\mathrm{T}}\boldsymbol{E}_{\boldsymbol{H}_j^i})^{1/2}\right)\tag{6-75}$$

这里分布式（6-75）可认为是向量变量 Kotz-Type 分布向矩阵变量分布的一种推广，它属于椭圆等高分布的范畴。特别地，Kotz-Type 分布比多变量的正态分布有更重的尾部区域，故对异常点是稳健的。

（2）将式（6-75）中带有先验分布的每一组 $\boldsymbol{E}_{\boldsymbol{H}_j^i}$ 看作一个独立的事件，若期待所有的事件同时发生，那么由统计学的基本原则可知，矩阵变量 $\boldsymbol{E}$ 的先验写成以下形式：

$$\begin{aligned}P(\boldsymbol{E})&=\prod_{i=1}^{d}\prod_{j=1}^{n_i}P(\boldsymbol{E}_{\boldsymbol{H}_j^i})\\&\propto\exp\Big(\sum_{i=1}^{d}\sum_{j=1}^{n_i}\omega_j^i\mathrm{tr}((\boldsymbol{B}_{\boldsymbol{H}_j^i}-\boldsymbol{A}(x)_{\boldsymbol{H}_j^i})^{\mathrm{T}}(\boldsymbol{B}_{\boldsymbol{H}_j^i}-\boldsymbol{A}(x)_{\boldsymbol{H}_j^i}))^{1/2}\Big)\end{aligned}\tag{6-76}$$

式中，每一个 ω_j^i 是给定的对应于索引 $\boldsymbol{H}_j^i$ 的权重参数。式(6-76) 被命名为分层的 Kotz-Type 分布，可看作将树结构嵌入到推广的矩阵变量的 Kotz-Type 分布中。相对于一些独立的分布，分层的 Kotz-Type 分布因融合了不同水平的二维结构，使之更接近于图像水平噪声的本质属性。

若表示系数服从拉普拉斯分布，则由最大后验概率估计可得以下基于树结构的核范数近似（Tree Structured Nuclear norm Approximation，TSNA）

模型[34]：

$$\min_{x,E}\|E_{H_j^i}\|_{\omega_j^i,*}+\frac{1}{2}\lambda\|x\|_q^q,\quad \text{s. t.}\quad B=A(x)+E \tag{6-77}$$

式中，$\|E_{H_j^i}\|_{\omega_j^i,*}=\sum_{i=1}^{d}\sum_{j=1}^{n_i}\omega_j^i\text{tr}((B_{H_j^i}-A(x)_{H_j^i})^{\text{T}}(B_{H_j^i}-A(x)_{H_j^i}))^{1/2}$。

事实上，模型式（6-77）可用 ADMM 算法求解，它将不同水平的二维结构融合在一个框架中，从分层结构的角度推广了 SRC 和 NMR 等方法。具体来讲，NMR 仅强调了误差图像像素间的相关结构。SRC 仅提炼了最后一个水平的结构，即误差图像的像素是独立地产生的。TSNA 源于依赖的矩阵分布，可充分强调每一组像素之间的相关性。

6.4.4 贝叶斯相关组的矩阵回归

6.4.3 节介绍了树结构的核范数逼近模型，对于每一组的权重，我们都统一将其设置为 1。显然，这样的权重也许不是最优的。为此，将从稀疏贝叶斯学习的角度，把噪声的长尾属性及结构性信息融入低秩模型中。接下来，介绍贝叶斯相关组回归（Bayesian Correlated Group Regression，BCGR）[35]，并用于带有实际噪声的图像分类任务。基本做法是：将噪声分割成若干矩阵组，并采纳一种长尾的分布，即高斯尺度混合（Scale Mixture of Matrix Gauss，SMMG）分布来建模每一组。比起单一的高斯分布，SMMG 分布的一种特殊情形是有限的混合矩阵高斯分布，并且几乎任意一种分布都可用高斯混合分布来逼近，故能更完美地拟合实际的噪声。实际上，该方法并不将每一组的协方差矩阵看成固定的形式，而是通过非参数的贝叶斯估计策略去迭代地学习它。进一步地，将低秩诱导的先验以及矩阵 Gamma 分布先验，分别强加到这些协方差矩阵上，以此来拟合实际噪声的组内相关性（原始噪声图像的局部结构）。因此，该方法融合了所有的局部结构，而且利用噪声图像的长尾属性和空间结构信息对提升分类性能确实有帮助。具体内容可总结为如下 4 个方面。

（1）**组内相关性**。不同于将误差矩阵中每组子矩阵拉成向量，以及假定协方差矩阵是对角的，这里通过保持误差图像每组子矩阵的二维形式并用 SMMG 分布来刻画每组子矩阵。同时，尽管每一组的协方差矩阵不是固定的，但基于低秩诱导的先验或矩阵的 Gamma 分布，可有助于挖掘组内的相关性。

（2）**非参数化的贝叶斯学习**。在使用 EM 算法的过程中，一种非参数化的贝叶斯学习技巧融入参数学习中，从而克服传统的凸优化方法烦琐的调参任务，进而不依赖任何参数学习且能保证算法的收敛性。

（3）**未知的组结构**。为适应更多结构类型的噪声，基于噪声的组结构是未知的。先将未知的组结构形式转换成固定的结构形式，然后用非参数化的贝叶斯学习方法来估计模型参数。

（4）**分组的马氏距离（Mahalanobis Distance）**。为充分利用噪声图像的二维组结构得到的协方差矩阵，构建一种分组的马氏距离。在分类器的设计中，它被用于度量测试样本与每类重构图像之间的间距。

需要特别指出的是，高斯尺度混合分布属于椭圆等高分布范畴。与高斯分布相比，它拥有更重的尾部区域，这有助于构造稳健低秩回归模型。下面将根据参考文献［35］给出高斯尺度混合分布的定义。

定义 6-6 假设随机矩阵变量为 $\boldsymbol{X}\in\mathbf{R}^{p\times q}$，称其具有矩阵变量的高斯尺度混合分布，当且仅当

$$\boldsymbol{X}=\boldsymbol{L}+\boldsymbol{\Phi}^{1/2}\boldsymbol{Z}\boldsymbol{U}^{-1/d}\boldsymbol{\Psi}^{1/2} \tag{6-78}$$

式中，$\boldsymbol{Z}\sim N_{p,q}(0,\boldsymbol{I}_p,\boldsymbol{I}_q)$，$U>0$ 是个标量值的随机变量且独立于 $\boldsymbol{Z}$，$\boldsymbol{L}\in\mathbf{R}^{p\times q}$ 是位置矩阵，$\boldsymbol{\Phi}^{1/2}$ 和 $\boldsymbol{\Psi}^{1/2}$ 是正定散度矩阵 $\boldsymbol{\Phi}$ 和 $\boldsymbol{\Psi}$ 的平方根。

从定义 6-6 可看出，若假定 $\boldsymbol{U}=u$，那么 $\boldsymbol{X}$ 的条件分布是

$$N_{p,q}(\boldsymbol{M},u^{-2/d},\boldsymbol{\Phi},\boldsymbol{\Psi})$$

因此，可验证式（6-78）中的 $\boldsymbol{X}$ 的期望和协方差的形式可表述为

$$E(\boldsymbol{X})=\boldsymbol{L}+\boldsymbol{\Phi}^{1/2}E(\boldsymbol{Z})E(\boldsymbol{U}^{-1/d})\boldsymbol{\Psi}^{1/2}=\boldsymbol{L} \tag{6-79}$$

$$\operatorname{cov}(\boldsymbol{X})=E_U(\operatorname{cov}(\boldsymbol{X}\mid\boldsymbol{U}))=E_U(\boldsymbol{U}^{-2/d})(\boldsymbol{\Phi}\otimes\boldsymbol{\Psi}) \tag{6-80}$$

定义 6-7 给定一图像矩阵 $\boldsymbol{A}=(a_{ij})_{p\times q}$（其中，$p\times q$ 是矩阵 $\boldsymbol{A}$ 的维数），且所有元素 $\{a_{ij}\}$ 的位置集合被定义为 $G=\{(i,j)\}$（其中，$i=1,2,\cdots,p$；$j=1,2,\cdots,q$）。假设 $\boldsymbol{A}$ 被分割成 $l\times m$ 个不相交的子矩阵的集合 $\{\boldsymbol{A}_{G_{hk}}\}$（其中，$h=1,2,\cdots,l$；$k=1,2,\cdots,m$），子矩阵 $\boldsymbol{A}_{G_{hk}}$ 的位置集合（相对于 $\boldsymbol{A}$）被定义为 G_{hk}，且满足下述条件：

（1）当 $G_{hk}\cap G_{sd}=\phi$；

（2）当 $h\neq s$ 和 $k\neq d$，$\cup_{h,k}G_{hk}=G$。

那么分割诱导了一种非重叠二维组结构。

令 $\boldsymbol{M}=\{\boldsymbol{M}_1,\boldsymbol{M}_2,\cdots,\boldsymbol{M}_n\}$ 是由训练图像组成的集合，其中每一幅图像 $\boldsymbol{M}_s\in$

$\mathbf{R}^{p\times q}$ $(s=1,2,\cdots,n)$。考虑到传统的线性回归模型，一个测试样本 $\boldsymbol{D}\in\mathbf{R}^{p\times q}$ 可由 $\boldsymbol{M}$ 线性地表示为 $\boldsymbol{D}=\sum_{s=1}^{n}x_s\boldsymbol{M}_s+\boldsymbol{E}$，其中，$\{x_1,x_2,\cdots,x_n\}$ 是表示系数的集合，$\sum_{s=1}^{n}x_s\boldsymbol{M}_s$ 是重构图像，$\boldsymbol{E}$ 表示余差。定义由 $\mathbf{R}^n$ 到 $\mathbf{R}^{p\times q}$ 的线性映射：$\boldsymbol{M}(\boldsymbol{x})=\sum_{s=1}^{n}x_s\boldsymbol{M}_s$，这里 $\boldsymbol{x}=[x_1,x_2,\cdots,x_n]^{\mathrm{T}}$，则可给出表达式为 $\boldsymbol{D}=\boldsymbol{M}(\boldsymbol{x})+\boldsymbol{E}$。

为了利用 $\boldsymbol{E}$ 的局部信息，在 $\boldsymbol{E}$、$\boldsymbol{D}$ 以及每一个 $\boldsymbol{M}_s$ 上强加二维组结构，其中，$s=1,2,\cdots,n$。同时假设所有的组都有相同的维数 $v\times w$，即每一组 $\boldsymbol{E}_{G_{ij}}=\boldsymbol{D}_{G_{ij}}-\boldsymbol{M}_{G_{ij}}(\boldsymbol{x})\in\mathbf{R}^{v\times\omega}$，其中

$$\boldsymbol{M}_{G_{ij}}(x)=x_1\boldsymbol{M}_{1,G_{ij}}+x_1\boldsymbol{M}_{2,G_{ij}}+\cdots+x_n\boldsymbol{M}_{n,G_{ij}}$$

及每一组 $\boldsymbol{M}_{s,G_{ij}}$ $(s=1,2,\cdots,n)$，是由 $\boldsymbol{M}_s$ 中与 G_{ij} 相同的位置指数的元素组成的矩阵。此外，$l\times m$ 表示组集合

$$\{\boldsymbol{E}_{G_{ij}}\mid i=1,2,\cdots,l;\ j=1,2,\cdots,m\}$$

中组的个数。进一步地，使用 SMMG 分布建模实际噪声是合理的。为了与所提出的组结构相适应，$\boldsymbol{E}$ 可由下式进行建模：

$$\boldsymbol{E}_{G_{ij}}=\boldsymbol{U}_{i,j}^{-1/d}\boldsymbol{\Phi}_{i,j}^{-1/2}\boldsymbol{Z}_{i,j} \tag{6-81}$$

式中，$\boldsymbol{Z}_{i,j}\sim N_{v,w}(0,\boldsymbol{I}_v,\boldsymbol{I}_w)$。考虑到式（6-81）使用了散度矩阵 $\boldsymbol{\Phi}_{i,j}^{-1}$，而不是定义 6-6 中的原始矩阵 $\boldsymbol{\Phi}_{i,j}$。如果假定 $d=2$，那么由式（6-81）可推出：

$$P(\boldsymbol{E}_{G_{ij}}\mid\boldsymbol{\Phi}_{i,j},\boldsymbol{U}_{i,j})=\frac{|\boldsymbol{U}_{i,j}\boldsymbol{\Phi}_{i,j}|^{\omega/2}}{(2\pi)^{\omega v/2}}\exp\left(-\frac{1}{2}\mathrm{tr}(\boldsymbol{E}_{G_{ij}}^{\mathrm{T}}(\boldsymbol{U}_{i,j}\boldsymbol{\Phi}_{i,j})\boldsymbol{E}_{G_{ij}})\right) \tag{6-82}$$

式中，$\boldsymbol{U}_{i,j}$ 是一个非负参数，它用于控制 $\boldsymbol{E}$ 的二维组结构。若 $U_{i,j}=0$ 并且组 $\boldsymbol{E}_{G_{ij}}=\mathbf{0}$，此时，它对整个系统不起作用。在整个学习过程中，对应于有大量噪声组的 $U_{i,j}$ 会有更小的数值，这是由自动相关性决定的结果。因此，矩阵 $U_{i,j}\boldsymbol{\Phi}_{i,j}$ 决定了 $\boldsymbol{E}_{G_{ij}}$ 的相关结构。更为重要的是，它自动地选择对分类有用的组。值得提及的是，$U_{i,j}$ 的作用类似于组稀疏中每一组的权重。但这里的每一个 $U_{i,j}$ 是自动学习出来的，故可导出：

$$P(\boldsymbol{B}_{G_{ij}}\mid\boldsymbol{\Phi}_{i,j},x)=\frac{|U_{i,j}\boldsymbol{\Phi}_{i,j}|^{\omega/2}}{(2\pi)^{\omega v/2}}\exp\left(-\frac{1}{2}\mathrm{tr}((\boldsymbol{D}_{G_{ij}}-\boldsymbol{M}_{G_{ij}}(x))^{\mathrm{T}}(U_{i,j}\boldsymbol{\Phi}_{i,j})\boldsymbol{E}_{i,j})(\boldsymbol{D}_{G_{ij}}-\boldsymbol{M}_{G_{ij}}(\boldsymbol{x}))\right) \tag{6-83}$$

假设不同的组是相互独立的，则有：

$$P(\boldsymbol{D} \mid \boldsymbol{\Phi},\boldsymbol{U},x) = \prod_{i=1}^{l}\prod_{j=1}^{m} P(\boldsymbol{D}_{G_{i,j}} \mid \boldsymbol{\Phi}_{i,j},\boldsymbol{U}_{i,j},\boldsymbol{x}) \tag{6-84}$$

式中，$\boldsymbol{\Phi}=[\boldsymbol{\Phi}_{1,1},\boldsymbol{\Phi}_{1,2},\cdots,\boldsymbol{\Phi}_{1,m}]$ 和 $\boldsymbol{U}=[\boldsymbol{U}_{1,1},\boldsymbol{U}_{1,2},\cdots,\boldsymbol{U}_{l,m}]$。除了余差 $\boldsymbol{E}$，系数向量 $\boldsymbol{x}$ 的每个元素都被假设是独立的，且服从单变量高斯尺度混合分布。这个分布已经被广泛地用于挖掘 $\boldsymbol{x}$ 的稀疏性。也就是，$x_s=\gamma_s^{-1/2}z_s$；其中，$z_s\sim N(0,1)$ 且 $\gamma_s>0$。因此可得到：

$$P(x_s \mid \gamma_s)=\sqrt{\frac{\gamma_s}{2\pi}}\exp\left(\frac{-\gamma_s x_s^2}{2}\right)=N(x_s \mid 0,\gamma_s^{-1}) \tag{6-85}$$

令 $\gamma=\text{diag}(\gamma_1,\gamma_2,\cdots,\gamma_n)$，则式（6-85）可进一步写为

$$P(\boldsymbol{x} \mid \gamma)=\frac{|\gamma|^{1/2}}{(2\pi)^{n/2}}\exp\left(-\frac{1}{2}\boldsymbol{x}^{\mathrm{T}}\gamma\boldsymbol{x}\right) \tag{6-86}$$

考虑到共轭先验的长处，单变量的 Gamma 分布可被选择成每一个 γ_s 的先验。于是可得到：

$$\begin{aligned} P(\gamma) &= \prod_{s=1}^{n} P(\gamma_s) = \prod_{s=1}^{n} \Gamma(\gamma_s \mid a+1,b) \\ &= \prod_{s=1}^{n} \frac{b^{a+1}}{\Gamma(a+1)}\gamma_s^a \exp(-b\gamma_s) \end{aligned} \tag{6-87}$$

已有结果证实，当 $a,b\leqslant 10^{-4}$，SBL 可获得优异的性能。对每一个标量变量 $U_{i,j}$ 可施加 Jeffrey 先验，即

$$P(U) = \prod_{i=1}^{l}\prod_{j=1}^{m} P(U_{ij}) \propto \prod_{i=1}^{l}\prod_{j=1}^{m} \frac{1}{U_{ij}} \tag{6-88}$$

据我们所知，EM（Expectation-Maximization）算法[36] 是解决最大似然（后验）估计的一般算法。近年来，一些关于稀疏和低秩重构概率模型的发展使得 EM 算法引起了广泛关注。接下来，将通过 EM 方法来设计一种统计量来解决所研究的问题，EM 算法首先将系数向量 $\boldsymbol{x}$ 看成隐变量，然后最大化损失函数。它从一个猜测的初始点开始，然后迭代实施一个 Expectation（E）步骤，这个阶段可使用当前所估计的参数来估计后验概率；再执行一个 Maximization（M）步骤，这一阶段从 E 步骤所计算的概率来重新估计参数，直到设定的收敛准则满足，迭代才终止。下面介绍利用 EM 算法来估计相关的参

数和表示系数。

首先，初始化参数 $\boldsymbol{\Phi}$、U 和 γ。

E 步骤。基于初始化参数，可通过解决以下问题来获得 $\boldsymbol{x}$ 的最大后验估计$\hat{\boldsymbol{x}}$：

$$\hat{\boldsymbol{x}}=\underset{\boldsymbol{x}}{\operatorname{argmin}}\, P(\boldsymbol{x} \mid \boldsymbol{D},\gamma,\boldsymbol{\Phi},U)=\underset{\boldsymbol{x}}{\operatorname{argmin}}\, P(\boldsymbol{D} \mid \boldsymbol{\Phi},U,\boldsymbol{x})P(\boldsymbol{x} \mid \gamma) \tag{6-89}$$

再由 x_s 的定义和式（6-86）可得：

$$\hat{\boldsymbol{x}} \leftarrow \boldsymbol{\Delta} \sum_{i=1}^{l} \sum_{j=1}^{m} \boldsymbol{M}_{G_{ij}}^{\mathrm{T}} \Lambda_{i,j}^{-1} \operatorname{vec}(\boldsymbol{D}_{G_{ij}}) \tag{6-90}$$

式中，$\Delta=\left(\sum_{i=1}^{l} \sum_{j=1}^{m} \boldsymbol{M}_{G_{ij}}^{\mathrm{T}} \Lambda_{i,j}^{-1} \boldsymbol{M}_{G_{ij}}+\gamma\right)^{-1}$，$\boldsymbol{M}_{G_{ij}}=[\operatorname{vec}(\boldsymbol{M}_{1,G_{ij}}),\operatorname{vec}(\boldsymbol{M}_{2,G_{ij}}),\cdots,\operatorname{vec}(\boldsymbol{M}_{n,G_{ij}})]$，$\Lambda_{i,j}=\boldsymbol{I}_w \otimes (U_{ij}\boldsymbol{\Phi}_{i,j})$。

M 步骤。借助已知参数的概率分布，则可通过以下的损失函数来获得参数 $\Theta=\{\boldsymbol{\Phi},U,\gamma\}$：

$$Q(\Theta,\Theta^{\mathrm{old}})+\log P(\Theta) \tag{6-91}$$

式中，Θ^{old}是前一步的参数值。式（6-91）是依赖于 $\boldsymbol{\Phi}$ 的先验。通过在参数 $\boldsymbol{\Phi}$ 上强加不同的先验，来考虑 Θ 的估计[37]。例如，将噪声图像的每一组强加一个结构限制，并使用它来诱导一种与每一组的协方差矩阵有关的先验。注意，刻画矩阵变量的一种流行的途径是使用秩函数，正如前面内容所述，常用的做法是选择核范数来近似替代秩函数。因此，下面将选择核范数用作每一组的先验。

令 $\boldsymbol{Y}_{i,j}=\boldsymbol{E}_{G_{ij}}\boldsymbol{E}_{G_{ij}}^{\mathrm{T}}$ 且 $\Omega_{i,j}=U_{i,j}\boldsymbol{\Phi}_{i,j}$，那么

$$\operatorname{tr}(\boldsymbol{E}_{G_{ij}}^{\mathrm{T}}(U_{i,j}\boldsymbol{\Phi}_{i,j})\boldsymbol{E}_{G_{ij}})=\operatorname{tr}(\Omega_{i,j}\boldsymbol{E}_{G_{ij}}\boldsymbol{E}_{G_{ij}}^{\mathrm{T}})=\operatorname{tr}(\Omega_{i,j}\boldsymbol{Y}_{i,j})$$

故对于任意的 $\boldsymbol{E}_{G_{ij}}$，可得到

$$\begin{aligned} P(\boldsymbol{E}_{G_{ij}}) &= \int_{\Phi_{i,j}>0} P(\boldsymbol{E}_{G_{ij}} \mid \Omega_{i,j}) P(\Omega_{i,j}) \mathrm{d}\Omega_{i,j} \\ &= \int_{\Phi_{i,j}>0} \exp\left(-\frac{1}{2}\operatorname{tr}(\Omega_{i,j} Y_{\Omega_{ij}})\right) \frac{|\Omega_{i,j}|^{w/2}}{(2\pi)^{wv/2}} P(\Omega_{i,j}) \mathrm{d}\Omega_{i,j} \\ &\propto \exp\left(-\frac{1}{2}\hat{g}(Y_{ij})\right) = \exp\left(-\frac{1}{2}\|E_{G_{ij}}\|_*\right) \end{aligned} \tag{6-92}$$

式中，$\boldsymbol{\Phi}_{i,j}>_0$ 表示矩阵 $\boldsymbol{\Phi}_{i,j}$中每一个元素都大于零。

需要特别注意的是，如何导出 $P(\Omega_{i,j})$成为了贝叶斯学习中的一个关键问

题。借助拉普拉斯逼近可获得定理 6–3。

定理 6–3 在限制式（6–92）中，$P(\Omega_{i,j})$有以下形式：

$$P(\Omega_{i,j}) \propto \exp\left(-\frac{1}{2}\varphi(\Omega_{i,j})\right) \tag{6-93}$$

式中，$\varphi(\Omega_{i,j})=\frac{1}{4}\mathrm{tr}(\Omega_{i,j}^{-1})+w\log|\Omega_{i,j}|+\varepsilon\mathrm{tr}(\Omega_{i,j})$，$\varepsilon$ 是一充分小的正整数。

如果 $U_{i,j}=1$、$\gamma_s=\lambda$ 且 $\Phi_{i,j}=I_v$，那么通过最大后验估计可将 BCGR 写成下列模型：

$$x = \underset{x}{\mathrm{argmin}} \sum_{i=1}^{l} \sum_{j=1}^{m} \|(\boldsymbol{D} - M(x))_{G_{ij}}\|_{\mathrm{F}}^2 + \lambda \|x\|_2^2 \tag{6-94}$$

从式（6–94）可观察到将 CRC 推广到二维组结构的形式。同时，如果 $\|\cdot\|_{\mathrm{F}}^2$ 变成$\|\cdot\|_{\mathrm{F}}$，那么式（6–94）可认为是流行的组稀疏模型。但是从统计学角度来看，CRC 对应于这个假设：噪声图像中像素是独立产生的，且具有相同的高斯分布。这显然同噪声图像的长尾与依赖属性相矛盾。类似地，如果 $\gamma_s=\lambda$，并且

$$l,m=1 \tag{6-95}$$

将成为 NMR 模型。因此，这可为建立概率化的 NMR 提供一种有效的途径。

6.5 应用

在计算机视觉和机器学习等领域，低秩模型有着广泛的应用，比如，稳健主成分分析在背景建模中的应用，低秩表示在子空间聚类中的应用，低秩回归在人脸识别中的应用等。由于专业所限，接下来将根据本书编著者及合作者的已有研究工作[10, 12, 31–35]，主要对以上三个典型应用进行简要介绍。

6.5.1 背景建模

在实际应用中，背景建模的最常见情形是从固定摄像机拍摄的视频中分离出背景和前景来。考虑到视频中的背景图像基本是不变的，故可把背景的每一帧作为矩阵的一列，那么该数据矩阵具有低秩特性。又考虑到前景是某些移动的人或物体，占据像素的比例较低，那么可把前景看作视频中的稀疏噪声部分，进而构建稳健主成分分析模型，因此，下面从两个角度论证核范

数刻画结构误差时具有一定的优越性。

（1）从概率分布的观点验证核范数比 L_1 范数、L_2 范数能更准确地拟合结构性误差；

（2）面对满秩噪声时，验证核范数在描述全局性结构时具有一定的有效性。

在图 6-9 的第一行中，从左到右依次为扩展的 Yale B 中的某一人脸图像，图像的某块区域被遮挡后的图像，相应的误差图像和将其像素位置进行重新排列得到的图像。在图 6-10 的第一行中，从左到右依次为监控视频的某一帧图像，含行人活动的视频图像，相应的误差图像和将其像素位置进行重新排列得到的图像。稳健主成分分析的主要目的是将带噪声的图像重构回原始图像。进一步地，当使用 L_1 范数和 L_2 范数对误差图像进行度量时，误差图像的结构信息会被忽略掉，因此，仅凭 L_1 范数和 L_2 范数的刻画方式无法区分具有不同结构的图像。考虑到核范数可以更好地刻画图像矩阵中的全局性结构，而且核范数比 L_1 范数和 L_2 范数能更准确地描述结构性误差。在图 6-9 和图 6-10 的第二行中的第一幅图分别用高斯分布和拉普拉斯分布拟合误差的图像矩阵。从中可以看出，这两种分布都无法准确地拟合经验分布。事实上，从概率的角度来看，L_2 范数是对符合高斯分布误差的最优刻画，而 L_1 范数是对符合拉普拉斯分布误差的最优刻画。也就是说，L_1 范数和 L_2 范数都无法准确地刻画这类结构性误差。为更好地刻画这种全局性结构，从误差图像的奇异值分布情况（第二行的第二幅图）可以看出，误差图像矩阵奇异值向量的拉普拉斯分布可以准确地拟合奇异值的经验分布，即说明误差图像矩阵的奇异值的 L_1 范数可以准确地刻画这类结构误差。而矩阵的核范数恰好就是奇异值的 L_1 范数。因此，可以看出核范数更明显地反映了结构信息的变化，而 L_1 范数和 L_2 范数则不能很好地刻画这种具有全局性的结构信息。

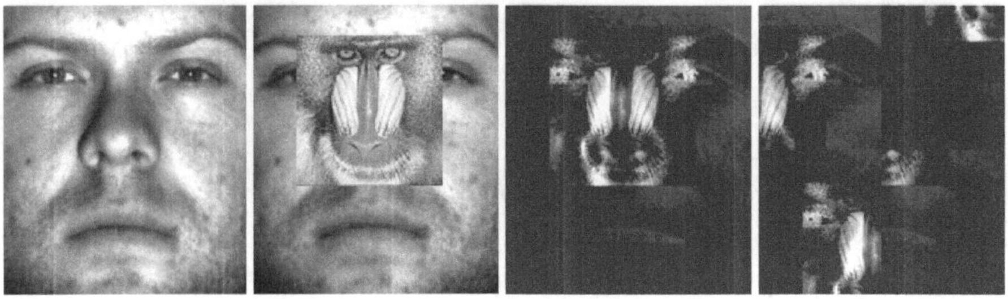

图 6-9　含块状遮挡的实例图像及其拟合生成图

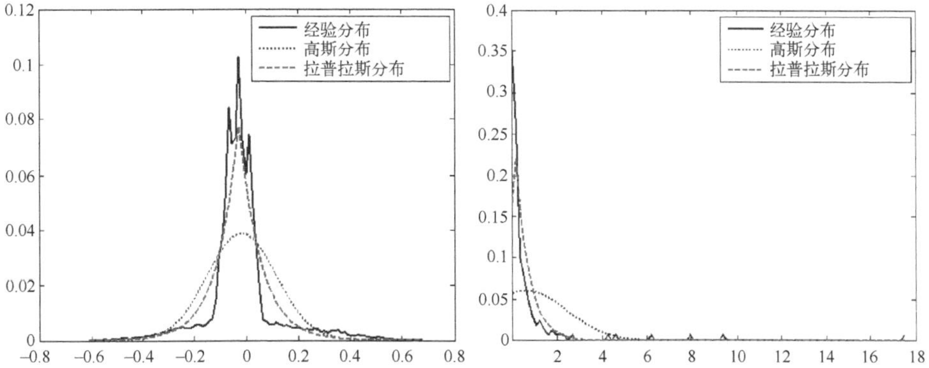

图 6-9 含块状遮挡的实例图像及其拟合生成图（续）

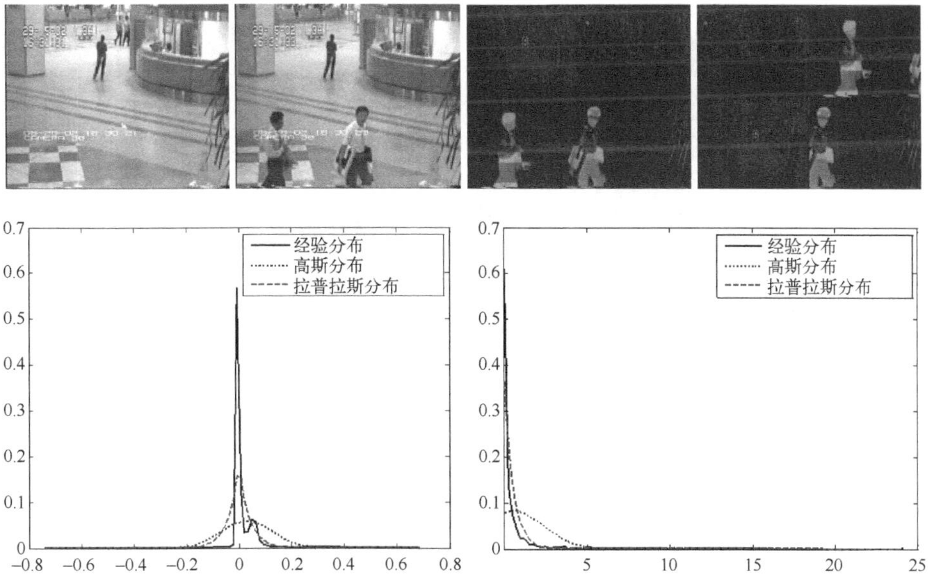

图 6-10 含行为活动的实例图像及其拟合生成图

6.5.2 子空间聚类

Hopkins155 运动数据集①是子空间聚类方法常用的数据集，它含有 155 个运动序列，其中 120 个序列是含 2 个运动物体的，其余 35 个序列是含有 3 个运动物体的，对应于二维、三维的低维子空间。Hopkins155 运动数据集的部

① http://www.vision.jhu.edu/data/。

分样本数据如图 6-11 所示，这些运动序列的特征都是从视频中一帧帧跟踪提取的，并且人工去除了异常点。子空间聚类的目的是要根据这些特征将不同的运动轨迹进行分类。究其原因，每个运动轨迹都是处于仿射空间中的，运动分割问题可以看成子空间聚类方法的一个重要应用。考虑到每一个序列都是一个低秩子空间聚类问题，因此，Hopkins155 运动数据集总共有 155 个聚类任务，数据集中含有的噪声并不多。进一步地，考虑到 Hopkins155 运动数据集中的 155 个运动序列的特征都不一样，所以很难选择一个能对每个运动序列都有较好聚类结果的模型参数。为了更公平地评价实验结果，通常的做法是统计数据集中 155 个聚类任务的平均错误率、标准差和最大错误率，以此来衡量各种聚类算法的优劣。

图 6-11　Hopkins155 运动数据集的部分样本数据

为了更好地评价 RLRR 算法的效果，将它与目前一些经典的算法相结合，比如广义主成分分析（GPCA）、局部子空间分析（Local Subspace Analysis, LSA）[38]、随机样本一致（RANdom SAmple Consensus，RANSAC）[39]、稀疏子空间聚类（SSC）和低秩表示（LRR）等算法。这些算法的代码都可以从 Hopkins155 运动数据集网站上下载。表 6-5 中前五个算法的实验结果是直接从参考文献［20］中引用过来的。对于 RLRR 模型中的参数选择，参数 ρ 是用来将误差矩阵分成两个不同部分的：相对较小的噪声，其权值应大于 0.5；相对较大的噪声，其权值应小于 0.5。由于 Hopkins155 运动数据集的异常值等大噪声都被人工去除了，因此，基本没有噪声数据的权重值需要小于 0.5，同时令 $\rho=1$ 是最优的。从表中可看出，子空间学习算法 RLRR 在平均聚类结果上是优于其他子空间学习算法的。RLRR 的平均聚类错误率是 2.69%，而排名第二的 LRR 的平均聚类错误率是 3.13%，高于 RLRR，当然这个提高并不是很明显。究其原因，Hopkins155 运动数据集中含有 155 个聚类任务且所含的噪声是比较少的。LRR 所采用的正则化准则正是适合这种稀疏噪声的。因此，对于大部分运动序列，LRR 已经能够取得很好的聚类效果。显然，RLRR 在这个数据集上的提升空间不是很明显。

表 6-5　不同算法在 Hopkins155 运动数据集上的平均聚类错误率

	GPCA	LSA	RANSAC	SSC	LRR	RLRR
均值/%	10.34	8.77	9.72	3.66	3.13	**2.69**
标准差/%	11.55	9.80	6.81	6.31	**5.96**	6.50
最大值/%	55.67	38.37	41.31	36.54	**32.50**	38.30

在添加块状遮挡的扩展的 Yale B 人脸数据上，为进一步检测 RLRR 的数据恢复能力，需要对每个人的 64 幅图片，随机选取 80%的人脸图像添加不同尺寸的块状遮挡，且遮挡位置是随机的，部分样本图像如图 6-12 所示。注意，扩展的 Yale B 数据集中的光照条件是比较极端的，使得人们根本无法从阴影中看出某些人脸图像，添加块状遮挡噪声后，数据中的噪声就不再是单一的光照引起的噪声。因此，从复杂噪声中恢复出干净的人脸图像将变得非常困难。从图 6-13 中可以看出，尽管 HQ-PCA [40] 和 Maximum Entropy（ME）-PCA [41] 方法能将块状遮挡去除掉，可是恢复出来的人脸图像失真严重，视觉上看起来并不清晰。RPCA 可以去除阴影，但是没有办法很好地处理块状遮挡。而 RLRR 和 HQ-SVT 可以很好地去除块状噪声和条形阴影，但是当遇上第三列的片状阴影时，HQ-SVT 的恢复结果就表现得非常糟糕。相比之下，RLRR 的恢复结果就干净清楚很多，这就证明了 RLRR 能很好地处理阴

影和块状遮挡。与 HQ-SVT 不同的是，RLRR 中的辅助矩阵（权重矩阵）在噪声像素点的权值比较小，使得 RLRR 能更好地抓住数据的低秩结构。

图 6-12　扩展的 Yale B 数据集中的随机遮挡样本

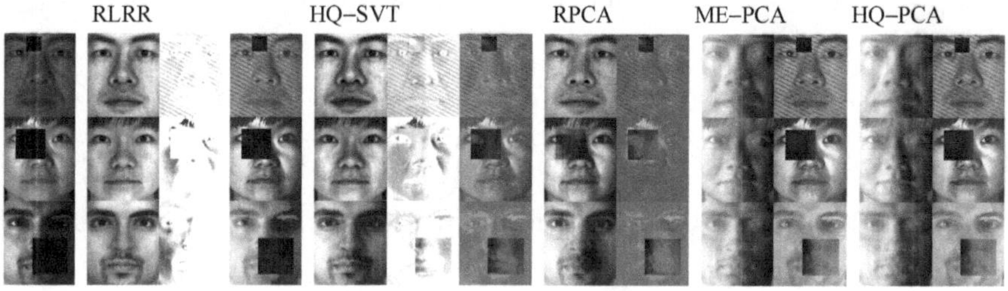

图 6-13　扩展的 Yale B 数据集中的图像的恢复结果

6.5.3　人脸识别

人脸识别是模式识别和计算机视觉领域的经典问题，这里首先介绍几个常用的数据集。

（1）由耶鲁大学计算视觉与控制中心创建的扩展的 Yale B 数据集，部分图像如图 6-13 所示。该数据集不仅包含了 10 个人的 5 850 幅多姿态、多光照条件的图像，而且还包含了 28 个人在不同姿态和光照条件下的 16 128 幅图像。其中，包含姿态和光照变化的图像是在严格控制的条件下拍摄的，主要用于光照和姿态问题的建模与分析。

（2）由西班牙巴塞罗那计算机视觉中心于 1998 年创建的 AR 数据集，部分图像如图 6-14 所示。该数据集包括 126 个人的不同光照、表情和遮挡的彩色人脸图像，超过 4 000 幅。图像分为两个不同的时间段采集，中间间隔了两个星期。

图 6-14　AR 数据集上同一个人的训练样本

（3）由南京理工大学模式计算与应用实验室于 2016 年创建的 NUST 数据集，部分图像如图 6-15 所示。该人脸图像库主要用于稳健的人脸识别任务。它涵盖了遮挡、光照、表情及姿势的变化，由 228 个人的室内和室外所拍摄的图像组成。每个人包含 6 张自然状态下的人脸图像，3 张带有表情变化的人脸图像，4 张带有姿态变化的人脸图像，3 张带有光照变化的人脸图像，以及 19 张带有各种类型遮挡的图像。

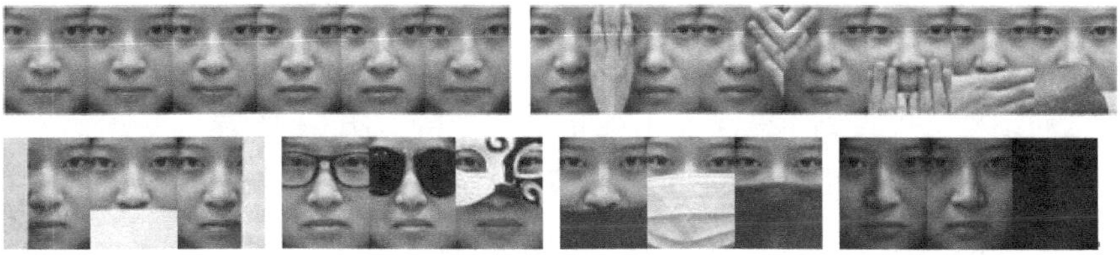

图 6-15　NUST 稳健人脸图像库上同一个人的样本图片

实际上，低秩特性确实能够刻画一个矩阵变量的全局性结构，但在人脸识别中，矩阵变量的局部性结构也是很重要的。例如，AR 数据集上 120 个人的人脸图像像素大小统一调整为 45×30。对于每个人，我们选择一张干净的图片和一张相同条件下的眼镜遮挡图片（如图 6-16 左边所示）。这样一来，可

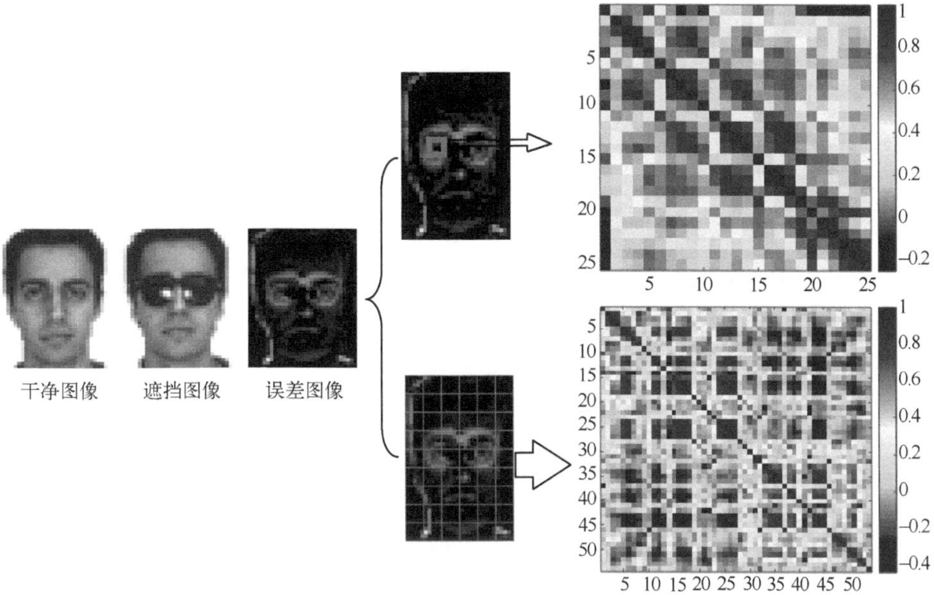

图 6-16　误差图像的局部区域内像素的相关图及局部区域之间的相关性示例

产生 120 张由眼睛遮挡产生的噪声图像。每张噪声图像可分割成 9×6 块，每块维数是 5×5。为描述局部相关结构，可聚焦于每张误差图像的局部块。首先，一个确定的块被选取并用灰色块标注其范围，图 6-16 显示了这个区域内的像素相关图。显然，灰色块区域内的大部分像素是高度相关的，并且这一趋势会随着灰色块区域的收缩而变得更加明显。接下来，进一步探索块之间的相互关系。注意到核范数的结构属性，尝试使用核范数来测量每一块，即每一块的核范数用来代表相应的块。使用每一个局部块的核范数作为一个元素并保持它们的相对位置，进而构造一个新的矩阵，同时反映了原始误差图像的全局结构，可得到 120 个 9×6 维的随机矩阵。图 6-16 显示了图像矩阵中元素的相关图，而且可发现这些块是相关的。故误差图像的局部结构以及块之间的结构都是存在的，并且表明局部结构扮演了主要的角色。

6.6 归纳与展望

近年来，低秩模型是处理高维数据的新工具，随着稀疏表示和压缩感知的深入研究，与低秩模型相关的方法已引起越来越多研究者的重视。针对矩阵秩函数的凸（非凸）近似函数，构建的低秩模型及大量有效的优化算法不断被提出，并被用于处理图像及视频等数据。另外，在模型分析和非凸优化算法全局收敛性分析方面也取得了一些有意义的成果。当前，一些与秩函数相关的问题还需进一步地研究。

（1）非凸近似问题相关理论。大多数低秩模型主要基于核范数展开，但是非凸的秩近似函数可以更好地近似秩函数。此外，非凸优化算法的全局收敛性分析仍是一个亟须解决的难题，究其原因，是在实际应用中研究者往往希望得到更准确的解，而不是某个局部解。

（2）大规模数据处理问题。受深度学习的推动，处理大规模数据成为近年较热门的研究方向。在现有的硬件条件下，如何降低算法的计算复杂度以及加快算法收敛率是非常关键的。在保证恢复精度无损失的前提下，研究者尝试提出一些在线的、分布式的或随机的优化算法，解决一些与低秩模型相关的大规模优化问题。现有的优化算法的运行时间对数据规模有着很强的依赖性。尽管一些在线的，分布式的或随机的算法能够处理以上难题，但多数情况下精确度无法保障。故解决大规模数据的方法是未来的一个重要研究方向。

（3）方法的融合。考虑到深度的回归方法已成为近年来重要的研究课题。其基本思想是，将传统回归方法与深度学习技术相结合来学习更好的特征。然而深度学习方法需要调试大量的参数，当样本存在大比例的遮挡，现有的一些处理方法的优势并不明显。所以，如何设计一种新颖的算法框架与低秩模型方法相融合，对提升恢复的性能和效率将是一项极具挑战性的任务。

参考文献

[1] Fazel M. Matrix Rank Minimization with Applications [M]. Stanford: Stanford University Press, 2002.

[2] Mallat S, Zhang Z. Matching Pursuits with Time Frequency Dictionaries [J]. IEEE Transactions on Signal Processing, 1993, 41 (12): 3396-4415.

[3] 林宙辰，马毅. 信号与数据处理中的低秩模型 [J]. 中国计算机学会通讯，2015 (4): 22-26.

[4] 张恒敏，杨健，郑玮. 低秩矩阵近似与优化问题研究进展 [J]. 模式识别与人工智能，2018, 31 (1): 23-36.

[5] Lee J, Recht B, Srebro N, et al. Practical Large-scale Optimization for Max-norm Regularization [C]//Proceedings of Conference on Advances in Neuaral Information Processing Systems (NIPS). Vancouver, Canada, 2010: 1296-2305.

[6] Bouwmans T, Sobral A, Javed S, et al. Decomposition into Low-rank Plus Additive Matrices for Background/Foreground Separation: A Review for a Comparative Evaluation with a Large-scale Dataset [J]. Computer Science Review, 2017, 23: 1-71.

[7] Wright J, Ganesh A, Rao S, et al. Robust Principal Component Analysis: Exact Recovery of Corrupted Low-rank Matrices via Convex Optimization [C]//Proceedings of Conference on Advances in Neuaral Information Processing Systems (NIPS). Vancouver, Canada, 2009: 2080-2088.

[8] Candes E J, Plan Y. Matrix Completion with Noise [J]. Proceedings of the IEEE, 2010, 98 (6): 925-936.

[9] Nie F, Wang H, Huang H, et al. Joint Schatten-p Norm and lp-norm Robust Matrix Completion for Missing Value Recovery [J]. Knowledge and Information Systems, 2015, 42 (3): 525-544.

[10] Chen J, Yang J. Robust Subspace Segmentation via Low-rank Representation [J]. IEEE

Transactions on Cybernetics, 2014, 44 (8): 1432-1445.

[11] Bao B, Liu G, Xu C, et al. Inductive Robust Principal Component Analysis [J]. IEEE Transactions on Image Processing, 2012, 21 (8): 3794-3800.

[12] Zhang F, Yang J, Tai Y, et al. Double nuclear norm-based matrix decomposition for occluded image recovery and background modeling [J]. IEEE Transactions on Image Processing, 2015, 24 (6): 1956-2966.

[13] Toh K, Yun S. An Accelerated Proximal Gradient Algorithm for Nuclear Norm Regularized Least Squares Problems [J]. Pacific Journal of Optimization, 2010, 6 (3): 615-640.

[14] Boyd S, Parikh N, Chu E, et al. Distributed Optimization and Statistical Learning via the Alternating Direction Method of Multipliers [J]. Foundations Trends in Machine Learning, 2010, 3 (1): 1-122.

[15] Lin Z, Chen M, Wu L, et al. The Augmented Lagrange Multiplier Method for Exact Recovery of Corrupted Low-rank Matrices [J/OL]. arXiv preprint arXiv: 1009. 5055, 2010.

[16] Cai J, Candes E, Shen Z. A Singular Value Thresholding Algorithm for Matrix Completion [J]. SIAM Journal on Optimization, 2010, 20 (4): 1956-1982.

[17] Larsen R M. PROPACK: A Software Package for the Symmetric Eigenvalue Problem and Singular Value Problems on Lanczos and Lanczos Bidiagonalization with Partial Reorthogonalization, SCCM [J/OL]. 2004. http://soi. stanford. edu/rmunk/PROPACK.

[18] Li J, Luo L, Zhang F, et al. Double Low Rank Matrix Recovery for Saliency Fusion [J]. IEEE Transactions on Image Processing, 2016, 25 (9): 4421-4432.

[19] Elhamifar E, Vidal R. Sparse Subspace Clustering: Algorithm, Theory, and Applications [J]. IEEE Transactions on Pattern Analysis Machine Intelligence, 2013, 35 (11): 2765-2781.

[20] Liu G, Lin Z, Yan S, et al. Robust Recovery of Subspace Structures by Low-rank Representation [J]. IEEE Transactions on Pattern Analysis Machine Intelligence, 2013, 35 (1): 171-184.

[21] Lu C, Min H, Zhao Z, et al. Robust and Efficient Subspace Segmentation via Least Squares Regression [C]//In Proceedings of European Conference on Computer Vision (ECCV). Florence, Italy, 2012: 347-360.

[22] Shi J, Malik J. Normalized Cuts and Image Segmentation [J]. IEEE Transactions on Pattern Analysis Machine Intelligence, 2000, 22 (8): 888-905.

[23] Liu G, Yan S. Latent Low-rank Representation for Subspace Segmentation and Feature Extraction [C]//In IEEE International Conference on Computer Vision (CVPR). Colorado Springs, CO, USA, 2011: 1615-1622.

[24] Wei S, Lin Z. Analysis and Improvement of Low Rank Representation for Subspace Segmentation [J/OL]. arXiv preprint arXiv: 1106.2561, 2011.

[25] He R, Zheng W, Tan T, et al. Half Quadratic-based Iterative Minimization for Robust Sparse Representation [J]. IEEE Transactions on Pattern Analysis Machine Intelligence, 2014, 36 (2): 261-275.

[26] Chen J, Yang J. Robust subspace segmentation via low-rank representation [J]. IEEE transactions on cybernetics, 2013, 44 (8): 1432-1445.

[27] Shang F, Cheng J, Liu Y, et al. "Bilinear Factor Matrix Norm Minimization for Robust Pca: Algorithms and Applications" [J]. IEEE Transactions on Pattern Analysis Machine Intelligence, 2018, 40 (9): 2066-2080.

[28] Zhang H, Yang J, Shang F, et al. LRR for Subspace Segmentation via Tractable Schatten-p Norm Minimization and Factorization [J]. IEEE Transactions on Cybernetics, 2019, 49 (5): 1722-1734.

[29] Wright J, Yang A Y, Ganesh A, et al. Robust Face Recognition via Sparse Representation [J]. IEEE Transactions on Pattern Analysis Machine Intelligence, 2009, 31 (2): 210-227, 2009.

[30] Zhang L, Yang M, Feng X. Sparse Representation or Collaborative Representation: Which Helps Face Recognition? [C]//In IEEE International Conference on Computer Vision (ICCV). Fira de Barcelona, 2011: 471-478.

[31] Yang J, Luo L, Qian J, et al. Nuclear Norm Based Matrix Regression with Applications to Face Recognition with Occlusion and Illumination Changes [J]. IEEE Transactions on Pattern Analysis Machine Intelligence, 2017, 39 (1): 156-171.

[32] Chen J, Yang J, Luo L, et al. Matrix Variate Distribution Induced Sparse Representation for Robust Image Classification [J]. IEEE Transactions on Neural Networks and Learning Systems, 2015, 26 (10): 2291-2300.

[33] Luo L, Yang J, Qian J, et al. Robust Image Regression based on the Extended Matrix Variate Power Exponential Distribution of Dependent Noise [J]. IEEE Transactions on Neural Networks and Learning Systems, 2017, 28 (9): 2168-2182.

[34] Luo L, Chen J, Yang J, et al. Tree-structured Nuclear Norm Approximation with Applications to Robust Face Recognition [J]. IEEE Transactions on Image Processing, 2016, 25 (12): 5756-5766.

[35] Luo L, Yang J, Zhang B, et al. Nonparametric Bayesian Correlated Group Regression With Applications to Image Classification [J]. IEEE Transactions on Neural Networks and Learning Systems, 2018, 29 (11): 5330-5344.

[36] Nettleton D. Convergence Properties of the EM Algorithm in Constrained Parameter Spaces [J]. Canadian Journal of Statistics, 1999, 27 (3): 639-648.

[37] Naseem I, Togneri R, Bennamoun M. Robust Regression for Face Recognition. Pattern Recognition [J]. 2012, 45 (1): 104-118.

[38] He R, Sun Z, Tan T, et al. Recovery of Corrupted Low-rank Matrices via Half-quadratic based Nonconvex Minimization [C]//In Proceedings of Computer Vision and Pattern Recognition. Colorado Springs, CO, USA, 2011: 2889-2896.

[39] Fischler M A, Bolles R C. Random Sample Consensus: a Paradigm for Model Fitting with Applications to Image Analysis and Automated Cartography [J]. Communications of the ACM, 1981, 24 (6): 381-395.

[40] He R, Hu B, Zheng W, et al. Robust Principal Component Analysis Based on Maximum Correntropy Criterion [J]. IEEE Trans. Image Process., 2011, 20 (6): 1485-1494.

[41] He R, Hu B, Yuan X, et al. Principal Component Analysis Based on Nonparametric Maximum Entropy [J]. Neurocomputing, 2010, 73 (10-12): 1840-1952.

第7章 深度学习

7.1 概述

深度学习的诞生可以追溯到20世纪80年代，它是一种能够模拟人类大脑思维方式的智能学习算法。目前的深度学习框架主要源于人工神经网络。借鉴于生物系统的神经元工作机理，对外界刺激产生反馈并且将所受的刺激向其他的神经元传递，以及数以亿计的神经元连接的复杂网状结构，将这种生物模型约简、抽象、融于这种新型的机器学习方法——深度学习，以使得计算机具有更健壮的类人学习能力。

当神经网络的隐含神经元层次增多，网络层次也在加深，从低层纹理到高层语义的特征抽取，这种深度神经网络的出现突破了近几十年来人工智能领域对特征表示学习研究的瓶颈。简单来说，深度学习利用含有多个隐含层的神经网络模型，在（大规模）数据集上进行训练后，提取数据的稳健特征信息，继而对样本进行分类、回归等任务，在训练过程中通常采用梯度下降和反向传播算法更新模型参数。

接下来，将介绍经典的深度学习框架，包括自编码器（Auto-Encoder，AE）、卷积神经网络（Convolutional Neural Network，CNN）、递归神经网络（Recurrent Neural Network，RNN）、生成对抗网络（Generative Adversarial Network，GAN），以及图卷积网络（Graph CNN，GCNN）。

7.2 自编码器

本节旨在介绍自编码器，它是一种经典的神经网络。首先介绍神经网络中的正向传播与反向传播[1]，逐步地进行公式推导。随后将详细介绍自编码器的结构、作用、优缺点，以及经典的自编码器扩展工作。

7.2.1 正向传播与反向传播

图 7-1 所示的是一个简单的单隐含层的神经网络。其输入用圆圈表示，而偏置节点是在圆圈里标上“+1”以示区分。最左侧的一层是神经网络的输入层，最右侧的一层是神经网络的输出层（这里的输出层只有一个节点）。中间所有节点组成的一层，因为无法在训练样本集中观测到它们的值，所以被称为隐含层。可以看出，该神经网络是由 3 个输入单元（偏置单元不计在内），3 个隐含单元和 1 个输出单元构成的。

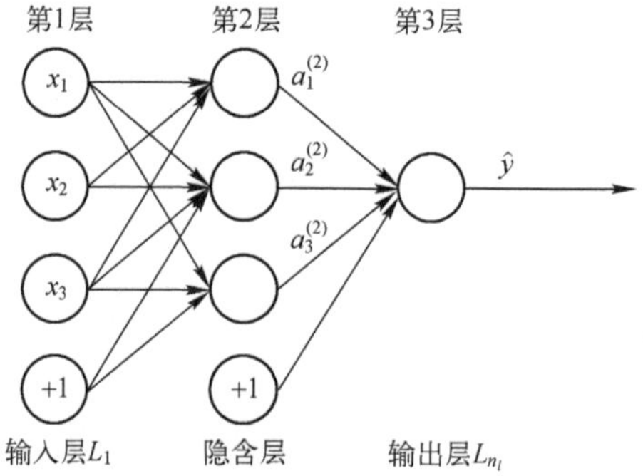

图 7-1 单隐含层的神经网络

对于图 7-1 所示的神经网络，网络的层数用n_l来表示，$n_l=3$。用L_l表示第 l 层，则输入层是L_1，输出层是L_{n_l}。第 l 层第 j 单元与第 l+1 层第 i 单元之间的连接参数用$W_{ij}^{(l)}$表示，第 l+1 层第 i 单元的偏置项用$b_i^{(l)}$表示，则该神经网络的参数可以表示为$\{\boldsymbol{W},\boldsymbol{b}\}=\{\boldsymbol{W}^{(1)},\boldsymbol{b}^{(1)},\boldsymbol{W}^{(2)},\boldsymbol{b}^{(2)}\}$，其中$\boldsymbol{W}^{(1)}=(W_{11}^{(1)},W_{12}^{(1)},W_{13}^{(1)},W_{21}^{(1)},\cdots,W_{33}^{(1)})\in\mathbf{R}^{3\times3}$，$\boldsymbol{W}^{(2)}=(W_{11}^{(2)},W_{12}^{(2)},W_{13}^{(2)})\in\mathbf{R}^{1\times3}$，这两项分别表示第 1 层与第 2 层，第 2 层与第 3 层的单元之间的连接参数。图 7-1 中第 l 层第 i 单元的激活值（输出值）用$a_i^{(l)}$表示。当 $l=1$ 时，$a_i^{(1)}=x_i$，也就是输入层的第 i 个输入值。设神经网络的参数为集合$\{\boldsymbol{W},\boldsymbol{b}\}$，输出为$\hat{y}$，$f(\cdot)$为激活函数，则有

$$a_1^{(2)}=f(W_{11}^{(1)}x_1+W_{12}^{(1)}x_2+W_{13}^{(1)}x_3+b_1^{(1)}) \tag{7-1}$$

$$a_2^{(2)}=f(W_{21}^{(1)}x_1+W_{22}^{(1)}x_2+W_{23}^{(1)}x_3+b_2^{(1)}) \tag{7-2}$$

$$a_3^{(2)}=f(W_{31}^{(1)}x_1+W_{32}^{(1)}x_2+W_{33}^{(1)}x_3+b_3^{(1)}) \tag{7-3}$$

$$\hat{y}=a_1^{(3)}=f(W_{11}^{(2)}a_1^{(2)}+W_{12}^{(2)}a_2^{(2)}+W_{13}^{(2)}a_3^{(2)}+b_1^{(2)}) \tag{7-4}$$

采用矩阵表达，上面的等式可以简化为

$$z^{(2)}=W^{(1)}x+b^{(1)} \tag{7-5}$$

$$a^{(2)}=f(z^{(2)}) \tag{7-6}$$

$$z^{(3)}=W^{(2)}a^{(2)}+b^{(2)} \tag{7-7}$$

$$\hat{y}=z^{(3)} \tag{7-8}$$

式中，$z^{(l)}$表示第 l 层神经元加权后的值与偏置项的和，$a^{(l)}$为第 l 层的激活值。该计算步骤是正向传播过程，给出了图 7-1 中神经网络从输入到输出的计算过程。给定第 l 层的激活值$a^{(l)}$后，就能依次使用式（7-9）、式（7-10）计算出第 l+1 层的激活值$a^{(l+1)}$：

$$z^{(l+1)}=W^{(l)}a^{(l)}+b^{(l)} \tag{7-9}$$

$$a^{(l+1)}=f(z^{(l+1)}) \tag{7-10}$$

这是一个神经网络正向传播的例子，它不含有闭环或回路。也可以构建包含多个隐含层，多个输出单元的神经网络。

接下来介绍反向传播算法。

神经网络的代价函数为实际输出与预期输出的均方误差，对于单个样例(x,y)，其代价函数为

$$J(W,b;x,y)=\frac{1}{2}\|\hat{y}-y\|^2 \tag{7-11}$$

则对于包含 m 个样例的数据集$\{(x^{(1)},y^{(1)}),\cdots,(x^{(m)},y^{(m)})\}$，它的总代价函数可以用以下公式表示：

$$J(W,b)=\left[\frac{1}{m}\sum_{i=1}^{m}J(W,b;x^{(i)},y^{(i)})\right]+\frac{\lambda}{2}\sum_{l=1}^{n_l-1}\sum_{i=1}^{S_l}\sum_{j=1}^{S_{l+1}}(W_{ji}^{(l)})^2 \tag{7-12}$$

即

$$J(W,b)=\left[\frac{1}{m}\sum_{i=1}^{m}\left(\frac{1}{2}\|\hat{y}^i-y^{(i)}\|^2\right)\right]+\frac{\lambda}{2}\sum_{l=1}^{n_l-1}\sum_{i=1}^{S_l}\sum_{j=1}^{S_{l+1}}(W_{ji}^{(l)})^2 \tag{7-13}$$

式（7-13）中的第 1 项是一个均方差项，第 2 项是整体样本代价函数$J(W,b)$比单个样例的代价函数$J(W,b;x,y)$多的一项，它是一个规则化项（也称权重衰减项），可以起到减小权重的幅度，防止过度拟合的作用。目标是求解能使函数$J(W,b)$的值最小的参数 W 和 b。第一步，初始化每一个参数$W_{ij}^{(l)}$和$b_i^{(l)}$，然后使用诸如批量梯度下降法的方法来更新这些参数。在梯度下降法中，每一次迭代更新参数 W 和 b 都可以表示成以下公式：

$$W_{ij}^{(l)}=W_{ij}^{(l)}-\alpha\frac{\partial}{\partial W_{ij}^{(l)}}J(W,b) \tag{7-14}$$

$$b_i^{(l)} = b_i^{(l)} - \alpha \frac{\partial}{\partial b_i^{(l)}} J(\boldsymbol{W}, \boldsymbol{b}) \tag{7-15}$$

式中，α 代表神经网络的学习速率。可以看出，要想得到更新后的参数 $\boldsymbol{W}$ 和 $\boldsymbol{b}$，首先要计算出上述两个公式的第二项，即代价函数对参数 $\boldsymbol{W}$ 和 $\boldsymbol{b}$ 的偏导数。这一步需要使用反向传播算法解决。首先计算出单个样例 $(\boldsymbol{x},\boldsymbol{y})$ 的代价函数 $J(\boldsymbol{W},\boldsymbol{b};\boldsymbol{x},\boldsymbol{y})$ 的偏导数 $\frac{\partial}{\partial W_{ij}^{(l)}} J(\boldsymbol{W},\boldsymbol{b};\boldsymbol{x},\boldsymbol{y})$ 和 $\frac{\partial}{\partial b_i^{(l)}} J(\boldsymbol{W},\boldsymbol{b};\boldsymbol{x},\boldsymbol{y})$，然后就能够使用下面的公式计算整体的代价函数 $J(\boldsymbol{W},\boldsymbol{b})$ 的偏导数：

$$\frac{\partial}{\partial W_{ij}^{(l)}} J(\boldsymbol{W},\boldsymbol{b}) = \left[\frac{1}{m}\sum_{i=1}^{m} \frac{\partial}{\partial W_{ij}^{(l)}} J(\boldsymbol{W},\boldsymbol{b};\boldsymbol{x}^{(i)},\boldsymbol{y}^{(i)})\right] + \lambda W_{ij}^{(l)} \tag{7-16}$$

$$\frac{\partial}{\partial b_i^{(l)}} J(\boldsymbol{W},\boldsymbol{b}) = \frac{1}{m}\sum_{i=1}^{m} \frac{\partial}{\partial b_i^{(l)}} J(\boldsymbol{W},\boldsymbol{b};\boldsymbol{x}^{(i)},\boldsymbol{y}^{(i)}) \tag{7-17}$$

式（7-16）比式（7-17）多出一项，这是因为权重衰减只作用于 $\boldsymbol{W}$ 而不作用于 $\boldsymbol{b}$。

反向传播算法的求解思路如下：对于一个样例 $(\boldsymbol{x},\boldsymbol{y})$，首先对其进行正向传播运算，得到网络中所有单元的激活值，以及输出值。随后，反向计算出第 l 层的每一个节点 i 的误差 $\delta_i^{(l)}$，该误差代表了该节点输出值与预期值之间的误差[2]。以下是反向传播算法的详细过程：

（1）使用式（7-9）和式（7-10）进行正向传播计算，计算出 L_2、L_3、……、L_{n_l} 层的激活值。

（2）对于第 n_l 层（输出层）的输出单元 i，设其输出为 $\hat{y}_i^{(n_l)}$，预期值为 $y_i^{(n_l)}$。使用以下公式计算其误差：

$$\delta_i^{(n_l)} = \frac{\partial}{\partial z_i^{(n_l)}} \frac{1}{2}\|y_i^{(n_l)} - \hat{y}_i^{(n_l)}\|^2 = -(y_i^{(n_l)} - a_i^{(n_l)}) f'(z_i^{(n_l)}) \tag{7-18}$$

（3）对 $l = n_l-1, n_l-2, n_l-3, \cdots, 2$ 的每一层，第 l 层的第 i 个节点的误差 $\delta_i^{(l)}$ 计算公式为

$$\delta_i^{(l)} = \left(\sum_{j=1}^{S_{l+1}} W_{ji}^{(l)} \delta_j^{(l+1)}\right) f'(z_i^{(l)}) \tag{7-19}$$

（4）计算需要的偏导数，计算公式如下：

$$\frac{\partial}{\partial W_{ij}^{(l)}} J(\boldsymbol{W},\boldsymbol{b};\boldsymbol{x},\boldsymbol{y}) = a_j^{(l)} \delta_i^{(l+1)} \tag{7-20}$$

$$\frac{\partial}{\partial b_i^{(l)}}J(\boldsymbol{W},\boldsymbol{b};\boldsymbol{x},\boldsymbol{y})=\delta_i^{(l+1)} \tag{7-21}$$

最后，用更加简洁的形式表示上面的算法。使用“ · ”代表向量逐元素的乘积运算符。若 $\boldsymbol{a}=\boldsymbol{b}\cdot\boldsymbol{c}$，则$a_i=b_ic_i$。使偏导数$f'(\cdot)$包含向量运算（于是又有$f'([z_1,z_2,z_3])=[f'(z_1)f'(z_2)f'(z_3)]$）。于是，反向传播算法过程如下所述：

（1）使用式（7-9）和式（7-10）进行正向传播计算，计算出L_2、L_3、……、L_{n_l}层的激活值。

（2）对输出层（第n_l层），计算：

$$\delta^{(n_l)}=-(\boldsymbol{y}-\boldsymbol{a}^{(n_l)})\cdot f'(z^{(n_l)}) \tag{7-22}$$

（3）对于 $l=n_l-1,n_l-2,n_l-3,\cdots,2$ 的各个层，计算：

$$\delta^{(l)}=((W^{(l)})^{\mathrm{T}}\delta^{(l+1)})\cdot f'(z^{(l)}) \tag{7-23}$$

（4）计算最终需要的偏导数值：

$$\nabla_{W^{(l)}}J(\boldsymbol{W},\boldsymbol{b};\boldsymbol{x},\boldsymbol{y})=\delta^{(l+1)}(\boldsymbol{a}^{(l)})^{\mathrm{T}} \tag{7-24}$$

$$\nabla_{b^{(l)}}J(\boldsymbol{W},\boldsymbol{b};\boldsymbol{x},\boldsymbol{y})=\delta^{(l+1)} \tag{7-25}$$

在计算出单个样例$(\boldsymbol{x},\boldsymbol{y})$的代价函数 $J(\boldsymbol{W},\boldsymbol{b};\boldsymbol{x},\boldsymbol{y})$的偏导数$\frac{\partial}{\partial W_{ij}^{(l)}}J(\boldsymbol{W},\boldsymbol{b};\boldsymbol{x},\boldsymbol{y})$和$\frac{\partial}{\partial b_i^{(l)}}J(\boldsymbol{W},\boldsymbol{b};\boldsymbol{x},\boldsymbol{y})$后，就可以根据式（7-16）和式（7-17）推导出整体代价函数 $J(\boldsymbol{W},\boldsymbol{b})$的偏导数，然后根据式（7-14）和式（7-15）迭代更新参数 $\boldsymbol{W}$ 和 $\boldsymbol{b}$，使代价函数逐渐减小，直到代价函数不再减小，即可求解出最佳的网络参数。

7.2.2 自编码器架构

自编码器（Autoencoder）是深度学习中常用的算法之一。它诞生于 1986 年，可以用于处理高维的复杂数据，起到数据降维、提取数据特征的作用[3]。自编码器结构示例如图 7-2 所示。

从结构上来看，自编码器其实是一种多层神经网络，拥有三层：输入层、隐含层和输出层。其中，输入层和输出层的神经元个数是一样的，而隐含层的神经元个数则比输入层和输出层的少。三层的自编码器网络可以看作两个部分：一是由输入层和隐含层组成的编码器，用 $\boldsymbol{h}=f(\boldsymbol{x})$表示；二是由隐含层和输出层组成的重构解码器，用 $\boldsymbol{x}=g(\boldsymbol{h})$ 表示。自编码器可以看作是一个

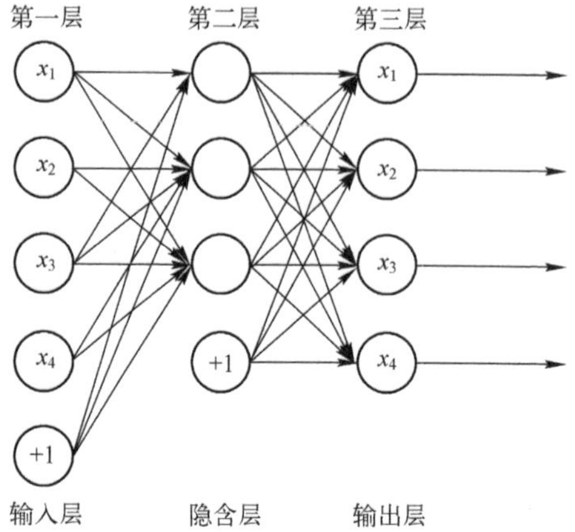

图 7-2　自编码器结构示例

“复制器”，经过训练可以将输入的数据“复制到”输出端。值得注意的是，如果自编码器仅仅是将输入完全复制到输出，那训练神经网络将会没有意义。所以，这里的复制并不是完全复制，而是通过对网络施加一些约束，使它能够近似地复制，即自编码器实现的是 $\boldsymbol{x} \approx g(f(\boldsymbol{x}))$，而不是 $\boldsymbol{x} = g(f(\boldsymbol{x}))$。图 7-3 展示了自编码器的算法流程。

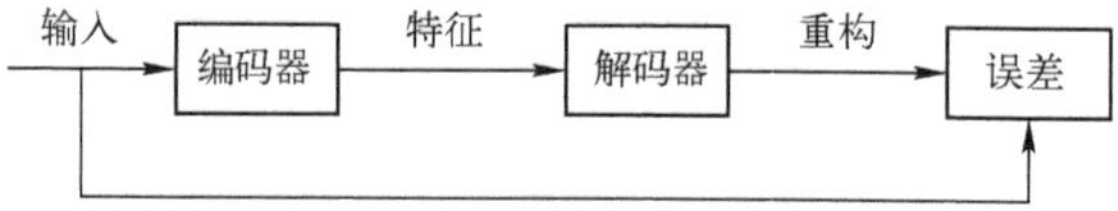

图 7-3　自编码器的算法流程

由图可见，输入的数据首先经过编码器进行编码，此时输入的 n 维数据变为 m 维，其中 m 为隐含层神经元的数目。该 m 维数据是原始输入数据的特征表示，是原始数据最突出特征的集合。随后经过解码器用最小化损失的方式重构数据，将数据恢复到 n 维。在该过程中，自编码器会学习一组参数 $\{\boldsymbol{W},\boldsymbol{b}\}$，其代价函数为

$$L(\boldsymbol{W},\boldsymbol{b}) = \frac{\sum(\boldsymbol{x}'-\boldsymbol{x})^2}{m} \tag{7-26}$$

式中，$\boldsymbol{x}'$表示重构的数据，$\boldsymbol{x}$ 为原始输入数据，m 为隐含层神经元的数目。可见，代价函数利用重构数据与原始数据之间的误差来计算，即自编码器的训练过程只用到了输入数据本身，并未用到输入数据所对应的标签。因此，自编码器是一种非监督学习。

在深度学习中，自编码器往往被用来初始化神经网络的参数。对于神经网络而言，仅学习一张图片是非常容易的，而直接从大量的输入图片中学习将会非常困难。此时可以利用自编码器先对数据进行处理，提取数据特征，丢弃无用信息，将缩减后的数据作为神经网络的输入，降低神经网络的学习难度。在实际应用中，往往使用自编码器的编码部分来获得数据的“精髓”。近年来，自编码器也逐渐与潜变量模型理论相结合，在生成模型领域发挥作用。

自编码器具有以下优点：

(1) 可以处理复杂高维数据，实现降维；

(2) 提取数据最关键的特征，所以具有一定的抗噪能力；

(3) 算法比较稳健；

(4) 表示特征能力强；

(5) 可扩展能力强；

(6) 便于数据可视化分析。

同时，自编码器存在以下缺点：

(1) 压缩能力仅适用与训练样本相似的样本；

(2) 要求编码器和解码器的能力不能太强。

接下来介绍几种经典的自编码器：稀疏自编码器、降噪自编码器、栈式自编码器和变分自编码器。

1. 稀疏自编码器

自编码器利用降维的思想来提取数据的特征，然而当隐含层神经元的数目多于输入层时，自编码器就会丧失自动学习数据特征的能力。稀疏自编码器（Sparse Autoencoder）[4]是在自编码器的基础上加上了 L_1 范数的正则约束以解决上述问题。L_1 范数正则约束是指每一层中的大部分节点都是 0，只有少数不为 0 的情况，即只有部分神经元受到刺激，大部分神经元受到抑制，于是每次得到的编码都尽可能地稀疏。这也是“稀疏自编码器”名称的由来。

假设神经元的激活函数为 tanh，当神经元的输出接近 1 时，认为该神经元是被激活的；如果接近于-1，则认为它是被抑制的。如果存在约束使得多数神经元在大部分时间内是被抑制的，那么该约束就可以称为稀疏性限制。具体来说，假定$a_j^{(l)}(\boldsymbol{x})$表示输入为 $\boldsymbol{x}$ 时，隐含层 l 中神经元 j 的激活值，则输入神经元 j 的平均激活值可以表示为

$$\rho_j'=\frac{\sum_{i=1}^{m}\left[a_j^{(l)}(\boldsymbol{x}^{(i)})\right]}{m} \tag{7-27}$$

随后引进一个稀疏性参数ρ，该参数用于规定稀疏自编码器的约束，通常是一个比较小的值，如$\rho=0.05$。首先，衡量ρ与隐含层l神经元j的平均激活值ρ_j'之间的相似性。使用KL散度来计算两者之间的距离：

$$\mathrm{KL}(\rho\|\rho_j')=\rho\log\frac{\rho}{\rho_j'}+(1-\rho)\log\frac{1-\rho}{1-\rho_j'} \tag{7-28}$$

那么，设m为隐含层神经元的个数，称

$$\sum_{j=1}^{m}\mathrm{KL}(\rho\|\rho_j')=\sum_{j=1}^{m}\left(\rho\log\frac{\rho}{\rho_j'}+(1-\rho)\log\frac{1-\rho}{1-\rho_j'}\right) \tag{7-29}$$

为稀疏项（也称惩罚项），用于惩罚ρ和ρ_j'距离较大时的网络模型，这样可以使得神经元的平均活跃度保持在所需要的范围内。而所需要的范围是ρ和ρ_j'尽量逼近，可以近似地看作是如下限制：

$$\rho_j'=\rho \tag{7-30}$$

显而易见，当KL散度等于0时，满足式（7-30）。KL散度随着ρ和ρ_j'之间的距离增加而单调递增。

结合式（7-26）提到的自编码器代价函数$L(\boldsymbol{W},\boldsymbol{b})$，可以得到稀疏自编码器的代价函数为

$$L_{\text{sparse}}(\boldsymbol{W},\boldsymbol{b})=L(\boldsymbol{W},\boldsymbol{b})+\beta\sum_{j=1}^{m}\mathrm{KL}(\rho\|\rho_j') \tag{7-31}$$

式中，β是稀疏项的权重。在进行反向传播时，相对熵的导数计算是困难的。因此对于前述的式（7-19）第二层的反向传播推导公式：

$$\delta_i^{(2)}=\left(\sum_{j=1}^{S_3}W_{ji}^{(2)}\delta_j^{(3)}\right)f'(z_i^{(2)}) \tag{7-32}$$

可近似为以下形式：

$$\delta_i^{(2)}=\sum_{j=1}^{S_3}W_{ji}^{(2)}\delta_j^{(3)}+\beta\left(-\frac{\rho}{\rho_j'}+\frac{1-\rho}{1-\rho_j'}\right)f'(z_i^{(2)}) \tag{7-33}$$

2. 降噪自编码器

利用自编码器对神经网络的参数进行初始化时，由于训练数据往往存在噪声，同时受模型复杂度和训练数据量大小的影响，神经网络存在过拟合的风险。于是出现了降噪自编码器（Denoising Autoencoder）[5]，其结构图如图7-4所示。

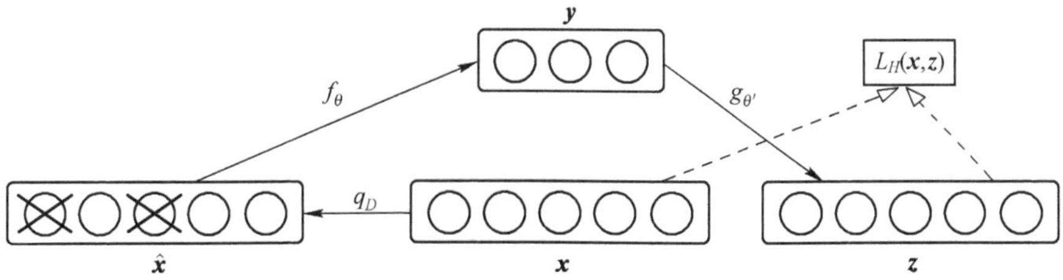

图 7-4　降噪自编码器结构图[4]

为了得到稳健的特征，以一定的概率（通常符合二项分布）对原始输入数据 $\boldsymbol{x}$ 进行遮挡，具体来说，是将选中部分的值直接置 0。将遮挡后的数据 $\hat{\boldsymbol{x}}$ 输入网络，随后经过降噪自编码器进行恢复得到重构的数据 $\boldsymbol{z}$，计算 $\boldsymbol{z}$ 与 $\boldsymbol{x}$ 的重构误差$L_H(\boldsymbol{x},\boldsymbol{z})$。

该思想类似于人类的感知机理，例如，人们看到一只鸟时，即使它的一小部分，比如尾巴、脚部等被遮挡了，人们仍然可以辨识出这是一只鸟。推广到人在接收到多模态信息时（比如声音、图像等），即使少了某些模态的信息，也不会影响对信息的理解。

由于增加了噪声，降噪自编码器学习到的特征会更加稳健。原因如下：

（1）通过与非遮挡数据训练得到的模型进行对比，遮挡数据训练出的模型抗噪性能更强；

（2）遮挡数据在一定程度上减轻了训练数据与测试数据的差异。

3. 栈式自编码器

栈式自编码器（Stacked Autoencoder）由自编码器和 Softmax 分类器构成[6]。它旨在提取更具扩展性的数据表示，其结构图如图 7-5 所示。

栈式自编码器是由多个稀疏自编码器堆叠而成的多层深度神经网络。在训练时，首先对稀疏自编码器进行逐个训练，具体为：用无监督的贪心算法先训练第一个稀疏自编码器，它的输出作为下一层稀疏自编码器的输入，依次训练直到最后。注意，训练每一层时，其他层参数是冻结的，当完成所有层的训练后，使用反向传播算法对栈式自编码器每一层的参数进行微调，这样可以避免自编码器陷入局部最优解，从而获得更好的结果。

用 $\boldsymbol{W}_k$、$\boldsymbol{b}_k$表示第 k 个稀疏自编码器所对应的编码器参数，则栈式自编码器所对应的编码流程可表示为

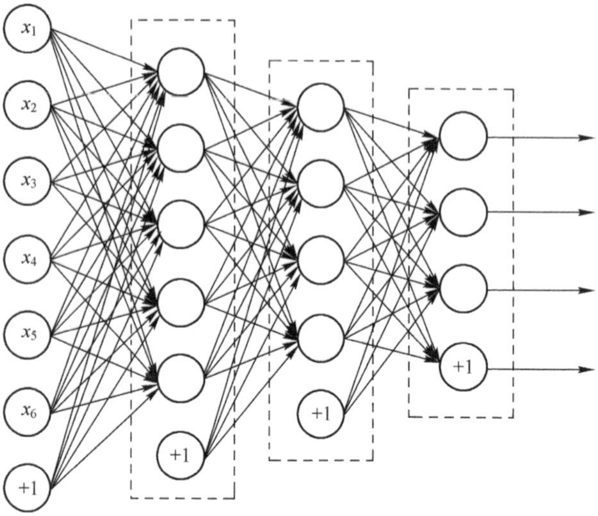

图 7-5　栈式自编码器结构图

$$a^{(l)}=f(z^{(l)}) \tag{7-34}$$

$$z^{(l+1)}=W_k a^{(l)}+b_k \tag{7-35}$$

同样地，用 W'_k、b'_k 可表示出该栈式自编码器的解码流程：

$$a^{(n+l)}=f(z^{(n+l)}) \tag{7-36}$$

$$z^{(n+l+1)}=W'_k a^{(n+l)}+b'_k \tag{7-37}$$

式中，$a^{(n)}$ 是最深层的隐含层神经元的激活值，随后利用 Softmax 分类器完成分类任务。

4. 变分自编码器

变分自编码器（Variational Autoencoder）与上述三种传统意义上扩展的自编码器都不同，它是一种将自编码器与潜变量模型理论相结合的生成模型[7]。变分自编码器可以生成训练中没有的样本，让人看到了深度学习所拥有的强大的无监督学习能力，所以它也成为最受欢迎的生成式模型之一。

假设有数据样本集合 $X=\{x_1,x_2,x_3,\cdots,x_n\}$，当 X 不够大时，很难准确地估计其分布 $p(X)$。此时，记 θ 为模型参数，引入隐变量 z，则可以通过下式得到 $p(X)$，即

$$p(X)=\int p(x,z\mid\theta)p(z)\mathrm{d}z \tag{7-38}$$

此时，若知道分布 $p(z)$ 及 x 相对于随机变量 z 的条件分布 $p(x,z\mid\theta)$，便

可以计算出 $p(\boldsymbol{X})$。然而，估计 $\boldsymbol{z}$ 分布中的各个参数也是十分困难的，所以可以引入一个概率分布 $q(\boldsymbol{x},z\mid\theta)$ 来近似 $p(\boldsymbol{x},z\mid\theta)$。由 KL 散度计算可以得到两者的距离为

$$\mathrm{KL}(q(\boldsymbol{z}\mid\boldsymbol{x})\|p(\boldsymbol{x}))=\boldsymbol{E}_{z\sim q(z\mid\boldsymbol{x})}\log p(\boldsymbol{z},\boldsymbol{x})+L(q) \tag{7-39}$$

则有

$$L(q)=\boldsymbol{E}_{z\sim q(z\mid\boldsymbol{x})}\log p(\boldsymbol{z},\boldsymbol{x})+\mathrm{KL}(q(z\mid\boldsymbol{x})\|p(\boldsymbol{x})) \tag{7-40}$$

根据 KL 散度的非负性可知：

$$L(q)\geqslant\boldsymbol{E}_{z\sim q(z\mid\boldsymbol{x})}\log p(\boldsymbol{z},\boldsymbol{x}) \tag{7-41}$$

式中，$L(q)$ 被称为变分下界。于是，可以通过最大化与数据点 $\boldsymbol{x}$ 相关联的变分下界 $L(q)$ 来训练变分自编码器。

7.3 卷积神经网络

7.3.1 卷积神经网络基础

卷积神经网络（Convolutional Neural Network，CNN）是一种前馈神经网络，它与常规的神经网络非常相似：由神经元组成，神经元中有可学习的参数；每个神经元都对输入数据进行内积运算后，再进行激活函数运算；整个网络可看作是一个可导函数，利用反向传播算法对网络参数进行更新。

卷积神经网络与常规神经网络的不同之处在于：卷积神经网络拥有由卷积（Convolutional）层和池化（Pooling）层构成的特征提取器。在卷积层中，每个神经元仅与上一个输出层的部分神经元相连，且通常生成多个特征图（Feature Map），其卷积核通常采用权值共享的方式，以降低卷积模型的参数量，并同时保证卷积操作的平移不变性。池化层对卷积操作的激活区域进行局部整合，通常采用平均池化（Average Pooling）和最大池化（Max Pooling）两种策略。卷积神经网络通常由卷积层和池化层交替堆叠组成，最后关联全连接层以适用于不同的任务，如回归、分类等。

1. 卷积层

卷积层是构建卷积神经网络的核心层，它承担了网络中大部分的计算量。在卷积层中，待学习的卷积核在上一层的输出特征图上进行滑动滤波产生特

征响应，然后将结果输入非线性激活函数以生成新的卷积特征图。数学形式化如下：

$$\boldsymbol{X}_j^l = f\Big(\sum_{i=1,\cdots,C_{\text{in}}} \boldsymbol{X}_i^{l-1} * \boldsymbol{K}_{ij}^l + b_j^l\Big), j=1,\cdots,C_{\text{out}} \tag{7-42}$$

式中，$\boldsymbol{X}_j^l$表示卷积层 l 的第 j 个输出特征图，$\boldsymbol{X}_i^{l-1}$表示第 l-1 层的第 i 个输出特征图，C_{in}、C_{out}分别表示输入和输出特征图的通道数，$*$ 表示卷积运算，$\boldsymbol{K}$ 表示卷积核，b 表示偏差项，f 表示激活函数。图 7-6 给出了一个二维卷积运算示意图。

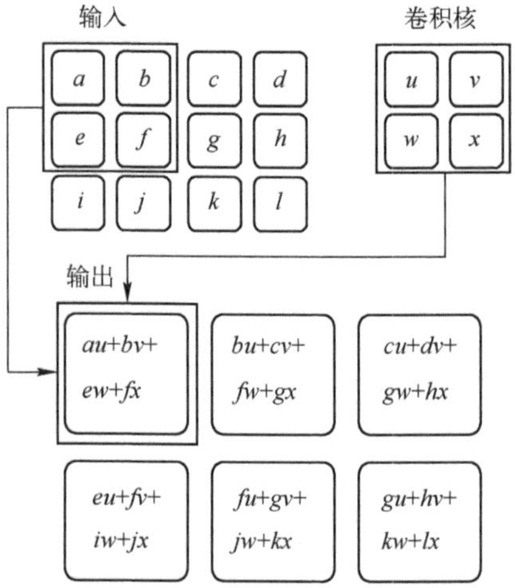

图 7-6　二维卷积运算示意图

2. 池化层

在卷积层后面通常会跟随池化层，其作用是逐渐减少特征图的空间尺寸，加快网络高层全局语义特征的抽取，并降低整个网络模型的计算量。最大池化操作和平均池化操作分别得到特征图上池化区域的最大响应值和平均响应值。记特征图 $\boldsymbol{X}$ 的一个 $k\times k$ 子区域为$\boldsymbol{X}^*$，将最大池化操作作用在$\boldsymbol{X}^*$上，可形式化为

$$\mathcal{P}_{\max}(\boldsymbol{X}^*) = \max\{\boldsymbol{X}_{(i,j)}, \boldsymbol{X}_{(i,j+1)}, \cdots, \boldsymbol{X}_{(i+k,j+k)}\} \tag{7-43}$$

同样地，平均池化可形式化为

$$\mathcal{P}_{\text{average}}(\boldsymbol{X}^*) = \frac{1}{k^2}\sum_i^{i+k}\sum_j^{j+k} \boldsymbol{X}_{(i,j)} \tag{7-44}$$

式中，$\mathcal{P}(\cdot)$表示池化函数，i、j 表示池化区域的位置索引。

池化层最常见的形式是使用 2×2 的滤波器，以 2 为步长在特征图上滑动来对每个通道进行采样。图 7-7 表示了一个 2×2 最大池化和平均池化过程示意图。

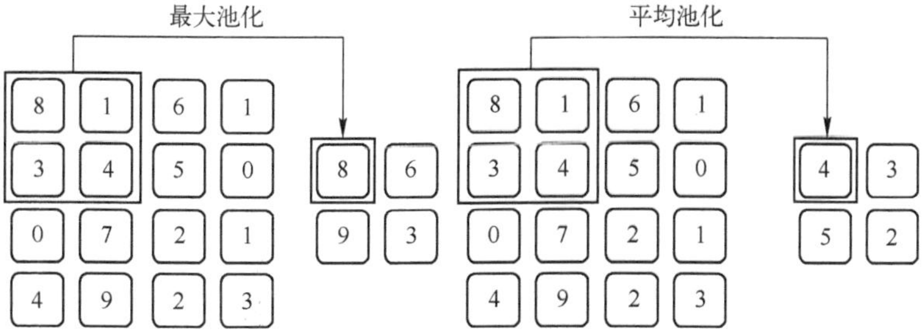

图 7-7　池化过程示意图

7.3.2　经典卷积神经网络模型

卷积神经网络起源于多层感知机（Multi-Layer Perceptron，MLP）模型。1989 年，LeCun[8]结合反向传播算法与权值共享的卷积神经层发明了卷积神经网络，并首次将卷积神经网络成功应用到美国邮政的手写字符识别系统中。1998 年，LeCun[9]提出了经典的卷积神经网络模型 LeNet-5，并再次提高了手写字符识别的准确率。由于卷积神经网络的训练需要庞大的计算资源，受当时的硬件条件限制，卷积神经网络的研究进展缓慢。2006 年，Hinton 在发表的 *Science* 文章中指出："多隐层神经网络具有更为优异的特征学习能力，并且其在训练上的复杂度可以通过逐层初始化来有效缓解。"[10]至此，在硬件条件和研究背景都已经满足的情况下，深度学习和神经网络开始觉醒。2012 年，AlexNet[11]凭借远超第二名的准确率夺得 ImageNet LSVRC 的冠军，引起深度学习的大爆发。继 AlexNet 之后出现的 VGG[12]、GoogLeNet[13]、ResNet[14]和 DenseNet[15]等经典网络模型都朝着更深的网络结构方向发展。同时，卷积神经网络的应用也越来越广泛，在图像及视频、自然语言处理等领域都取得了巨大的成功。

LeNet-5 网络包含两个卷积层、两个池化层和三个全连接层，最后采用 Softmax 分类作为输出层。

在 AlexNet 诞生之前，深度学习已经沉寂了很长时间，自 2012 年 AlexNet 诞生之后，ImageNet 冠军都是用卷积神经网络来实现的，并且层次越来越深，使得卷积神经网络成为了图像识别分类的核心算法模型。AlexNet 的成功与其设计特点有关，主要有非线性激活函数 ReLU、防止过拟合的方法（Dropout）、数据增广（Data Augmentation）、局部响应归一化（Local Response Normalization，LRN）和多 GPU 硬件支撑等。

VGG 是 2014 年 ImageNet LSVRC 的第二名，通过增加神经网络的深度提高了模型的性能。VGG 有两种结构，分别是 VGG-16 和 VGG-19，两者并没有本质上的区别，只是网络深度不同。其中 VGG-16 包含 13 个卷积层和 3 个全连接层，VGG-19 包含 16 个卷积层和 3 个全连接层。VGG 网络的结构非常一致，所有卷积层都使用了 3×3 的卷积核，池化层都使用 2×2 的最大池化。相比 AlexNet，VGG-16 采用了连续的多个 3×3 的卷积核来代替 AlexNet 中较大的卷积核（11×11，7×7，5×5），增强了模型的表达能力，且降低了模型的参数量。

GoogLeNet 是 2014 年 ImageNet LSVRC 的第一名。GoogLeNet 采用 Inception 网络结构，既增强了神经网络的表达能力，也提高了计算资源的利用率。因为性能优秀，应用广泛，研究人员在其基础上又改进出了 Inception v2[16]、Inception v3[17]和 Inception v4[18]。

ResNet 在 2015 年 ImageNet LSVRC 中获得了图像分类、检测和定位的冠军。ResNet 通过引入残差网络结构（Residual Network），使得某一层的输出可以直接跨过几层作为后面某一层的输入，缓解了深层神经网络在反向传播中梯度消失的问题。通过这种残差网络结构，可以构建性能良好的深层网络模型，为高层次语义特征提取和分类提供了可行性。

DenseNet 出现在 2017 年，其基本思路与 ResNet 一致，但是它建立的是前面所有层与后面层的密集连接。另外，DenseNet 通过特征在通道上的连接来实现特征重用。这些改进让 DenseNet 在参数和计算成本更少的情形下实现比 ResNet 更优的性能。

7.3.3 改进的卷积神经网络

1. 解决“方差偏移”

Li 等人[19]分析了在大多数神经网络模型中同时使用随机丢弃（Dropout）[11]和批归一化（Batch Normalization，BN）[16]导致网络性能下降，但是在 Wide ResNet（WRN）[20]中带来网络性能提升的原因，并将其归结为组合使用随机丢弃和批归一化时产生的“方差偏移”（Variance Shift）现象：网络的状态从训练变成测试时，随机丢弃会改变特定神经元的方差。但是，批归一化在测试阶段仍保持其整个学习过程累积的统计方差。随机丢弃和批归一化中神经元方差（Neural Variance）的不一致性就是“方差偏移”，它会导致推理中数值的不稳定，最终产生错误的预测。

图 7-8 所示的是“方差偏移”的简化数学说明。$\boldsymbol{X}$ 表示一个神经响应，p 表示随机丢弃的保留率，a 表示伯努利分布，其概率为 1。当状态从训练变为测试时，随机丢弃将根据保留率缩放神经元在训练阶段学习到的方差。然而，批归一化仍然保持 $\boldsymbol{X}$ 的统计移动方差。这就导致了神经元方差的不一致性。

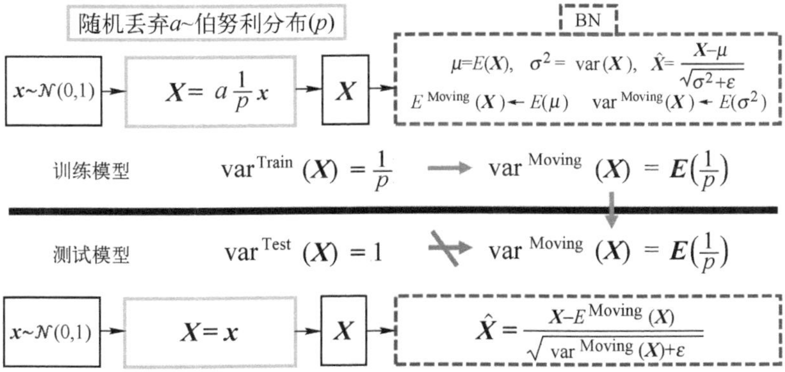

图 7-8　“方差偏移”的简化数学说明[19]

方差偏移的两种情况分析如图 7-9 所示：情况（a），随机丢弃后面接批归一化层；情况（b），与 WRN 相同，随机丢弃后接一个参数层（卷积层/全连接层）再接批归一化层。

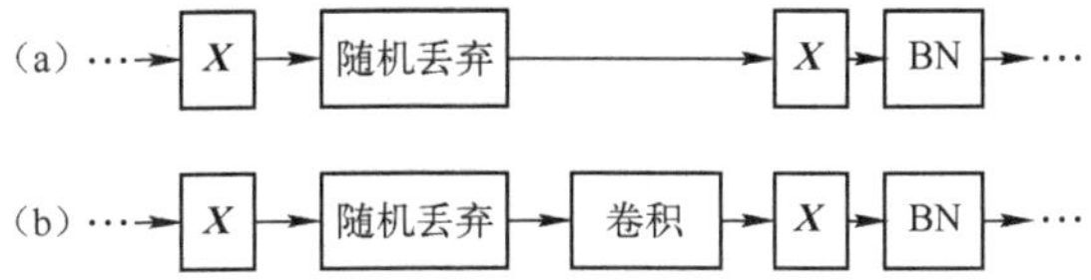

图 7-9　方差偏移的两种情况分析[19]

假设输入来自均值为 c、方差为 v 的同一个分布。在情况（a）中，批归一化层紧跟随机丢弃层，此处只考虑一个神经元的响应 $\boldsymbol{X}=a_k\frac{1}{p}x_k$，在训练阶

段$k=1,\cdots,d$，在测试阶段$\boldsymbol{X}=x_k$。最终的方差偏移为

$$\Delta(p)=\frac{\mathrm{var}^{\mathrm{Test}}(\boldsymbol{X})}{\mathrm{var}^{\mathrm{Train}}(\boldsymbol{X})}=\frac{v}{\frac{1}{p}(c^2+v)-c^2} \tag{7-45}$$

在情况（b）中，特征向量$\boldsymbol{x}=(x_1,\cdots,x_d)$被传入卷积层形成神经元响应$\boldsymbol{X}$。同时考虑对应的权重$\boldsymbol{w}=(w_1,\cdots,w_d)$，因此训练阶段$\boldsymbol{X}=\sum_{i=1}^{d}w_i a_i \frac{1}{p}x_i$，测试阶段$\boldsymbol{X}=\sum_{i=1}^{d}w_i x_i$。最终方差偏移为

$$\Delta(p,d)=\frac{\mathrm{var}^{\mathrm{Test}}(\boldsymbol{X})}{\mathrm{var}^{\mathrm{Train}}(\boldsymbol{X})}=\frac{v+v\rho^x(d(\cos\theta)^2-1)}{\frac{1}{p}(c^2+v)-c^2+v\rho^x(d(\cos\theta)^2-1)} \tag{7-46}$$

式中，$(\cos\theta)^2$为

$$(\cos\theta)^2=\frac{\left(\sum_{i=1}^{d}w_i\right)^2}{d\cdot\sum_{i=1}^{d}w_i^2}=\left(\frac{\sum_{i=1}^{d}1\cdot w_i}{\sqrt{\sum_{i=1}^{d}1^2}\sqrt{\sum_{i=1}^{d}w_i^2}}\right)^2 \tag{7-47}$$

式中，θ表示向量$\boldsymbol{w}$和d维全1向量$(1,\cdots,1)$之间的夹角。从最后方差偏移的表达式来看，情况（b）通过增加特征维度的方式可以缓解方差偏移。于是，针对这种“方差偏移”导致网络性能变差的情况，有以下两种解决方案：一种是把随机丢弃放在所有批归一化层的后面；另外一种是对高斯随机丢弃进行拓展，提出了一个均匀分布随机丢弃，降低了随机丢弃对“方差偏移”的敏感度。

2. 选择性核网络

ResNet与Inception是当下最常用并且效果优越的两大网络模型，前者的优势在于用全局卷积减少了核大于1的卷积计算，后者的创新之处在于多路的核计算。选择性核网络（Selective Kernel Network，SKNet）[21]的设计旨在结合这两者的优点。除此之外，目前的卷积神经网络的感受野都是固定的，但是在生物学上，人类的神经系统可以根据不同的刺激来调节神经元的感受野。SKNet受到了上述的启发，创建了对于不同尺寸的输入可以自适应地调整神经网络感受野大小的策略。SKNet通过选择性核（Selective Kernel，SK）单元非线性地融合不同核的特征，选择性核网络模型结构如

图 7-10所示。SKNet 模块由分离、融合和选择三个部分组成。

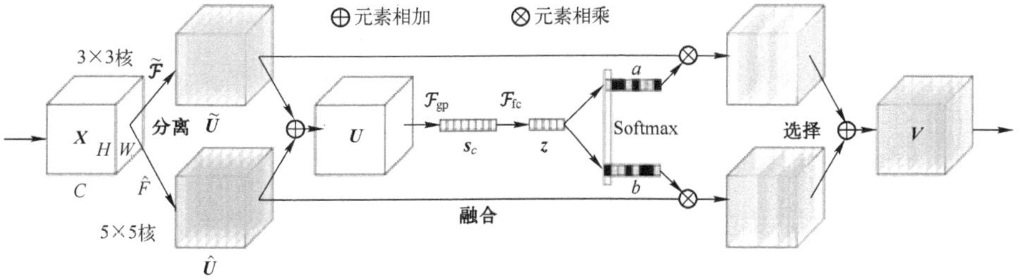

图 7-10　选择性核网络模型结构[21]

图中的分离部分首先将任意输入的特征图 $\boldsymbol{X}\in\mathbf{R}^{H\times W\times C}$经过两个不同尺寸的卷积核卷积映射出两个特征响应图，可以表示为：$\widetilde{\mathcal{F}}=\boldsymbol{X}\rightarrow\widetilde{\boldsymbol{U}},\hat{\mathcal{F}}=\boldsymbol{X}\rightarrow\hat{\boldsymbol{U}}$。虽然图中只有两个映射分支，并且卷积核分别是 3×3 和 5×5，但也可以根据实际情况轻松地扩展到多个分支卷积核。每个卷积层后均使用 ReLU 激活和归一化。

融合部分可以自适应调节感受野。其基本思想是，利用门机制对来自多个分支的信息进行处理，因为这些分支包含了不同尺度的信息，并且需要输入到下一层神经元中。所以，融合部分首先对所有分支的信息进行聚合，这里直接使用对应元素相加：

$$\boldsymbol{U}=\widetilde{\boldsymbol{U}}+\hat{\boldsymbol{U}} \tag{7-48}$$

随后使用池化操作，将全局信息压缩成一维的向量，用于进行权重的选择：

$$\boldsymbol{s}_c=\mathcal{F}_{\text{gp}}(U_c)=\frac{1}{H\times W}\sum_{i=1}^{H}\sum_{j=1}^{W}\boldsymbol{U}_c(i,j) \tag{7-49}$$

式中，$\boldsymbol{s}_c$表示第 c 个通道的权重。随后，使用了全连接层得到了特征 $\boldsymbol{z}$，以便于对后续选择进行指导。如果使用 δ 表示 ReLU 激活，B 表示归一化，则

$$\boldsymbol{z}=\mathcal{F}_{\text{fc}}(\boldsymbol{s})=\delta(B(W_s)) \tag{7-50}$$

此时，为了减少计算量，SKNet 采用了一个技巧，即通过对通道数进行缩放，来削减参数数量。最后的选择部分根据前面得到的权重对不同尺寸的特征进行融合。假设 $\boldsymbol{V}=[\boldsymbol{V}_1,\boldsymbol{V}_2,\boldsymbol{V}_3,\cdots,\boldsymbol{V}_C]$，$\boldsymbol{V}_C\in\mathbf{R}^{H\times W}$为最后可得的特征，那么针对每个通道，有

$$\boldsymbol{V}_c=a_c\times\widetilde{\boldsymbol{U}}_c+b_c\times\hat{\boldsymbol{U}}_c,\ a_c+b_c=1 \tag{7-51}$$

3. 多损失正则化深度神经网络

因为深度神经网络具有超强的学习能力，在现有训练数据量小的情况下，往往会导致过拟合现象。现有的一些规则化算法（如随机丢弃、池化、数据扩充等）可以在一定程度上防止深度学习中的过拟合现象，同时基于多损失函数的正则化深度神经网络（ML-DNN）[22]可进一步防止神经网络的过于确定性，提高深度学习的泛化学习能力。多损失正则化深度神经网络架构图如图 7-11 所示。

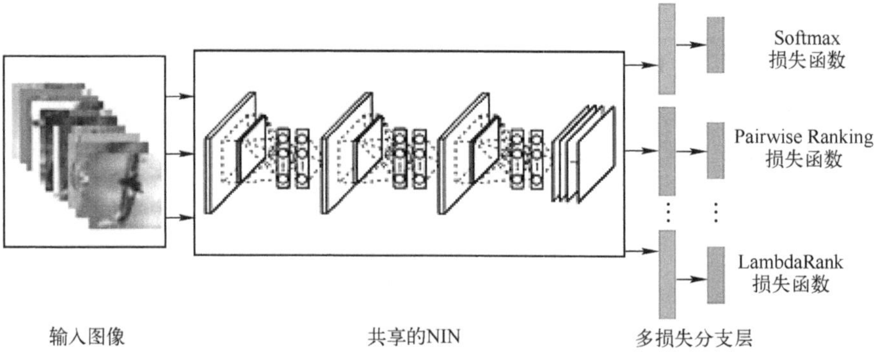

图 7-11　多损失正则化深度神经网络架构图[22]

ML-DNN 整体框架的结构主要由两部分组成，即共享的 NIN（Network In Network）[23]和多损失分支层。在网络训练期间，首先将图像输入共享的 NIN，然后将输出的特征图传递到多损失分支。每个多损失分支都由全连接层和损失层组成。损失层分别使用具有完全不同正则化特性的 Softmax 损失函数、Pairwise Ranking 损失函数和 LambdaRank 损失函数来规范深度神经网络的训练，减轻网络的过拟合问题。

使用c_i^+和c_i^-表示图片$\boldsymbol{X}_i$（$i=1,\cdots,N$）的正标签和负标签，N 表示训练图片的数量，$|c_i^+|$表示正标签的数量，$q_j(\boldsymbol{X}_i)$（$j=1,\cdots,C$）表示图片$\boldsymbol{X}_i$属于第 j 类的概率分布，C 表示可能的类别数。利用 Softmax 损失函数，可以计算图片$\boldsymbol{X}_i$属于第 j 类的归一化概率：

$$p_{i,j}=\frac{\exp(q_j(\boldsymbol{X}_i))}{\sum_{j=1}^{C}\exp(q_j(\boldsymbol{X}_i))} \tag{7-52}$$

最小化预测值和真实值概率之间的 KL 散度，Softmax 损失函数定义为

$$J_{\text{Softmax}}=-\frac{1}{N}\sum_{i=1}^{N}\sum_{j=1}^{C}\bar{p}_{i,j}\log(p_{i,j}) \tag{7-53}$$

式中，$\bar{p}_{i,j}$表示图片$\boldsymbol{X}_i$属于第j类的真实概率。每一个图像$\boldsymbol{X}_i$都有一个标签向量$\boldsymbol{y}_{i,j}\in\mathbf{R}^C$，当$\boldsymbol{y}_{i,j}=1$、$\bar{p}_{i,j}=1$时，表示图片$\boldsymbol{X}_i$的标签存在；当$\boldsymbol{y}_{i,j}=0$、$\bar{p}_{i,j}=0$时，表示图片$\boldsymbol{X}_i$的标签不存在。

Pairwise Ranking 算法可以将分类问题转换为标签对的优先顺序进行分类的任务：给定任何两个标签，它将决定哪个标签应该排在第一位。Pairwise Ranking 算法能够最小化标签对的分类错误。具体而言，Pairwise Ranking 算法的目标是对所有标签进行排名，使得正标签总是具有比负标签更高的预测分数。因此，Pairwise Ranking 损失函数定义为

$$J_{\text{Pairwise}}=\frac{1}{N}\sum_{i=1}^{N}\sum_{m=1}^{c_i^+}\sum_{n=1}^{c_i^-}\max(0,1-q_m(\boldsymbol{X}_i)+q_n(\boldsymbol{X}_i)) \tag{7-54}$$

式中，$m=1,\cdots,c_i^+$和$n=1,\cdots,c_i^-$分别表示正标签和负标签的索引。通过在训练 ML-DNN 期间计算该损失函数的次梯度，可以最小化J_{Pairwise}。

LambdaRank 算法可以直接优化前k个分类精度。LambdaRank 算法直接获得所需的梯度，而不是从成本损失函数中推导出它们。通过这种方式，可以规避排序损失函数带来的问题。LambdaRank 算法的关键是，训练深度神经网络模型不需要自己的损失，只需要关于模型输出损失的梯度。输出图片X_i属于第m类和第n类概率的梯度分别表示如下：

$$\frac{\partial J_{mn}}{\partial q_m(\boldsymbol{X}_i)}=\sum_{(m,n)\in S}\eta_{mn}\frac{-\gamma}{1+\exp(\gamma(q_m(\boldsymbol{X}_i)-q_n(\boldsymbol{X}_i)))} \tag{7-55}$$

$$\frac{\partial J_{mn}}{\partial q_n(\boldsymbol{X}_i)}=\sum_{(m,n)\in S}\eta_{mn}\frac{\gamma}{1+\exp(\gamma(q_m(\boldsymbol{X}_i)-q_n(\boldsymbol{X}_i)))} \tag{7-56}$$

式中，参数γ与缩放相关，$q_m(\boldsymbol{X}_i)$和$q_n(\boldsymbol{X}_i)$分别表示输出属于第m类和第n类的概率，J_{mn}表示输出概率与期望概率的偏差。为了利用前k个评价指标对损失函数进行优化，η_{mn}表示前k个评价指标的顺序变化，当m在前k个评价指标中，而n不在前k个评价指标中，$\eta_{mn}=\left(\frac{1}{|c_i^+|}\right)$；否则，$\eta(m,n)=0$。这里只考虑第 1 项和第 2 项评价指标，并分别命名为 LambdaRank top-1 loss 和 LambdaRank top-2 loss。

通过使用反向传播算法同时优化所有损失函数来训练网络，不同类型的损失函数基于不同的理论动机。因此，不同的损失函数具有一定的互补性，

并且由它们带来的梯度有助于迭代地从不同方面学习网络参数。通过这种方式，整个 ML-DNN 能够同时考虑多重损失函数，并缓和训练期间的过拟合问题。

4. 分层类别感知卷积神经网络

人类视觉系统在识别一类图像时，通常具有特定激活的神经元区域。受这种视觉机制的启发，分层类别感知卷积神经网络（LCCNN）[24]可发现中间隐含层上的类别特定神经元，从而提高网络的学习能力。此网络不是直接选择不同类别的激活神经元，而是反向抑制与给定目标类无关的中间层神经元，以产生特定类别的子网络，从而使类间差异增加，以增强隐含层特征的可辨别性。通过将隐含层的抑制器作为目标函数中的惩罚项与顶层的分类器共同学习网络。同时，为了解决每个隐含层中特定类别的神经元抑制问题，还引入了一种基于互信息的统计方法，以在网络训练期间动态地更新被抑制的神经元。分层类别感知卷积神经网络建立在经典的卷积神经网络框架上，其结构如图 7-12 所示。

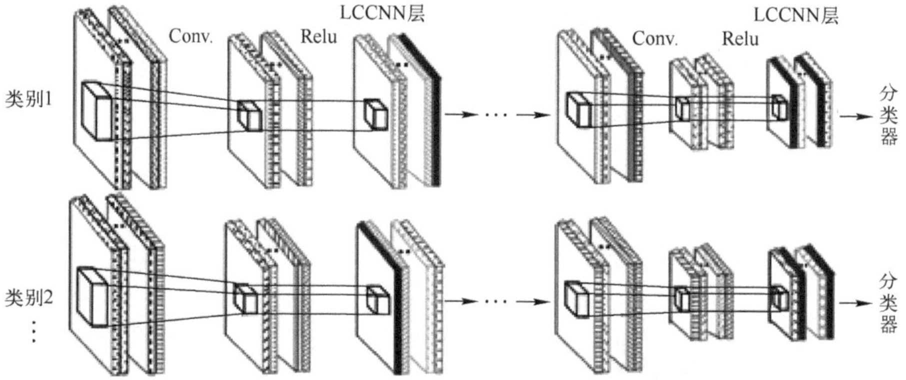

图 7-12　分层类别感知卷积神经网络结构[24]

从视觉感知的角度来看，该神经网络期望学习从整个大网络中提取的许多类别特定子网络，以增强神经网络的辨别力。神经元的刺激以一定的选择性被激活，其中神经元应该仅对某些特定类别具有强烈反应。更直观地说，两个不同的物体可能对神经元有完全不同的刺激：激活和未激活。基于此，该神经网络期望通过抑制不相关类别的特征图来增加类间可分性，使目标类别具有显著的响应。如图 7-12 所示，对于给定的目标类别，应该严格抑制具有弱表示能力的那些特征图，使其响应为零。同时，这些未激活的特征图通常与那些不相关的类别相关，并且对它们有显著的激活响应。因此，可以通过选择性地抑制具有弱表示能力的那些神经元来构建许多类别特定的子网络。最后，可以使用隐含层中的一组特定类别的抑制器及标签预测器来训练深度网络模型。

使用 $\mathcal{S}=\{(\boldsymbol{x}_i,y_i),i=1,\cdots,n\}$ 表示输入数据，$\boldsymbol{x}_i\in\mathbf{R}^d$ 表示第 i 个样本，$y_i\in\{1,\cdots,C\}$ 是其对应的标签。经典的卷积神经网络是一组带权过滤器值，在训练过程中不断优化该权值以最小化分类误差。为简单起见，将偏置项吸收到权重参数中，第 $l=1,\cdots,L$ 层的递归函数如下：

$$\hat{\boldsymbol{Q}}^{(l)}=\boldsymbol{W}^{(l)}\boldsymbol{Z}^{(l-1)} \tag{7-57}$$

$$\boldsymbol{Q}^{(l)}=\mathcal{S}(\hat{\boldsymbol{Q}}^{(l)}) \tag{7-58}$$

$$\boldsymbol{Z}^{(l)}=\mathcal{P}(\boldsymbol{Q}^{(l)}) \tag{7-59}$$

式中，$\boldsymbol{Z}^{(l)}$ 是第 l 层经池化函数 $\mathcal{P}$ 池化后的池化图，$\boldsymbol{Z}^{(0)}=\boldsymbol{X}=[\boldsymbol{x}_1,\cdots,\boldsymbol{x}_n]$；$\hat{\boldsymbol{Q}}^{(l)}$ 表示第 l 层输入经一组未知滤波器 $\boldsymbol{W}^{(l)}$ 滤波后的响应图；$\mathcal{S}$ 表示非线性激活函数。

为了抑制隐含层中那些不相关特征图，该神经网络在每个特征图上引入正则化项 f（例如，L_2 范数）。假设 $\mathcal{I}_c^{(l)}$ 表示第 l 层中类别 c 的抑制特征图的索引，LCCNN 模型的目标函数可表示为

$$\min_{\boldsymbol{W},\mathcal{I}_c|_{c=1}^{C}}\sum_{i=1}^{n}\left(\zeta(y_i,\boldsymbol{W},\boldsymbol{x}_i)+\lambda\sum_{l=1}^{L}\frac{1}{T_i}f(\widetilde{\boldsymbol{Q}}_i^{(l)})\right) \tag{7-60}$$

$$\text{s.t.}\quad \widetilde{\boldsymbol{Q}}_i^{(l)}=\boldsymbol{\mathcal{F}}(\widetilde{\boldsymbol{Q}}_i^{(l)},\mathcal{I}_{y_i}^{(l)}),\ |\mathcal{I}_{y_i}^{(l)}|\leqslant m_l \tag{7-61}$$

式中，$\boldsymbol{W}=\{\boldsymbol{W}^{(\text{out})},\boldsymbol{W}^l|_{l=1}^{L}\}$ 表示网络的所有参数，$\boldsymbol{W}^{(\text{out})}$ 表示损失函数为 ζ 时输出层的分类参数；$\boldsymbol{\mathcal{F}}$ 函数从具有最大计数 m_l 的原始特征图中提取由 $\mathcal{I}_{y_i}$ 索引的指定映射；T_i 是归一化因子，$T_i=L\times|\widetilde{\boldsymbol{Q}}_i|$；参数 λ 是平衡因子。因此，求解的参数由两部分组成：网络参数 $\{\boldsymbol{W}^{(\text{out})},\boldsymbol{W}^l|_{l=1}^{L}\}$ 和每层中每个类别 $\mathcal{I}_c^{(l)}$ 的抑制特征图索引。

该网络使用逻辑回归作为分类器，并选择 L_2 正则化作为隐含特征图的正则化因子：

$$\zeta(y_i,\boldsymbol{W},\boldsymbol{x}_i)=-\log\left(\frac{\mathrm{e}^{\boldsymbol{W}_{y_i}^{(\text{out})}\hat{\boldsymbol{x}}_i}}{\sum_{c}\mathrm{e}^{\boldsymbol{W}_c^{(\text{out})}\hat{\boldsymbol{x}}_i}}\right) \tag{7-62}$$

$$f(\widetilde{\boldsymbol{Q}}_i^{(l)}) = \|\widetilde{\boldsymbol{Q}}_i^{(l)}\|_{\mathrm{F}}^2 \tag{7-63}$$

式中，$\boldsymbol{W}_c^{(\text{out})}$表示第$c$类的预测值，$\hat{\boldsymbol{x}}_i$表示相对于输入$\boldsymbol{x}_i$网络的输出。因此，式（7-60）不仅能像在经典卷积神经网络模型中那样学习卷积核参数，而且通过抑制那些类不相关的特征映射来强制约束隐含层的特征以具有良好的可分离性。通过这种方式，总体目标函数不仅可以优化学习分类器，并且通过平衡它们与参数λ的关系来强制约束具有监督信息的隐含层特征。此外，还可以通过使用所有特征图的类间互信息，自动在每个隐含层中找到无关的特征图。

7.4　递归神经网络

递归神经网络（Recurrent Neural Network，RNN）通常用于描述动态时间行为序列，将状态在自身网络中循环传递，可以接受更为广泛的时序序列结构输入。不同于前馈深层神经网络，递归神经网络更重视网络的反馈作用。由于存在当前状态和过去状态的连接，递归神经网络也具有一定的记忆功能。本节详细介绍传统递归神经网络的网络模型及正向-反向传播过程，并简单介绍基于递归神经网络的变种网络模型，如长短时记忆网络（Long Short-Term Memory，LSTM）[25]、门控递归单元（Gated Recurrent Unit，GRU）[26]模型，以及一些其他变种。传统递归神经网络、长短时记忆网络和门控递归单元的网络模型如图 7-13 所示。

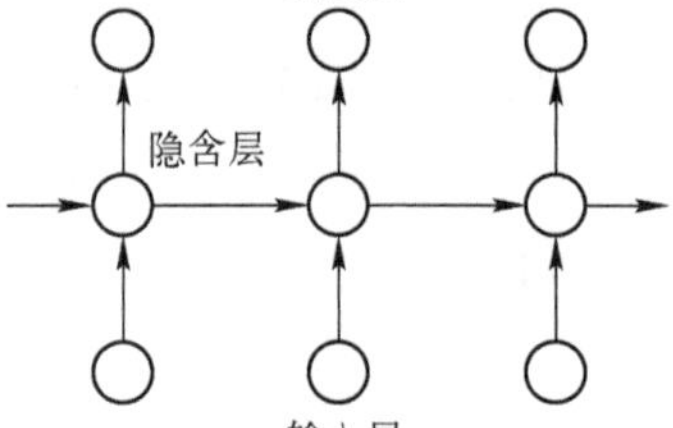

（a）传统递归神经网络

图 7-13　传统递归神经网络、长短时记忆网络和门控递归单元的网络模型

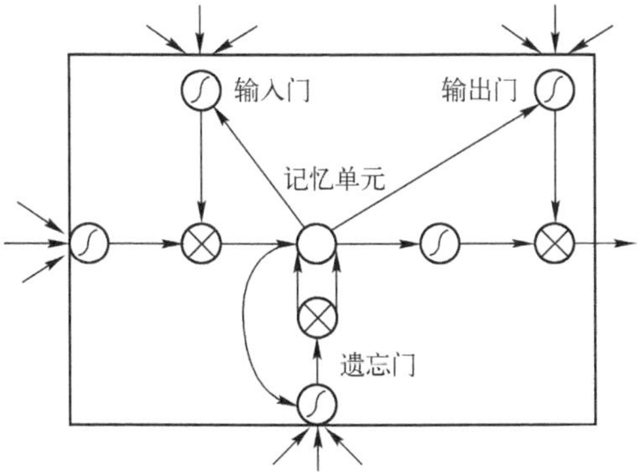

（b）长短时记忆网络[25]

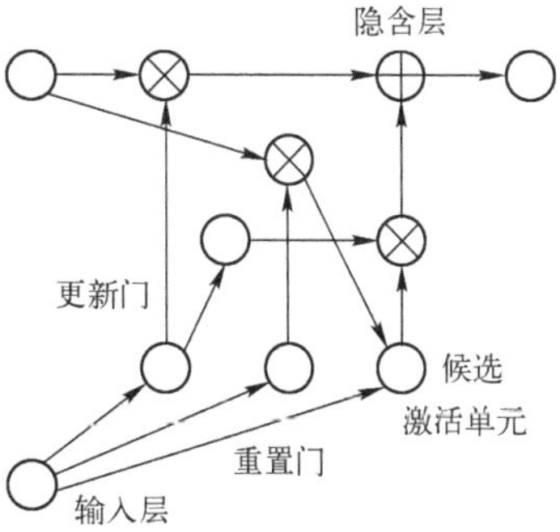

（c）门控递归单元[26]

图 7-13　传统递归神经网络、长短时记忆网络和门控递归单元的网络模型（续）

7.4.1　传统递归神经网络

递归神经网络最初是一个用于描述离散时间动力系统的模型，包括一个输入量$\boldsymbol{x}_t$、一个输出量$\boldsymbol{y}_t$和一个隐含状态$\boldsymbol{h}_t$，其中 t 代表时间。那么这个动力系统就可以用式（7-64）进行描述：

$$\boldsymbol{h}_t = f_h(\boldsymbol{x}_t, \boldsymbol{h}_{t-1}),\ \boldsymbol{y}_t = f_o(\boldsymbol{h}_t) \tag{7-64}$$

式中，f_h和f_o分别代表状态转移函数和输出函数，分别由一组参数θ_h和θ_0进行控制。给定 N 个训练样本：$D=\{(\boldsymbol{x}_{T_1}^1, \boldsymbol{y}_{T_1}^1), \cdots, (\boldsymbol{x}_{T_n}^n, \boldsymbol{y}_{T_n}^n)\}_{n=1}^N$，递归神经网络的参数优化可通过以下损失函数得到：

$$L(\theta) = \frac{1}{N}\sum_{n=1}^{N}\sum_{t=1}^{T_n}\|(\boldsymbol{y}_t^n - f_o(\boldsymbol{h}_t^n))\|_2^2 \tag{7-65}$$

式中，$\boldsymbol{h}_t^n = f_h(\boldsymbol{x}_t^n, \boldsymbol{h}_{t-1}^n)$，$\boldsymbol{h}_0^n = 0$。在传统递归神经网络中，状态转移函数定义如下：

$$f_h(\boldsymbol{x}_t, \boldsymbol{h}_{t-1}) = \sigma_h(\boldsymbol{W}^{\mathrm{T}}\boldsymbol{h}_{t-1} + \boldsymbol{U}^{\mathrm{T}}\boldsymbol{x}_t),\quad f_o(\boldsymbol{h}_t, \boldsymbol{x}_t) = \sigma_o(\boldsymbol{V}^{\mathrm{T}}\boldsymbol{h}_t) \tag{7-66}$$

式中，$\boldsymbol{W}$、$\boldsymbol{U}$ 和 $\boldsymbol{V}$ 分别是状态转移矩阵、输入矩阵和输出矩阵，σ_h和σ_o是非线性激活函数。

浅层递归神经网络通过增加额外的隐含层，可进一步加深网络模型，如堆叠递归神经网络[27]采用直接堆叠隐含层的方法：

$$\boldsymbol{h}_t^l = f_h^l(\boldsymbol{h}_t^{l-1}, \boldsymbol{h}_{t-1}^l) = \sigma_h(\boldsymbol{W}_l^{\mathrm{T}}\boldsymbol{h}_{t-1}^l + \boldsymbol{U}_l^{\mathrm{T}}\boldsymbol{h}_t^{l-1}) \tag{7-67}$$

式中，$\boldsymbol{h}_t^l$是 t 时刻第 l 隐含层的状态，当 $l=1$ 时，$\boldsymbol{h}_t^{l-1}$由输入$\boldsymbol{x}_t$来替代，不同时

刻对应层数的隐含层也都通过状态转移矩阵进行连接。

下面以传统递归神经网络的网络模型为例，阐述其正向和反向传播过程。传统递归神经网络的结构展开及计算图如图 7-14 所示。

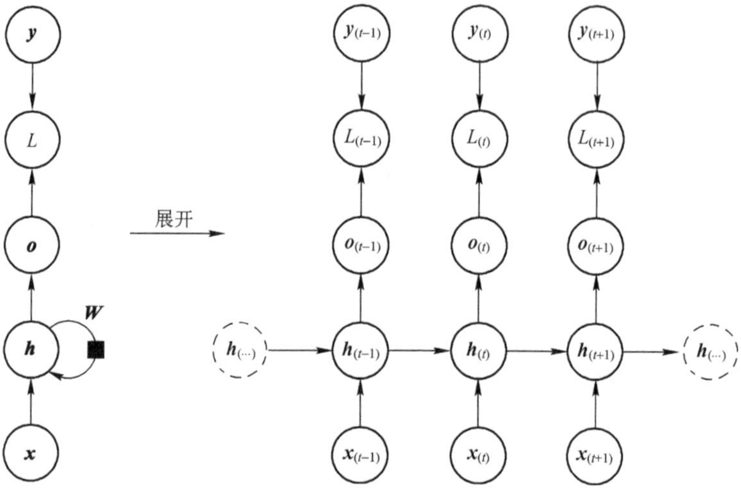

图 7-14　传统递归神经网络的结构展开及计算图[28]

假设输入层为 $\boldsymbol{x}$，输出层为 $\boldsymbol{o}$，隐含层为 $\boldsymbol{h}$，时间为 t，预测值为 $\boldsymbol{y}$，递归神经网络正向传播过程可以表示为

$$\boldsymbol{h}_t=\tanh(\boldsymbol{W}\boldsymbol{h}_{t-1}+\boldsymbol{U}\boldsymbol{x}_t+\boldsymbol{b}) \tag{7-68}$$

$$\boldsymbol{o}_t=\boldsymbol{V}\boldsymbol{h}_t+\boldsymbol{c} \tag{7-69}$$

$$\boldsymbol{p}_t=\mathrm{softmax}(\boldsymbol{o}_t) \tag{7-70}$$

式中，权重矩阵 $\boldsymbol{U}$、$\boldsymbol{V}$、$\boldsymbol{W}$，以及偏置向量 $\boldsymbol{b}$、$\boldsymbol{c}$ 为网络参数，分别对应输入层到隐含层、隐含层到输出层和隐含层到隐含层的连接。对于给定的输入/输出序列$(\boldsymbol{x},\boldsymbol{y})$，递归神经网络可将一个输入序列映射到长度相同的输出序列，损失函数可定义为

$$L(\boldsymbol{x},\boldsymbol{y})=\sum_t L_t=\sum_t -\log \boldsymbol{p}_{y_t} \tag{7-71}$$

式中，$\boldsymbol{y}_t$与时间步 t 相关。训练递归神经网络的常用方法是基于时间的反向传播算法（Back Propagation Through Time，BPTT），BPTT 的中心思想和 BP 算法相同，即沿着需要优化的参数的负梯度方向不断优化参数直至收敛。采用 BPTT 策略训练递归神经网络模型涉及一次正向传播和反向传播，时间复杂度为 $O(t)$，且由于有一定的时序关系，不能通过并行计算降低，同时反向传播

过程需利用正向传播保存的各个状态，因此空间复杂度也是 $O(t)$[29]。

通过 BPTT 计算递归神经网络传播过程的梯度类似于卷积神经网络中的计算过程，递归神经网络中需要计算梯度的参数包括以时间为索引的节点序列 $\boldsymbol{x}_t$、$\boldsymbol{h}_t$、$\boldsymbol{o}_t$、L_t，以及各个节点共享的参数 $\boldsymbol{U}$、$\boldsymbol{V}$、$\boldsymbol{W}$、$\boldsymbol{b}$ 和 $\boldsymbol{c}$。对于每一个节点 $\boldsymbol{N}$，需要其以后所有节点的梯度，递归计算梯度$\nabla_N L$。递归过程始于最后一个节点：

$$\frac{\partial L}{\partial L_t}=1 \tag{7-72}$$

于是，$\boldsymbol{o}_{ti}$为时间步 t 的输出 i，对于所有的 i 和 t，有

$$\frac{\partial L}{\partial \boldsymbol{o}_{ti}}=\frac{\partial L}{\partial L_t}\frac{\partial L_t}{\partial \boldsymbol{o}_{ti}}=\boldsymbol{p}_{t,i}-1_{i,\boldsymbol{y}_t} \tag{7-73}$$

基于节点序列，进行反向传播。具体来说，在时间 T，此时$\boldsymbol{h}_T$只有$\boldsymbol{o}_T$作为其后续节点：

$$\nabla_{\boldsymbol{h}_T}L=\nabla_{\boldsymbol{o}_T}L\frac{\partial \boldsymbol{o}_T}{\partial \boldsymbol{h}_T}=\nabla_{\boldsymbol{o}_T}L\boldsymbol{V} \tag{7-74}$$

从时刻 $t=T-1$ 到 $t=1$ 进行反向传播梯度，其中，$\boldsymbol{h}_t$（$t<T$）同时具有$\boldsymbol{o}_t$和$\boldsymbol{h}_{t+1}$两个后续节点。它的梯度由式（7-75）计算：

$$\nabla_{\boldsymbol{h}_t}L=\nabla_{\boldsymbol{h}_{t+1}}L\frac{\partial \boldsymbol{h}_{t+1}}{\partial \boldsymbol{h}_t}+\nabla_{\boldsymbol{o}_t}L\frac{\partial \boldsymbol{o}_t}{\partial \boldsymbol{h}_t}=\nabla_{\boldsymbol{h}_{t+1}}L\mathrm{diag}(1-\boldsymbol{h}_{t+1}^2)\boldsymbol{W}+\nabla_{\boldsymbol{o}_t}L\boldsymbol{V} \tag{7-75}$$

式中，$\mathrm{diag}(1-\boldsymbol{h}_{t+1}^2)$表示包含元素 $1-\boldsymbol{h}_{t+1,i}^2$的对角矩阵。

获得计算图的内部节点$\boldsymbol{h}_t$、$\boldsymbol{o}_t$的梯度后，可得到参数节点 $\boldsymbol{U}$、$\boldsymbol{V}$、$\boldsymbol{W}$、$\boldsymbol{b}$ 和 $\boldsymbol{c}$ 的梯度：

$$\nabla_{\boldsymbol{c}}L=\sum_t \nabla_{\boldsymbol{o}_t}L\frac{\partial \boldsymbol{o}_t}{\partial \boldsymbol{c}}=\sum_t \nabla_{\boldsymbol{o}_t}L \tag{7-76}$$

$$\nabla_{\boldsymbol{b}}L=\sum_t \nabla_{\boldsymbol{h}_t}L\frac{\partial \boldsymbol{h}_t}{\partial \boldsymbol{b}}=\sum_t \nabla_{\boldsymbol{h}_t}L\mathrm{diag}(1-\boldsymbol{h}_t^2) \tag{7-77}$$

$$\nabla_{\boldsymbol{V}}L=\sum_t \nabla_{\boldsymbol{o}_t}L\frac{\partial \boldsymbol{o}_t}{\partial \boldsymbol{V}}=\sum_t \nabla_{\boldsymbol{o}_t}L\,\boldsymbol{h}_t^{\mathrm{T}} \tag{7-78}$$

$$\nabla_{\boldsymbol{W}}L=\sum_t \nabla_{\boldsymbol{h}_t}L\frac{\partial \boldsymbol{h}_t}{\partial \boldsymbol{W}}=\sum_t \nabla_{\boldsymbol{h}_t}L\mathrm{diag}(1-\boldsymbol{h}_t^2)\,\boldsymbol{h}_{t-1}^{\mathrm{T}} \tag{7-79}$$

$$\nabla_{\boldsymbol{U}}L=\sum_t \nabla_{\boldsymbol{h}_t}L\frac{\partial \boldsymbol{h}_t}{\partial \boldsymbol{U}}=\sum_t \nabla_{\boldsymbol{h}_t}L\mathrm{diag}(1-\boldsymbol{h}_t^2)\,\boldsymbol{x}_t^{\mathrm{T}} \tag{7-80}$$

式中，$\nabla_{\boldsymbol{h}_t}L$ 表示所有$\boldsymbol{h}_t$到 L 路径的梯度之和，$\frac{\partial \boldsymbol{h}_t}{\partial \boldsymbol{W}}$、$\frac{\partial \boldsymbol{h}_t}{\partial \boldsymbol{b}}$、$\frac{\partial \boldsymbol{h}_t}{\partial \boldsymbol{U}}$表示分母对分子的直接梯度。

传统递归神经网络在反向传播梯度时，每次都会与一个权重相关的因子相乘，如果这个数小于 1，在经过长时间的梯度反馈后，不断积累相乘会导致梯度趋向于 0，从而导致梯度消失[30]。针对此问题，可利用“门”（Gate）的概念[25]，控制输入/输出并且选择记忆或遗忘隐含层的信息，然后通过累加的形式更新隐含层，从而避免了不断乘以导数因子导致梯度消失的问题。这种结构称为长短时记忆网络，是目前在各领域使用最为广泛的一种递归形式。

7.4.2 基于门控单元的递归神经网络

递归神经网络受限于梯度消失及模型大小问题，只能保存短期记忆。基于门控单元的递归神经网络通过使用门控单元向下一节点传递信息，缓解了梯度消失问题，且能同时保存长时信息，进一步提升了递归神经网络的性能。本节将介绍典型的基于门控单元的递归神经网络，如长短时记忆网络、门控递归单元和双向长短时记忆网络等。

1. 长短时记忆网络

长短时记忆网络是传统递归神经网络的一种改进形式，可通过引入门控制单元将长期记忆与短期记忆结合起来。在长短时记忆网络中，传统递归神经网络中的隐含单元由“记忆模块”所替代，每个记忆模块包含自连接的记忆单元和三个乘法单元：输入门、输出门和遗忘门，并用这些门单元控制记忆模块的行为，如图 7-13（b）所示。输入门的激活信息可表示为

$$\boldsymbol{i}_t=\sigma(\boldsymbol{W}_{\mathrm{xi}}\boldsymbol{x}_t+\boldsymbol{W}_{\mathrm{hi}}\boldsymbol{h}_{t-1}+\boldsymbol{b}_{\mathrm{i}}) \tag{7-81}$$

式中，σ 表示逐元素相乘的 Sigmoid 函数，$\boldsymbol{x}_t$表示 t 时刻的输入，$\boldsymbol{h}_{t-1}$表示 $t-1$ 时刻的隐变量，$\boldsymbol{b}_{\mathrm{i}}$为偏置向量，$\boldsymbol{W}_{\mathrm{xi}}$和$\boldsymbol{W}_{\mathrm{hi}}$分别表示从当前输入和上一刻隐含层到当前状态的权重矩阵。同理，遗忘门的激活信息可表示为

$$\boldsymbol{f}_t=\sigma(\boldsymbol{W}_{\mathrm{xf}}\boldsymbol{x}_t+\boldsymbol{W}_{\mathrm{hf}}\boldsymbol{h}_{t-1}+\boldsymbol{b}_{\mathrm{f}}) \tag{7-82}$$

随后，记忆单元的状态$\boldsymbol{C}_t$可以表示为

$$\boldsymbol{C}_t=\boldsymbol{f}_t\cdot\boldsymbol{C}_{t-1}+\boldsymbol{i}_t\cdot\widetilde{\boldsymbol{C}}_t=\boldsymbol{f}_t\cdot\boldsymbol{C}_{t-1}+\boldsymbol{i}_t\cdot\tanh(\boldsymbol{W}_{\mathrm{xc}}\boldsymbol{x}_t+\boldsymbol{W}_{\mathrm{hc}}\boldsymbol{h}_{t-1}+\boldsymbol{b}_{\mathrm{c}}) \tag{7-83}$$

式中，tanh 表示逐元素的双曲正切激活函数。输出门的激活值也可以表示为

$$\boldsymbol{o}_t=\sigma(\boldsymbol{W}_{\mathrm{xo}}\boldsymbol{x}_t+\boldsymbol{W}_{\mathrm{ho}}\boldsymbol{h}_{t-1}+\boldsymbol{b}_{\mathrm{o}}) \tag{7-84}$$

从而整个记忆单元的输出为

$$\boldsymbol{h}_t=\boldsymbol{o}_t\cdot\tanh(\boldsymbol{C}_t) \tag{7-85}$$

2. 门控递归单元

门控递归单元在保持长短时记忆网络效果的同时又简化了网络结构，是一种长短时记忆网络变体。如图 7-13（c）所示，门控递归单元使用遗忘和更新机制的基本思想，将遗忘门和输入门合成为单一的更新门，并同时在更新门中单元的隐含状态，简化网络结构并通过更新门使每个单元学习长短时记忆特征，减少梯度消失的风险。

门控递归单元包括更新门和重置门。假设输入门为 $\boldsymbol{x}$，隐含层为 $\boldsymbol{h}$，更新门为 z，重置门为 $\boldsymbol{r}$，计算方法和长短时记忆网络中门的计算方法一致：

$$z_t=\sigma(\boldsymbol{W}_{\mathrm{r}}\boldsymbol{x}_t+\boldsymbol{U}_{\mathrm{r}}\boldsymbol{h}_{t-1}) \tag{7-86}$$

$$\boldsymbol{r}_t=\sigma(\boldsymbol{W}_{\mathrm{z}}\boldsymbol{x}_t+\boldsymbol{U}_{\mathrm{z}}\boldsymbol{h}_{t-1}) \tag{7-87}$$

式中，$\boldsymbol{W}_{\mathrm{r}}$和$\boldsymbol{W}_{\mathrm{z}}$分别为更新门和重置门到输入状态的权重矩阵，并计算候选隐含层$\widetilde{\boldsymbol{h}}_t$。与长短时记忆网络中的$\widetilde{\boldsymbol{C}}_t$类似，候选隐含层可看作当前时刻的新信息，其中$\boldsymbol{r}_t$控制保留多少之前的记忆，候选隐含层的计算方式如下：

$$\widetilde{\boldsymbol{h}}_t=\tanh(\boldsymbol{W}\boldsymbol{x}_t+\boldsymbol{r}_t\boldsymbol{U}\boldsymbol{h}_{t-1}) \tag{7-88}$$

利用z_t控制节点的更新，即需要从前一刻的隐含层$\boldsymbol{h}_{t-1}$中遗忘多少信息，需要加入多少当前节点信息。与长短时记忆网络相比，门控递归单元舍弃输出层，输出信息存放在隐含层中：

$$\boldsymbol{h}_t=(\boldsymbol{1}-z_t)\cdot\boldsymbol{h}_{t-1}+z_t\cdot\widetilde{\boldsymbol{h}}_t \tag{7-89}$$

3. 双向长短时记忆网络

双向长短时记忆（Bidirectional Long Short-term Memory，BLSTM）网络[31]基于长短时记忆网络并加入双向结构，是其另一种变体。网络按照从前向后的时间计算正向的隐含层激活值$\overrightarrow{\boldsymbol{h}}_t$，同时按照从后向前的时间计算反向的激活值$\overleftarrow{\boldsymbol{h}}_t$。因此，在双向长短时记忆网络中，最终的输出层结果可以由式（7-90）得到：

$$\boldsymbol{y}_t=\tanh(\overrightarrow{\boldsymbol{W}}_{\mathrm{y}}\overrightarrow{\boldsymbol{h}}_t+\overleftarrow{\boldsymbol{W}}_{\mathrm{y}}\overleftarrow{\boldsymbol{h}}_t+\boldsymbol{b}_{\mathrm{y}}) \tag{7-90}$$

式中，$\overrightarrow{\boldsymbol{W}}_{\mathrm{y}}$和$\overleftarrow{\boldsymbol{W}}_{\mathrm{y}}$分别是前向和后向的权重矩阵，$\boldsymbol{b}_{\mathrm{y}}$是偏置项。

7.4.3 时空递归神经网络

时空递归神经网络（Spatial-Temporal Recurrent Neural Network，STRNN）[32, 33]由一个空间递归神经网络（Spatial Recurrent Neural Network，SRNN）和一个时间递归神经网络（Temporal Recurrent Neural Network，TRNN）组成，其优点在于不仅可以学习输入信息（如图像）内在的空域长时相关性，还可以学习序列中的时域变化信息。时空递归神经网络的网络结构如图 7-15 所示。

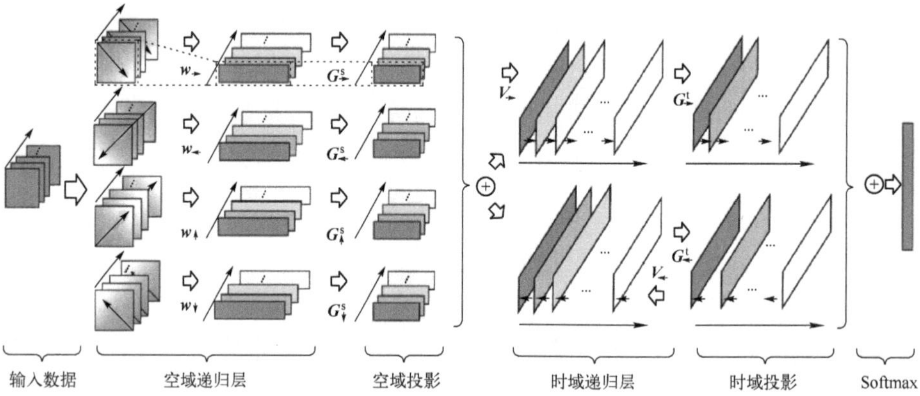

图 7-15　时空递归神经网络结构[33]

在空域长时相关性建模过程中，空间递归神经网络首先从 4 个不同的角度分别对输出的每个时间切片进行扫描，以生成空域隐状态，在捕获邻域间的空域依赖关系及建模长时相关性方面具有一定的优势；时间递归神经网络对空间递归神经网络的输出特征分别进行正向扫描和反向扫描，进一步捕获时域上的长时相关性。

在建模空间相关性的过程中，空间递归神经网络将第 t 个时间切片$\boldsymbol{X}_t$中的每个空间元素作为顶点构建图表示，记为

$$\boldsymbol{G}_t = \{\boldsymbol{R}_t, \boldsymbol{C}_t\}$$

式中，$\boldsymbol{R}_t = \{\boldsymbol{x}_{tij}\}$（$i=1,\cdots,h$，$j=1,\cdots,w$）表示所有顶点的集合，$\boldsymbol{C}_t = \{e_{tij,tkl}\}$表示$\boldsymbol{X}_t$中空间相邻元素间边的集合。基于构建的图，空间递归神经网络可定义为

$$\boldsymbol{h}_{tij}^{r} = \sigma\left(\mathbf{U}^{r}\boldsymbol{x}_{tij} + \sum_{k=1}^{h}\sum_{l=1}^{w}\boldsymbol{W}^{r}\boldsymbol{h}_{tkl}^{r} \times e_{tij,tkl} + \boldsymbol{b}^{r}\right) \tag{7-91}$$

$$e_{tij,tkl}=\begin{cases}1,\text{如果}(k,l)\in\mathcal{N}_{ij}^{r}\\0,\quad\text{其他}\end{cases}$$

式中，$\boldsymbol{x}_{tij}$和$\boldsymbol{h}_{tij}^{r}$分别表示第 t 个时间切片中处于 i,j 位置上的输出节点和隐含节点，r 是特定的遍历方向，$\mathcal{N}_{ij}^{r}$是空间递归神经网络的按照 r 的遍历方向早于$\boldsymbol{x}_{tij}$的邻接的集合，$\boldsymbol{U}^{r}$、$\boldsymbol{W}^{r}$和$\boldsymbol{b}^{r}$分别表示输入节点到隐含节点、隐含节点到隐含节点的参数矩阵和偏移量。$\boldsymbol{h}_{tij}^{r}$不仅包含当前节点的信息，也包含之前所有节点的信息。

通过双向递归神经网络，时间递归神经网络可同时捕获序列的正向和反向的信息。假设输入序列为 L，通过每个时间切片对应的空域特征为$\boldsymbol{m}_t(t=1,\cdots,L)$，时间递归神经网络的正向和反向学习过程可表示为

$$\overrightarrow{\boldsymbol{h}}_t=\sigma(\overrightarrow{\boldsymbol{W}}\boldsymbol{m}_t+\overrightarrow{\boldsymbol{U}}\overrightarrow{\boldsymbol{h}}_{t-1}+\overrightarrow{\boldsymbol{b}}) \tag{7-92}$$

$$\overleftarrow{\boldsymbol{h}}_t=\sigma(\overleftarrow{\boldsymbol{W}}\boldsymbol{m}_t+\overleftarrow{\boldsymbol{U}}\overleftarrow{\boldsymbol{h}}_{t-1}+\overleftarrow{\boldsymbol{b}}) \tag{7-93}$$

式中，$\{\overrightarrow{\boldsymbol{W}},\overrightarrow{\boldsymbol{U}},\overrightarrow{\boldsymbol{b}}\}$和$\{\overleftarrow{\boldsymbol{W}},\overleftarrow{\boldsymbol{U}},\overleftarrow{\boldsymbol{b}}\}$分别表示正向和反向遍历过程中可以优化的参数，$\boldsymbol{m}_t$、$\overrightarrow{\boldsymbol{h}}_{t-1}$和$\overleftarrow{\boldsymbol{h}}_{t-1}$分别为输入特征、正向和反向递归神经网络所生产的隐状态。

7.4.4　递归形状回归网络

递归形状回归（Recurrent Shape Regression，RSR）[34]网络将传统级联式回归结构推广到递归动态模型，构建形状依赖的动态回归模型，获取高阶回归子，表示状态变化的二阶信息，拟合更为复杂的数据。传统的级联式回归结构可以抽象出循环学习过程，如图 7-16 所示。

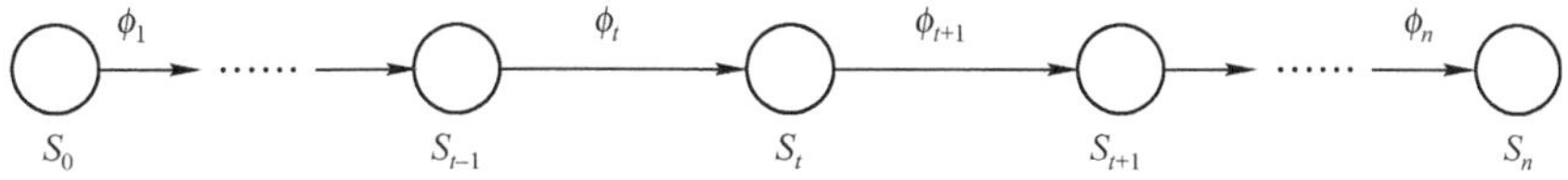

图 7-16　传统级联式回归结构

从初始状态S_0开始，每个阶段采用不同的投影变换，在 n 个阶段后到达最终状态S_n。在训练时，级联式模型常采用贪心的回归方式求解，即在第 $t-1$ 阶段最小化目标函数：

$$\underset{\phi_{t+1}}{\operatorname{argmin}}\|\phi_{t+1}(S_t)-\hat{S}\|^2 \tag{7-94}$$

$$\text{s. t.} \quad S_t = \phi_t(S_{t-1})$$

式中，$\hat{S}$是真实状态。显然这类方法具有如下特点。

(1) 每一个回归阶段是相对独立的；

(2) 某一阶段一旦求解到投影变换，则该投影变换将在后续阶段保持不变。

这意味着每一阶段的投影变换都拥有自己特有的定义域。如果上一阶段的输出不匹配当前阶段的投影变换，则接下来预测的状态序列将很容易发散。

递归形状回归网络构可通过构建递归动态回归模型来解决上述问题，该模型如图 7-17 所示。

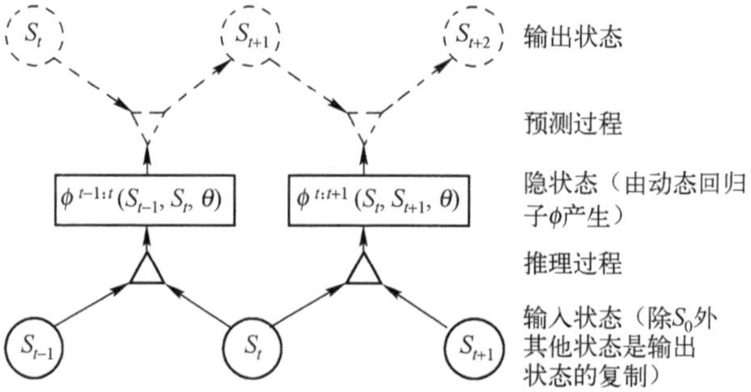

图 7-17　递归动态回归模型[34]

递归动态回归模型包含两个基本过程：推理过程和预测过程。推理过程主要根据以前的观察状态估计下一步要采用的投影变换，预测过程根据上一阶段估计的变换和当前状态预测接下来的状态。一阶递归形状回归的基本框架和基本步骤如图 7-18 所示，图中的$\boldsymbol{S}_t$是第 t 阶段特征点所构成的形状向量，

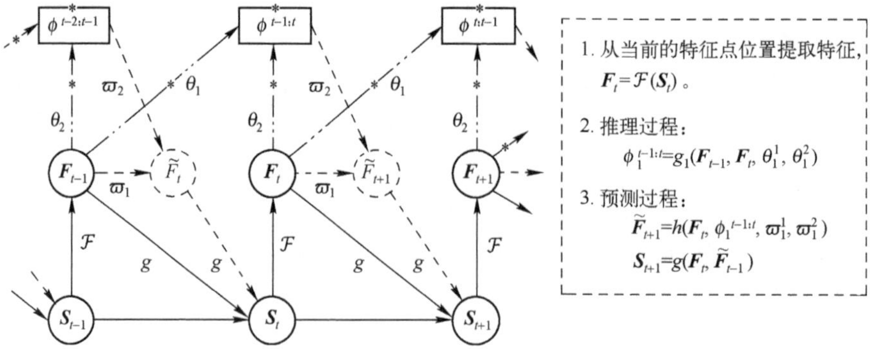

(a) 基本框架　　　(b) 基本步骤

图 7-18　一阶递归形状回归的基本框架和基本步骤[34]

$\mathcal{F}$是特征提取操作，$\boldsymbol{F}_t$是该操作提取的特征。

在图 7-18（a）中，每个递归单元包括两个基本步骤：动态回归子学习（带 * 线条）和形状预测（不带 * 虚线）。模型参数包括 $\Theta=\{\theta_1^1,\theta_1^2,\varpi_1^1,\varpi_1^2,g\}$ 和 $\mathcal{F}$，它们在整个回归过程中作为共享模型。

对于形状依赖的回归子 ϕ，可以具体参数化定义如下：

$$\phi_1^{t-1:t}=g_1(\boldsymbol{F}_{t-1},\boldsymbol{F}_t,\theta_1^1,\theta_1^2)=\sigma(\boldsymbol{Q}_1(\boldsymbol{U}_1\boldsymbol{F}_{t-1}\cdot\boldsymbol{V}_1\boldsymbol{F}_t)) \tag{7-95}$$

式中，“·”表示矩阵逐元素相乘，σ 表示非线性激活函数，$\{\boldsymbol{Q}_1,\boldsymbol{U}_1,\boldsymbol{V}_1\}$ 是矩阵形式的参数。进一步可以建立回归子 $\{\phi_1^{1:2},\phi_1^{2:3},\phi_1^{3:4},\cdots\}$ 之上的回归操作，即高阶回归子。高阶回归子可以形式化表示为

$$\phi_2^{t-2:t}=g(\phi_1^{t-2:t-1},\phi_1^{t-1:t},\theta_2) \tag{7-96}$$

进而可表示状态变化的二阶信息，拟合更为复杂的数据。

7.4.5　联合任务递归学习

联合任务递归学习（Joint Task-Recursive Learning，JTRL）[35, 36]可以通过序列化任务级别的迭代，递归联合优化所有任务的性能。下面以两个任务$\{D,S\}$的递归学习为例，首先将任务交替学习定义为沿时间轴的序列化状态转移过程，对于第 p 步迭代，两个任务的状态分别为D_p和S_p，相应的响应为$\boldsymbol{f}_{\mathrm{D}}^p$和$\boldsymbol{f}_{\mathrm{S}}^p$。假设当前获取的经验信息为$\mathcal{F}_{\mathrm{D}}^{p-1:p-k}=\{\boldsymbol{f}_{\mathrm{D}}^{p-1},\boldsymbol{f}_{\mathrm{D}}^{p-2},\cdots,\boldsymbol{f}_{\mathrm{D}}^{p-k}\}$和$\mathcal{F}_{\mathrm{S}}^{p-1:p-k}=\{\boldsymbol{f}_{\mathrm{S}}^{p-1},\boldsymbol{f}_{\mathrm{S}}^{p-2},\cdots,\boldsymbol{f}_{\mathrm{S}}^{p-k}\}$，于是任务递归学习在时间步 p 可以定义为

$$\begin{cases}D_p=\Phi_{\mathrm{D}}^p(\mathcal{T}(\mathcal{F}_{\mathrm{D}}^{p-1:p-k},\mathcal{F}_{\mathrm{S}}^{p-1:p-k}),\Theta_{\mathrm{D}}^p)\\S_p=\Phi_{\mathrm{S}}^p(\mathcal{T}(\mathcal{F}_{\mathrm{D}}^{p-1:p-k+1},\mathcal{F}_{\mathrm{S}}^{p-1:p-k}),\Theta_{\mathrm{S}}^p)\end{cases} \tag{7-97}$$

式中，$\mathcal{T}$为迭代函数，Φ_{D}^p和Φ_{S}^p为状态转移函数，可以用优化的Θ_{D}^p和Θ_{S}^p参数预测接下来的状态。对于时间步 p，D_p的预测依赖于先前的 k 阶经验信息$\mathcal{F}_{\mathrm{D}}^{p-1:p-k}$和$\mathcal{F}_{\mathrm{S}}^{p-1:p-k}$，$S_p$依赖于$\mathcal{F}_{\mathrm{D}}^{p-1:p-k+1}$和$\mathcal{F}_{\mathrm{S}}^{p-1:p-k}$。通过联合递归学习策略，多任务的历史经验信息可以沿时间序列不断传递，最终联合优化所有任务的性能。

具体来说，联合任务递归学习网络是由一系列残差块、上采样块和任务注意力模块组成的编码器-解码器结构。以语义分割和深度估计两个任务为例的联合任务递归学习网络模型如图 7-19 所示。

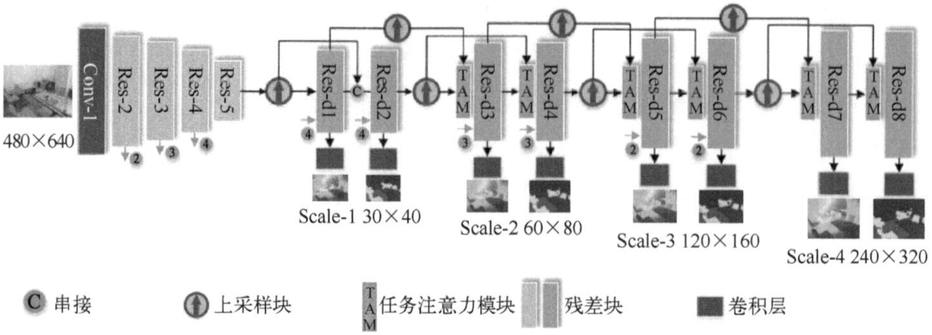

图 7-19　以语义分割和深度估计为例的联合任务递归学习网络模型[35]

对于输入的 RGB 图像，首先利用 ResNet 网络抽取多尺度的特征响应图，然后将这些响应特征输入到任务递归解码过程中，以推断深度估计和语义分割的结果。在解码过程中，通过自适应地改变两个任务的先验经验来交替地处理这两个任务，从而在学习过程中互相促进和增强。

7.4.6　轻量级递归神经网络

轻量级递归神经网络（Light Recurrent Neural Network，LightRNN）[37] 通过二部共享嵌入（2-Component Shared Embedding）方法对输入变量进行建模，将输入变量分配到二维列表，列表中的所有元素可以由行列索引对应的关联向量表示，且同一行列的关联向量共享参数，极大地降低了参数量，简化模型并加速训练。以语言建模为例，二部共享嵌入方法如图 7-20 所示。

嵌入	单词
x_1	一月
x_2	二月
…	…
x_{15}	一
x_{16}	二

⇨

共享嵌入单词表

嵌入	x_1^c	x_2^c	x_3^c	x_4^c
x_1^r	一月	二月	…	…
x_2^r	一	二	…	…
x_3^r	…	…	…	…
x_4^r	…	…	…	…

嵌入	单词
(x_1^r, x_1^c)	一月
(x_1^r, x_2^c)	二月
(x_2^r, x_1^c)	一
(x_2^r, x_2^c)	二
…	…

图 7-20　二部共享嵌入方法[37]

对于 $|\boldsymbol{V}|$ 个单词，传统的表示模型利用 $|\boldsymbol{V}|$ 个向量进行映射。二部共享

嵌入方法构建词表，第 i 行与第 j 列分别与嵌入向量$\boldsymbol{x}_i^r$和$\boldsymbol{x}_j^c$关联，于是第 i 行 j 列的单词可以用两个部分进行表示，分别为$\boldsymbol{x}_i^r$和$\boldsymbol{x}_j^c$。通过共享同一行列的关联向量，$|\boldsymbol{V}|$个单词可以用 $2\sqrt{|\boldsymbol{V}|}$ 个向量进行表示。基于二部共享嵌入方法，轻量级递归神经网络模型如图 7-21 的左图所示。

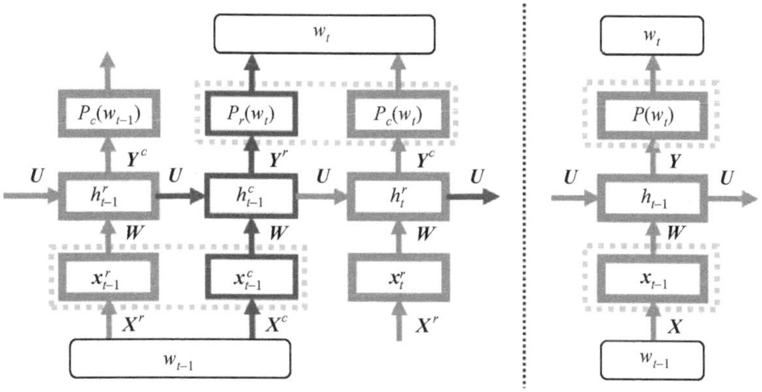

图 7-21 LightRNN（左）与传统 RNN（右）[37]

假设 n 和 m 分别表示行（列）输入向量和隐含层的维度，w_t的分布取决于行、列向量$\boldsymbol{x}_t^r \in \mathbf{R}^n$和$\boldsymbol{x}_{t-1}^c \in \mathbf{R}^n$以及隐含状态向量$\boldsymbol{h}_{t-1}^r \in \mathbf{R}^m$，其中，行/列向量分布由状态转移矩阵$\boldsymbol{X}^c, \boldsymbol{X}^r \in \mathbf{R}^{(n\times\sqrt{|V|})}$计算，隐含状态向量可以由以下递归操作计算：

$$\boldsymbol{h}_{t-1}^c = \sigma(\boldsymbol{W}\boldsymbol{x}_{t-1}^c + \boldsymbol{U}\boldsymbol{h}_{t-1}^r + \boldsymbol{b}) \tag{7-98}$$

$$\boldsymbol{h}_t^r = \sigma(\boldsymbol{W}\boldsymbol{x}_t^r + \boldsymbol{U}\boldsymbol{h}_{t-1}^c + \boldsymbol{b}) \tag{7-99}$$

式中，$\boldsymbol{W}$、$\boldsymbol{U}$ 和 $\boldsymbol{b}$ 分别为可以优化的参数矩阵，σ 为非线性激活函数。t 位置单词为 w 的概率 $P(w_t)$ 由行概率$P_r(w_t)$和列概率$P_c(w_t)$所决定：

$$P_r(w_t) = \frac{\exp(\boldsymbol{h}_{t-1}^c \cdot \boldsymbol{y}_{r(w)}^r)}{\sum\limits_{i\in S_r}\exp(\boldsymbol{h}_{t-1}^c \cdot \boldsymbol{y}_i^r)}, \quad P_c(w_t) = \frac{\exp(\boldsymbol{h}_t^r \cdot \boldsymbol{y}_{c(w)}^c)}{\sum\limits_{i\in S_c}\exp(\boldsymbol{h}_t^r \cdot \boldsymbol{y}_i^c)} \tag{7-100}$$

$$P_{w_t} = P_r(w_t) \cdot P_c(w_t) \tag{7-101}$$

式中，$r(w)$和 $c(w)$分别为单词 w 的行索引和列索引，$\boldsymbol{y}_i^r \in \mathbf{R}^m$和$\boldsymbol{y}_i^c \in \mathbf{R}^m$分别为$\boldsymbol{Y}^r \in \mathbf{R}^{m\times\sqrt{|V|}}$和$\boldsymbol{Y}^c \in \mathbf{R}^{m\times\sqrt{|V|}}$的第 i 个向量，S_r和S_c表示词表的行集和列集。

对于第 t-1 个单词，由输入的列向量$\boldsymbol{x}_{t-1}^c$，首先推断第 t 个单词的行概率$P_r(w_t)$，然后选择$P_r(w_t)$中概率最大值的行索引来查询下一个输入的行向量

$\boldsymbol{x}_t^r$。类似地，可以推断第 t 个单词的列概率$P_c(w_t)$，最后利用式（7-101）求得第 t 个单词的概率。

7.5 生成对抗网络

生成对抗网络（Generative Adversarial Network，GAN）[38]是为解决一个数据集中图像分布的问题而提出的。生成对抗网络是在传统生成模型基础上，增加一个不断优化的鉴别器模型，用以判别一张图片是数据集的真实样本还是生成样本。在训练生成器阶段，通过试图“欺骗”鉴别器优化生成模型，以生成看起来真实的样本，并考虑最初的重构误差，通过两个损失函数同时对网络模型进行优化。生成对抗网络已经在图像上色[39]、未来帧预测[40]、未来状态预测[41]、产品图生成[42]和风格迁移[43]等方向得到了广泛的应用。本节详细介绍生成对抗网络的网络模型，并简单介绍一些生成对抗网络的变种及应用。

7.5.1 传统生成对抗网络

生成对抗网络包含一个生成器和一个判别器。两个模块参与一场“零和博弈”，生成器生成样本试图“欺骗”判别器，同时可以促进判别器不断进化以便不被“欺骗”；判别器的判别结果可以反过来促进生成器的“进化”，生成更具迷惑性的样本。生成器模型本质上是一种极大似然估计，用于产生指定分布的数据，其作用是捕捉样本数据的分布，用于将随机初始数据生成符合指定分布的样本：

$$\hat{\boldsymbol{\theta}} = \underset{\boldsymbol{\theta}}{\operatorname{argmax}} P(\boldsymbol{x} \mid \boldsymbol{\theta}) = \underset{\boldsymbol{\theta}}{\operatorname{argmax}} \prod_{i=1}^{n} P(x_i \mid \boldsymbol{\theta}) \tag{7-102}$$

判别器本质上是一个二分类网络，对生成器生成的图像等数据进行判断，判断其是真实的训练数据还是生成数据。

为了学习生成器在数据 $\boldsymbol{x}$ 上的分布，首先定义前置的输入噪声变量$p_z(\boldsymbol{z})$，然后利用生成器将噪声映射到数据空间 $G(\boldsymbol{z};\boldsymbol{\theta}_g)$，其中生成器 G 为多层感知机，对应的参数是$\boldsymbol{\theta}_g$。第二个多层感知机可定义为 $D(\boldsymbol{x};\boldsymbol{\theta}_d)$，充当判别器，输出 $D(\boldsymbol{x})$表示数据来自真实数据还是生成数据p_g。通过最大化正确预测真实和生成样本的标签训练判别器，同时最小化 $\log(1-D(G(z)))$ 训练生成器。总的来说，通过最小化 $V(G,D)$ 同时优化生成器 G 和判别器 D：

$$\min_{G}\max_{D} V(D,G)=E_{x\sim p_{\text{data}}(x)}[\log D(\boldsymbol{x})]+E_{z\sim p_z(z)}[\log(1-D(D(z)))] \tag{7-103}$$

生成对抗网络的训练过程如图 7-22 所示。

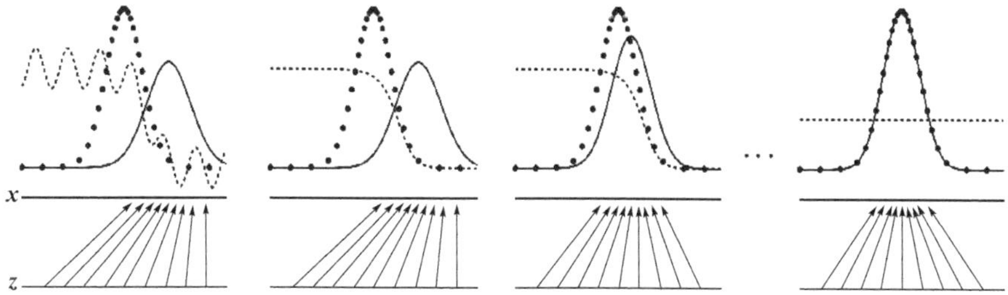

(a) (b) (c) (d)

图 7-22 生成对抗网络的训练过程[38]

在图 7-22 中，从左到右分别表示从初始化到模型训练结束的过程。虚线为判别分布 D，虚线上方判别为真实样本，下方判别为生成样本。黑色点线为真实样本的分布p_{data}，实线为生成分布p_g，实线 z 是均匀分布的噪声样本，$\boldsymbol{x}$ 为噪声样本经生成器后的映射，即 $\boldsymbol{x}=G(z)$。在图 7-22（a）中，考虑到接近收敛的对抗性对：p_g和p_{data}的分布类似，此时判别器部分正确。在图 7-22（b）中，对判别器进行训练，使之能够区分真实样本和生成样本，收敛至$D^*(\boldsymbol{x})=\dfrac{p_{\text{data}}(\boldsymbol{x})}{p_{\text{data}}(\boldsymbol{x})+p_g(\boldsymbol{x})}$。在图 7-22（c）中，利用判别器 D 的梯度指导生成器 $G(z)$ 的训练，使生成器生成的数据更多地被判别器判别为真实数据。经过多次迭代之后，如果生成器和判别器足够稳健，生成器生成的样本将和真实的样本有完全一致的分布，即达到纳什均衡：$p_g=p_{\text{data}}$，如图 7-22（d）所示，判别器将不能区分真实样本和生成样本。

生成对抗网络是一种生成模型，只用到了反向传播而不需要复杂的马尔科夫链，同时可以产生更加清晰、真实的样本，可广泛应用在无监督学习和半监督学习领域。然而，目前没有很好的方法使得训练生成对抗网络中的生成样本和真实样本达到纳什均衡；生成对抗网络不适合处理离散形式的数据；同时存在训练不稳定、梯度消失和模型崩溃等问题[44]。

此外，在生成对抗网络的基础上产生了一些常见的变种，如对生成器和判别器做出改进的 DCGAN[45]、BEGAN[46]、PROGAN[47]、SAGAN[48] 和 BigGAN[49]，以及对损失函数改进的 WGAN[50]、WGAN-GP[51]、LSGAN[52]、UGAN[53]、Geometric GAN[54]、RGAN[55] 及 SN-GAN[56] 等。这些生成对抗网络的变种主要用来解决生成对抗网络训练过程可能出现的训练不稳定、梯度消失和模型崩溃等问题，并用于完成各种任务如图像上色、未来帧预测、未来状态预测、产品图像生产和风格迁移等。

7.5.2 生成对抗网络的变种

1. 修订生成器和判别器

1）深度卷积生成对抗网络

深度卷积生成对抗网络（Deep Convolution GAN，DCGAN）[45] 是利用深度卷积神经网络架构，构建生成器和判别器，其生成模型结构如图 7-23 所示。

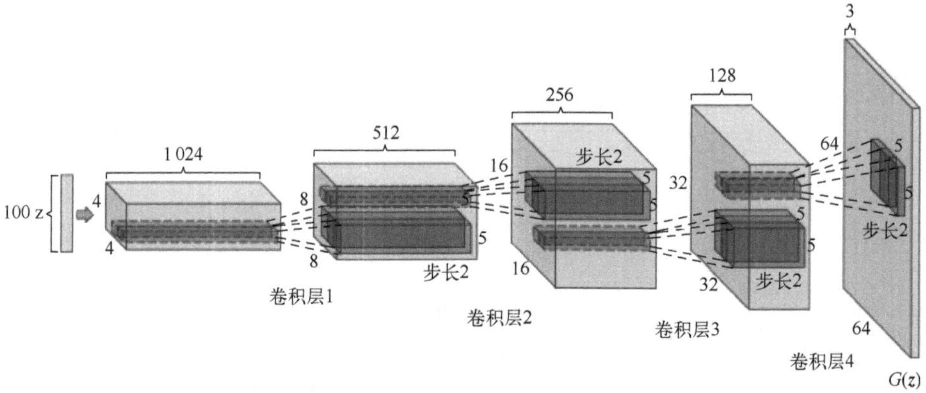

图 7-23 深度卷积生成对抗网络的生成模型结构[45]

在深度卷积生成对抗网络中，判别器和生成器是对称的。它利用卷积操作代替全连接操作，充分利用卷积操作能够很好提取图像特征的特点，同时每层网络都进行批归一化，加速训练过程并通过带步长的卷积代替上采样提升训练的稳定性，提升生成结果的质量。

2）边界平衡生成对抗网络

边界平衡生成对抗网络（Boundary Equilibrium GAN，BEGAN）[46] 使用自

编码结构模型构建判别器，使用 Wasserstein 距离衡量真实数据和生成数据的距离。它可以使生成器在训练初始阶段生成易于重构的数据，进而使得判别器在训练初期可以“赢过”生成器，增加了训练的稳定性。边界平衡生成对抗网络的网络模型如图 7-24 所示。

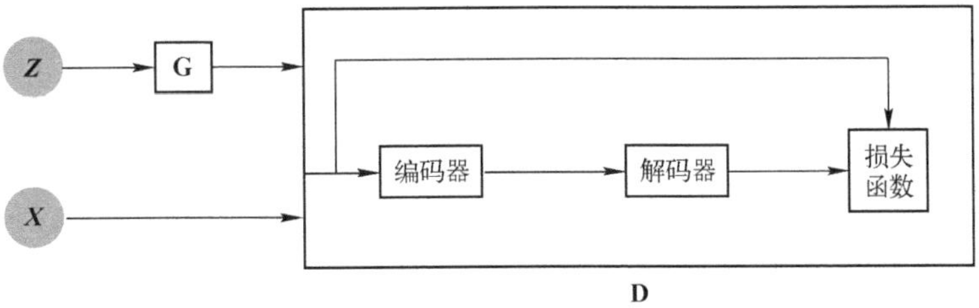

图 7-24 边界平衡生成对抗网络的网络模型

在图 7-24 中，**G**、**D** 分别表示生成器和判别器，***Z*** 为输入生成器的隐变量，***X*** 为输入图像。生成器由自编码器构建，可以通过重构损失衡量像素级别的误差，并通过优化网络模型提升真实图像和生成图像的相似程度。

3）渐进式生成对抗网络

渐进式生成对抗网络（Progressive GAN，PROGAN）[47] 使用渐进的方法扩张网络结构，其网络模型如图 7-25 所示。

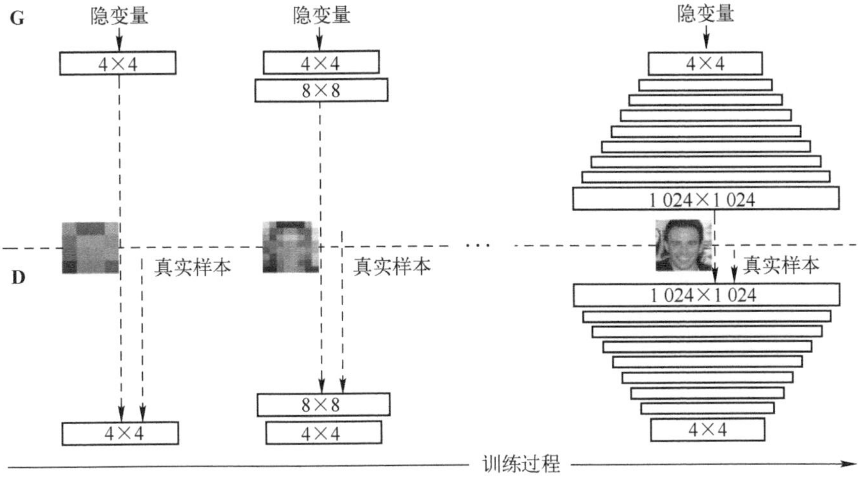

图 7-25 渐进式生成对抗网络的网络模型[47]

渐进式生成对抗网络的训练过程始于 4×4 像素的低空间分辨率的生成器和判别器。随着训练过程的叠加，逐渐向生成器和判别器中添加层，进而增加生成图像的分辨率，从而生成高质量的样本（如分辨率为 1 024×1 024 的图像）。

2. 修订损失函数

1）Wasserstein 生成对抗网络

Wasserstein 生成对抗网络（Wasserstein GAN，WGAN）[50]针对传统生成对抗网络训练困难、梯度消失、模型崩坏等问题，做出了相应的改进。Wasserstein 生成对抗网络是使用 Wasserstein 距离代替生成对抗网络中的交叉熵，衡量生成数据分布和真实数据分布的距离，用来训练网络模型。Wasserstein 又称 Earth-Mover（EM）距离，定义如下：

$$W(P_r,P_g)=\inf_{\gamma\sim\prod(P_r,P_g)}E_{(x,y)\sim\gamma}[\|x-y\|] \tag{7-104}$$

式中，$\prod(P_r,P_g)$ 是P_r和P_g所有组合的集合，可以采样$(x,y)\sim\gamma$，并计算出此样本对的距离$\|x-y\|$，进而计算联合分布中所有样本距离的期望值$E_{(x,y)\sim\gamma}[\|x-y\|]$，下界即为 Wasserstein 距离。与生成对抗网络中的 JS 散度相比，Wasserstein 距离可以反映没有重叠的两个分布的远近，并计算其梯度。利用式（7-105）可间接求解期望的下界：

$$W(P_r,P_g)=\frac{1}{K}\sup_{\|f\|_L\leqslant K}E_{x\sim P_r}[f(x)]-E_{x\sim P_g}[f(x)] \tag{7-105}$$

它需要满足利普希茨（Lipschitz）连续性。Wasserstein 生成对抗网络通过限制权重到一定范围，强制满足了利普希茨连续性，但是也限制了深度神经网络的拟合能力，并造成梯度消失和梯度爆炸问题。之后 WGAN-GP[51]采用梯度惩罚策略，设置额外的损失函数项，实现梯度和利普希茨连续性之间的关联。

2）最小二乘生成对抗网络

最小二乘生成对抗网络（Least Squares GAN，LSGAN）[52]利用最小二乘损失函数代替传统生成对抗网络中的 JS 散度损失函数，缓解模型训练的不稳定性和生成图像多样性不足的问题。损失函数定义如下：

$$\min_D V_{\text{LSGAN}}(D)=\frac{1}{2}E_{x\sim p_{\text{data}}(x)}[(D(x)-b)^2]+\frac{1}{2}E_{z\sim p_z(z)}[(D(G(z))-a)^2] \tag{7-106}$$

$$\min_G V_{\text{LSGAN}}(G)=\frac{1}{2}E_{z\sim p_z(z)}[(D(G(z))-c)^2] \tag{7-107}$$

式中，a、b 分别为生成数据和真实数据的标签，c 为生成器期望判别器相信的生成数据。

3）展开式生成对抗网络

展开式生成对抗网络（Unrolled GAN，UGAN）[53]改进生成对抗网络的损失函数，以解决模型崩溃问题。在训练阶段，展开生成对抗网络添加一个用于更新生成器的梯度项，用于反映生成器对判别器的影响，于是判别器的最优解可以表示为以下迭代过程的收敛值：

$$\boldsymbol{\theta}_D^0=\boldsymbol{\theta}_D \tag{7-108}$$

$$\boldsymbol{\theta}_D^{k+1}=\boldsymbol{\theta}_D^k+\eta^k\frac{\mathrm{d}f(\boldsymbol{\theta}_G,\boldsymbol{\theta}_D^k)}{\mathrm{d}\boldsymbol{\theta}_D^k} \tag{7-109}$$

$$\boldsymbol{\theta}_D^*(\boldsymbol{\theta}_G)=\lim_{k\to\infty}\boldsymbol{\theta}_D^k \tag{7-110}$$

式中，η^k表示学习率，$\boldsymbol{\theta}_D$、$\boldsymbol{\theta}_G$分别表示判别器和生成模型的参数，K 步迭代时的损失函数可以表示为

$$f_K(\boldsymbol{\theta}_G,\boldsymbol{\theta}_D)=f(\boldsymbol{\theta}_G,\boldsymbol{\theta}_D^K(\boldsymbol{\theta}_G,\boldsymbol{\theta}_D)) \tag{7-111}$$

4）几何生成对抗网络

几何生成对抗网络（Geometric GAN）[54]通过利用支持向量机分离超平面的方法，最大化真实样本和生成样本之间的距离，优化学习网络模型，其训练过程如图 7-26 所示。

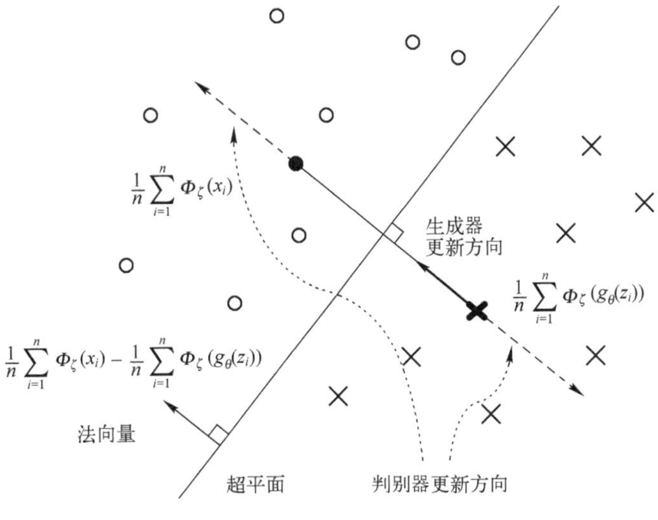

图 7-26　Geometric GAN 训练过程[54]

通过使真实样本和生成样本远离超平面训练判别模型，使生成样本靠近超平面训练生成器，几何生成对抗网络可以稳定模型的训练过程且不易发生模型崩溃。

7.5.3 ST 条件生成对抗网络

条件生成对抗网络（Conditional GAN，CGAN）[57]通过向生成器和判别器引入一个额外的观测信息（称为条件变量）来扩展生成对抗网络。ST 条件生成对抗网络（STacked CGAN，ST-CGAN）[58]包含两个条件生成对抗网络，其中第二个条件生成对抗网络堆叠在第一个条件生成对抗网络之上。以图像去阴影为例，生成器G_1和判别器D_1都以原始图像 $\boldsymbol{x}$ 作为输入，训练G_1得到图像掩膜输出$G_1(\boldsymbol{z},\boldsymbol{x})$，其中 $\boldsymbol{z}$ 为随机采样的噪声向量，记 $\boldsymbol{y}$ 为 $\boldsymbol{x}$ 的图像掩膜的实际真值，G_1需要建模数据分布$p_{\text{data}}(\boldsymbol{x},\boldsymbol{y})$。因此，第一个条件生成对抗网络的目标函数为

$$\begin{aligned}\mathcal{L}_{\text{CGAN}_1}(G_1,D_1)=&\boldsymbol{E}_{\boldsymbol{x},\boldsymbol{y}\sim p_{\text{data}}(\boldsymbol{x},\boldsymbol{y})}[\log D_1(\boldsymbol{x},\boldsymbol{y})]+\\&\boldsymbol{E}_{\boldsymbol{x}\sim p_{\text{data}}(\boldsymbol{x}),\boldsymbol{z}\sim p_z(\boldsymbol{z})}[\log(1-D_1(\boldsymbol{x},G_1(\boldsymbol{z},\boldsymbol{x})))]\end{aligned} \tag{7-112}$$

进一步消去变量 $\boldsymbol{z}$，得到简化后的目标函数：

$$\mathcal{L}_{\text{CGAN}_1}(G_1,D_1)=\boldsymbol{E}_{\boldsymbol{x},\boldsymbol{y}\sim p_{\text{data}}(\boldsymbol{x},\boldsymbol{y})}[\log D_1(\boldsymbol{x},\boldsymbol{y})]+\boldsymbol{E}_{\boldsymbol{x}\sim p_{\text{data}}(\boldsymbol{x})}[\log(1-D_1(\boldsymbol{x},G_1(\boldsymbol{x})))] \tag{7-113}$$

除了利用对抗损失函数，还采用了经典的数据重构损失目标函数：

$$\mathcal{L}_{\text{data}_1}(G_1)=\boldsymbol{E}_{\boldsymbol{x},\boldsymbol{y}\sim p_{\text{data}}(\boldsymbol{x},\boldsymbol{y})}\|\boldsymbol{y}-G_1(\boldsymbol{x})\| \tag{7-114}$$

对于第二个条件生成对抗网络，采用与第一个类似的构造方法，于是可以得到：

$$\mathcal{L}_{\text{data}_2}(G_2\mid G_1)=\boldsymbol{E}_{\boldsymbol{x},\boldsymbol{r}\sim p_{\text{data}}(\boldsymbol{x},\boldsymbol{r})}\|\boldsymbol{r}-G_2(\boldsymbol{x},G_1(\boldsymbol{x}))\| \tag{7-115}$$

$$\begin{aligned}\mathcal{L}_{\text{CGAN}_2}(G_2,D_2\mid G_1)=&\boldsymbol{E}_{\boldsymbol{x},\boldsymbol{y},\boldsymbol{r}\sim p_{\text{data}}(\boldsymbol{x},\boldsymbol{y},\boldsymbol{r})}[\log D_2(\boldsymbol{x},\boldsymbol{y},\boldsymbol{r})]+\\&\boldsymbol{E}_{\boldsymbol{x}\sim p_{\text{data}}(\boldsymbol{x})}[\log(1-D_2(\boldsymbol{x},G_1(\boldsymbol{x}),G_2(\boldsymbol{x},G_1(\boldsymbol{x}))))]\end{aligned} \tag{7-116}$$

式中，$\boldsymbol{r}$ 为输入图像 $\boldsymbol{x}$ 预处理（比如去噪或去阴影）后的图像。生成器G_2以 $\boldsymbol{x}$ 和$G_1(\boldsymbol{x})$结合起来作为输入，判别器D_2以 $\boldsymbol{x}$ 为条件对G_1和G_2的串联输出与真实值进行判别。在此基础上，最终完成联合学习任务的整体目标，解决一个以鞍点为优化目标的极小极大值问题：

$$\min_{G_1,G_2}\max_{D_1,D_2}\mathcal{L}_{\text{data}_1}(G_1)+\lambda_1\mathcal{L}_{\text{data}_1}(G_2\mid G_1)+\lambda_2\mathcal{L}_{\text{CGAN}_1}(G_1,D_1)+\lambda_3\mathcal{L}_{\text{CGAN}_2}(G_2,D_2\mid G_1)$$

(7-117)

综上所述，生成对抗网络本质上是一种无监督的生成模型，在计算机视觉、模式识别等领域有广泛的应用。例如，图像生成算法生成高分辨率、真假难辨的图片；图像转换算法利用像素到像素方法将图像转换为另一种形式的图像；图像合成算法利用部分给定场景信息还原真实场景信息；人脸合成算法可从一张人脸图像合成不同角度的人脸图像；跨域对抗学习方法可以应用于文本到图像的生成/合成、风格迁移等。

7.6 图卷积神经网络

图（Graph）由节点集合和节点之间的内在连接关系所构成，可表示的数据类型包括文本数据、生物信息数据、社交网络数据和图像/视频数据等，是目前最成功的结构化和半结构化数据模型之一[59]。根据节点间连接关系的差异，可将图分为不同的类型，例如有权图和无权图，有向图和无向图等。图可表示为 $\mathcal{G}=(\boldsymbol{V},\boldsymbol{\mathcal{E}})$，其中 $\boldsymbol{V}$ 表示图中的节点（Node），$\boldsymbol{\mathcal{E}}$表示图中的边（Edge），且图中节点的邻接关系可由邻接矩阵 $\boldsymbol{A}=[\boldsymbol{A}_{ij}]_{N\times N}$（$N$ 表示节点数目，$\boldsymbol{A}_{ij}$表示节点 i 和节点 j 的连接关系）进行表示。若$\mathcal{G}$为无权图，当节点 i 与节点 j 之间有连接时，则$\boldsymbol{A}_{ij}=1$，否则$\boldsymbol{A}_{ij}=0$，而对于有权图，$\boldsymbol{A}_{ij}$是非负的实数。如果$\mathcal{G}$中节点间的连接不具有方向性（即 $\boldsymbol{A}=\boldsymbol{A}^{\mathrm{T}}$），则 $\mathcal{G}$为无向图，否则 $\mathcal{G}$为有向图。

经典的卷积神经网络以规则化数据为输入，抽取数据多尺度特征表示，但是难于处理常见的非欧几里得数据。因此，受经典的卷积神经网络的启发，图卷积神经网络（Graph Convolutional Network，GCN）[60]根据节点之间的局部连接，通过节点之间的信息传播与收集来获得节点的特征表示，用于机器学习任务中，比如节点分类、链接预测和图分类任务。

7.6.1 图卷积学习

图卷积学习一般包括三种方法：基于空间域（Spatial Domain）[61]的图卷积方法、基于谱域（Spectral Domain）[62]的图卷积方法和基于高斯诱导

(Gaussian Induced)[59]的图卷积方法。

1. 基于空间域的图卷积方法

基于空间域的图卷积方法是以一种非常直观的方式找出每个节点的邻域节点，从而提取拓扑图的空间特征。空间域方法包含两个关键性问题：

（1）如何确定感受野（Receptive Field）的尺寸，即按照什么条件确定节点的邻域范围，如选取图中一阶邻域的节点；

（2）如何构造规则化邻域，即针对邻域节点数目的差异问题，采用何种策略（如采样方法）筛选相同数目的邻域节点。

在特征学习过程中，类似于卷积神经网络，空间域的图卷积也采用共享权重，不过不同于卷积神经网络中每个卷积核的权重都是规则的矩阵，图卷积中的权重通常是一个集合。在对一个节点计算聚合特征值时，按一定规律将参与聚合的所有邻域点分为多个不同的子集，对同一个子集内的节点采用相同的权重，从而实现权重共享。

2. 基于谱域的图卷积方法

基于谱域的图卷积方法借助图谱理论来实现图上的卷积操作。图谱理论的核心是利用图的拉普拉斯矩阵的特征值和特征向量来研究图的性质。图$\boldsymbol{\mathcal{G}}=(\boldsymbol{V},\boldsymbol{\mathcal{E}})$的拉普拉斯矩阵$\boldsymbol{L}$定义为：$\boldsymbol{L}=\boldsymbol{D}-\boldsymbol{A}$（$\boldsymbol{D}$为图的度矩阵，是一个对角矩阵，$D_{ii}=\sum_{j=1}^{N}A_{ij}$）。其通常具有两种归一化的形式：对称归一化拉普拉斯矩阵(Symmetric Normalized Laplacian) $\boldsymbol{L}^{\mathrm{norm}}=\boldsymbol{D}^{-\frac{1}{2}}\boldsymbol{L}\boldsymbol{D}^{-\frac{1}{2}}$，和随机游走归一化拉普拉斯矩阵（Random Walk Normalized Laplacian）$\boldsymbol{L}^{\mathrm{rw}}=\boldsymbol{D}^{-1}\boldsymbol{L}$[63]。其中，$\boldsymbol{L}^{\mathrm{norm}}$是图卷积中常用的规则化拉普拉斯矩阵，$\boldsymbol{L}^{\mathrm{norm}}$可表示为

$$\boldsymbol{L}^{\mathrm{norm}}=\boldsymbol{D}^{-\frac{1}{2}}\boldsymbol{L}\boldsymbol{D}^{-\frac{1}{2}}=\boldsymbol{I}-\boldsymbol{D}^{-\frac{1}{2}}\boldsymbol{A}\boldsymbol{D}^{-\frac{1}{2}} \tag{7-118}$$

式中，$\boldsymbol{L}^{\mathrm{norm}}$为实值对称矩阵，它有一组完全正交的特征向量$\{u_l\}$满足$\boldsymbol{L}u_l=\lambda_l u_l(l=1,2,\cdots,N)$，其中$\{\lambda_l\}$为矩阵的非负实特征值。假设所有的特征值以这样的顺序排列：$0=\lambda_1<\lambda_2\leqslant\lambda_3\cdots\leqslant\lambda_N=\lambda_{\max}$，则拉普拉斯矩阵可以特征分解为$\boldsymbol{L}=\boldsymbol{U}\boldsymbol{\Lambda}\boldsymbol{U}^{\mathrm{T}}$，其中$\boldsymbol{\Lambda}=\mathrm{diag}([\lambda_1,\lambda_2,\cdots,\lambda_N])$。类似于经典的傅里叶变换，图上的傅里叶变换对于输入信号$\boldsymbol{X}$，它的谱域信号可以表示为$\hat{\boldsymbol{X}}=\boldsymbol{U}^{\mathrm{T}}\boldsymbol{X}$，对应的傅里叶反变换为$\boldsymbol{X}=\boldsymbol{U}\hat{\boldsymbol{X}}$。

假设 $g(\cdot)$ 为图上的滤波函数，则对于输入信号 $\boldsymbol{X}$ 可以定义对应的傅里叶变换为：$\hat{z}(\lambda_l)=\hat{x}(\lambda_l)\hat{g}(\lambda_l)$，而图的傅里叶反变换可以定义为：$z(i)=\sum_{l=1}^{N}\hat{x}(\lambda_l)\hat{g}(\lambda_l)\hat{u}_l(i)$。其中，$\hat{z}(\lambda_l)$、$\hat{x}(\lambda_l)$ 和 $\hat{g}(\lambda_l)$ 为 λ_l 的傅里叶相关系数。上述谱滤波过程的矩阵形式可以表示为

$$\boldsymbol{Z}=\hat{g}(\boldsymbol{L})\boldsymbol{X}=\boldsymbol{U}\begin{bmatrix}\hat{g}(\lambda_1) & \cdots & 0\\ \vdots & \ddots & \vdots\\ 0 & \cdots & \hat{g}(\lambda_N)\end{bmatrix}\boldsymbol{U}^{\mathrm{T}}\boldsymbol{X} \tag{7-119}$$

式（7-119）涉及特征向量矩阵 $\boldsymbol{U}$ 及特征值 λ_l 的计算，要求对矩阵进行特征分解，其运算量比较大。为避开特征分解过程，一个可行的方法是利用多项式来近似滤波函数。比如，可以利用切比雪夫（Chebyshev）的 K 阶展开多项式：

$$T_k(x)=2xT_{k-1}(x)-T_{k-2}(x),\ T_0=1,\ T_1=x \tag{7-120}$$

即任意一个自变量 $x\in[-1,1]$ 的函数 $f(x)$ 都可以通过切比雪夫多项式来表示：$f(x)=\sum_{k=0}^{\infty}a_kT_k(x)$。为了使得拉普拉斯矩阵的所有特征值 $\lambda_l\in[-1,1]$，需要对特征值做以下映射：$\widetilde{\lambda}_l=\frac{2}{\lambda_{\max}}\lambda_l-1$，并对处理后的特征值 $\{\widetilde{\lambda}_l\}$ 进行切比雪夫多项式展开。从而 K 阶滤波器可以表示为

$$\hat{g}(\lambda_l)=\sum_{k=0}^{K-1}\theta_kT_k(\widetilde{\lambda}_l) \tag{7-121}$$

式中，$\theta\in\mathbf{R}^K$ 是多项式系数，K 为多项式的阶数。将式（7-121）代入式（7-119）中可以得到：

$$\boldsymbol{Z}=\boldsymbol{U}\begin{bmatrix}\sum_{k=0}^{K-1}\theta_k T_k(\widetilde{\lambda}_1) & \cdots & 0\\ \vdots & \ddots & \vdots\\ 0 & \cdots & \sum_{k=0}^{K-1}\theta_k T_k(\widetilde{\lambda}_N)\end{bmatrix}\boldsymbol{U}^{\mathrm{T}}\boldsymbol{X}$$

$$\boldsymbol{Z}=\sum_{k=0}^{K-1}\theta_k\boldsymbol{U}\begin{bmatrix}T_k(\widetilde{\lambda}_1) & \cdots & 0\\ \vdots & \ddots & \vdots\\ 0 & \cdots & T_k(\widetilde{\lambda}_N)\end{bmatrix}\boldsymbol{U}^{\mathrm{T}}\boldsymbol{X}$$

$$
= \sum_{k=0}^{K-1} \theta_k T_k \left(U \begin{bmatrix} \widetilde{\lambda}_1 & \cdots & 0 \\ \vdots & \ddots & \vdots \\ 0 & \cdots & \widetilde{\lambda}_N \end{bmatrix} U^{\mathrm{T}} \right) X
$$

$$
= \sum_{k=0}^{K-1} \theta_k T_k \left(\frac{2}{\lambda_{\max}} L - I \right) X \tag{7-122}
$$

式中，L 为拉普拉斯矩阵：$L = U\text{diag}([\lambda_1, \cdots, \lambda_N])U^{\mathrm{T}}$。

3. 基于高斯诱导的图卷积方法

给定图中的一个参照节点v_i，构造以该节点为中心节点的 k 阶子图$\mathcal{G}_{v_i}^k = (V', A', X')$。为了协调子图，引入高斯混合模型（Gaussian Mixture Model，GMM），每个模型都可以理解为其变化的一个主方向。为了准确地编码这些变化，联合顶点的属性和边的连接共同构造高斯模型。边上的权重 $A'(v_i, v_j)$ 表示节点v_j与中心节点v_i的相关性，$A'(v_i, v_j)$越大，相关性越强。据此，高斯模型函数可以构造为：$\mathcal{N}\left(X'_{v_j}, \mu, \frac{1}{A'(v_i, v_j)} \Sigma \right)$。形式上，可以根据高斯混合模型的$C_1$分量来估计子图$\mathcal{G}_{v_i}^k$的概率密度，即

$$
p_{v_i}(X'_{v_j}; \Theta_1, A'_{ij}) = \sum_{c=1}^{C_1} \pi_c \mathcal{N}\left(X'_{v_j}; \mu_c, \frac{1}{A'_{ij}} \Sigma_c \right)
$$

$$
\text{s.t.} \quad \pi_c > 0, \quad \sum_{c=1}^{C_1} \pi_c = 1 \tag{7-123}
$$

式中，$\Theta_1 = \{ \pi_1, \cdots, \pi_{C_1}, \mu_1, \cdots, \mu_{C_1}, \Sigma_1, \cdots, \Sigma_{C_1} \}$ 为模型参数，$A'_{ij} > 0$。式（7-123）可以看作边诱导的高斯混合模型（Edge-Induced Gaussian Mixture Model，EI-GMM）。

假设节点之间的属性互相独立（这也是信号处理中常用的方法），则方差矩阵Σ_c为对角矩阵，可以表示为 $\text{diag}(\sigma_c^2)$，为了避免如式（7-123）中对π_c施加约束，可以采用再参数化变量 α_c 进行 Softmax 规则化，比如，$\pi_c = \frac{\exp(\alpha_c)}{\sum_{k=1}^{C_1} \exp(\alpha_k)}$。因此，整个子图的似然函数可以表示为

$$
\zeta(\mathcal{G}_{v_i}^k) = \sum_{j=1}^{m} \ln p_{v_i}(X'_{v_j}; \Theta_1, A'_{ij}) = \sum_{j=1}^{m} \ln \sum_{c=1}^{C_1} \pi_c \mathcal{N}\left(X'_{v_j}; \mu_c, \frac{1}{A'_{ij}} \Sigma_c \right) \tag{7-124}
$$

在正向传播过程中，可以将子图的梯度当成是EI-GMM模型的参数$\boldsymbol{\Theta}_1$来替代期望最大化（Expectation-Maximization，EM）算法。[64]

为了方便表达，这里将符号做以下简化：$\mathcal{N}_{jc}=\mathcal{N}\left(\boldsymbol{X}'_{v_j};\mu_c,\frac{1}{A'_{ij}}\sigma_c^2\right)$，$\mathcal{Q}_{jc}=\frac{\pi_c\mathcal{N}_{jc}}{\sum_{k=1}^{C_1}\pi_k\mathcal{N}_{jk}}$。于是，可以推导出子图的梯度如下：

$$\frac{\partial\zeta(\boldsymbol{\mathcal{G}}_{v_i}^k)}{\partial\mu_c}=\sum_{j=1}^{m}\frac{A'_{ij}\mathcal{Q}_{jc}(\boldsymbol{X}'_{v_j}-\mu_c)}{\sigma_c^2}$$
$$\frac{\partial\zeta(\boldsymbol{\mathcal{G}}_{v_i}^k)}{\partial\sigma_c}=\sum_{j=1}^{m}\frac{\mathcal{Q}_{jc}(A'_{ij}(\boldsymbol{X}'_{v_j}-\mu_c)^2-\sigma_c^2)}{\sigma_c^3}\tag{7-125}$$

式中，向量的除法为逐项运算。子图的梯度描述了相应参数对生成过程的贡献程度，子图的变量自适应地分配给高斯模型。最终，类比于图像上正方形感受野的集合，整合了子图的所有梯度。形式上，对于顶点v_i周围的k阶感受野$\boldsymbol{\mathcal{G}}_{v_i}^k$，对高斯模型产生的属性进行滤波，然后进行级联：

$$F(\boldsymbol{\mathcal{G}}_{v_i}^k,\boldsymbol{\Theta}_1,f)=\mathrm{ReLU}\left(\sum_{c=1}^{C_1}f_i\left(\mathrm{Cat}\left[\frac{\partial\zeta(\boldsymbol{\mathcal{G}}_{v_i}^k)}{\partial\mu_c},\frac{\partial\zeta(\boldsymbol{\mathcal{G}}_{v_i}^k)}{\partial\sigma_c}\right]\right)\right)\tag{7-126}$$

式中，Cat[·,·]表示级联操作，f_i是线性滤波函数（如卷积函数），ReLU表示激活函数。因此，可以根据不同子图的高斯模型个数，生成具有相同维数的特征向量。

图卷积神经网络具有强大的特征提取能力，然而过深的网络反而容易造成过拟合以及特征提取的过度平滑，因此通常采用浅层的图卷积神经网络。如果图卷积神经网络包含两层卷积层，那么其目标函数可以写成如下形式：

$$\boldsymbol{Z}=f(\boldsymbol{X},\boldsymbol{A})=\mathrm{Softmax}(\hat{\boldsymbol{A}}\mathrm{ReLU}(\hat{\boldsymbol{A}}\boldsymbol{X}\boldsymbol{W}^{(0)})\boldsymbol{W}^{(1)})\tag{7-127}$$

式中，$\hat{\boldsymbol{A}}=\widetilde{\boldsymbol{D}}^{-\frac{1}{2}}\widetilde{\boldsymbol{A}}\widetilde{\boldsymbol{D}}^{-\frac{1}{2}}$，$\boldsymbol{W}^{(0)}\in\mathbf{R}^{d\times h}$和$\boldsymbol{W}^{(1)}\in\mathbf{R}^{h\times c}$分别为两层卷积层参数。图卷积神经网络示意图如图7-27所示，其中，网络的输入为邻接矩阵$\boldsymbol{A}$和节点的特征向量$\boldsymbol{X}$，输出为卷积过后的节点特征向量$\boldsymbol{Z}$。

得到邻域卷积过后的特征向量$\boldsymbol{Z}$，根据机器学习任务的不同可以设计不同的损失函数，比如，半监督的节点分类任务可以采用交叉熵函数作为模型的损失函数：

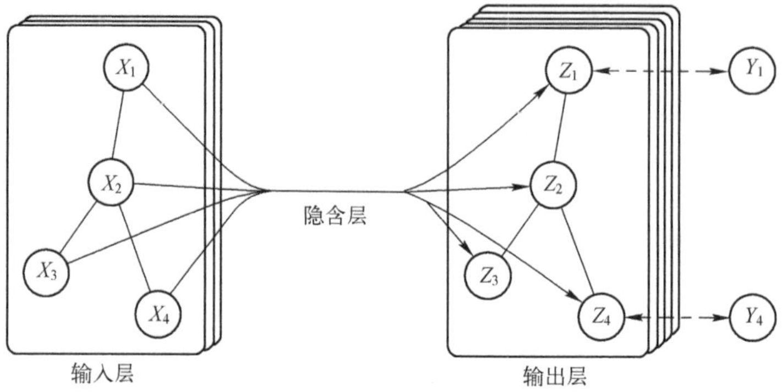

图 7-27　图卷积神经网络示意图[60]

$$\mathcal{L} = -\sum_{l \in y_l} \sum_{f=1}^{F} \mathbf{Y}_{lf} \ln \mathbf{Z}_{lf} \tag{7-128}$$

式中，y_l表示有标签节点的标签。

7.6.2　张量图卷积学习

经典的图卷积神经网络以整个图的邻接矩阵和特征向量作为输入。但是在实际应用中，图的规模可能会非常大，其节点数量可能在百万级以上，连接数量可能在百亿级以上。用经典的图卷积很难处理这种规模非常大的图，而且对于序列图而言，仅考虑某一时刻的节点图是不全面的，需要对一个序列中的所有节点之间的全局关系进行联合建模。为了解决上述问题，张桐[33]提出了一种用张量图卷积（Tensor Graph CNN，TGCNN）模型来处理大图和序列图数据的方法。TGCNN 借助递归机制来对图序列中所有节点进行联合建模，同时避免计算量或内存消耗过大问题，这个具有递归机制的网络单元称为图模型保持层。对于相继输入到 TGCNN 中的图序列，图模型保持层会将前一状态所保留的子图与当前的输入图进行联合学习。在每一步递归过程中，图模型保持层包含两种主要的运算，分别为交叉图卷积以及图粗化（Coarsening）。其中，交叉图卷积又可以分为交叉图模型构建以及谱滤波这两个阶段。交叉图模型构建的目的是根据两个子图建立一个联合图，用以描述两个子图中所包含的节点之间的全局连接。在此基础上，通过对联合图进行谱滤波就可以实现对两个子图的全局学习。

在交叉图模型构建过程中，这里介绍一个新颖的参数化克罗内克和（Kronecker sum）运算来学习一个最优的联合图。另外在对联合图进行谱滤波时，联合图中所包含的节点数较多，会导致参与谱滤波运算的矩阵维度较高且运算复杂度较大。对此，TGCNN 在谱滤波过程中利用了克罗内克积的性质，从而将联合图上的谱滤波转化为在尺寸较小的矩阵上的运算，减少了计算量和内存消耗。

图粗化操作发生在交叉图卷积之后，其目的是从包含较多节点的联合图中学习出一个节点数较少的子图，并且当前时刻图粗化所产生的子图会被网络保留并用于下一时刻的递归步骤中。经过上述递归过程，TGCNN 可以实现对序列图中所有节点的全局优化建模，并选择对于具体任务影响较为显著的子图用于分类。

TGCNN 的整体结构图如图 7-28 所示，其中最关键的部分是图模型保持层。接下来，对图模型保持层中的交叉图卷积和图粗化这两个关键操作进行详细描述。其中，交叉图卷积包含交叉图模型构建和谱滤波两个步骤。

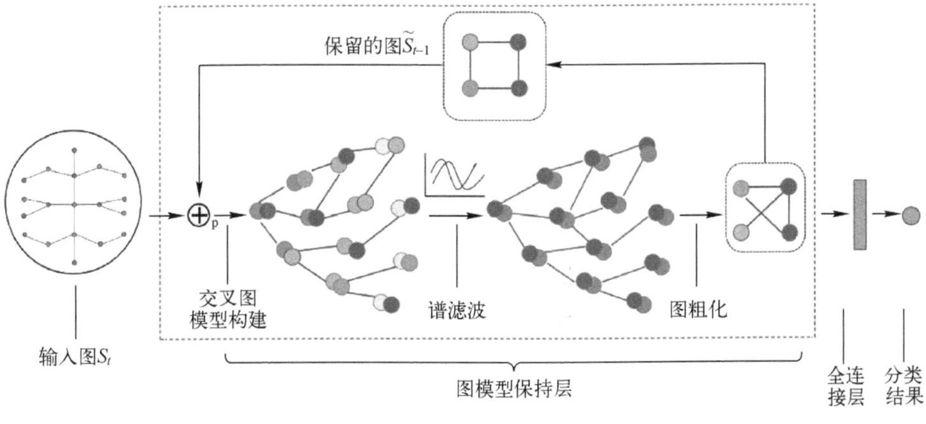

图 7-28　TGCNN 的整体结构图[33]

1. 交叉图卷积

交叉图卷积包括两个主要步骤，即交叉图模型构建和谱滤波。其中，交叉图模型构建的目的是构建所给定的两个子图的联合图，从而建立两个子图中各组节点之间的相互关系。为了更清晰地描述交叉图模型的构建过程并简化该问题，假设两个子图中节点的特征都是一维信号，同时该问题也很容易被拓展到高维节点特征的情况。假设 $\boldsymbol{x}\in\mathbf{R}^{n_1}$ 和 $\boldsymbol{y}\in\mathbf{R}^{n_1}$ 分别代表两个子图所包含节点的特征描述，那么向量 $\boldsymbol{x}$ 和 $\boldsymbol{y}$ 的每一个元素即为一个节点的特征。如果 $\boldsymbol{x}$ 和 $\boldsymbol{y}$ 所对应的相似度矩阵分别为 $\boldsymbol{A}_x\in\mathbf{R}^{n_1\times n_1}$ 和 $\boldsymbol{A}_y\in\mathbf{R}^{n_2\times n_2}$，那么由这两个子图所构建的联合图的节点特征矩阵可表示为

$$\boldsymbol{S}=[\boldsymbol{S}_1,\boldsymbol{S}_2]=f(\boldsymbol{x},\boldsymbol{y})=\lceil \boldsymbol{x}\otimes(\mathbf{1}^{n_2}),(\mathbf{1}^{n_1})\otimes\boldsymbol{y}\rceil \tag{7-129}$$

式中，$\boldsymbol{S}_1,\boldsymbol{S}_2\in\mathbf{R}^{n_1\times n_2}$，$\boldsymbol{S}\in\mathbf{R}^{(n_1\times n_2)\times 2}$；$\otimes$表示克罗内克积。

对应地，还需要计算联合图的相似度矩阵。在以前的研究中，相关工作采用克罗内克和（用$\oplus$表示）计算联合图的相似度矩阵，即联合图的相似度矩阵 $\boldsymbol{A}\in\mathbf{R}^{(n_1\times n_2)\times(n_1\times n_2)}$ 可以表示为

$$\boldsymbol{A}=\boldsymbol{A}_x\oplus\boldsymbol{A}_y=\boldsymbol{A}_x\otimes\boldsymbol{I}^{n_2}+\boldsymbol{I}^{n_1}\otimes\boldsymbol{A}_y \tag{7-130}$$

而在式（7-130）中，联合图的相似度矩阵 $\boldsymbol{A}$ 由给定的 $\boldsymbol{A}_x$ 和 $\boldsymbol{A}_y$ 直接确定，无法实现对相似度矩阵 $\boldsymbol{A}$ 的学习过程。为得到优化的相似度矩阵 $\boldsymbol{A}$，这里提出一种参数化的克罗内克和运算来学习一个联合相似度矩阵。如果用 $\oplus_{\mathrm{p}}$ 表示该参数化的克罗内克和运算，则 $\boldsymbol{A}$ 的计算过程表示为

$$\boldsymbol{A}=\boldsymbol{A}_x\oplus_{\mathrm{p}}\boldsymbol{A}_y=\boldsymbol{A}_x\otimes\boldsymbol{I}_{\lambda_1}+\boldsymbol{I}_{\lambda_1}\otimes\boldsymbol{A}_y \tag{7-131}$$

式中，$\boldsymbol{I}_\lambda=\mathrm{diag}(\lambda)$，$\lambda_1\in\mathbf{R}^{n_2}$，$\lambda_2\in\mathbf{R}^{n_1}$，且 λ_1 和 λ_2 均为可优化的参数。

完成联合图的构建之后，图模型保持层基于所得到的 $\boldsymbol{S}$ 和 $\boldsymbol{A}$ 进行谱滤波，具体过程为

$$\widetilde{\boldsymbol{S}}=\boldsymbol{H}_\theta(\boldsymbol{A},\boldsymbol{S})=\sum_k^K\theta_k\boldsymbol{A}^k\boldsymbol{S}=\left[\sum_k^K\theta_k\boldsymbol{A}^k\boldsymbol{S}_1,\sum_k^K\theta_k\boldsymbol{A}^k\boldsymbol{S}_2\right] \tag{7-132}$$

在此过程中，最关键的步骤是计算邻接矩阵和节点特征之间的 K 阶多项式。由于张量运算会导致邻接矩阵维度的大幅增加，直接对式（7-132）进行计算会带来较大的计算量及内存负担。因此，可以利用克罗内克积的性质对各阶多项式进行变换。首先，对于一阶多项式的运算有以下形式：

$$\begin{aligned}\boldsymbol{A}\boldsymbol{S}_1&=(\boldsymbol{A}_x\otimes\boldsymbol{I}_{\lambda_1}+\boldsymbol{I}_{\lambda_2}\otimes\boldsymbol{A}_y)\boldsymbol{S}_1\\&=(\boldsymbol{A}_x\otimes\boldsymbol{I}_{\lambda_1})\boldsymbol{S}_1+\boldsymbol{I}_{\lambda_2}\otimes\boldsymbol{A}_y)\boldsymbol{S}_1z\\&=\mathrm{vec}(\boldsymbol{I}_{\lambda_1}\mathrm{mat}(\boldsymbol{S}_1)\boldsymbol{A}_x^{\mathrm{T}})+\mathrm{vec}(\boldsymbol{A}_y\mathrm{mat}(\boldsymbol{S}_1)\boldsymbol{I}_{\lambda_2})\end{aligned} \tag{7-133}$$

式中，$\mathrm{vec}(\cdot)$表示将矩阵按列的方向拉成向量，而 $\mathrm{mat}(\cdot)$是关于 $\mathrm{vec}(\cdot)$的逆运算，它将一个列向量变换回矩阵。据此还可以得到以下等式：

$$\mathrm{mat}(\boldsymbol{A}\boldsymbol{S}_1)=\boldsymbol{I}_{\lambda_1}\mathrm{mat}(\boldsymbol{S}_1)\boldsymbol{A}_x^{\mathrm{T}}+\boldsymbol{A}_y\mathrm{mat}(\boldsymbol{S}_1)\boldsymbol{I}_{\lambda_2} \tag{7-134}$$

在此基础上，关于S_1和 A 的二阶多项式的计算过程可以表示为

$$\begin{aligned} S &= A(AS_1) \\ &= (A_x \otimes I_{\lambda_1})S_1 + (I_{\lambda_2} \otimes A_y)(AS_1) \\ &= \text{vec}(I_{\lambda_1}\text{mat}(AS_1)A_x^{\mathrm{T}}) + \text{vec}(A_y \text{mat}(AS_1)I_{\lambda_2}) \end{aligned} \tag{7-135}$$

根据以上一阶和二阶多项式的计算结果，可以归纳出关于 A 和S_1的 K 阶多项式的结果，具体形式如下：

$$\begin{aligned} A^K S_1 &= A(A^{K-1}S_1) \\ &= \text{vec}(I_{\lambda_1}\text{mat}(A^{K-1}S_1)A_x^{\mathrm{T}}) + \text{vec}(A_y \text{mat}(A^{K-1}S_1)I_{\lambda_2}) \end{aligned} \tag{7-136}$$

通过利用克罗内克积的性质，可以将原本对尺寸为$(n_1 \times n_1) \times (n_2 \times n_2)$的矩阵运算，转换成对尺寸分别为$n_1 \times n_1$和$n_2 \times n_2$的矩阵运算。这样，谱滤波的计算复杂度由$(n_1)^2(n_2)^2$降低为$(n_1)^2 n_2 + n_1(n_2)^2$，从而大幅度提高了计算效率。

另外，上述过程中的 vec(·)和 mat(·)并不需要在每一次计算多项式的过程中都被执行，否则会增加额外的计算量。因此，为了进一步提升运算效率，将式（7-130）变换成以下形式：

$$S = \left[\text{vec}\left(\sum_{k=0}^{K} \theta_k \text{mat}(A^k S_1) \right), \text{vec}\left(\sum_{k=0}^{K} \theta_k \text{mat}(A^k S_2) \right) \right] \tag{7-137}$$

结合式（7-135）和式（7-136）可知：经过上述变换，在谱滤波的计算过程中仅需对输入信号以及谱滤波结果分别执行一次 mat(·)和 vec(·)运算。

2. 图粗化

由交叉图卷积的过程可知，两个节点数分别为n_1和n_2的子图会生成一个节点数为$n_1 \times n_2$的联合图。相比之下，原来两个子图的总节点数仅为$n_1 + n_2$。因此，所生成的联合图中存在一些冗余的节点，而这部分节点不仅会增加额外的计算量，还可能引入冗余信息而导致 TGCNN 的性能下降。因此，为了降低这部分冗余节点的干扰，TGCNN 模型对联合图进行图粗化操作，而该过程可以由一个可优化的投影矩阵 W 完成。

假设 S 表示联合图的特征描述，并且其对应的相似度矩阵为 A，那么图粗化的过程可以表示为

$$p(S) = WS \tag{7-138}$$

$$p(A) = WAW^{\mathrm{T}} \tag{7-139}$$

式中，$\boldsymbol{W}$ 是待求解的投影矩阵。$\boldsymbol{W}$ 中元素的值越大，那么该元素所对应加权的节点重要性就越高。上述图粗化操作不仅去除了冗余节点，提高了网络的性能，还能避免联合图在递归过程中尺寸膨胀过快，从而提高了网络的运行效率。

3. 序列张量图卷积

基于图模型的递归学习过程旨在把对于全体子图中所有节点的谱滤波运算，转化为对于每两个子图之间的逐步递归运算。这样，该过程可以有效地降低计算复杂度和内存消耗。假设$\boldsymbol{A}_1,\boldsymbol{A}_2,\cdots,\boldsymbol{A}_T$表示 T 个不同时刻下的各个子图的相似度矩阵，而它们对应的特征描述为$\boldsymbol{S}_1,\boldsymbol{S}_2,\cdots,\boldsymbol{S}_T$，那么基于交叉图卷积和粗化的递归学习过程可以表示为下列形式：

$$\boldsymbol{S}_n^c=f(\boldsymbol{S}_n,\widetilde{\boldsymbol{S}}_{n-1}) \tag{7-140}$$

$$\boldsymbol{A}_n^c=\boldsymbol{A}_n\oplus_{\mathrm{p}}\widetilde{\boldsymbol{A}}_{n-1} \tag{7-141}$$

$$\widetilde{\boldsymbol{S}}_n=p(H_\theta(\boldsymbol{A}_n^c,\boldsymbol{S}_n^c)) \tag{7-142}$$

$$\widetilde{\boldsymbol{A}}_n=p(\boldsymbol{A}_n^c) \tag{7-143}$$

$$\boldsymbol{O}_n=\sigma_1(\boldsymbol{W}_{\mathrm{co}}\widetilde{\boldsymbol{S}}_n+\boldsymbol{b}_{\mathrm{co}}) \tag{7-144}$$

式中，$\boldsymbol{A}_n^c$和$\boldsymbol{S}_n^c$分别代表所建立联合图的相似度矩阵和特征描述，且该结果是由当前递归状态下（即第 n 次递归过程）的输入以及前一个状态所保留的图模型共同计算得到的。在建立好联合图以后，会对当前状态下的联合图进行谱滤波以及粗化操作，从而生成当前状态下的保留图的特征表示以及对应的相似度矩阵，分别用$\widetilde{\boldsymbol{A}}_n$和$\widetilde{\boldsymbol{S}}_n$进行表示。而$\boldsymbol{W}_{\mathrm{co}}$和$\boldsymbol{b}_{\mathrm{co}}$是待优化的用于生成当前输出特征$\boldsymbol{O}_n$的投影矩阵和偏置向量。$\sigma_1(\cdot)$是使得 TGCNN 网络具备非线性响应特性的激活函数。

式（7-140）~式（7-144）共同完成了对于多个子图的递归学习过程。对于依次输入的多个子图，TGCNN 中的图保留层首先对当前输入子图和前一个状态的保留图进行交叉图卷积运算，然后采用图粗化运算以自适应地确定那部分较为显著的节点，并将它们存储记忆。通过递归地执行上述两个过程，TGCNN 每一个状态都会和它的前一个状态产生连接关系，使得 TGCNN 本身拥有一种深度的结构。而在这种深度结构下，TGCNN 所输入的特征就可以很好地对所有输入子图的全局结构进行描述。

7.7　应用

7.7.1　目标检测

1. 人脸检测

人脸检测是诸多视觉人脸任务的首要环节，如人脸比对、识别和表情分析等。目前，基于卷积神经网络的检测方法已经基本上取代了传统的检测技术（如 AdaBoost）。这里介绍一种基于 SSD[65] 网络框架的双分支人脸检测器（Dual Shot Face Detector，DSFD）[66]。该工作主要从三个方面进行了改进：

首先，引入了特征增强模块（Feature Enhance Module，FEM），利用不同层次的信息来增强特征的识别性和稳健性。

其次，基于 PyramidBox[67] 中的分级损失和金字塔锚，设计了渐进式锚损失（Progressive Anchor Loss，PAL），有效地简化了计算过程。

最后，提出了改进的锚匹配算法（Improved Anchor Matching，IAM），将锚划分策略和基于锚的数据增强相结合，更好地匹配锚和真实框，从而为回归器提供更好的初始化。

DSFD 网络架构如图 7-29 所示，采用基于 VGG/ResNet 网络的特征增强模块（b），从原始特征（a）生成增强特征（c），优化两个目标损失函数：原始特征的第一次检测渐进式锚损失（对应于 First Shot PAL）和增强特征的第二次检测渐进式锚损失（对应于 Second Shot PAL）。

该方法采用 VGG-16 网络作为主干网络，并适当做了修订。具体地，选择 conv3_3、conv4_3、conv5_3、conv_fc7、conv6_2 和 conv7_2 作为初始检测层，以生成六个原始特征图，分别为 of_1、of_2、of_3、of_4、of_5 和 of_6。然后，使用特征增强模块将这些原始特征图转换为六个增强的特征图，分别为 ef_1、ef_2、ef_3、ef_4、ef_5 和 ef_6，它们与原始特征图尺寸相同，之后送入类似于 SSD 框架的网络来构建二次检测层。不同于 PyramidBox 和 S3FD[68]，该方法利用特征增强模块中放大的感受野和新的锚设计策略，弱化了步长、锚和感受野的尺寸满足等比例区间的条件。

DSFD 可有效检测各种状态下的人脸，特别适用于极小或严重遮挡的人脸检测。

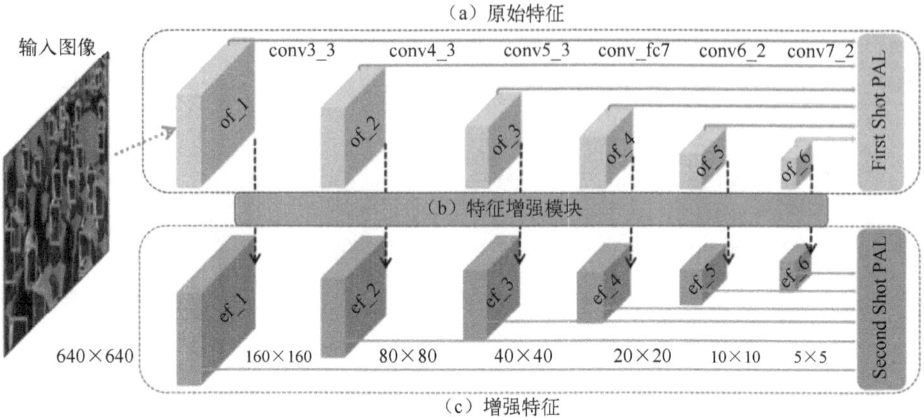

图 7-29　DSFD 网络架构[66]

2. 行人搜索

行人搜索（Pedestrian Search）任务将行人检测（Pedestrian Detection）和行人重识别（Person Re-identification）统一在一个连贯的系统中。常用的行人搜索模型将重识别的多分类损失与 Faster R-CNN[69] 的二分类损失联合训练。Chen 等人[70]探讨了行人检测与行人重识别这两个子任务之间的关联性，认为行人检测的重点是挖掘行人之间的共性，比如人体轮廓；而重识别模型研究行人之间的个性，将二者联合训练容易导致两者的目标损失函数互相干扰。对此，提出了一种两者独立训练的解决方案：采用双流卷积神经网络独立建模前景和原始图像，为每个身份提取更多的特征信息，同时建模背景信息的互补性。行人搜索网络架构如图 7-30 所示。

行人检测网络首先对输入全景图像中的人进行检测，输出若干候选框以及它们的置信度，对置信度高于给定阈值的候选框进行预处理：首先，以 γ ($\gamma>1$) 的比例扩张每个候选框来包含更多背景信息，并从输入图像中裁剪出目标区域，同时在输入图像上应用预训练的实例分割方法 FCIS[71] 分割前景与背景，并通过多数投票生成目标掩码，最后对每个目标获得一对仅包含前景和同时包含前景与背景的图像。

行人重识别网络的两个网络分支，分别采用 F-Net 和 O-Net 对仅包含前景和同时包含前景与背景的图像进行建模，然后将两个网络分支的输出特征串接起来，并通过 SE Block[72] 对所有通道重新加权，随后进行全局平均池化

并投影到 L_2 标准化的低维子空间，获得最终的特征向量。该方法使用在线实例匹配（Online Instance Matching，OIM）[73] 损失函数来训练网络。

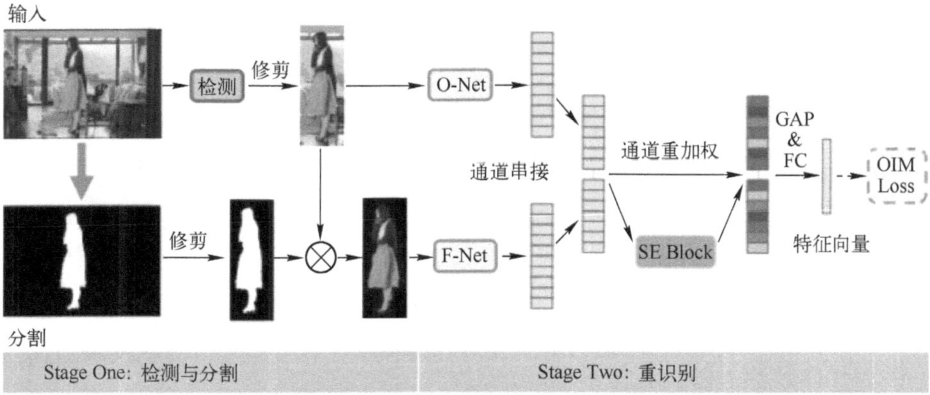

图 7-30 行人搜索网络架构[70]

7.7.2 目标跟踪

1. 基于递归神经网络的目标跟踪

视频序列目标跟踪通常利用初始帧给定的目标信息推断出目标在剩余帧中的状态。基于关联滤波的跟踪方法是目标跟踪的经典方法。传统的关联滤波方法通过高斯分布作为惩罚项抑制边界效应，RTT（Recurrently Target-attending Tracking）[74] 首次将递归神经网络引入目标跟踪过程，通过多方向 RNN 遍历候选空间，以编码遮挡信息和长距离上下文线索，其好处在于抑制边界效应的同时缓解遮挡的影响，进而进行稳健的目标跟踪。RTT 架构图如图 7-31 所示。

对于输入图像，首先划分网格，并利用深度神经网络提取目标特征，然后对于每个网格区域进行四个方向的 RNN 扫描，每个 RNN 可以获得该方向的历史信息，并最终叠加得到置信图，这样可以用来抑制边缘效应，同时也包含遮挡信息和上下文线索用于训练并更新滤波器，减少遮挡对目标跟踪的影响。

基于 RNN 的关联滤波方法和其他的关联滤波方法及目前先进的方法在 OTB（2013）[75] 数据集上的实验结果对比如图 7-32 所示。

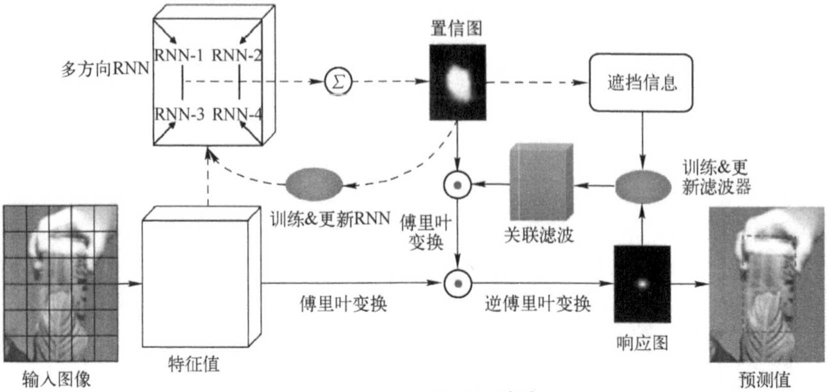

图 7-31 RTT 架构图[74]

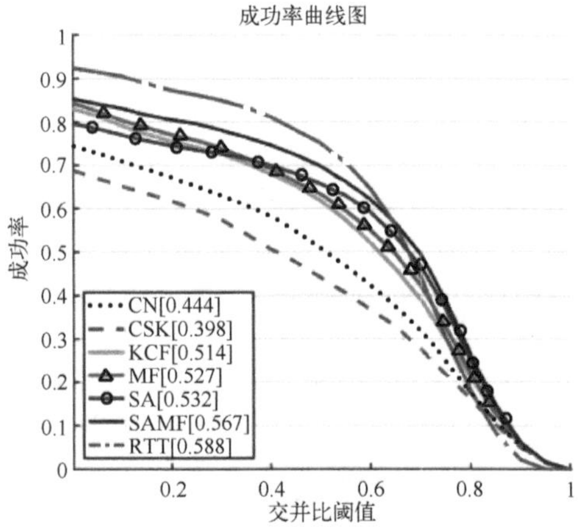

（a）VOR曲线（与基于关联滤波方法对比）

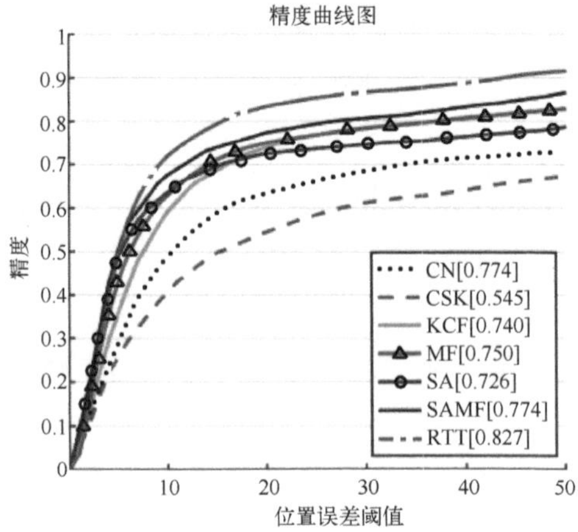

（b）CEL曲线（与基于关联滤波方法对比）

图 7-32 基于 RNN 的关联滤波方法和其他的关联滤波方法的实验结果对比[74]

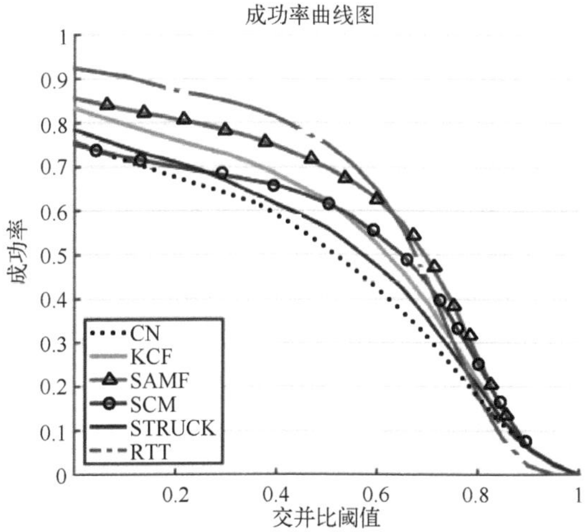

（c）VOR 曲线（与目前先进方法对比）

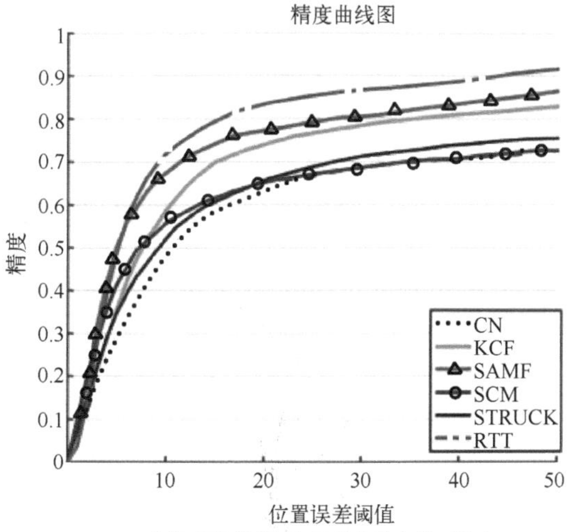

（d）CEL 曲线（与目前先进方法对比）

图 7-32 基于 RNN 的关联滤波方法和其他的关联滤波方法的实验结果对比[74]（续）

如图 7-32 所示，中心位置错误（Center Location Error，CLE）表示预测值和真实值的中心点距离大于给定阈值的样本，CEL 曲线展示中心位置错误样本的比例；交并比（VOC Overlap Ratio，VOR）表示预测值和真实值的交并比，VOR 曲线展示交并比小于给定阈值的样本的比例，VOR 的数学定义为

$$\text{VOR}=\frac{\text{Area}(B_{\text{T}}\cap B_{\text{G}})}{\text{Area}(B_{\text{T}}\cup B_{\text{G}})}$$

式中，B_T表示预测的矩形框，B_G表示实际的矩形框，Area(·)计算图形的面积。

在与基于关联滤波方法的对比实验中，RTT 使用 HOG 信息对目标进行特征表示，和基准线 SA 算法相比，在 VOR 和 CEL 分别有将近 5%和 10%的提升。SAMF 算法使用灰度和颜色信息进行特征表示，与其相比，RTT 有 2.1%和 5.3%的提升，证明了 RTT 基于 RNN 网络提取上下文长时的相关性，对跟踪效果有较大的促进。与目前先进跟踪算法的相比，RTT 算法仍有较好的效果。

2. 基于图谱滤波的目标跟踪

谱滤波跟踪（Spectral Filter Tracking，SFT）[76] 方法对跟踪目标的旋转不变性和平移不变性进行建模，构造一个像素级的候选图像局域网格图。图的顶点包围着目标的中心，因此只需要从图中找出最匹配的顶点，将传统的图匹配问题转化为简单的最小二乘回归问题来估计目标的中心坐标。

SFT 的架构如图 7-33 所示。给定一个视频帧，首先在前一帧的预测框周围确定一个候选区域，提取多通道特征，其中每个空间像素位置都与一个多通道特征向量相关联。为了减小跟踪过程中局部外观变化的影响，将候选区域建模为具有旋转不变和平移不变特性的像素网格图。一个空间像素被视为图的一个顶点，图中的边将这些空间相邻的顶点连接起来。利用图谱滤波器，

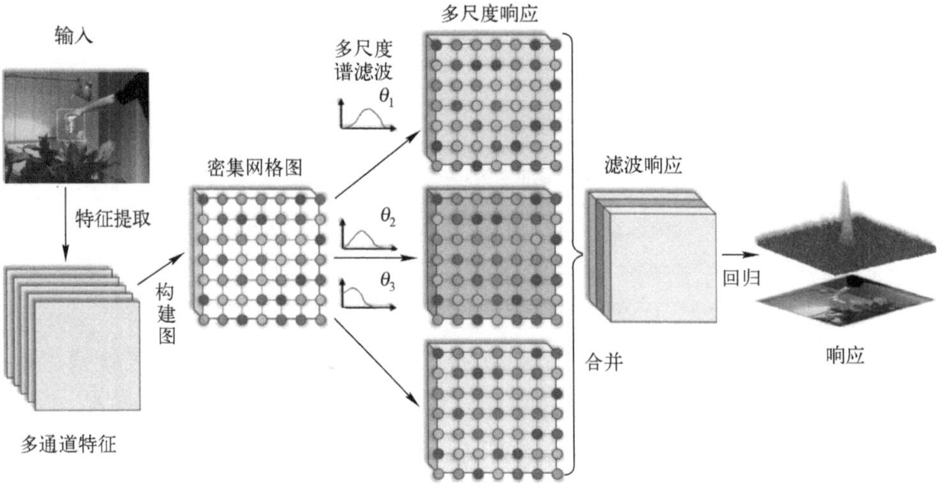

图 7-33　SFT 的架构[76]

可以得到每个顶点在局部图区域上的响应。将图谱滤波器参数化为拉普拉斯矩阵的多项式，从而可以避免特征值分解，多项式的每一项在图上都起到了局部滤波的作用。利用多项式项作为基本滤波器，可以得到每个顶点对应的多尺度特征，它很好地模拟了图的局部信息。然后将获得的多尺度特征合并后与模板帧进行关联而滤波得到响应，并根据滤波响应得到预测位置。该方法在 OTB（2015）[82]数据集上进行了实验，并且在当时取得了较好的结果。

7.7.3 场景理解

近年来，场景理解在计算机视觉中占有重要地位，因为它能实时感知、分析和阐述动态场景，从而产生新的发现。场景理解的目标是使机器能够像人一样完全理解视觉场景。场景理解受到认知视觉的影响，涉及计算机视觉、认知工程和软件工程等领域。其中，语义分割、深度预测和法线估计等都是场景理解领域中重要的研究方向。

1. 深度分层指导和正则化的深度估计

深度分层指导和正则化（deep Hierarchical Guidance and Regularization，HGR）网络模型能够端到端地估计单目图像的深度[83]。HGR 的特点：该网络能有监督并且自动地学习到深度分层指导，利用学习到的分层式深度表示逐步指导反卷积层的上采样和预测过程；分层正则化学习方法集成了深度图的各层次的信息，可更好地进行深度图的预测。

图 7-34 给出了 HGR 网络架构示意图。该网络模型基于 ResNet-50 来实现，包含了多个卷积层和反卷积层。HGR 网络模型包括两个部分：卷积层构成的编码部分和反卷积层构成的解码部分。另外，HGR 还采用了一种用于提高预测质量的融合模块，该模块可以对每个尺度进行预测，从而获得更有价值的语义特征。HGR 使用上述融合模块对细化网络得到的深度特征图和相应的反卷积特征图进行融合，并将融合结果作为解码部分的输入。整个网络使用了分层正则化策略，可以集成像素相关性、局部结构和深度图的全局一致性。

HGR 在 NYUDV2[84]、KITTI[85, 86]与 Make3D[87]三个公共基准数据集上进行了测试，由于篇幅所限，这里主要展示在 NYUDV2 数据集上的测试结果。NYUDV2 数据集中有 1 449 张 RGB 三通道彩色图像，均含有深度与分割的标签。这些图像都是室内场景，其标签可以分为 40 类，包括桌子、沙发、墙壁

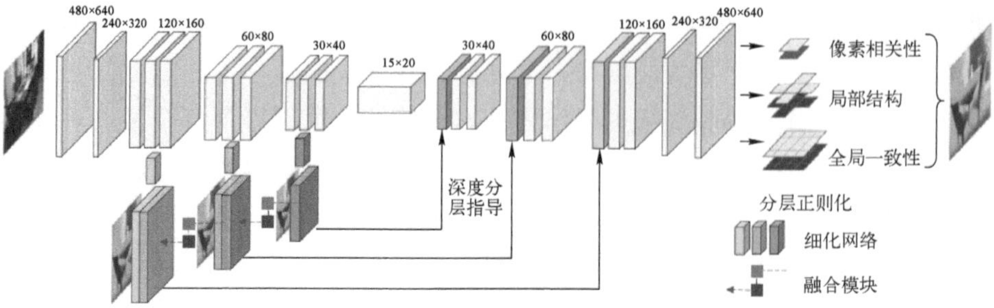

图 7-34　HGR 网络架构示意图[83]

等。HGR 在 NYUDV2 数据集上进行了训练和测试，这里仅展示可视化的深度预测图，如图 7-35 所示，其中（a）是输入的 RGB 图像，（b）为深度图像的真值，（c）是 Eigen 等人[88]提出的方法预测出的深度图像，（d）是 Laina 等人[89]提出的方法预测出的深度图像，（e）是 HGR 方法预测出来的深度图像。可以清楚地看到，HGR 预测出的深度图像包含了更多的细节信息，例如对沙发和茶几边缘的描述更加的准确，而（c）和（d）中的结果对茶几边缘的描述都是不够锐利的。另外还可以看到，对于边界物体（例如墙角的柜子）都不能准确地估计出其深度。可见，HGR 在当时取得了非常好的结果。

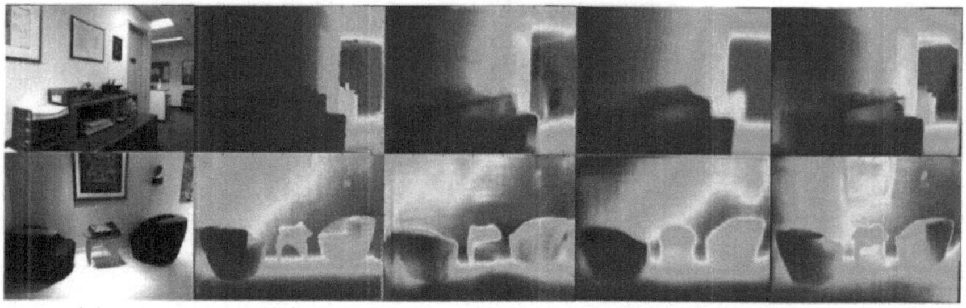

(a)　(b)　(c)　(d)　(e)

图 7-35　HGR 在 NYUDV2 数据集上部分可视化结果[83]

2. 基于关联模式传播的场景理解

关联模式传播（Pattern-Affinitive Propagation，PAP）[90]网络利用交叉的任务关联模式联合地估计深度、表面法线和语义分割。和以往只考虑局部像素的工作不同，PAP 利用每个任务内的全局相似性来对长距离像素间的相关性进行编码，从而获得关联性矩阵。为了传播所获得的关联性矩阵，PAP 采用两个传播过程：跨任务传播和特定任务传播。图 7-36 展示了 PAP 网络架构图。

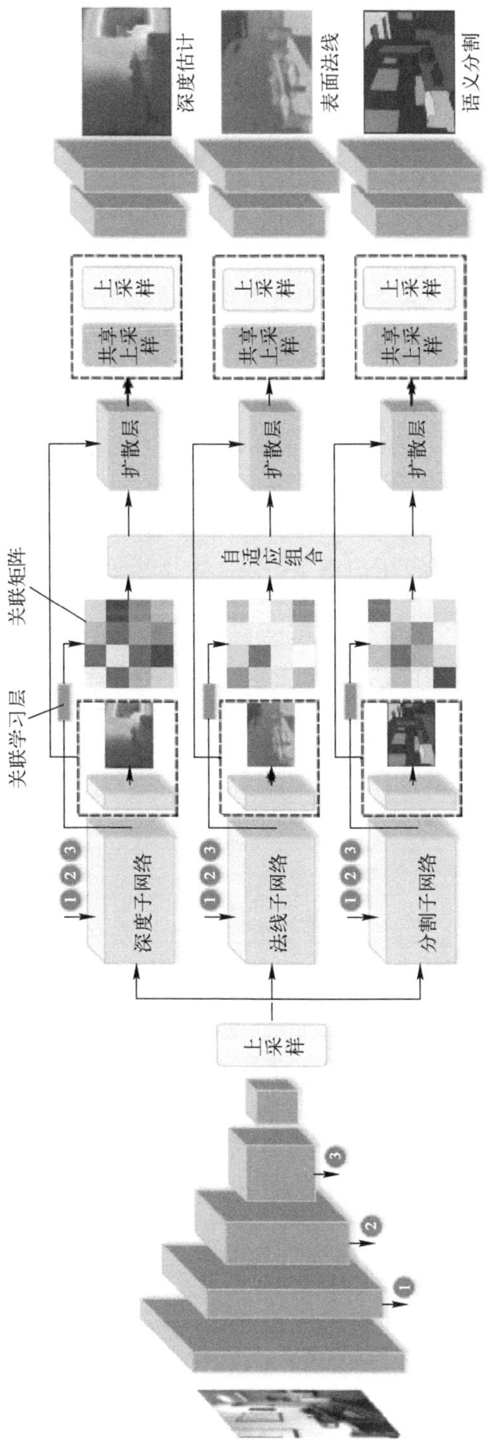

图7-36　PAP网络架构图[90]

单任务子网络首先生成对各任务的初始预测。在跨任务传播期间，网络模型首先学习关联性矩阵以表示每个任务中像素的成对关系，然后自适应地组合这些矩阵以跨任务传播关联性信息。随后，PAP 使用组合后的矩阵通过扩散层将关联信息传播到每个任务的特征空间中。最后，将扩散特征应用到三个重构网络中，得到较高分辨率的预测结果。

PAP 在三个广泛使用的数据集上进行了测试，分别是 KITTI、NYUDV2 和 SUN RGB-D[91]。这里仅展示在 SUN RGB-D 数据集上对语义分割进行预测的结果。SUN RGB-D 数据集是一个大型的室内场景数据集，包含了 10 355 个 RGB-D 图像，一共分为 37 个类，这些图像都具有语义分割标签和深度估计标签。PAP 使用 5 285 张图像进行训练，5 050 张进行测试。为了增加数据的多样性，还采用了与参考文献［89］相同的数据增强策略：缩放、翻转、裁剪和旋转。

表 7-1 仅展示了 PAP 方法在 SUN RGB-D 数据集上语义分割的结果与其他方法的比较。

表 7-1　PAP 方法在 SUN RGB-D 数据集上语义分割的结果与其他方法的比较[90]

方　法	数　据	像素精度	平均精度	类平均交并比
Context	RGB	78.4	53.4	42.3
B-SegNet	RGB	71.2	45.9	30.7
RefineNet-101	RGB	80.4	57.8	45.7
TRL-ResNet50	RGB	83.6	58.9	50.3
LSTM	RGB-D	—	48.1	—
Cheng et al.	RGB-D	—	58.0	—
CFN	RGB-D	—	—	48.1
3D-GNN	RGB-D	—	57.0	45.9
RDF-152	RGB-D	81.5	60.1	47.7
PAP-ResNet50	RGB	83.8	58.4	50.5

表格中包含了语义分割任务中常用的三个度量标准：像素精度（pixel-acc）、平均精度（mean-acc）和类平均交并比（IoU）。从表 7-1 中可以看到：PAP 虽然在平均精度的度量上略弱于 RDF-152[92]，但该方法在其他度量中可以获得最好的结果。

7.7.4　图像重建

单图像超分辨率重建（Single Image Super-Resolution，SISR）旨在从低分辨率图像中恢复高分辨率图像，是计算机视觉领域的经典问题，其应用非常广泛，可以用于医疗成像、安全与监控等场景中。近年来，深度学习技术，尤其是卷积神经网络，已被广泛地应用于超分辨率这一研究。与其他学习过程的方法相比，深层模型已经展现出更好的学习能力，并且取得了更好的恢复效果。

1. 基于深度网络级联的图像重建

基于深度网络级联（Deep Network Cascade，DNC）[93]的每层都有缩放因子，能够逐层升级低分辨率图像。DNC 架构图如图 7-37 所示。从图中可知，DNC 是由多个相互协作的栈式局部自动编码器级联而成的。在级联的每个层中，首先执行非局部自相关性搜索以增强输入图像中局部块的高频纹理细节。然后将增强的图像块输入到协作局部自编码器（CLA）中以抑制噪声，并且协调堆叠块的兼容性。通过关闭级联层中的非局部自相关性搜索和 CLA 循环，可以细化超分辨率结果，并且将其进一步输入到下一层，直到得到所需的图像比例。

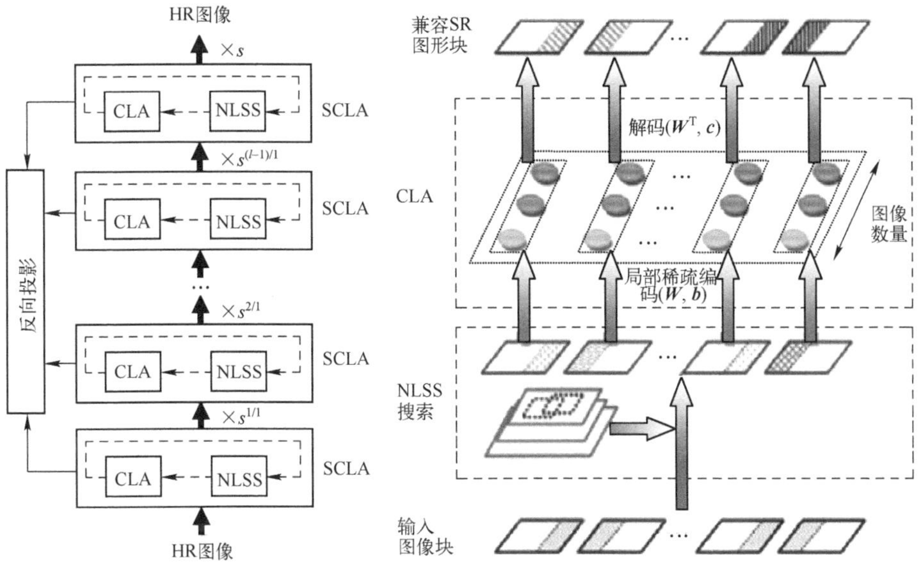

图 7-37　DNC 架构图[93]

DNC 的实验考虑了两个经典的评估标准：PSNR 和 SSIM[94]。表 7-2 展示了 DNC 在 PSNR 和 SSIM 的结果。结果显示，DNC 可以随着网络层的增加逐步升级低分辨率图像，在视觉质量和定量性能方面取得较好的结果。

表 7-2　DNC 在 PSNR 和 SSIM 的结果[93]

类　别	Yang 等人	Kim 等人	Lu 等人	DNC	
				NSLL	NSLL+CLA
自行车	24.01/0.773	24.43/0.784	23.78/0.767	24.29/0.782	24.56/0.796
蝴蝶	26.16/0.877	27.09/0.894	25.48/0.857	26.64/0.894	27.83/0.914
花	28.73/0.837	28.91/0.832	28.30/0.829	28.89/0.840	29.15/0.849
女孩	33.38/0.823	33.00/0.807	33.13/0.819	33.43/0.823	33.48/0.826
帽子	30.45/0.858	30.67/0.847	30.29/0.854	30.83/0.863	31.02/0.868
鹦鹉	29.60/0.906	29.76/0.893	29.20/0.900	29.69/0.906	30.18/0.913
神庙	27.07/0.795	27.14/0.790	26.44/0.729	27.40/0.802	27.49/0.811
植物	32.72/0.903	32.90/0.891	32.33/0.899	33.05/0.907	33.13/0.913
浣熊	29.12/0.772	29.03/0.760	28.81/0.758	29.05/0.767	29.15/0.772

2. 基于深层递归残差网络的图像重建

深层递归残差网络（Deep Recurrent Residual Network，DRRN）[95, 96]是最近提出的一种重建方法。相较其他经典的算法，例如非常深的超分辨率网络（Very Deep Super-Resolution，VDSR）[97]和深层递归卷积网络（Deeply-Recursive Convolutional Network，DRCN）[98]等，该网络所需要的参数很少，仅需要 VDSR 的 1/2，DRCN 的 1/6。DRRN 分为两个分支：采用全局残差学习策略的恒等分支和采用递归式学习的残差分支。其中，每个递归模块由若干个残差单元构成，其残差单元如图 7-38（a）所示，黑色虚线框表示残差函数 $\mathcal{F}$。残差单元中包含 2 个卷积层，每一个卷积层都使用前激活函数[99]结构：BN-ReLU-weight。需要注意的是在 ResNet[14]中，不同的残差单元的恒等分支使用不同的输入，而 DRRN 采用了多路径结构，使得所有的残差单元的恒等分支都使用相同的输入，如图 7-38（b）所示，图中 U 表示递归模块中的残差单元的个数。跟具有链式结构的网络相比，这里的多路径结构可以有效地促进学习，并且缓解模型的过拟合问题[100]。总而言之，DRRN 的创新之处有二：更深的网络模型和递归式学习以减少参数。

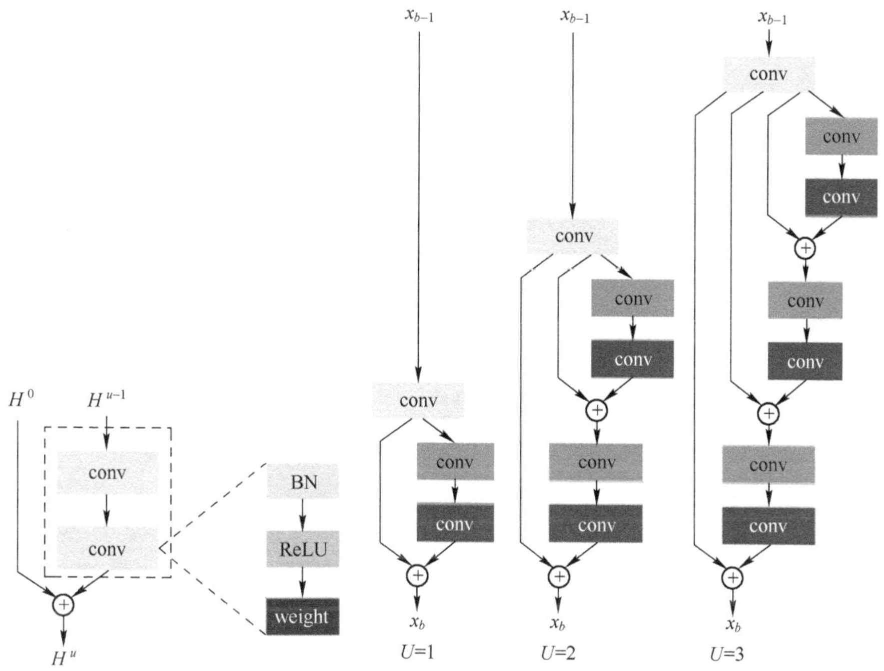

（a）DRRN中的第u个残差单元内结构　　（b）递归模块的结构

图 7-38　深层递归残差网络示意[95]

DRRN 在图像超分辨率领域广泛使用的数据集（Set5、Set14[101]、BSD100[102]和 Urban100[103]）上进行了实验。这 4 个数据集分别含有 5、14、100 和 100 张图像。图 7-39 展示了不同超分辨率方法的恢复图像比较。可以看到，DRRN 可以产生相对更锐利的边缘，而其余的方法往往产生模糊的结果。

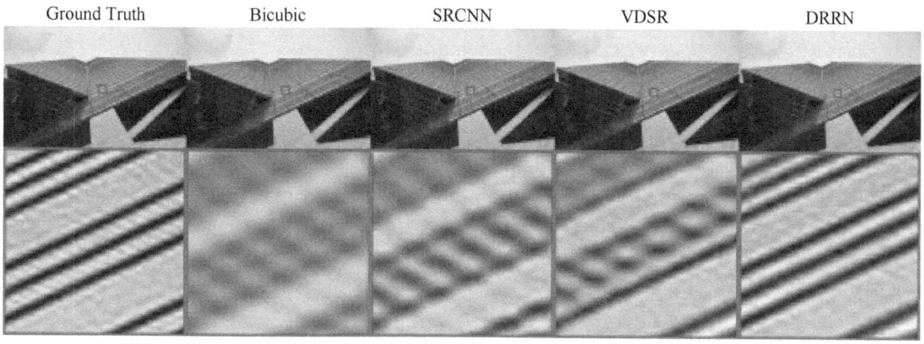

图 7-39　不同超分辨率方法的恢复图像比较[96]

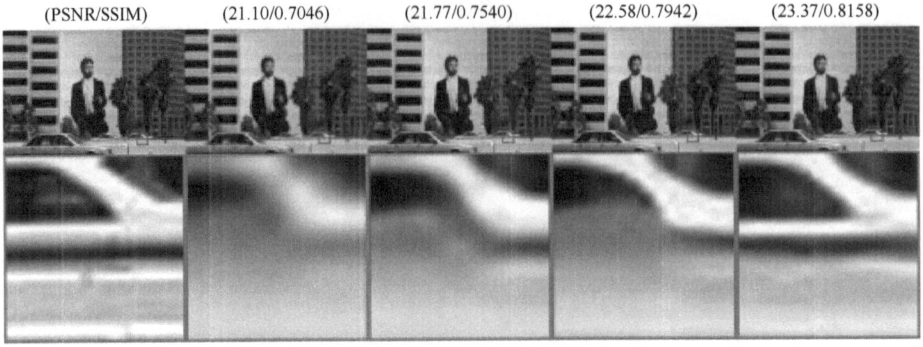

图 7-39　不同超分辨率方法的恢复图像比较[96]（续）

7.7.5　社交网络

图表示学习在机器学习和模式识别的许多任务中扮演着非常重要的角色，Jiang 等人[59]提出一种高斯诱导的图卷积（Gaussian-Induced graph Convolutional，GIC）框架（可参见 7.6.1 节）学习图的特征表示。对于无坐标的子图区域，GIC 设计了一个边诱导高斯混合模型（EI-GMM）来隐式地协调其中的顶点。具体地说，这些边用于正则化高斯模型，可以很好地编码子图中的变化。

GIC 网络架构图如图 7-40 所示。GIC 主要包含两个模块：卷积层（EI-GMM）和粗化层（节点诱导高斯混合模型，即 NI-GMM），以交替和迭代的方式堆叠多个卷积层和粗化层。给定一个属性图$\mathcal{G}^{(0)}=(\mathcal{V}^{(0)},\boldsymbol{A}^{(0)},\boldsymbol{X}^{(0)})$，其中的上标表示层数，基于邻接矩阵$\boldsymbol{A}^{(0)}$为每个顶点构造多尺度的感受野。每个感受野记录顶点的 K 阶邻域关系，并形成一个局部集中的子图。为了对集中子图进行编码，将其投影到边诱导高斯模型中，每个模型都定义了子图的一个变化方向。对不同的高斯分量执行不同的滤波操作，并将所有响应聚合为卷积输出。经过卷积滤波后，将输入图$\mathcal{G}^{(0)}$转换为新的图$\mathcal{G}^{(1)}=(\mathcal{V}^{(1)},\boldsymbol{A}^{(1)},\boldsymbol{X}^{(1)})$，其中$\mathcal{V}^{(1)}=\mathcal{V}^{(0)}$，$\boldsymbol{A}^{(1)}=\boldsymbol{A}^{(0)}$。为了进一步抽象图的信息，GIC 在$\mathcal{G}^{(1)}$上增加一个粗化层。利用节点诱导的高斯混合模型将图$\mathcal{G}^{(1)}$向下采样到低分辨率的图$\mathcal{G}^{(2)}=(\mathcal{V}^{(2)},\boldsymbol{A}^{(2)},\boldsymbol{X}^{(2)})$中。将卷积和粗化模块交替叠加成一个多层 GIC 网络，随着层数的增加，滤波器的感受野尺寸会变大，从而使高层网络可以提取更多的全局图信息。在图分类的监督情况下，GIC 最后使用了一个全连接层和 Softmax 层。

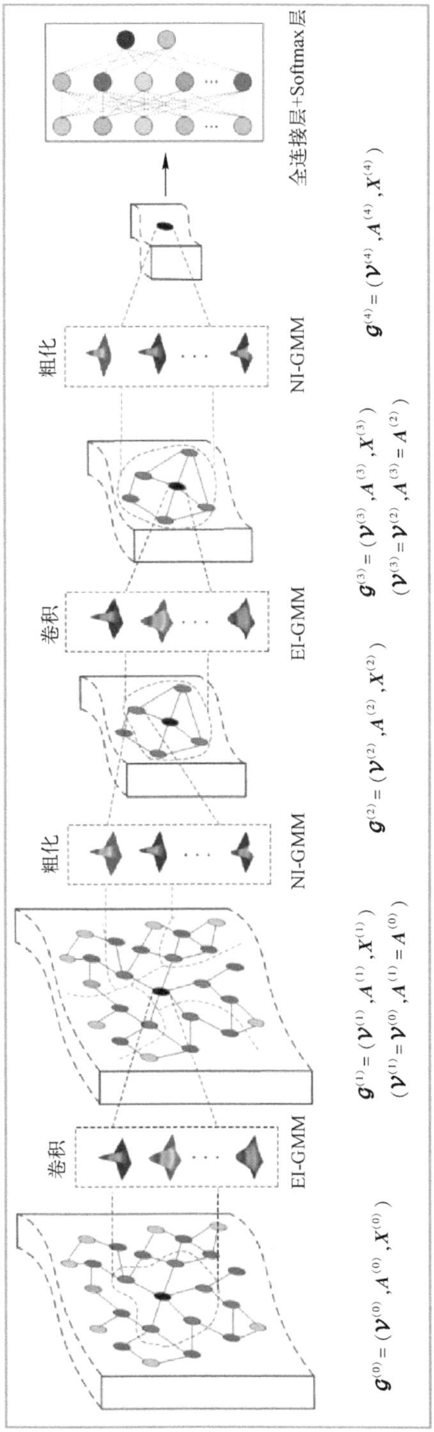

图7-40　GIC网络架构图[59]

GIC 在图分类任务上与其他方法的性能比较见表 7-3。与现有的图卷积方法相比，GIC 方法可以在大多数数据集上获得更好的性能，在 PTC[105]、NCI1[106]、ENZYMES[107]、PROTEINS[107]、COLLAB[108]、IMDB-BINARY 和 IMDB-MULTI 等生物信息数据集和社交网络数据集中取得了较好的结果。虽然 NgramCNN[109]、DyF[110]、WL[111] 和 SAEN[112] 方法分别在 MUTAG、REDDIT-BINARY、NCI109、REDDIT-MULTI-5K 和 REDDIT-MULTI-12K 数据集上获得了最好的性能，但是 GIC 完全可以与其相提并论。

表 7-3　GIC 在图分类任务上与其他方法的性能比较[59]

数据集	PSCN	DCNN	NgramCNN	FB	DyF	WL	GK	DGK	RW	SAEN	GIC
MUTAG	92.63 ±4.21	66.98 —	**94.99 ±5.63**	84.66 ±2.01	88.00 ±2.37	78.3 ±1.9	81.66 ±2.11	82.66 ±1.45	83.72 ±1.50	84.99 ±1.82	94.44 ±4.30
PTC	60.00 ±4.82	56.60 —	68.57 ±1.72	55.58 2.30	57.15 ±1.47	— —	57.26 ±1.41	57.32 ±1.13	57.85 ±1.30	57.04 ±1.30	**77.64 ±6.98**
NCI1	78.59 ±1.89	62.61 —	— —	62.90 ±0.96	68.27 ±0.34	83.1 ±0.2	62.28 ±0.29	62.48 ±0.25	48.15 ±0.50	77.80 ±0.42	**84.08 ±1.77**
NCI109	— —	62.86 —	— —	62.43 ±1.13	66.72 ±0.20	**85.2 ±0.2**	62.60 ±0.19	62.69 ±0.23	49.75 ±0.60	— —	82.86 ±2.37
ENZYMES	— —	18.10 —	— —	29.00 ±1.16	33.21 ±1.20	53.4 ±1.4	26.61 ±0.99	27.08 ±0.79	24.16 ±1.64	— —	**62.50 ±5.12**
PROTEINS	75.89 ±2.76	— —	75.96 ±2.98	69.97 ±1.34	75.04 ±0.65	73.7 ±0.5	71.67 ±0.55	71.68 ±0.50	74.22 ±0.42	75.31 ±0.70	**77.65 ±3.21**
COLLAB	72.60 ±2.15	— —	— —	76.35 1.64	80.61 ±1.60	— —	72.84 ±0.28	73.09 ±0.25	69.01 ±0.09	75.63 ±0.31	**81.24 ±1.44**
REDDIT-BINARY	86.30 ±1.58	— —	— —	88.98 ±2.26	**89.51 ±1.96**	75.3 ±0.3	77.34 ±0.18	78.04 ±0.39	67.63 ±1.01	86.08 ±0.53	88.45 ±1.60
REDDIT-MULTI-5K	49.10 ±0.70	— —	— —	50.83 1.83	50.31 ±1.92	— —	41.01 ±0.17	41.27 ±0.18	— —	**52.24 ±0.38**	51.58 ±1.68
REDDIT-MULTI-12K	41.32 ±0.42	— —	— —	42.37 1.27	40.30 ±1.41	— —	31.82 ±0.08	32.22 ±0.10	— —	**46.72 ±0.23**	42.98 ±0.87
IMDB-BINARY	71.00 ±2.29	— —	71.66 ±2.71	72.02 ±4.71	72.87 ±4.05	72.4 ±0.5	65.87 ±0.98	66.96 ±0.56	64.54 ±1.22	71.26 ±0.74	**76.70 ±3.25**
IMDB-MULTI	45.23 ±2.84	— —	50.66 ±4.10	47.34 3.56	48.12 ±3.56	— —	43.89 ±0.38	44.55 ±0.52	34.54 ±0.76	49.11 ±0.64	**51.66 ±3.40**

参考文献

[1] Goodfellow I, Bengio Y, Courville A. Deep Learning [M]. Cambridge: MIT Press, 2016.

[2] 陈先昌．基于卷积神经网络的深度学习算法与应用研究 [D]. 浙江工商大学, 2014.

[3] Rumelhart D E, Hinton G E, Williams R J. Learning internal representations by error propagation [M]//Neurocomputing: foundations of research. Cambridge: MIT Press, 1988.

[4] Ng A. Sparseautoencoder [J]. CS294A Lecture notes, 2011, 72 (2011): 1-19.

[5] Vincent P, Larochelle H, Bengio Y, et al. Extracting and composing robust features with denoising autoencoders [C]//Proceedings of the 25th international conference on Machine learning. ACM, 2008: 1096-1103.

[6] Bengio Y, Lamblin P, Popovici D, et al. Greedy layer-wise training of deep networks [J]. Advances in Neural Information Processing Systems, 2007, 19: 153-160.

[7] Kingma D P, Welling M. Auto-Encoding Variational Bayes [J/OL]. 2013 (2014)[2019-12-22]. https://arxiv.org/abs/1312.6114.

[8] LeCun Y, Boser B, Denker J S, et al. Backpropagation applied to handwritten zip code recognition [J]. Neural computation, 1989, 1 (4): 541-551.

[9] LeCun Y, Bottou L, Bengio Y, et al. Gradient-based learning applied to document recognition [J]. Proceedings of the IEEE, 1998, 86 (11): 2278-2324.

[10] Hinton G E, Salakhutdinov R R. Reducing the dimensionality of data with neural networks [J]. Science, 2006, 313 (5786): 504-507.

[11] Krizhevsky A, Sutskever I, Hinton G. ImageNet Classification with Deep Convolutional Neural Networks [C]//Advances in neural information processing systems (NIPS), 2012: 1097-1105.

[12] Simonyan K, Zisserman A. Very Deep Convolutional Networks for Large-Scale Image Recognition [J]. Computer Science, 2014.

[13] Szegedy C, Liu W, Jia Y, et al. Going deeper with convolutions [C]//Proceedings of the IEEE conference on computer vision and pattern recognition, 2015: 1-9.

[14] He K, Zhang X, Ren S, et al. Deep residual learning for image recognition [C]//Proceedings of the IEEE conference on computer vision and pattern recognition, 2016: 770-778.

[15] Huang G, Liu Z, Van Der Maaten L, et al. Densely connected convolutional networks [C]//Proceedings of the IEEE Conference on Computer Vision and Pattern Recognition (CVPR), 2017: 4700-4708.

[16] Ioffe S, Szegedy C. Batch normalization: accelerating deep network training by reducing internal covariate shift [C]//International Conference on International Conference on Machine Learning. JMLR, 2015.

[17] Szegedy C, Vanhoucke V, Ioffe S, et al. Rethinking the inception architecture for computer vision [C]//Proceedings of the IEEE conference on computer vision and pattern recognition, 2016: 2818-2826.

[18] Szegedy C, Ioffe S, Vanhoucke V, et al. Inception-v4, inception-resnet and the impact of residual connections on learning [C]//Thirty-First AAAI Conference on Artificial Intelligence, 2017.

[19] Li X, Chen S, Hu X, et al. Understanding the disharmony between dropout and batch normalization by variance shift [C]//Proceedings of the IEEE Conference on Computer Vision and Pattern Recognition, 2019: 2682-2690.

[20] Zagoruyko S, Komodakis N. Wide Residual Networks [C]//British Machine Vision Conference 2016, 2016.

[21] Li X, Wang W, Hu X, et al. Selective Kernel Networks [C]//Proceedings of the IEEE Conference on Computer Vision and Pattern Recognition, 2019: 510-519.

[22] Xu C, Lu C, Liang X, et al. Multi-loss regularized deep neural network [J]. IEEE Transactions on Circuits and Systems for Video Technology, 2015, 26 (12): 2273-2283.

[23] Lin M, Chen Q, Yan S. Network In N. etwork [J]. Computer Science, 2013.

[24] Cui Z, Niu Z, Liu L, et al. Layerwise Class-Aware Convolutional Neural Network [J]. IEEE Transactions on Circuits and Systems for Video Technology, 2016, 27 (12): 2601-2612.

[25] Graves A. Long Short-TermMemory [J]. Neural Computation, 1997, 9 (8): 1735-1780.

[26] Cho K, Van Merrienboer B, Gulcehre C, et al. Learning Phrase Representations using RNN Encoder-Decoder for Statistical Machine Translation [J]. Computer Science, 2014.

[27] Schmidhuber, Jürgen. Learning Complex, Extended Sequences Using the Principle of History Compression [J]. Neural Computation, 1992, 4 (2): 234-242.

[28] Lecun Y, Bengio Y, Hinton G. Deep learning. [J]. Nature, 2015, 521 (7553): 436.

[29] 孙志军，薛磊，许阳明，等. 深度学习研究综述 [J]. 计算机应用研究，2012，29 (8): 2806-2810.

[30] Hochreiter S, Bengio Y, Frasconi P, et al. Gradient flow in recurrent nets: The difficulty of learning long-term dependencies. In: Kolen, J., Kremer, S. C. (eds.) A Field Guide to Dynamical Recurrent Networks. IEEE Press, New York, 2001.

[31] Graves A, Jürgen Schmidhuber. Framewise phoneme classification with bidirectional LSTM and other neural network architectures [J]. Neural Networks, 2005, 18 (5-6): 602-610.

[32] Zhang T, Zheng W, Cui Z, et al. Spatial-Temporal Recurrent Neural Network for Emotion Recognition [J]. IEEE Transactions on Cybernetics, 2017: 839-847.

[33] 张桐. 基于时空神经网络的动态情感识别研究 [D]. 东南大学, 2018.

[34] Zhen C, Xiao S, Niu Z, et al. Recurrent Shape Regression [J]. IEEE Transactions on Pattern Analysis & Machine Intelligence, 2018, 41 (5): 1271-1278.

[35] Zhang Z, Cui Z, Xu C, et al. Joint Task-Recursive Learning for Semantic Segmentation and Depth Estimation [C]//Proceedings of the European Conference on Computer Vision (ECCV), 2018.

[36] Zhang Z, Cui Z, Xu C, et al. Joint Task-Recursive Learning for RGB-D Scene Understanding [R] //IEEE Transactions on Pattern Analysis and Machine Intelligence, 2019.

[37] Li X, Qin T, Yang J, et al. LightRNN: Memory and Computation-Efficient Recurrent Neural Networks [D]. Cornell University, 2016.

[38] Goodfellow I, Pouget-Abadie J, Mirza M, et al. Generative adversarial nets [C]//International Conference on Neural Information Processing Systems, 2014.

[39] Pathak D, Krahenbuhl P, Donahue J, et al. Context Encoders: Feature Learning by Inpainting [C]//Proceedings of the IEEE Conference on Computer Vision and Pattern Recognition (CVPR), 2016: 2536-2544.

[40] Mathieu M, Couprie C, Lecun Y. Deep multi-scale video prediction beyond mean square error [C]. International Conference on Learning Representations (ICLR), 2016: 1-14.

[41] Zhou Y, Berg T L. Learning Temporal Transformations from Time-Lapse Videos [C]//European Conference on Computer Vision (ECCV), 2016: 262-277.

[42] Yoo D, Kim N, Park S, et al. Pixel-level Domain Transfer [C]//Proceedings of the European Conference on Computer Vision (ECCV), 2016: 517-532.

[43] Lifshitz I, Fetaya E, Ullman S. Human Pose Estimation using Deep Consensus Voting [C]//Proceedings of the European Conference on Computer Vision (ECCV), 2016: 246-260.

[44] Wang Z, She Q, Ward T E. Generative Adversarial Networks: A Survey and Taxonomy [J]. IEEE Transactions on Emerging Topics in Computational Intelligence, 2019.

[45] Radford A, Metz L, Chintala S. Unsupervised Representation Learning with Deep Convolutional Generative Adversarial Networks [J]. Computer Science, 2015.

[46] Berthelot D, Schumm T, Metz L. BEGAN: Boundary Equilibrium Generative Adversarial Networks [J/OL]. 2017 [2019-12-22]. https://arxiv.org/abs/1703.10717.

[47] Karras T, Aila T, Laine S, et al. Progressive Growing of GANs for Improved Quality, Stability, and Variation [J/OL]. 2017 (2018) [2019-12-22]. https://arxiv.org/abs/1710.10196.

[48] Zhang H, Goodfellow I, Metaxas D, et al. Self-Attention Generative Adversarial Networks [J/OL]. 2018 (2019-6-14)[2019-12-22]. https://arxiv.org/abs/1805.08318.

[49] Brock A, Donahue J, Simonyan K. Large Scale GAN Training for High Fidelity Natural Image Synthesis [J/OL]. 2018 (2019-2-25) [2019-12-22]. https://arxiv.org/abs/1809.11096.

[50] Arjovsky M, Chintala S, Bottou L. Wasserstein GAN [J/OL]. 2017-1-26 (2017-12-6) [2019-12-22]. https://arxiv.org/abs/1701.07875.

[51] Gulrajani I, Ahmed F, Arjovsky M, et al. Improved Training of Wasserstein GANs [J]. Advances in neural information processing systems, 2017.

[52] Mao X, Li Q, Xie H, et al. Least Squares Generative Adversarial Networks [C]. Proceedings of the IEEE International Conference on Computer Vision, 2017.

[53] Metz L, Poole B, Pfau D, et al. Unrolled Generative Adversarial Networks [J/OL]. 2016 (2017-5-12)[2019-12-22]. https://arxiv.org/abs/1611.02163.

[54] Lim J H, Ye J C. GeometricGAN [J/OL]. 2017 (2017-5-9)[2019-12-22]. https://arxiv.org/abs/1705.02894.

[55] Jolicoeur-Martineau A. The relativistic discriminator: a key element missing from standard GAN [J/OL]. 2018 (2018-9-10)[2019-12-22]. https://arxiv.org/abs/1807.00734.

[56] Miyato T, Kataoka T, Koyama M, et al. Spectral Normalization for Generative Adversarial Networks [J/OL]. 2018 [2019-12-22]. https://arxiv.org/abs/1802.05957.

[57] Mirza M, Osindero S. Conditional Generative Adversarial Nets [J]. Computer Science, 2014: 2672-2680.

[58] Wang J, Li X, Hui L, et al. Stacked Conditional Generative Adversarial Networks for Jointly Learning Shadow Detection and Shadow Removal [C]//Proceedings of the IEEE Conference on Computer Vision and Pattern Recognition, 2018.

[59] Jiang J, Cui Z, Xu C, et al. Gaussian-induced convolution for graphs [C]. Proceedings of the AAAI Conference on Artificial Intelligence, 2019.

[60] Kipf T N, Welling M. Semi-supervised classification with graph convolutional networks [C]. International Conference on Learning Representations (ICLR). 2017.

[61] Niepert M, Ahmed M, Kutzkov K. Learning convolutional neural networks for graphs [C]. International conference on machine learning, 2016.

[62] Bruna J, Zaremba W, Szlam A, et al. Spectral Networks and Locally Connected Networks on Graphs [C]. International Conference on Learning Representations (ICLR). 2013.

[63] Atwood J, Towsley D. Diffusion-Convolutional Neural Networks [J]. Computer Science, 2015.

[64] Sanchez J, Perronnin F, Mensink T, et al. Image Classification with the Fisher Vector: The-

ory and Practice [J]. International Journal of Computer Vision, 2013, 105 (3): 222-245.

[65] Liu W, Anguelov D, Erhan D, et al. SSD: Single shot multibox detector [C]//European conference on computer vision, 2016: 21-37.

[66] Li J, Wang Y, Wang C, et al. DSFD: dual shot face detector [C]//Proceedings of the IEEE Conference on Computer Vision and Pattern Recognition, 2019: 5060-5069.

[67] Tang X, Du D K, He Z, et al. PyramidBox: A Context-assisted Single Shot Face Detector [C]//Proceedings of the European Conference on Computer Vision (ECCV), 2018: 797-813.

[68] Zhang S, Zhu X, Lei Z, et al. S3FD: Single shot scale-invariant face detector [C]//Proceedings of the IEEE International Conference on Computer Vision, 2017: 192-201.

[69] Ren S, He K, Girshick R, et al. Faster R-CNN: Towards real-time object detection with region proposal networks [C]//Advances in neural information processing systems, 2015: 91-99.

[70] Chen D, Zhang S, Ouyang W, et al. Person Search via a Mask-Guided Two-Stream CNN Model [C]//Proceedings of the European Conference on Computer Vision (ECCV), 2018: 734-750.

[71] Li Y, Qi H, Dai J, et al. Fully convolutional instance-aware semantic segmentation [C]//Proceedings of the IEEE Conference on Computer Vision and Pattern Recognition, 2017: 2359-2367.

[72] Hu J, Shen L, Sun G. Squeeze-and-excitation networks [C]//Proceedings of the IEEE Conference on Computer Vision and Pattern Recognition (CVPR), 2018: 7132-7141.

[73] Xiao T, Li S, Wang B, et al. Joint detection and identification feature learning for person search [C]//Proceedings of the IEEE Conference on Computer Vision and Pattern Recognition, 2017: 3415-3424.

[74] Cui Z, Xiao S, Feng J, et al. Recurrently Target-Attending Tracking [C]//Proceedings of the IEEE Conference on Computer Vision and Pattern Recognition (CVPR), 2016: 1449-1458.

[75] Wu Y, Lim J, Yang M H. Online Object Tracking: A Benchmark [C]//Computer Vision and Pattern Recognition (CVPR), IEEE Conference, 2013.

[76] Cui Z, Cai Y, Zheng W, et al. Spectral Filter Tracking [J]. IEEE Transactions on Image Processing, 2017, 28 (5): 2479-2489.

[77] Danelljan M, Hager G, Khan F S, et al. Convolutional Features for Correlation Filter Based Visual Tracking [C]//2015 IEEE International Conference on Computer Vision Workshop (ICCVW). IEEE Computer Society, 2015: 58-66.

[78] Henriques J F, Caseiro R, Martins P, et al. High-Speed Tracking with Kernelized Correlation Filters [J]. IEEE Transactions on Pattern Analysis and Machine Intelligence, 2015, 37 (3): 583-596.

[79] Zhang J, Ma S, Sclaroff S. MEEM: Robust Tracking via Multiple Experts Using Entropy Minimization [C]//European Conference on Computer Vision. Springer, Cham, 2014: 188-203.

[80] Danelljan M, Hager G, Khan F S, et al. Accurate scale estimation for robust visual tracking [C]. British Machine Vision Conference, Nottingham, September, 2014.

[81] Wang N, Yeung D Y. Learning a Deep Compact Image Representation for Visual Tracking [C]//International Conference on Neural Information Processing Systems. Curran Associates Inc, 2013: 809-817.

[82] Wu Y, Lim J, Yang M H. Object TrackingBenchmark [J]. IEEE Transactions on Pattern Analysis and Machine Intelligence, 2015, 37 (9): 1834-1848.

[83] Zhang Z, Xu C, Yang J, et al. Deep hierarchical guidance and regularization learning for end-to-end depth estimation [J]. Pattern Recognition, 2018, 83: 430-442.

[84] Silberman N, Hoiem D, Kohli P, et al. Indoor Segmentation and Support Inference from RGBD Images [C]//European Conference on Computer Vision. Springer, Berlin, Heidelberg, 2012: 746-760.

[85] Geiger A, Lenz P, Stiller C, et al. Vision meets robotics: The KITTI dataset [J]. The International Journal of Robotics Research, 2013, 32 (11): 1231-1237.

[86] Uhrig J, Schneider N, Schneider L, et al. Sparsity Invariant CNNs [J]. Proceedings of the International Conference on 3D Vision (3DV), 2017: 11-20.

[87] Saxena A, Sun M, Ng A Y. Make3D: learning 3D scene structure from a single still image [J]. IEEE Trans Pattern Anal Mach Intell, 2008, 31 (5): 824-840.

[88] Eigen D, Fergus R. Predicting depth, surface normals and semantic labels with a common multi-scale convolutional architecture [C]//Proceedings of the IEEE international conference on computer vision, 2015: 2650-2658.

[89] Laina I, Rupprecht C, Belagiannis V, et al. Deeper depth prediction with fully convolutional residual networks [C]. 2016 Fourth international conference on 3D vision (3DV), 2016: 239-248.

[90] Zhang Z, Cui Z, Xu C, et al. Pattern-affinitive propagation across depth, surface normal and semantic segmentation [C]. Proceedings of the IEEE Conference on Computer Vision and Pattern Recognition, 2019.

[91] Song S, Lichtenberg S P, Xiao J. SUN RGB-D: A RGB-D scene understanding benchmark

suite [C]//2015 IEEE Conference on Computer Vision and Pattern Recognition (CVPR). IEEE, 2015: 567-576.

[92] Lee S, Park S J, Hong K S. RDFNet: RGB-D Multi-level Residual Feature Fusion for Indoor Semantic Segmentation [C]//2017 IEEE International Conference on Computer Vision (ICCV). IEEE, 2017.

[93] Zhen C, Hong C, Shan S, et al. Deep Network Cascade for Image Super-resolution [C]. European Conference on Computer Vision (ECCV), 2014: 49-64.

[94] Wang Z, Bovik A C, Sheikh H R, et al. Image Quality Assessment: From Error Visibility to Structural Similarity [J]. IEEE Transactions on Image Processing, 2004, 13 (4): 600-612.

[95] Tai Y, Yang J, Liu X. Image Super-Resolution via Deep Recursive Residual Network [C]//IEEE Computer Vision and Pattern Recognition, CVPR, 2017: 2790-2798.

[96] 郜颖. 基于表示学习及回归模型的稳健人脸识别方法研究 [D]. 南京理工大学, 2017.

[97] Kim J, Lee J K, Lee K M. Accurate image super-resolution using very deep convolutional networks [C]//Proceedings of the IEEE Conference on Computer Vision and Pattern Recognition (CVPR), 2016: 1646-1654.

[98] Kim J, Lee J K, Lee K M. Deeply-recursive convolutional network for image super-resolution [C]//Proceedings of the IEEE Conference on Computer Vision and Pattern Recognition (CVPR), 2016: 1637-1645.

[99] He K, Zhang X, Ren S, et al. Identity Mappings in Deep Residual Networks [J/OL]. 2016-3-16 (2016-7-25)[2019-12-22]. https://arxiv.org/abs/1603.05027.

[100] Liang M, Hu X. Recurrent Convolutional Neural Network for Object Recognition [C]//Proceedings of the IEEE Conference on Computer Vision and Pattern Recognition (CVPR), 2015: 3367-3375.

[101] Bevilacqua M, Roumy A, Guillemot C, et al. Low-complexity single-image super-resolution based on nonnegative neighbor embedding [C]. British machine vision conference, 2012: 1-10.

[102] Martin D, Fowlkes C, Tal D, et al. A database of human segmented natural images and its application to evaluating segmentation algorithms and measuring ecological statistics [C]//Proceedings Eighth IEEE International Conference on Computer Vision. ICCV 2001. IEEE, 2001.

[103] Huang J B, Singh A, Ahuja N. Single Image Super-resolution from Transformed Self-Exemplars [C]//Proceedings of the IEEE Conference on Computer Vision and Pattern Rec-

ognition (CVPR), 2015: 5197-5206.

[104] Dong C, Loy C C, He K, et al. Image Super-Resolution Using Deep Convolutional Networks [J]. IEEE Transactions on Pattern Analysis and Machine Intelligence, 2014, 38 (2): 295-307.

[105] Toivonen H, Srinivasan A, King R D, et al. Statistical evaluation of the Predictive Toxicology Challenge 2000-2001 [J]. Bioinformatics, 2003, 19 (10): 1183-1193.

[106] Wale N, Watson I A, Karypis G. Comparison of descriptor spaces for chemical compound retrieval and classification [J]. Knowledge and Information Systems, 2008, 14 (3): 347-375.

[107] Borgwardt K M, Cheng S O, Schönauer S, et al. Protein function prediction via graph kernels [J]. Bioinformatics, 2005, 21 Suppl 1 (suppl_1): i47-i56.

[108] Leskovec J, Kleinberg J, Faloutsos C. Graphs over time: densification laws, shrinking diameters and possible explanations [C]. In SIGKDD, 2005: 177-187.

[109] Luo Z, Liu L, Yin J, et al. Deep Learning of Graphs with Ngram Convolutional Neural Networks [J]. IEEE Transactions on Knowledge and Data Engineering, 2017, 29 (10): 2125-2139.

[110] Gomez L G, Chiem B, Delvenne J C. Dynamics Based Features For Graph Classification [J/OL]. 2017 [2019-12-22]. https://arxiv.org/abs/1705.10817.

[111] Morris C, Kersting K, Mutzel P. Glocalized Weisfeiler-Lehman Graph Kernels: Global-Local Feature Maps of Graphs [C]//2017 IEEE International Conference on Data Mining (ICDM), IEEE, 2017.

[112] Orsini F, Baracchi D, Frasconi P. Shift Aggregate Extract Networks [J]. 2017 [2019-12-22]. https://arxiv.org/abs/1703.05537.